上海市土木工程技术发展系列报告

上海市地下空间开发技术发展报告

上海市土木工程学会　组织编写

姜　弘　叶国强　丁文其　徐中华　朱雁飞　主编

中国建筑工业出版社

图书在版编目（CIP）数据

上海市地下空间开发技术发展报告 / 上海市土木工程学会组织编写；姜弘等主编. — 北京：中国建筑工业出版社，2024.6
（上海市土木工程技术发展系列报告）
ISBN 978-7-112-29865-5

Ⅰ.①上… Ⅱ.①上…②姜… Ⅲ.①城市空间-地下工程-研究报告-上海 Ⅳ.①TU94

中国国家版本馆 CIP 数据核字（2024）第 101333 号

随着城市化进程的加速和土地资源的日益紧张，充分利用地下空间已经成为解决城市发展问题的重要途径。上海作为我国的经济中心，在地下空间的建设与开发中取得了显著成果。本报告共分 4 章，第 1 章介绍了上海地下空间发展的历程及特点，分析了地下空间在城市发展中的重要性；第 2 章探讨了与上海地下空间开发有关的法规、政策导向，以及规划与管理模式，为地下空间开发制度提供参考框架；第 3 章重点总结了上海地下空间开发关键技术，突出强调了技术创新在地下空间开发中的重要作用；第 4 章展望了上海地下空间开发趋势，指引行业向着更加智能、绿色、人文、韧性的方向发展。本报告可为政府部门、设计单位、施工单位、投资机构、研究学者等城市地下空间建设方面的相关从业人员提供参考和借鉴，以促进地下空间的科学、高效利用及可持续发展。

读者阅读本书过程中如发现问题，可与编辑联系。微信号：13683541163，邮箱：5562990@qq.com。

责任编辑：周娟华
责任校对：张 颖

上海市土木工程技术发展系列报告
上海市地下空间开发技术发展报告
上海市土木工程学会 组织编写
姜 弘 叶国强 丁文其 徐中华 朱雁飞 主编

*

中国建筑工业出版社出版、发行（北京海淀三里河路 9 号）
各地新华书店、建筑书店经销
北京科地亚盟排版公司制版
北京同文印刷有限责任公司印刷

*

开本：787 毫米×1092 毫米 1/16 印张：19½ 字数：462 千字
2024 年 7 月第一版 2024 年 7 月第一次印刷
定价：**98.00** 元
ISBN 978-7-112-29865-5
（42988）

主编单位

上海市土木工程学会
上海市城市建设设计研究总院（集团）有限公司
华东建筑设计研究院有限公司
同济大学
上海隧道工程有限公司

参编单位

上海勘察设计研究院（集团）股份有限公司
上海广联环境岩土工程股份有限公司
上海城建物资有限公司
上海城建城市运营（集团）有限公司
上海市基础工程集团有限公司

主编

姜　弘　叶国强　丁文其　徐中华　朱雁飞

编写成员（按汉语拼音排序）

包鹤立　毕金锋　蔡丹丹　陈鼐基　池　瑜　崔永高　贺腾飞　胡　耘
黄嘉伦　李　钦　李　青　李耀良　梁　正　刘　芳　刘佳颖　陆建生
陆　琳　彭芳乐　乔亚飞　乔永康　沈　奕　苏东华　滕　丽　王浩然
王理想　王　琳　王　新　魏建华　吴惠明　吴江斌　肖晓春　徐海涛
徐志玲　闫治国　杨石飞　禹海涛　张达石　张中杰　宗露丹

审稿专家（按汉语拼音排序）

贾　坚　王如路　王卫东　谢雄耀　许丽萍

前言

地下空间的开发是现代城市建设的重要组成部分，也是应对城市化快速发展和地面用地紧张的重要途径。随着人口的增加和城市功能的不断拓展，地下空间的利用已经不再局限于简单的交通通道和基础设施，而是逐渐演变为多功能、智能化的立体空间网络。地下空间是城市发展的宝贵资源，同时也是城市韧性、绿色、智能发展的重要载体。然而，城市地下空间的开发也面临着诸多挑战，如地质条件复杂、环境影响大、技术难度高、管理协调难等。因此，构建适应城市发展需求和特点的地下空间技术体系，对提高城市地下空间开发水平和质量至关重要。

上海是我国经济中心和国际大都市，总面积 6340 平方公里，主城区范围约 1161 平方公里，中心城区 664 平方公里。作为具有创新精神的城市，上海是我国地下空间开发最早、最迅速、最广泛的城市之一。上海的地下空间开发经历了从浅层到中深层、从点状到区域、从线性到网络、从新建工程到既有建筑的拓展、从人工作业到自动化作业、从建设为主到建管并举的发展历程，形成了以地铁和地下道路为主体的地下交通网络、以地下管网和地下厂站为基础的地下市政系统、以地下商业和综合枢纽为依托的地下公共服务设施等特色鲜明的一系列地下空间项目。这一演变过程不仅是城市功能拓展的必然选择，更是上海现代城市建设的生动实践，在此期间，上海地下空间开发积累了丰富的经验和成果，在法律法规、规划设计、标准规范、建造技术和运营管理等方面取得了显著进步，可为国内外其他城市提供借鉴和参考。

地下空间技术是一个综合性的技术体系，涵盖工程建设、规划管理、空间布局、交通组织、人因工程等多个方面。上海市土木工程学会是一个专注于工程建设领域的学术机构，是推动上海地下空间发展的重要力量，在地下空间建设方面主要聚焦于理论研究、工程设计、建设施工和运营维护等领域。本报告紧密围绕上海市土木工程学会特色，重点梳理和总结了上海市地下空间开发关键技术和创新经验，适当拓展了部分具有上海地方特色的地下空间法律法规、开发政策和规划管理方面的内容，并探讨了上海地下空间开发未来可能面临的机遇和挑战。报告中系统总结了超大直径盾构隧道技术、大型综合交通枢纽建造技术、大断面矩形顶管技术、软土基坑群和超深基坑技术、既有建筑改建扩建技术等上海引领的先进技术，并介绍了上海长江隧道、上海徐家汇换乘枢纽站地下增层改造项目、虹桥综合交通枢纽、北横通道、深隧基坑工程、徐汇滨江西岸传媒港与上海梦中心、轨道交通 14 号线静安寺站、黄浦区 160 街坊保护性综合改造项目等众多具有代表性的工程案例。

本报告共分为 4 章，第 1 章为上海地下空间发展历程及特点，介绍了地下空间的概念、应用领域、国内外发展现状以及上海地下空间发展历程及特点。第 2 章为上海地下空间开发政策及规划，这是本报告具有鲜明特色的一章，阐述了与上海市地下空间开发相关的法律法规、政策导向，以及规划与管理模式。第 3 章为上海地下空间开发关键技术，是本报告的核心内容。本章以 2010 年上海世博会为界，详细介绍了世博会以前上海市地下空间开发中形成的相对成熟的通用技术，包括基坑工程技术、隧道工程技术、地基处理技术和地下水控制技术等；重点阐述了深大基坑技术、软土暗挖技术、预制装配技术和改建扩建技术等 2010 年后出现的新兴技术，以及其在上海市地下空间项目中的应用情况和实施效果。此外，本章还介绍了在数字孪生、参数化设计、智能建造、数字化监测和智慧运维等数字化与智慧化方面取得的成果。第 4 章为上海地下空间开发趋势与展望，借鉴朱合华院士对智慧基础设施的总结，从韧性、智能、绿色和人文四个方面分析了上海市地下空间开发在未来可能遵循的原则和目标，从新理论、新材料、新工艺和新装备四个方面探讨了上海地下空间开发未来可能涉及并应用的技术内容和方向。

本报告得到了上海地下空间建设方面的诸多企业和高校的支持，主编单位包括上海市土木工程学会、上海市城市建设设计研究总院（集团）有限公司、华东建筑设计研究院有限公司、同济大学、上海隧道工程有限公司，参编单位包括上海勘察设计研究院（集团）股份有限公司、上海广联环境岩土工程股份有限公司、上海城建物资有限公司、上海城建城市运营（集团）有限公司和上海市基础工程集团有限公司，在此对各参与单位及编制组成员为本报告作出的贡献致以诚挚的谢意。

本报告的出版受到国家自然科学基金重大项目（52090083）资助。本报告虽然力求做到完善，但由于时间仓促且限于编制组学术水平，难免存在不足之处，敬请广大读者批评指正。在未来的研究和实践中，我们将继续关注地下空间技术的发展动态，为推动我国地下空间事业的进步而不懈努力。

编　者

2023 年 10 月

目录

典型工程案例索引

上海地下空间发展历程及特点

1.1 地下空间的概念

1.1.1 地下空间定义

地下空间（Underground space）的概念有广义和狭义之分。广义地下空间是指位于地表以下由岩土体、有机物、水、空气等介质构成的半无限空间，是重要的国土空间资源，也是多种资源的共同载体，如物理空间资源（如地下室、地下隧道及下沉式广场等）、矿物资源、历史资源、水资源、地热资源等。狭义地下空间是指位于地表以下自然形成或人为开发用于设置建（构）筑物的空间，包括但不限于人防工程、地下停车场、地下轨道交通、地下道路、地下人行通道、城市隧道、地下商业、地下能源设施、地下市政场站、综合管廊、地下仓储物流等地下空间设施。本报告中涉及的地下空间特指狭义地下空间。

1.1.2 地下空间发展历程

人类对地下空间的利用最早可追溯到史前时代原始人类对于天然洞穴或地穴的利用。公元前 6 世纪，在古罗马城地下建成了古代世界最为宏伟、历史最为悠久的地下市政工程——马克西姆下水道，在今天的罗马城中仍被正常使用。公元前 2 世纪，在古巴比伦城中的幼发拉底河下修筑了迄今可考的最早用于交通的地下砖石砌筑人行通道。中国东汉永平年间，在古褒斜道南端汉中褒谷口七盘岭下，人工开凿了世界上最早的可通车的石门隧洞。

随着生产力的飞速发展，城市化水平不断提高，城市供水、排水等市政设施的建设需求与日俱增，由此开始了近代城市地下空间开发利用的高速发展期。1863 年，世界上第一条地铁在伦敦开通，标志着地下空间开发利用跨入了一个如火如荼的阶段。1930 年，在日本东京上野火车站地下通道内建成了世界上第一条地下商业街，是地下空间发展开始集交通、商业等功能于一体综合发展的重要体现。

第二次世界大战后，随着全球人口的膨胀和城市化水平的迅速提高，人口密集、用地紧张、交通拥挤、环境恶化等城市问题愈演愈烈，由此世界各国开始了大规模的地下空间开发与利用。地下市政工程从原来单纯而分散的地下设施发展到地下综合管线廊道、地下大型能源供应系统、地下大型雨水收集及污水处理系统，以及地下垃圾真空回收处理系统等不同类型。在地下公共建筑方面，出现了地下公共图书馆、会议中心、展览中心、体育馆、音乐厅、大型实验室等不同用途的地下空间形式。

在我国，城市地下空间的大规模开发利用始于20世纪60年代人民防空工程的建设。1965年，我国第一条地铁在北京开通。20世纪90年代以来，我国大城市的地下空间迅速发展，利用功能包括地铁、地下商业街、地下综合体等。例如，北京中关村西区地下空间采用了地上地下整体开发模式，实现人车分流，各建筑物地上、地下均可贯通。又如上海"虹桥商务区地下城"核心区地下综合体，地下空间面积达260万 m^2，包含了地下步行系统、地下道路与停车系统、地下市政基础设施系统、地下防灾系统四大功能系统。

1.1.3 地下空间开发意义

现代城市地下空间的开发利用已渗透到许多领域，为城市创造了巨大的综合效益，对城市的生态环境、经济发展、社会的可持续发展有着非常重要的意义。

（1）环境效益：地下空间的开发利用可创造巨大的生态环境效益，可减少地面环境污染、调节城市微气候、美化城市生态环境、隔声降噪等。通过城市地下空间的开发利用，可将污染环境、对城市美观造成不良影响的公用设施置于地下，以创建更好的地面生态环境。

（2）经济效益：在经济发展方面，地下交通系统的建设，改善了城市的交通状况，提高了城市效率，为城市经济的发展提供了保障。通过将传统在地面建设的设施转入地下，扩大了城市空间容量，提升了土地利用价值。

（3）社会效益：在社会发展方面，城市地下空间的开发利用，为城市发展提供了巨大的空间资源，缓解了城市土地资源紧张问题，通过将一部分设施转入地下，增加了生活空间与生态空间，改善了城市环境和景观。大规模的人流可通过地下空间快速地到达目的地，极大地改善了地面的交通拥堵状况。将商业活动放在地下空间中进行也非常适宜，尤其是对于气候严寒多雪或酷热多雨的地区，将购物活动放在地下更受居民欢迎。另外，结合地铁车站建设地下商场、地下商业街，可以吸引大量人流，为城市商业发展带来新的契机。地下空间具有较强的抗灾特性，对地面上难以抗御的战争空袭、地震、风暴、地面火灾等外部灾害有较强的防御能力，能提供灾害时的避难空间、储备防灾物资的防灾仓库、紧急饮用水仓库以及救灾安全通道。地下空间还可用于保护文物，利用地下空间具有的抗御自然和人为灾害的优良性能，将大量珍贵的文物贮藏在地下建筑中，有利于文物的长期安全保存。

1.2 城市地下空间的应用领域

1.2.1 地下交通设施

城市地下交通设施兼具避开地面交通和地形干扰、不受城市布局影响、减少环境污染、节省交通用地、便于与其他交通设施连接等优点。常见的地下交通设施主要包括城市地下轨道交通和城市地下道路两种类型。

1. 城市地下轨道交通

城市地下轨道交通是指在大城市地下修筑隧道、铺设轨道，以电动快速列车运送大量乘客的公共铁路交通体系，也称为地下铁道，简称地铁。它是城市公共交通的重要组成部分，也是现代城市化进程中不可或缺的一部分。

城市地下轨道交通不仅提供高效、优质的公交出行服务，而且是一种集约化交通方式，利用宝贵的地下空间资源，提供新的交通供给，以缓解地面空间资源紧张状况，支持城市的可持续发展。城市地下轨道交通具有旅客运送量大、准点率高、运送速度快、低碳环保等特点，其输送能力是公路交通输送能力的近10倍，是上海市承担最多旅客运送量的公共交通方式。2021年，上海市公共交通发送旅客量51.06亿人次，其中轨道交通客运量35.72亿人次，占比69.96%。

从1993年5月28日，上海轨道交通1号线南段锦江乐园—徐家汇通车试运营，标志着上海进入地铁时代。到2022年上海地铁运营线路共20条，30年间走过了从6.6km到831km、从5座车站到508座车站、从一条“观光线”到日均千万人次客流的发展历程，在运营里程、列车数量、全自动驾驶规模上拥有了三个“世界第一”。截至2023年7月，上海地铁已建、在建和规划的线路如表1-1所示。

上海地铁数据统计（至2023年7月） **表1-1**

序号	地铁	通车年份	里程（km）	车站数量（座）
1	上海地铁1号线	1993年	28	28
2	上海地铁2号线	2000年	30	30
3	上海地铁3号线	2000年	29	29
4	上海地铁4号线	2005年	26	26
5	上海地铁5号线	2003年	19	19
6	上海地铁6号线	2007年	28	28
7	上海地铁7号线	2009年	33	33
8	上海地铁8号线	2007年	30	30
9	上海地铁9号线	2007年	35	35
10	上海地铁10号线	2010年	37	37
11	上海地铁11号线	2009年	39	39
12	上海地铁12号线	2013年	32	32
13	上海地铁13号线	2012年	31	31
14	上海地铁14号线	2021年	30	30
15	上海地铁15号线	2021年	30	30
16	上海地铁16号线	2013年	13	13
17	上海地铁17号线	2017年	13	13
18	上海地铁18号线	2020年	26	26
19	上海地铁浦江线	2018年	6.64	6
20	上海磁浮列车示范运营线	2002年	29	2

续表

序号	地铁	通车年份	里程（km）	车站数量（座）
21	金山铁路	2012年	56.4	8
22	上海地铁2号线西延伸段	在建	1.7	1
23	上海地铁12号线西延伸段	在建	17.27	6
24	上海地铁13号线西延伸段	在建	9.8	5
25	上海地铁13号线东延伸段	在建	4.52	2
26	上海地铁17号线西延伸段	在建	6.6	1
27	上海地铁18号线二期	在建	8.1	6
28	上海地铁20号线一期西段	在建	7.2	7
29	上海地铁21号线一期	在建	28	18
30	上海地铁23号线一期	在建	28	22
31	上海地铁崇明线一期	在建	22.3	5
32	上海轨道交通市域线嘉闵线一期	在建	44	15
33	上海轨道交通市域线示范区线一期	在建	49.12	8
34	上海轨道交通南汇支线（两港快线）一期	在建	34.86	4
35	上海轨道交通市域线机场联络线	在建	68.6	9
36	上海地铁1号线西延伸段	规划	1.2	1
37	上海地铁15号线南延伸段	规划	10.3	5
38	上海地铁19号线	规划	46.2	34
39	上海地铁20号线一期东段	规划	12.6	10
40	上海地铁21号线一期东延伸段	规划	14.1	5
41	上海地铁崇明线二期	规划	24.5	4
42	上海轨道交通市域线南枫线	规划	95.6	14

上海地铁连接了成千上万的居民点、CBD、商业楼、医卫教体、美食休闲等场所，引导推动着城市地下空间的有序开发和合理利用。上海地铁发展经历了“十字—环线—网络状”的演变过程，线路覆盖本市的绝大多数行政区域，能够满足可达性的要求，带动着周边的城市发展。例如，地铁1号线的建成通车，把莘庄的城镇发展带到了新的阶段，学校、图书馆、城市剧院和大型购物中心拔地而起，莘庄从一片农田变为拥有约30万常住人口、财政收入超60亿元的上海城市副中心；徐家汇枢纽站采用环港汇广场方案，以建成的地下空间为基础，以9号线及11号线的站点及周边地块地下空间的建设为契机，在不影响地面交通与商业活动的前提下，建成了竖向分层、平面连通的地下空间综合体系，每天的客流总数可达53万人次以上，是目前上海市最重要的交通枢纽之一。

上海地铁在助力区域联通与发展中也起到重要作用，上海地铁11号线共设39座车站，全长82.4km，是世界上最长的地铁。支线西起江苏省昆山市花桥站，主线止于迪士尼站，11号线拉近了江苏、上海两地之间的空间距离，成为互通资源、深化合作的连接线，助力长三角区域一体化发展进程。

上海地铁车站在设计过程中，也引领和发展了美学与文化属性。15号线吴中路地铁站被誉为上海最美地铁站，站厅采用净跨达到21.6m的预制大跨叠合拱形结构，是上海地铁首个预制大跨无柱站台大厅，带给乘客一种广阔的空间感，站厅两侧墙上用穿孔铝板塑造了城市景观，地铁车站将结构工程与艺术设计相结合，缓解了乘客的压抑感，也给都市生活带来了更多美感，如图 1-1 所示。

图 1-1　吴中路地铁车站内景

2. 城市地下道路

城市地下道路是指地表以下供机动车或兼有非机动车、行人通行的城市道路。上海供机动车通行的地下道路主要分为越江隧道、长距离地下道路、下立交地道等。

1）越江隧道

越江隧道是构建浦东、浦西一体化发展的重要纽带，对两岸的经济发展和繁荣起到了非常关键的作用。越江隧道以打浦路隧道建设为起点，经过 50 多年的发展，目前通车运行 18 座、在建 3 座，见表 1-2。建造工法方面，除外环隧道采用沉管法外，其他越江隧道均采用盾构法施工。

上海越江隧道数据统计（至 2023 年 6 月）　　**表 1-2**

序号	越江隧道	通车年份	车道规模	建造工法
1	打浦路及复线越江隧道	1971 年/2010 年	单层双管四车道	盾构法
2	延安路越江隧道	1989 年	单层双管四车道	盾构法
3	外环越江隧道	2003 年	单层八车道	沉管法
4	大连路越江隧道	2003 年	单层双管四车道	盾构法
5	复兴东路越江隧道	2004 年	双层双管六车道	盾构法
6	翔殷路越江隧道	2005 年	单层双管四车道	盾构法
7	上中路越江隧道	2008 年	双层双管八车道	盾构法
8	龙耀路越江隧道	2009 年	单层双管四车道	盾构法
9	上海长江隧道	2009 年	单层双管六车道	盾构法
10	新建路越江隧道	2009 年	单层双管四车道	盾构法
11	人民路越江隧道	2009 年	单层双管四车道	盾构法
12	西藏南路越江隧道	2010 年	单层双管四车道	盾构法

续表

序号	越江隧道	通车年份	车道规模	建造工法
13	军工路越江隧道	2011年	双层双管八车道	盾构法
14	虹梅路越江隧道	2015年	单层双管六车道	盾构法
15	长江西路越江隧道	2016年	单层双管六车道	盾构法
16	周家嘴路越江隧道	2019年	双层单管四车道	盾构法
17	郊环越江隧道	2019年	单层双管六车道	盾构法
18	江浦路越江隧道	2021年	单层双管四车道	盾构法
19	龙水南路越江隧道	在建	双层单管四车道	盾构法
20	银都路越江隧道	在建	双层双管八车道	盾构法
21	隆昌路越江隧道	在建	单层双管四车道	盾构法

上海越江隧道在2010年上海世博会前后迎来一波建造的高峰，在历史的发展中，涌现出许多具有标志性的工程，如打浦路越江隧道、外环越江隧道、大连路越江隧道、复兴东路越江隧道、翔殷路越江隧道、上中路越江隧道、上海长江隧道等。

1965年6月，我国第一条水底道路隧道——打浦路隧道动工建设，首次采用外径10m的盾构掘进建造，为上海以后的越江隧道建设奠定了技术和施工工艺的基础。隧道江中段用闭胸挤压，两岸边段采用网格开挖，开创了我国水下盾构法隧道建造的先河。

上海外环越江隧道是上海第一条，也是唯一一条采用沉管法施工的公路水底隧道，于1999年12月动工，2003年6月竣工通车。隧道横断面为三孔二管廊，布置双向八车道，是当时亚洲断面最大的沉管隧道。

大连路越江隧道是上海第一条采用泥水平衡盾构施工的水下道路隧道，在国内也第一次设置了江底联络通道，于2001年5月动工，2003年9月竣工通车。

复兴东路越江隧道是我国第一条双层式盾构法隧道，也是世界上第一条投入正式运营的双层盾构法隧道，隧道外直径11m。上层是2个小型车车道，下层是1个大型车车道（专门通行公交、货车等），旁设一个紧急停车带，共为“三来三去”六车道，于2001年8月开工，2004年9月竣工通车。

翔殷路越江隧道外直径为11.36m，是当时中国直径最大的水下道路隧道，于2003年6月开工，2005年12月竣工通车。自此之后，后续单管两车道盾构法隧道一直沿用此隧道尺度，例如后续通车的人民路越江隧道、新建路越江隧道、龙耀路越江隧道、西藏路越江隧道、打浦路隧道复线、江浦路越江隧道以及在建的隆昌路越江隧道。

上中路越江隧道外直径为14.5m，上下双层布置4条机动车道，是我国第一条超大直径盾构隧道，开创了超大直径盾构建造地下道路隧道的先河，于2003年开工，2009年5月通车。圆隧道施工中国内首次采用通用楔形管片，环、纵向螺栓采用斜螺栓与预埋螺母相连接。隧道消防采用上下层分区，相互作为逃生通道，提高了消防救援能力和速度。首创了超大直径双层道路同步施工方法、不分散泥水体系和集成化泥水固控处理工艺、狭小空间内超大直径盾构整体原位调头技术等。

长江隧道位于长江水道之下，隧道直径15.0m，是当时世界最大直径盾构法隧道，双管单层布置6条机动车道。圆形隧道段（跨江段）长7470m，目前仍然是世界水下最长盾构法公路隧道。隧道最大埋深达到了 55m，也是当时国内埋深最深的水下盾构法隧道，于 2004 年 12 月开工，2009 年 10 月通车。

其他越江隧道在以上标志性工程的基础上进一步发展，如虹梅路越江隧道开创了隧道纵向疏散与救援体系、周家嘴路越江隧道开创了圆隧道内部结构全预制拼装工艺、龙水南路越江隧道开创了超大直径土压平衡盾构在水下隧道的应用以及大直径盾构隧道地面出入工法的创新等。

2）长距离地下道路

近年来，下穿多路口的长距离地下道路方兴未艾。按照《城市地下道路工程设计规范》CJJ 221—2015 规定，将封闭段长度大于 1km 的地道定义为长距离地下道路，封闭段长度大于 3km 的地道定义为特长距离地下道路。上海共有长及特长距离地下道路 13 座，其中以外滩地道、诸光路地道、北横通道为典型共 7 座地道采用盾构法施工，以北翟路地道和武宁路地道为典型共 6 座地道采用明挖法施工，见表 1-3。

上海长距离地下道路数据统计（至 2023 年 6 月）　　表 1-3

序号	地下道路	通车年份	车道规模	建造工法
1	外滩通道	2010 年	双层单管六车道	盾构法
2	仙霞西路地道	2010 年	单层双管四车道	盾构法
3	迎宾三路地道	2011 年	双层单管四车道	盾构法
4	杨高路地道	2018 年	双向六车道	明挖法
5	中山南路地道	2018 年	双向四车道	明挖法
6	诸光路地道	2019 年	双层单管四车道	盾构法
7	北翟路地道	2019 年	双向六车道	明挖法
8	北横通道西段	2021 年	双层单管六车道	盾构法
9	浦东大道地道	2022 年	双向四车道	明挖法
10	武宁路地道	2022 年	双向六车道	明挖法
11	北横通道东段	在建	双层单管六车道	盾构法
12	漕宝路地道	在建	双层单管六车道	盾构法
13	周邓快速路地道＋G1503 地道	在建	均为双向六车道	明挖法

地下道路是构建上海市主干路网的一种新形式，主线全部位于地下，通过进出匝道服务沿线街区，使得组团之间的发展建立便捷的联系，促进区域均衡发展。以北横通道为例，通过串联长宁、普陀、静安、虹口、杨浦五个行政区，服务了长风及中环商务区、中山公园商务区、长寿路商业居住区、上海火车站与苏河湾地区、北外滩商务区、杨浦滨江地区等组团区域。北横通道是国内首条多点进出长大深层地下道路，对利用城市深层地下空间、完善骨干路网、构建立体交通网络、改善区域环境、带动地区发展，作出了有益探索和良好示范。北横通道与各骨干路网之间的位置关系如图 1-2 所示。

北横通道全线长约 19.1km，地下道路采用以盾构为主的非开挖形式。西段地下道路（中江路—长安路）长约 7.8km，其中盾构段长约 6.4km；东段地下道路（热河路—黄兴路）长约 6.9km，其中盾构段长约 5.7km。北横通道全线建造共 8 座深大工作井，地质条件与周边环境复杂。北横通道于 2014 年底开工建设，北虹路立交于 2019 年 10 月通车，隆昌路下立交于 2019 年 7 月通车，西段地下道路和天目路立交于 2021 年 6 月通车，东段地下道路有望于 2024 年 4 月建成通车。北横通道东段建设中的工作井及盾构区间实景图如图 1-3 所示。

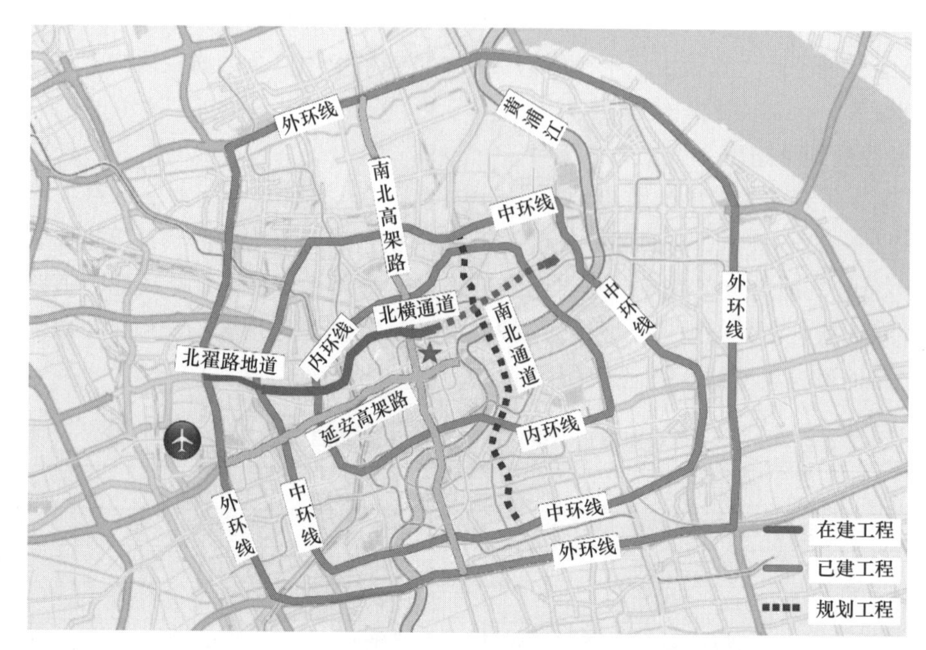

图 1-2　北横通道与各骨干路网的位置关系

(a) 施工期的黄兴路工作井

(b) 施工期的黄兴路井—杨树浦港井区间

图 1-3　北横通道东段建设中的工作井及盾构区间实景图

3）下立交地道

依据《城市地下道路工程设计规范》CJJ 221—2015，封闭段长度小于等于 1km 的地道均属于中短距离地下道路，一般情况下仅下穿 1～2 个路口，本报告定义为下立交地道。根据上海道运中心监管数据，自 1971 年为迎接美国前总统尼克松访华建造第一座下立交地道（新华路地道）后，全市运营的下立交地道达 600 多座。本报告共统计了 33 座下立交地道（表 1-4），其中田林路、北虹路地道采用管幕箱涵法施工，祁连山路、淞沪路、裕民南路地道采用顶管法施工，兴虹西路地道采用箱涵顶进法施工，其余均采用明挖法施工。

上海下立交地道统计数据（至 2023 年 6 月）　　表 1-4

序号	下立交地道	通车年份	车道规模	建造工法
1	新华路地道	1971 年	双向两车道	明挖法
2	衡山路地道	1995 年	双向四车道	明挖法
3	浦东南路下立交地道	2003 年	双向四车道	明挖法
4	东方路下立交地道	2003 年	双向四车道	明挖法
5	徐家汇路地道	2003 年	双向四车道	明挖法
6	中环线金沙江路地道	2005 年	双向八车道	明挖法
7	中环线漕宝路地道	2005 年	双向八车道	明挖法
8	中环线宜山路地道	2005 年	双向八车道	明挖法
9	中环线吴中路地道	2005 年	双向八车道	明挖法
10	中环线北虹路地道	2005 年	双向八车道	管幕箱涵法
11	中环线仙霞路地道	2005 年	双向八车道	明挖法
12	中环线邯郸路地道	2005 年	双向八车道	明挖法
13	沪青平公路地道	2009 年	双向六车道＋人非	明挖法
14	四平路中山北二路地道	2009 年	双向四车道	明挖法
15	四平路大连路地道	2010 年	双向四车道	明挖法
16	曹安公路地道	2010 年	双向四车道	明挖法
17	华翔路地道	2010 年	双向六车道	明挖法
18	广中路地道	2014 年	双向四车道	明挖法
19	万荣路地道	2017 年	双向四车道＋人非	明挖法
20	三泉路地道	2017 年	双向四车道＋人非	明挖法
21	运河北路地道	2018 年	双向四车道＋人非	明挖法
22	航南公路地道	2019 年	双向四车道	明挖法
23	隆昌路下立交地道	2019 年	双向四车道	明挖法
24	田林路地道	2019 年	双向六车道	管幕箱涵法
25	南奉公路地道	2019 年	双向四车道	明挖法
26	陈翔公路地道	2019 年	双向四车道＋人非	明挖法
27	望园南路 G1503 地道	2020 年	双向六车道＋人非	明挖法
28	武威路地道	2020 年	双向四车道＋人非	明挖法
29	常和路地道	2020 年	双向两车道＋人非	明挖法
30	祁连山路地道	2021 年	双向四车道	顶管法
31	淞沪路地道	2021 年	双向四车道	顶管法
32	裕民南路地道	2021 年	双向两车道＋人非	顶管法
33	兴虹西路地道	2023 年	双向四车道＋人非	箱涵顶进

除了传统意义上的地道外，近年来，地下车库或地下综合体间的连通道、地下环路等配套交通设施也有所建造，连通道以世博区、徐汇滨江等地下商业综合体为典型，地下环路以陆家嘴地下环路为典型。

下立交地道通过建立地下立体结构形成快速通道，分离主辅车流，保证主干车流的快速通过。近年来，也有不少下立交工程是为了打通断头路，以地下通道的形式穿越交通屏障。以上海嘉定裕民南路地道为例，为了打破 G1501 高速公路形成的交通障碍，建造了下穿车行和人行地道。

嘉定裕民南路下穿G1501地道工程北起招贤路、南至洪德路，道路共长760m，道路等级为城市支路，设计车行速度为30km/h，规划红线为24m。地道包含一条车行地道及两条人非地道，为确保地道施工期间G1501高速的正常运营，在下穿高速范围内车行及人非地道皆采用顶管法施工，其余区域采用明挖顺作法施工，顶管施工中的裕民南路地道实景图见图1-4。

(a) 类矩形车行地道顶进

(b) 结构成型的车行地道

图1-4 顶管施工中的裕民南路地道实景图

4）人行地道

城市人行地道是专供行人横穿道路用的地下通道，是人行立体过街的一种形式，从根本上解决了行人与车辆之间的冲突，是缓和城市交通紧张状况的有效措施。上海人行地道建造始于20世纪80年代，经过40多年的发展，人行地道样式越来越多，有结合地铁车站的出入口通道和换乘通道，有结合商业街的连通道，有结合地下综合体的联络通道等。从建造工法上，早些年主要是明挖作业，近年来由于暗挖工艺的进步，加之明挖作业难度越来越大，许多地道开始采用顶管法等暗挖工法，其中以长宁区临空四街坊勾连工程为代表。

1.2.2 地下市政公用设施

地下市政公用设施主要包括服务城市运行的给水、排水、供气、供电、供热、信息与通信、污水处理等各类管线和设施工程。在城镇化发展不断加速、生态环境要求不断提高的双重约束下，地下空间开发利用在地下市政公用设施建设中的地位和综合效应日益显现。市政设置地下化，有利于拓展城市空间，释放土地压力，如变电站、污水处理厂等基础设施的地下化、半地下化，可大量置换城市绿地；可提高城市防灾能力与韧性，完善地下物资储备系统和地下防灾空间体系，保障城市安全发展。

1. 管网工程

作为超大型城市，上海市政领域的地下管网工程庞大而复杂。

在供水方面，常见管道口径为200～1000mm，一般采用顶管、拖拉管或直埋施工。近年来，口径超过1000mm的大口径总管工程建设呈增长趋势，例如2021年并网通水的杨树浦路（通北路—怀德路）给水管道工程最大口径达到2m，是目前上海最大口径供水管网工程。

在燃气管道方面，常见管道口径为 300～800mm，一般采用顶管、拖拉管或直埋施工。近年来，上海完成了一条在专用隧道内敷设大口径管道的主干网工程，即崇明岛—长兴岛—浦东新区五号沟 LNG 站天然气输送隧道工程（图 1-5），长距离、小直径隧道内安装大口径燃气管道，这在国内尚属首例。

图 1-5　天然气输送隧道工程

在电力管道方面，除采用拖拉管或直埋施工的传统电力排管外，供配电专用隧道在上海已有较多案例可循。上海早在 1979 年就有了第一条电力专用隧道，目前上海投运的电力专用隧道已超过 15 条。本报告统计了 8 条主要的电力专用隧道（表 1-5），以静安世博电力隧道、潘广路—逸仙路电力隧道为代表的长距离大断面隧道主要采用了盾构法和顶管法施工（图 1-6）。

上海主要电力专用隧道　　**表 1-5**

序号	名称	竣工年份	长度	断面内净尺寸	建造工法
1	福州路电力隧道	1992 年	501m	ϕ3.6m	盾构法
2	西藏路电力隧道一期	2004 年	3.0km	ϕ2.7m	顶管法
3	新江湾城电力隧道	2005 年	2.7km	2.4m×2.7m ϕ2.7m	明挖法、顶管法
4	杨高中路电力隧道	2006 年	3.18km	ϕ3.0m	顶管法
5	于田路—曹安路电力隧道	2006 年	2.6km	2.4m×2.7m ϕ3m	明挖法、顶管法
6	西藏路电力隧道南延伸	2009 年	2.0km	ϕ3.7m	顶管法
7	静安世博电力隧道	2010 年	15.3km	ϕ5.5m、ϕ3.5m	盾构法、顶管法、明挖法
8	潘广路—逸仙路电力隧道	2016 年	14.36km	ϕ5.5m、ϕ3.5m	盾构法、顶管法

在排水管道方面，雨污水管道形成的管网可以说星罗棋布，常见管道口径为 230～4000mm。根据 2021 年上海排水设施年报，城镇公共排水管道总长 29037.30km，其中：雨水管道 12448.95km，合流管道 1224.37km，污水管道 9265.09km，支管 6098.89km。20 世纪 60～70 年代，上海建造了南区和西区污水干线解决城市排污问题。20 世纪 80～90 年代，上海又针对河流和地下水污染建造了合流污水治理工程。这些干线工程和总管工程对当时城市防洪排涝和环境治理起到了关键性作用。上海响应发展趋势，积极打造海绵城市、韧性城市和绿色城市，在雨污水治理方面重拳出击，效果显著。近年来，上海系统性

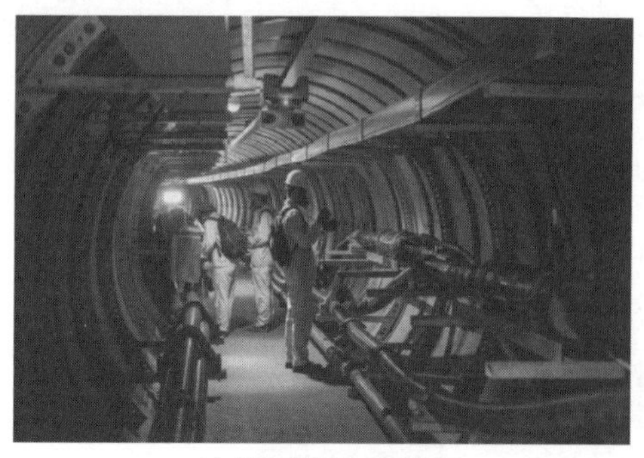

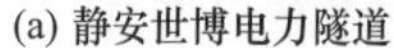

(a) 静安世博电力隧道

(b) 潘广路—逸仙路电力隧道

图 1-6　电力隧道内景图

规划了苏州河深隧调蓄工程。受地铁、地下空间等因素限制，苏州河深隧深埋地下，最深处超过 60m。

在原水工程方面，除配合水厂的管网工程外，上海于 2010 年建造完成了青草沙水源工程中穿越长江的隧道工程（图 1-7）。输水隧道工程总长 7235.53m，其中盾构段长 7175.53m。该项目属于城市给水工程，包括青草沙水库工程、长江原水过江管工程、陆域输水管线工程三大主体工程，总投资约 160 亿元，建立了上海原水供应“两江并举，多源互补”的新格局，大幅度提升了上海供水的水质和安全保障。

图 1-7　上海市青草沙水源地原水工程五号沟泵站工程全貌

在综合管廊方面，20 世纪 70 年代，宝钢工业园区建设中借鉴当时国外先进经验，建造了工业生产专用的综合管廊，长约 15km。2001 年，浦东新区张杨路地下综合管廊建成运行，成为国内真正意义上的第一条现代化、高水准的地下综合管廊，全长 11.1km。2018 年上海市开始全面推进架空线入地工程，根据《上海市城市道路架空线管理办法》和《关于开展本市架空线入地和合杆整治工作的实施意见》（沪府办〔2018〕21 号）要求，结合道路新改扩建工程以及成片区域开发实施架空线入地的，应因地制宜，采取综合管廊方式实施。上海地区目前已建和在建的综合管廊长约 93km，上海市目前大型地下综合管廊建设主要集中在松江、临港等区域的新城区，典型工程见表 1-6。其中上海近期最典型的管廊项目属于松江南站大型居住社区综合管廊项目和临港环滴水湖综合管廊项目。松江南站大型居住社区综合管廊项目（图 1-8），一期工程已完工，二期工程在建中，入廊管线包括电力、通信、给水、雨水、污水、天然气等，有效释放了地下空间，并结合"海绵城市理念"设置了初期雨水舱，遇到强降雨时可兼作雨水调蓄池，缓解河道压力，错峰排放，防止区域内涝，并有效提升了区域水环境。

上海典型的综合管廊工程　　表 1-6

序号	名称	竣工年份	长度	建造工法
1	宝钢工业园区专用综合管廊	1978 年	15km	明挖法
2	张杨路综合管廊	2001 年	11.1km	明挖法
3	松江新城示范性综合管廊（一期）	2003 年	323m	明挖法
4	安亭镇综合管廊	2004 年	5.78km	明挖法
5	世博会园区预制拼装综合管廊	2008 年	6.4km	明挖法
6	松江南站大型居住社区综合管廊	2020 年（一期） 在建（二～三期）	21.7km	明挖法
7	临港环滴水湖综合管廊	2021 年	14km	明挖法
8	闵行区九星地区综合管廊	在建	2.5km	明挖法
9	桃浦科技智慧城综合管廊	在建	8.73km	明挖法
10	闵行区浦业路综合管廊（一期）	在建	7.62km	明挖法

图 1-8　松江南站大型居住社区综合管廊项目

2. 雨污水泵站及调蓄池

20 世纪 20～40 年代，上海共有雨水排水泵站 11 座，总排水能力仅为 $16m^3/s$。新中国成立后，伴随设备技术更新，雨水泵站建造规模逐渐扩大。截至 2021 年底，根据排水设施年报，上海城镇公共排水泵站 1485 座，泵排能力 $5987.82m^3/s$，其中：雨水泵站 295 座，合流泵站 78 座，污水泵站 679 座，立交（地道）泵站 433 座。

2021 年排水设施年报中，上海已经运行调蓄设施 20 座，总调蓄能力 $459700m^3$。2021

年11月，上海市水务局发布的《中心城雨水调蓄池选址专项规划》公示，拟选规划雨水调蓄池共200座，均采用地下或半地下形式，在现状排水泵站周边结合道路广场、绿化、公共服务设施、河道、商务办公等用地设置。

目前，半地下或全地下雨水泵站及调蓄池的建造方法主要是明挖法和沉井法，近年来也逐步兴起了自动化装配式沉井建造法，机械化程度更高，对周边环境影响更小。

3. 地下污水处理厂

污水处理厂的建造形式分为半地下式、全地下式和隧道式，上海地区主要采用半地下式和全地下式。上海是我国最早建有污水处理厂的城市，1923年欧阳路建成处理规模为2500t/d的北区污水处理厂，是国内最早的城市污水处理厂。21世纪初，上海的污水处理厂建设进入飞速发展期，标准不断提高，陆续建成了石洞口、白龙港污水处理厂（图1-9）、竹园等一批大型污水处理厂。截至2021年底，根据排水设施年报，城镇污水处理厂共42座，总处理能力为8572.5kt/d。部分典型工程见表1-7。

图1-9　白龙港污水处理厂

上海部分污水处理厂　　表1-7

序号	名称	竣工年份	处理能力	建设方式
1	安亭污水处理厂	在建	20万t/d	全地下
2	泰和污水处理厂	在建	40万t/d	全地下
3	白龙港污水处理厂	2008年	280万t/d	全地下
4	虹桥污水处理厂	2019年	20万t/d	半地下
5	竹园污水处理厂	2004年（一期） 2009年（二期） 2020年（三期） 在建四期	110万t/d 170万t/d 80万t/d 120万t/d	半地下
6	石洞口污水处理厂	2002年	40万t/d	半地下
7	南汇海滨污水处理厂	2009年	20万t/d	半地下
8	奉贤西部污水处理厂	2007年	20万t/d	半地下
9	大众嘉定污水处理厂	2009年	17.5万t/d	半地下

4. 地下变电站

地下变电站能够解决上海市区用地紧张的困境，尤其超大型地下变电站在城市的电力供给方面发挥了重要的作用。1987年，上海建成第一座地下变电站——35kV锦江地下变电站。伴随着城市的发展，20世纪90年代相继建成人民广场、地铁上体馆、地铁人民广场、滨江等一系列地下变电站。2000年后，城市用电需求急剧增加，先后建成自忠、济南、静安世博、宛平、即墨、大渡河、虹杨等超高压地下变电站。其中，550kV静安世博地下变电站（图1-10）是当时世界最大的地下变电站，550kV虹杨地下变电站则是目前全国首座智能型全地下变电站。截至2023年，全市地下变电站数量已经超过53座，有效保证了当今上海的城市运营。典型工程见表1-8。

图1-10　上海静安世博地下变电站

上海部分地下变电站　　**表1-8**

序号	名称	投运年份	土建规模
1	35kV锦江地下变电站	1987年	不详
2	110kV地铁人民广场主变电站	1992年	45m×21m，埋深约14m
3	110kV地铁上体馆地下主变电站	1992年	直径34m，埋深约16m
4	220kV人民广场变电站	1993年	直径60m，埋深约23.1m
5	35kV滨江地下变电站	1997年	24m×44m，埋深约14.5m
6	110kV自忠地下变电站	2004年	面积1591m^2，埋深约15.5m
7	35kV世博轴地下变电站	2009年	50m×20m，埋深不详
8	220kV济南地下变电站	2009年	83.6m×36.6m，埋深约19m
9	500kV静安世博地下变电站	2010年	直径130m，埋深约34m
10	220kV宛平地下变电站	2011年	69.1m×33.6m，埋深约18.2m
11	220kV即墨地下变电站	2014年	面积4605m^2，埋深约15m
12	220kV大渡河地下变电站	2014年	75m×45m，埋深约21m
13	550kV虹杨地下变电站	2018年	166m×68.4m，埋深约25m

5. 垃圾中转站

地下垃圾中转站将垃圾收集和处理过程移至地下，可减少垃圾运输过程中的二次污染和对城市环境的影响，从而提高城市的环境质量。同时，地下垃圾中转站的建设可以减少对地面土地资源的占用，为城市的其他建设和发展提供更多的空间。上海市黄浦区某地下垃圾转运站（图1-11）于2005年4月建成运营，该站为半地下屋顶花园式转运站，阶梯式的三层屋顶都被绿化覆盖，屋顶檐口种植了对有毒有害气体的吸附能力最强的夹竹桃，垃圾中转采用高进低出工艺模式，设置7个卸料泊位，目前实际垃圾转运规模为800t/d。

图 1-11　上海市黄浦区某地下垃圾转运站

1.2.3　地下公共服务设施

随着城市车辆的骤增，城市地面交通逐渐恶化，各大城市纷纷投入地下轨道交通的建设。随着地铁系统的构建与发展，城市地下商街以及城市地下步行网络也随之出现。城市地下空间开始将城市公共空间、商业空间、历史文脉等进行功能结合，地下空间的开发与建设对城市建设显现出愈发重要的作用。

对上海而言，地面空间寸土寸金，“向地下借”已成必然趋势，不仅仅局限于轨道交通和市政管线地下化，公共服务设施向地下发展也成为新趋势。截至 2020 年底，全市已建地下工程共计约 4.2 万个，总建筑面积约 1.26 亿 m^2，其中地下公共服务设施占比约 4%，包括商场、餐饮场所、娱乐场所、会议场所、办公场所、文化体育场所、医院、下沉式广场等。虽然上海地下轨道与地下市政基础设施的建设规模巨大，但城市地下公共服务空间利用还处于初级阶段。

从开发模式发展趋势来看，地下空间开发不再是单一性质的开发，开发利用类型逐步多样化、复杂化，从原来比较单一功能的地下工程向集成商业、娱乐、休闲、交通、停车等综合体的方向发展。多功能地下综合体多结合地铁枢纽站修建，并与地面的商业中心、文化中心、公交站、道路、地面建筑物等有机结合，例如以下沉广场、地下综合体为中心的上海五角场地区。因此，可将城市地下公共服务综合体定义为：在城市整体规划框架之下，以公共交通为引导，并与商业、娱乐、停车、会展、文体、办公、市政、仓储、人防等两项以上功能进行有效集聚整合而形成的大型城市地下空间。

下沉式广场是一种典型的衔接地上地下的城市地下公共服务设施形式，丰富了城市的功能空间，提高了城市不同维度之间的完整性，极大提高了城市公共空间的使用率。随着上海地下空间的不断开发以及城市空间的立体化发展，下沉式空间也在逐步得以实践和运用。比较典型的包括上海迪士尼下沉广场和江湾五角场下沉广场。

上海迪士尼乐园位于上海市浦东新区，是国内首座迪士尼主题乐园，于 2016 年年中开始营业，占地面积 390 公顷，乐园内的下沉式广场（图 1-12）处于园中“明日世界”主题区域之中。为了跟主题区域的科技感与现代感相结合，下沉式广场运用了很多工业元素，采用工业建筑风格，通过超前的富有想象力的设计、高科技材料以及科学规划的空间利用，体现了人与科技的结合，希望通过空间场所为游客们传递希望、欢乐与未来的积极态度。

图 1-12　迪士尼下沉式广场

江湾五角场是上海四大城市副中心之一，随着社会的进步，现代化建设的推进，城市中的交通路网、生态环境以及商业办公等功能空间不断扩展，杨浦区从一个老工业区转型之后，整体的区位优势逐渐凸显，已发展为上海北部繁华的商业区域之一。江湾五角场的下沉式广场为环岛状，处于 5 条道路相交之处，整个地下空间都以环岛下沉式广场为中心辐射散开，是中环线立交工程的中心区域，形成“一圈五线”的城市空间布局，在满足交通集散功能的同时，兼具休闲活动功能。

在上海新一轮高质量城市建设中，出现规模化开发地下空间趋势，建设“地下城”促进公共服务设施地下化，加强步行与商业、文娱等服务功能的空间融合，分层分类利用地下空间，系统整合公共活动、基础设施、地下交通、智能物流等各类功能，推进市政基础设施的地下化建设和已建地下空间的优化改造。典型案例如上海市龙阳路综合交通枢纽项目。

龙阳路综合交通枢纽片区开发项目位于上海浦东新区花木街道，用地面积 254367m^2，总建筑规模约 218 万 m^2。最高建筑高度为 200m，项目整体开发工作自 2018 年开始启动。龙阳路枢纽在总体规划中确定为城市级枢纽，主要承担主城区市内交通的衔接功能。龙阳路枢纽也是上海唯一的六线换乘枢纽，包括 7 号线、2 号线、16 号线、18 号线、磁悬浮、机场快线（规划）。该项目设计了二层连廊及垂直交通核，连廊的路径串联了地块两侧的主要功能区，形成丰富、连续、7×24h 对公众开放的二层公共空间体系。统筹考虑地上地下一体化，结合二层公共空间体系、慢行公共通道、重要广场节点、商业节点，打造标志性的交通核节点（图 1-13）。通过地上地下一体化设计实现建筑与轨道交通衔接，引导人流便捷、高效地到达项目其他街坊，地下一层采用大平层模式，街坊内地下一层平接地铁站厅，结合地下商业与地面景观，打造了舒适宜人的地下空间。

轨道交通接口标高及接口要求
2F层16号线接口 5.6m （1处以上，天桥联系）
B1层18号线接口 -9.4m （01街坊1~2处）
（03街坊2处以上）
B1层机场快线预留接口 -9.6m （4处以上）

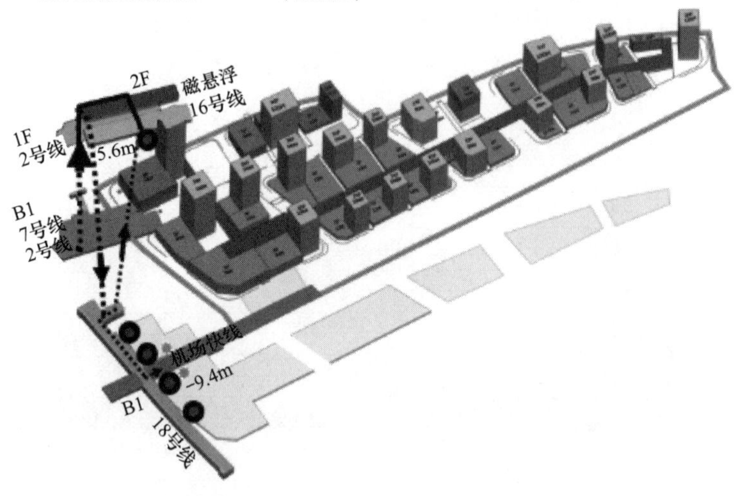

图 1-13 龙阳路交通枢纽各街坊与轨道交通及机场快线接口要求

1.2.4 其他地下空间设施

1. 地下物流系统

地下物流系统是指运用自动导向车和两用卡车等承载工具，通过大直径地下管道、隧道等运输通路，对固体货物实行运输及分拣配送的一种全新概念物流系统。该系统是一种具有革新意义的物流模式，是集成地下工程、载运装备、信息技术以及自动化控制的复杂性综合技术，具有运输速度快、准确性高等优势，是解决城市交通拥堵、减少环境污染、提高城市货物运输的通达性和质量的重要途径。

物流系统是除传统的公路、铁路、航空及水路运输之外的第五类运输和供应系统。城市地下物流系统主要用于分流城内货物运输，达到缓解交通拥堵的目的。将城市边缘处的物流基地或园区的货物经处理后通过地下物流系统配送到各个终端，这些终端包括超市、工厂和中转站，从城内向城外运送货物的采用反方向运作。

对地下物流系统，目前国内外开展了大量研究，国内还属于起步阶段。在我国国家会展中心物流系统概念方案中，地下集装箱物流（UCFT）系统由物流园区、运输隧道、展区 3 个子系统组成（图 1-14）。会展货运车辆先集中到物流园区，集装箱货物被卸载后再通过地下隧道转运至会展区域进行吊运拆箱。

未来的物流行业可能有独立的地下运输体系，例如发送地港口至收货地港口，再通过港口对接城市中心，这样不仅具有速度快、准确性高等优点，而且能解决城市交通拥堵、减少环境污染等问题。

2. 地下仓储设施

地下仓储是指修建在地下的具有存放和保护物品功能的建（构）筑物。地下空间具有

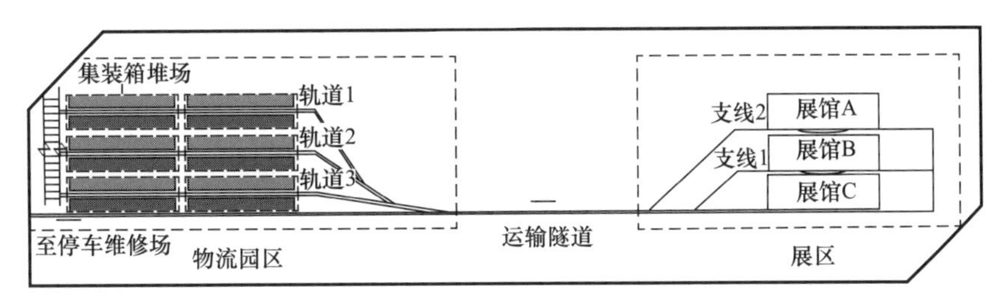

图 1-14　国家会展中心地下集装箱物流（UCFT）系统图

恒温性及防盗性好、鼠害轻等优点，因此节能、安全、低成本的地下仓储广泛应用于储存食品、水资源、石油、城市垃圾等。

地下仓储空间的建筑包括地下建筑物及地下构筑物，二者统称为地下仓储建筑，对于地下建筑物，通常是地面建筑的一部分或者地面建筑的延伸，是地下空间常见的形式之一，如地下室。地下构筑物作为单建的地下仓储空间，是地下仓储建筑的另一种形式，如地下油库、地下粮仓等。因此，根据地下仓储空间与地面建筑物的关系，地下仓储空间可分为附建式地下仓储空间和单建式地下仓储空间。按用途与专业，地下仓储空间可分为国家储备库、运输转运库、城市民用库等。

我国利用地下仓储有着悠久的历史，早在五六千年前原始社会的仰韶文化时期，人们就采用了地下挖窖储粮。到隋唐时期，总结前人挖窖储粮的经验后，建造了不少大型的地下粮食仓窖。地下酒窖也是地下空间传统的利用方式之一，国内外历史上都建有此类设施；至今，地下空间仍是储存葡萄酒的优良场所。

随着人类技术文明的不断进步，现代地下仓储有了很大的发展。我国地域辽阔，地质条件多样，客观上具备发展地下仓储的有利条件。不论是为了战略储备，还是为平时的物资储存和周转，都有必要发展各种类型的地下仓储。从 20 世纪 60 年代末开始，地下仓储建设取得了很大成绩，已建成相当数量的地下粮库、冷库、物资库、燃油库及核物质储存库。

3. 地下科学装置

因为地下环境相对稳定，可以减少外界干扰和设备故障的概率，同时为了避免装置运行期间产生的潜在危险，许多大型科学装置都设置在地下。目前，上海在建的硬 X 射线自由电子激光装置（图 1-15），是我国迄今为止城市内建造的投资最大、建设周期最长的国家重大科技基础设施项目。项目总投资近 100 亿元，建设选址位于张江科学城内，是上海科创中心以及张江综合性国家科学中心的核心创新项目。该项目建设包括一台能量 8GeV 的超导直线加速器，可以覆盖 0.4～25 千电子伏特光子能量范围的 3 条波荡器线、3 条光学束线以及首批 10 个实验站。总装置长度为 3110m，隧道埋深 29m。硬 X 射线自由电子激光装置建成后，将为物理、化学、生命科学、材料科学、能源科学等多学科提供高分辨成像、超快过程探索、先进结构解析等尖端研究手段。2018 年 4 月 27 日，硬 X 射线自由电子激光装置建设启动仪式在上海科技大学举行。2022 年 12 月，上海硬 X 射线自由电子激光装置项目 4 号工作井至 5 号工作井区间东线盾构顺利进洞，至此该项目 1～5 号工作井隧道全线贯通。按照目前施工进度，该项目计划于 2025 年竣工并投入使用。

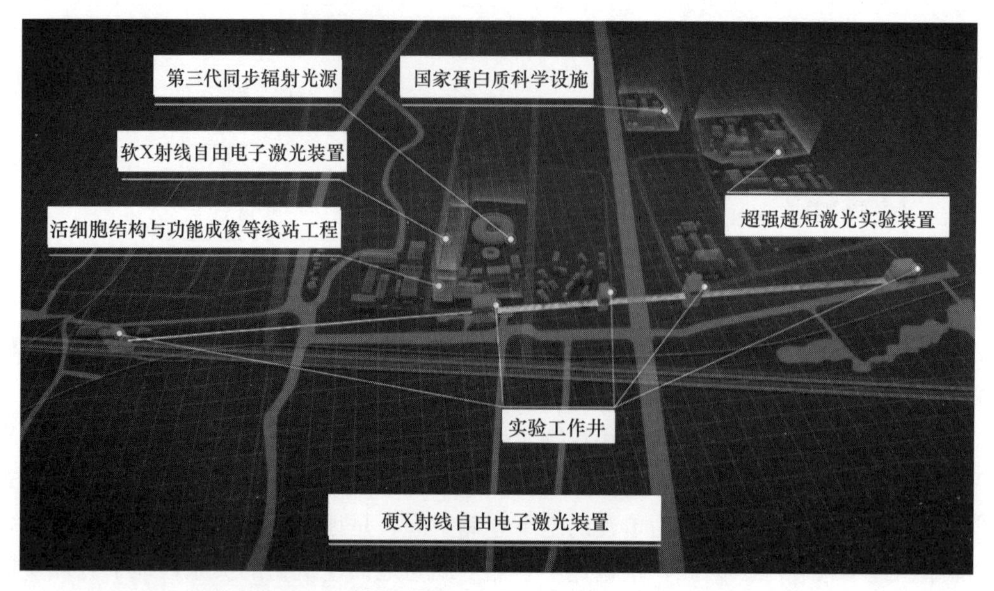

图 1-15　硬 X 射线自由电子激光装置总图示意

1.3　国内外地下空间发展现状

1.3.1　国外地下空间发展现状

现代城市地下空间的开发利用，通常是以 1863 年英国伦敦建成的第一条地下铁道为起点，进入 20 世纪后，一些大城市陆续修建了地下铁道，城市的地下空间开始为改善城市交通而服务，交通的发展又促进了商业的繁荣。自 20 世纪 60 年代初至 70 年代末，城市地下空间的开发利用建设进入一个高潮，在数量和规模上发展很快。日本东京、大阪的地下商业街以及美国曼哈顿的高密度空间的出现，都是在这一时期。1973 年石油危机后，发展势头渐趋平缓。

总体上，国外地下空间的发展已经历了相当长的一段时间，国外地下空间的开发利用从大型建筑物向地下的自然延伸发展到复杂的地下综合体，再到地下城，地下建筑在旧城的改造再开发中发挥了重要作用。同时地下市政设施也从地下供、排水管网发展到地下大型供水系统、地下大型能源供应系统、地下大型排水及污水处理系统、地下生活垃圾的清除、处理和回收系统以及地下综合管廊。与旧城改造及历史文化建筑扩建相随，在北美、欧洲及东亚出现了相当数量的大型地下公共建筑，有公共图书馆和大学图书馆、会议中心、展览中心体育馆、音乐厅、大型实验室等地下文化体育教育设施。地下建筑的内部空间环境质量、防灾措施以及运营管理都达到了较高的水平。各个国家和地区的地下空间开发利用在其发展过程中形成了各自独有的特色。

1. 北美

北美的美国和加拿大虽然国土辽阔，但因城市高度集中，城市矛盾仍十分尖锐，地下空间发展经历了数十年。大规模开发了地下空间的城市主要有纽约、蒙特利尔和多伦多等。

美国幅员辽阔，城镇化水平较高，各州各地区的情况不尽相同，因此地下空间开发利用的情况也有所差异。但整体而言，美国城市都重视城市空间的立体化利用，合理开发利用地下空间，在城市基础设施地下化以及城市地下公共服务设施建设方面成效卓著，为人们提供了舒适的工作和生活环境。

美国地下基础设施的建设以地铁为主。美国现拥有地铁总长为 1200 多公里。14 座城市建有地铁。美国的地铁中以纽约地铁的规模为最大，华盛顿地铁的装修为最华丽，芝加哥地铁的自动化程度为最高。其中纽约地铁始建于 1868 年，1904 年开始了纽约地铁的处女行，2014 年，纽约地铁总客流量超过 17.5 亿人次，工作日平均每天客流量约 560 万人次。

在城市中心区道路改造方面，波士顿中央大道改造工程 CA/T 工程（Central Artery/Tunnel Project，也称为 Big Dig）闻名遐迩。该工程历时 15 年，于 2004 年全面完工。通过在中央大道下面修建一条 8～10 车道的地下快速路替代原有的 6 车道高架桥，并修建一条穿越波士顿港通向机场的 4 车道隧道，CA/T 工程建立了一个新的交通系统，完善了城市交通，并释放了地面空间用以绿化、适度开发及增加不同区域的城市生活联系，减少了道路对城市的割裂，实现了土地的多重使用，并以此为契机改善城市环境。

美国的许多大城市如纽约、芝加哥、波士顿等都利用地下空间在中心城区建立了较为完善的地下供水、排水系统，解决了原有排水系统不足和生活水源受污染的缺陷。例如，芝加哥的输水和蓄水工程包括构筑数个地下蓄水池（容积 160000m^3）、大型地下泵站和长 177km 的排水隧洞，隧洞直径 10m，埋深 45～100m，并修建了 251 个垂井式的蓄水池，平时储存生活污水和雨水，经过净化处理的污水，再排入“五大湖”中。

美国自 20 世纪 60 年代开始综合管廊的研究，1971 年开始建设。其中比较有代表性的包括：纽约市从东河下穿越并连接 Astoria 和 Hell Gate Generatio Plants 的隧道，该隧道长约 1554m，收容有 345kV 输配电力缆线、电信缆线、污水管和自来水干线；阿拉斯加的 Fairbanks 和 Nome 建设的综合管廊系统，为防止自来水和污水受到冰冻而建，Faizhanks 系统约有六个廊区长，而 Nome 系统是唯一纳入整个城市市区的供水和污水系统的综合管廊，沟体长约 4022m。

美国很多大城市也对城市中心区进行了地下步行系统的开发，通过地下步行系统连通车站和周边重要建筑，方便了市民的出行，促进了中心城区土地价值的最大化利用。如纽约洛克菲勒中心地下步行系统涵盖第 47 街至第 51 街、第五大道至第七大道之间的范围，使得各栋建筑之间、建筑与地铁站点之间完全实现了立体步行化联系；芝加哥中心区步行系统总长超过 9km，连接商务区内部 40 多个街区、超过 50 栋主要建筑；休斯敦为了防御夏季炎热的天气，建成了长度超过 11km 的地下步行系统，连接区域内所有主要建筑、车站及商业空间；为实现人车分流、避免恶劣天气影响，达拉斯中心区建设了联系中心区主要建筑、商业、车站的地下步行网络。另外，美国有的城市将教室、图书馆、实验室设于地下，实现了平战结合，同时可节省能源，其中最具代表性的是明尼苏达大学土木采矿系新建的地下系，整个建筑上下 7 层，埋深 30 余米，面积约 14000m^2，其中有 10000m^2 位于土层中。

加拿大蒙特利尔和多伦多为了克服恶劣的严寒气候，创造舒适的生活环境，将地下街、地铁车站、地下人行道连接形成网络，形成了名副其实的地下城，以其庞大的规模、方便的交通、综合的服务设施和优美的环境享有盛名，保证在漫长的严冬气候下各种商业、文化及其他事务交流活动的正常进行。

蒙特利尔第一代的地下城建成于 1962 年，建筑面积为 50 万 m^2，加拿大国家铁路总公司、中央车站和伊丽莎白女王饭店都设在这里。20 世纪 60 年代末至 70 年代初，借助承办世博会的契机，蒙特利尔建设了一条环状地铁线，并将车站与周边地块开发互动，车站周边地块通过地下公共步行通道连接形成网络，把每一栋大型建筑物的地下室都联系起来，同时建设下沉式广场，营造共享空间，贯通商业区域，形成真正的地下城市。蒙特利尔赢得了 1976 年夏季奥运会的主办权后，地下城也迎来了它的高速发展时期，先后开辟出 4 条地下商业走廊，大多位于地铁交通干线的下面。到了 20 世纪 90 年代，地下城进一步扩充并完善，建设起更多的地下通道，最终形成了一个由步行街通道联系起来的庞大系统。这个系统最深的地方上下可分五层，邮局、超市、酒吧、咖啡屋、美容美发店一应俱全，应有尽有。

多伦多地下空间主要体现在 PATH 地下城，其原点可以追溯到 20 世纪 60 年代末的摩天大楼建设热潮，早年 PATH 只是把 14 座大楼相连接。在 70 年代已有 4 个街区宽，9 个街区长，在地下连接了 20 座停车库以及很多的旅馆、电影院、购物中心和 1000 家左右各类商店，此外，还连接着市政厅、联邦火车站、证券交易所、5 个地铁车站和 30 座高层建筑的地下室，系统中布置了几处花园和喷泉，共有 100 多个地面出入口。

北美几个城市的地下步行道系统说明，在大城市的中心区建设地下步行道系统，可以改善交通、节省用地、改善环境，保证了恶劣气候下城市的繁荣，同时也为城市防灾提供了条件。

2. 东亚

东亚的地下空间建设以日本最为发达和完善。日本国土狭小，城市用地紧张。1927 年上野到浅草的线路开通，标志着东京第一条地铁线路的开通，这也迈出了日本地铁建设的第一步，自此以后，日本国内开始了大规模的地铁建设。1930 年，日本东京上野火车站地下步行通道两侧开设商业柜台形成了“地下街之端”。至今，地下街已从单纯的商业性质演变为包括多种城市功能的、由交通、商业及其他设施共同组成的地下综合体。1973 年之后，由于火灾，日本一度对地下街建设规定了若干限制措施，使得新开发的城市地下街数量有所减少，但单个地下街规模却越来越大，设计质量越来越高，抗灾能力越来越强。总体上，在日本地下空间已有近 100 年的发展历史，如今在大城市，地下空间遍布全城，四通八达。日本比较重视地下空间的环境设计，无论是商业街，还是步行道，在空气质量、照明乃至建筑小品的设计上均达到了地面空间的环境质量。

在基础设施建设方面，日本的地下共同沟（综合管廊）兴建数量在世界上居于前列。1981 年末，日本全国共同沟总长 156.6km。截至 21 世纪初，49 个城市建有地下共同沟，总长已超过 500km，且该数字还在不断增长。目前，日本大城市已形成较大规模的地下基础设施系统。东京、横滨、大阪、名古屋等 8 个城市均开通了地铁。截至目前，东京地铁线路达 332km，有 13 条线路，地铁担负了总客运量的 60%。在地下高速道路、停车场、共同沟、排洪与蓄水的地下河川、地下热电站、蓄水的融雪槽和防灾设施等市政设施方面，充分发挥了地下空间的作用。

以东京都外郭防水路为例（图 1-16），在此项目建设之前，位于埼玉县中川流域的春日部市因地势较低，且中川干流水力梯度较小、泄洪能力有限，雨季浸水灾害频发，而且随着东京都市圈的不断外延，中川流域城镇化水平将随之提高，水灾损失也将增加。为了建设水灾防御能力强的安全都市，日本在距离东京站约 50km 的 16 号国道地下约 50m 深处建设了世界最大的地下河川，将中川流域内泄洪能力较差的大落古利根川、幸松川、仓松川、中川、第 18 号水路的洪水排入江户川，最大排水量达 $200m^3/s$，该项目在 2006 年完全建成后，中川流域的浸水灾害大幅减少，发挥了较好的社会效益。

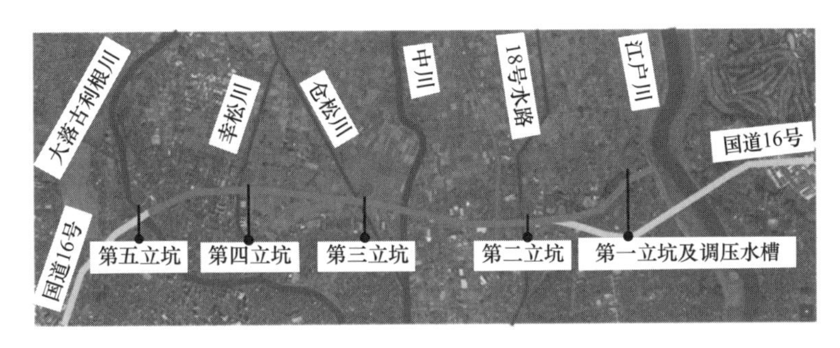

图 1-16　东京都外郭防水路布局图

在城市更新中，日本政府修订了《都市计划法》（2013 年），将轨交枢纽站点周边地区划定为都市再生特别地区，将立体步行系统构建作为上述地区城市更新的重要手段。同时，以东京为代表的日本大城市更新中有诸多大深度地下空间开发案例，以此完善城市交通基础设施或改善城市地面风貌景观。

日本地下空间规划建立在较为完善的法律体系之上。在基础性法律方面，1966 年日本《民法典》（修正案）首次构建了“空间权”制度，即在他人土地的空中或地下某一特定空间范围可设立特殊的土地所有权（即“区分地上权”）且可根据《不动产登记法》进行权属登记。针对城市建设过程中地下空间开发利用所出现的问题，日本先后在《道路法》《河川法》《铁道事业法》《轨道法》《电气通信事业法》《下水道法》《共同沟建设特别措置法》《土地征用法》和《都市计划法》等中明确了地下空间开发利用要求，并相继出台了《共同沟特别措施法》《地下街基本方针》《地下公共空间利用基本规划方针》和《大深度地下公共空间利用特别措施法》等地下空间专项法规。各地政府以此为基础，针对本地区具体需求编制地下空间规划现状。以东京都为例，东京都规划局在 1992 年制定了《东京都市区地下空间规划》，确立了东京都市圈内地下空间开发利用方针，选定了地下空间适宜进行高强度开发利用的区域和城市更新改造中需要重点利用地下空间的地区，并对道路等城市设施的地下空间配置进行了引导。该规划奠定了东京都市区至今以及未来很长时间内城市重点地区涉及地下空间的城市详细规划或城市设计、大深度地下空间开发利用，以及地下空间相关专项规划的基础。

3. 欧洲

北欧是地下空间开发利用的发达地区，这些国家的地下空间的利用与民防工程结合得很好。北欧地质条件良好，基岩坚硬稳定，建造核防空洞既可用于防御又可促进环保。城市给水排水、污水处理、石油储藏等设施也建造在基岩内，不但保护了城市水源，还使波罗的海的海水免遭污染，在实现环保目的的同时，也具备了防护条件。

瑞典地下空间的利用与民防工程的结合，实现平战兼容是其突出特点。在地下空间利用方面，除了住宅的地下室及城市设施外，利用坚固的岩石洞穴建设城市构筑物，地下商城、地下街道、地铁隧道、公用设施沟、停车场、空调设施及地下的污水处理场，地下工厂、地下核电站、石油储罐、食品仓库及地下避难所等。其中城市大型地下排水系统，不论在数量上还是处理率上，均居世界上领先地位。瑞典首都斯德哥尔摩市，城市排水系统的污水处理厂全在地下，大型排水隧道 200km。拥有大型污水处理厂 6 座，处理率为 100%。南部地区供水的大型系统全部在地下，埋深 30～90m，隧道长 80km，靠重力自流。瑞典斯德哥尔摩地区还拥有 120km 长的地下大型供热隧道，使很多地区实现集中供热。另外，瑞典正在试验开发地下贮热库，其成果将为利用工业余热和太阳能创造有利条件。瑞典斯德哥尔摩市地下有长 30km 的共同沟，建在岩石中，直径达 8m，战时可作为民防工程。

芬兰同样重视开发利用地下空间，基本实现市政设施地下化，地下文化体育娱乐设施建设项目多、规模大。芬兰首都赫尔辛基购物中心的地下游泳馆，其面积为 10210m^2；吉华斯柯拉运动中心，7000m^2 的球赛馆建于地下，内设标准的手球厅、网球厅，并有观众看台以及淋浴间、换衣间、存衣间、办公室。芬兰赫尔辛基的大型供水系统，隧道长 120km，其过滤处理等设施均布置在地下。

挪威的大型地下供水系统，其水源也实现完全地下化。在岩石中建造大型蓄水池，既节省土地又减少了水的蒸发损失。

俄罗斯的地下基础设施建设也很先进，其特点是地铁系统、地下共同沟等相当发达，莫斯科的地铁世界闻名，总长超过 200km，是全市的重要交通工具。每天城市中一半人口的流动是在地下进行的。另外，莫斯科地铁还拥有世界上最豪华的车站，有着“欧洲地下宫殿”之称。莫斯科的地下共同沟规模也达到 130km。

在西欧，英国、法国、德国等国建设地下基础设施的主要目的是保护城市环境和自然景观。西欧主要国家在第二次工业革命就开始兴建地下空间，二战后达到鼎盛。

众所周知，英国是世界上最早大规模开发利用地下空间的国家，世界上第一条地铁建成于 1863 年的英国，现在伦敦的地铁线路总长达 420km，共 9 条线路。由于英国气候寒冷，地窖建设比较普遍，绝大部分伦敦市中心的住宅都有地下室。因为有地下空间开发利用的基础，加之土地价值的上涨，在地铁迅速发展之后，地下商场、地下停车场等地下空间开发形式也越来越普遍。此外为了保护历史文物，在著名的“巨石阵”下面的公路隧道工程，是利用地下空间进行历史文物保护、景观改良与交通治理综合应用的典型案例。

法国也是城市地下空间开发较早的国家之一。巴黎地下空间利用具有持续性、多样性与综合性特点。地下空间的利用程度很高，首先体现在对废弃矿穴的再开发利用，改建成为地下排水通道、共同沟以及民防工程等，此外还有地下综合管道、地铁、地下停车场等。法国巴黎的地铁建设始于 1900 年，发展至今共有地铁线路 15 条，总长 199km，设有 367 个站，并且巴黎地铁还号称是世界上最方便的地铁，每天发车 4900 列。同时，巴黎的地下高速公路建设和共同沟建设也有很大的规模。1833 年世界上第一条共同沟在巴黎开始规划，迄今巴黎的地埋线缆已接近 100%。除此之外，巴黎的地下空间建设还体现在对历史文化的保护上，对于卢浮宫的扩建是当今世界通过开发利用地下空间解决城市中心区改造的成功典范（图 1-17）。

地面金字塔

地下金字塔

图 1-17　卢浮宫地面、地下布局示意图

1.3.2　国内地下空间发展现状

我国自远古就开始进行地下空间开发利用，首先是人类自我居住的窑洞。早在 4000 多年以前，以我国黄河流域的山西、河北、河南、陕西、甘肃省为中心，当地居民已在辽阔的黄土地带上建造地下窑洞，一直沿用发展至今。我国现代对于城市地下空间的开发利用较国外发达国家起步晚，从中华人民共和国成立到 1977 年之间，由于国际形势，主要以人防工程为主，其他形式地下空间几乎尚未开发；1978 年召开的第三次全国人防工作会议上首次提出“平战结合”的原则，此后国内开始尝试其他形式的地下空间开发；1986 年“全国人防建设与城市建设相结合座谈会”进一步明确人防工程与城市建设相结合的建设方针，北京、上海等大城市地下空间开发建设开始加速。1997 年 10 月，建设部颁布了《城市地下空间开发利用管理规定》，这项国家级法规明确了城市地下空间规划在城市规划中的重要性，我国地下空间开发迎来高速发展期。

整体来看，随着城镇化不断推进，我国城市地下空间开发利用更规范化、规模化和网格化。为扩大城市人口容量，缓解城市人口压力，提高居民生活质量，除基础的市政建设之外，其他类型的地下设施也开始飞速发展，地下综合体、地下文娱设施、综合管廊、地下变电站、地下污水处理厂、地下储藏设施等地下空间开发类型兴起，逐渐形成了以轨道交通为主体，其他市政、文娱基础设施并行发展的地下空间开发模式。

我国城市地下空间开发起步较晚，但发展迅速，城市地下空间开发需求大，总规模居世界第一，城市轨道交通建设速度居世界首位，城市地下道路建设也处于加速发展期；许多城市地下综合体、综合交通枢纽的设计因地制宜、发挥特长，设计水平和施工水平达到了世界先进水平。下面以北京、南京和深圳为代表，介绍我国城市地下空间建设情况。

1. 北京

北京地势西北高、东南低，但相差不大，基本为平原，城市中心地层主要为土层结构，30～50m 以下为岩石层，承压水层在地下 20～50m 以下。地下拥有最多的原材料便是厚实土层，在此天然保温层的保护下，冬暖夏凉，隔热性能优，密闭性强，拥有较为优质的地质条件，为地下空间开发利用提供良好基础。

20 世纪 90 年代以前，北京城市地下空间发展均以地下人防工程和市政管线建设为主，地下空间发展速度较为缓慢，以浅埋深、小规模、分散式建设居多。北京于 1965—1969 年进行了地铁 1 号线建设，1969—1978 年进行了大栅栏人防地道网的建设，20 世纪 80 年代修建完成地铁 2 号线。1990—2000 年，北京针对城市交通枢纽、商业中心、新型产业地区等重点地区的地下空间规划和建设稳步发展，其间开展了北京西站南广场、王府井等地区地下空间的规划设计，以及中关村西区等城市重点区域地下地上空间的同步建设。2000 年以后，随着北京奥运会等大型国际盛会的申办成功，北京地下空间建设步入快速发展时期，地下空间建设规模不断扩大，功能综合化程度不断加强，地下空间逐渐由单体、分散式建设转向系统、网络化发展，涌现了以北京商务中心区、奥林匹克中心区等为代表的城市重点功能区地下空间整体规划建设案例。近些年，在城市建设用地减量严控的背景下，随着城市轨道交通和重点区域（北京城市副中心、北京大兴国际机场等）的建设，城市地下空间进入了“质”与“量”齐升的新阶段。

截至 2019 年，北京城市地下空间总体开发规模达到 1 亿 m^2 左右，且保持较快的增长速度。北京市地下空间正逐步呈现由中心城区向外围多点新城拓展的趋势，结合城市轨道交通及重点功能区的快速建设，已形成了以北京商务中心区、王府井商业区、中关村西区、奥林匹克中心区、通州运河商务区等为代表的地下空间系统化建设示范区；与此同时，结合南中轴地区、新首钢高端产业综合服务区、北京城市副中心、北京大兴国际机场、副中心交通枢纽等重点地区建设，正有序推进地下、地上空间的统筹开发建设。

截至 2023 年，北京全市轨道交通运营线路共 27 条，运营总里程 807km，车站 475 座，在建线路 11 条。至 2025 年，运营线路将达到 30 条，运营里程也将超过 1100km。2022 年，北京地铁的年客运量达到 22.62 亿人次。

2. 南京

南京是我国最早进行地下空间开发利用的城市之一，现存的地下设施可追溯至民国年间。抗战时期，南京建设了大量防空设施，许多重要建筑下建有防空洞。中华人民共和国成立后，南京城市地下空间的开发利用以地下市政设施为主，对自来水管线、下水道和排污道进行了有序规划。20 世纪 60 年代末，开始进行人防工事建设，至 70 年代末共建地下人防工事 441 个，以挖地道为主。这些工事集中在紫金山一带和明城墙下，面积小，施工质量差，缺乏基本的水、电、通风设施，现多数已废弃。这一阶段地下空间开发利用以单体建设的人防工事为主，缺乏统一规划，施工质量较差；功能包括人民防空设施、普通地下室和地下市政设施；总体规模较小，空间格局呈散点分布。20 世纪 80 年代至 20 世纪末，南京建设地下人防工程 358 个，大部分是平战结合的防空地下室，兼顾经济效益。到 1999 年前后，南京城市地下空间总规模超过 100 万 m^2。2000 年以来，地下空间建设主要以结合地面建筑配建的独立地下室、多层建筑的地下人防工程和地下停车库为主。2005 年末，南京市地下空间总规模约为 250 万 m^2。这一阶段地下空间开发利用以重点项目为据点，以综合利用为标志，地下空间在功能上增加了地下停车、地下商业、地下文化娱乐等功能，地下工程规模较大，空间格局上呈聚点扩散。2005 年，南京市颁布了《南京城市地下空间开发利用总体规划》，同年 9 月 3 日，地铁 1 号线正式运营，标志着南京城市地下空间开发利用进入系统规划、与城市发展相协调的新阶段，形成以地铁线路为骨架，带动沿线地下空间建设的发展模式。2016 年，南京市颁布了《南京城市地下空间开发利用总体规划（2015—2030 年）》，规划提出要以轨道交通网络为依托，串联城市各区域的地下空间，确定了南京城市地下空间多中心、网络化的空间布局。这一阶段的地下空间，以地铁车站为节点，连接各地下工程，形成地下网络，空间格局呈网络延伸。

截至 2018 年，南京城市地下空间已经发展了多种功能，包括地下停车、地下交通、地下商业、地下医疗、地下体育、地下教育、地下文化、地下娱乐、地下商务、地下市政设施等，其中地下停车和地下商业为主要功能，分别占总量的 92%和 6.18%。随着南京城市社会经济的不断发展，土地集约化程度不断提高，单一功能的地下工程已经不能满足城市发展的需要，集多种功能于一体的地下综合体随之诞生。

南京城市地下空间形成了主城（中心城区、河西）、副城（江北新区、东山副城、仙林副城）、新城（滨江、汤山、路口、淳溪、板桥、桥林、龙袍、龙潭、永阳）三大圈层的空间格局，按圈层递减分布。主城区地下空间面积 2129 万 m^2，占总面积的 55.84%；副城的地下空间面积 1183 万 m^2，占总面积的 31.03%；新城地下空间面积 501 万 m^2，占总面积的 13.13%。南京市主城区对地下空间的开发利用时间较早，人口密集，建筑密度较高，对地下空间的需求比较突出，因此地下空间的总体规模大。三大副城作为城市副中心，在城市规划和建设之初就对地下空间的开发利用进行了设计，可以有效地缓解主城区人口密度过大的压力。其他新城的地下空间开发利用仍处于起步阶段，规模较小。

3. 深圳

深圳地域呈东西方向长、南北方向窄的狭长条带，总体地势较低，地貌上以低山丘陵为主，其次为滨海平原，地区广泛分布着花岗岩层，且岩石风化程度一般较低，地质条件稳定，适合大力发展大跨度洞室等地下空间。

深圳是我国最早的经济特区，经过近 40 年的发展，在产业经济、城市建设和人居环境等方面都取得了巨大的成就，是粤港澳大湾区的核心城市之一。在土地规模方面，深圳市总体规划是 2020 年建设用地规模不突破 976km^2，但 2008 年底建设用地已达到 917km^2，2013 年建设用地已经达到 957km^2。在人口增长方面，深圳市 2018 年统计常住人口约 1252 万人，随着人口的增长，预计 2038 年深圳市常住人口将达到 2050 万，届时土地供应将会严重不足。深圳面临着人口增长和土地“难以为继”的严峻形势。因此，在有限的土地资源的前提下，开发和利用城市地下空间成为深圳未来城市发展的必然选择。经过近十几年的发展，深圳目前已发展成为全国地下空间开发利用总体水平最高的城市之一，深圳市在轨道交通系统、城市地下道路、地下商业中心、地下综合管廊及其他地下市政设施方面都取得了较快的发展。

深圳市轨道交通系统建设始于1991年，并于2004年开通运营第一条线路，截至2019年底，深圳全市已有轨道运营线路8条，总里程为303.4km，其中地下线已经接近250km，其余为地面线和高架线。同时，规划到2035年，深圳市将建设城市轨道共32条，总长1265km，其中市域快线8条，总长425.9km，普速线路24条，总长839.1km。深圳轨道交通系统在承载市区内公共交通出行量之外，还将有10条线路与东莞衔接，有3条线路与惠州衔接，形成城际线、市域快线、普速线路三层次发达的轨道线网体系。城市轨道交通已经融入深圳市民的日常生活中，通过地铁车站及地下连接通道沟通起周边地上、地下空间，形成了许多以地铁车站为节点的人流聚散中心。

截至2021年，深圳已开通或即将建成的地下道路主要有：港深西部通道，包括约3.09km的地下快速路，于2007年开通；连接深圳坪山区与盐田区的坪山—盐田快速通道，包含全长约7.9km的马峦山隧道工程，目前已全线贯通；2020年初建成通车的前海地下道路，由桂湾一路及临海大道地下道路、滨海大道地下道路、桂塆片区地下车行联络道和前湾地下车行联络道4条地下道路组成，总长约7.6km。根据《深圳市高快速路网优化及地下快速路布局规划》，深圳未来将建成“十横十三纵”的高快速路网，其中核心区新增设“一横三纵”地下道路，即沿城市核心发展主轴上新建东滨路隧道跨海连接沿一线、广深复合通道、皇岗路复合通道及东部过境复合通道。

深圳依托地铁交通网络的建设，对站点地下空间进行同步规划、同步设计、同步建设和同步经营，建成了诸多以地铁站点为依托的商圈和生活圈。目前，深圳市各区商业中心均有地下商业空间，在福田中心、华强北商业区、罗湖商业中心区域已经初步建成一定规模的地下商业中心，并在会展中心、世界之窗、深圳北、福田等地铁站点建立了大型交通枢纽。其中，1号线罗湖站是当时全国建筑面积最大的地铁车站，总建筑面积超过了4.1万m^2，其设计布局为地下三层，主体采用双层三柱四跨钢筋混凝土框架结构。地下一层为人行交通层和绿化休闲广场及出租车场站，地二层为地铁站厅层，地下三层为站台层，其中站台层采用的是两岛一侧、三线四跨结构，站厅和交通层分别为大跨距等柱结构。其中地下一层交通层与罗湖口岸联检楼B层通道对接，乘客可由C出口出站抵达深圳火车站，由D口出站抵达售票大厅，由交通层通过罗湖口岸联检楼B层通道抵达罗湖口岸。

深圳目前已建成的地下商业大多分布在地铁沿线枢纽站点周边范围内，主要包括：以华强北和东门等核心商圈为中心的地下步行街；连城新天地、丰盛町等典型的写字楼集群下的地下步行街；以世界之窗、大剧院等地铁换乘站点为纽带的小型地下通道步行街。深圳市已经确定福田中心区、华强北商业区、罗湖商业中心区、宝安中心区、前海枢纽地区、龙华客运枢纽区、光明新城、南山商业文化中心8个区域为未来地下空间重点开发地区。

深圳是国内较早建设地下综合管廊的城市，早在2005年深圳就建成了第一条全长2.67km的地下综合管廊——大梅沙盐田坳综合管廊；随后，光明区和前海合作区也相继铺设了综合管廊。近年来，为避免城市轨道交通与市政地下综合管廊分别建设造成地下空间建设混乱，道路反复开挖，浪费建设成本，将两者结合同步规划建设已成为一个重要发展方向。深圳目前已经设计完成 12、13、14、16 号线共建综合管廊，总长超过 85km，主要根据深圳市轨道交通四期 12、13、14、16 号线走向，结合市政管线扩容需求确定。截至 2020 年，深圳市将规划建设 73 条综合管廊，力争建成管廊 100km，开工建设总长近 300km（含已建成）。至 2030 年，全市将规划建设 136 条综合管廊，总里程达到约 520km。

同时，深圳开始试点进行部分市政场站的地下化建设，建成地下污水处理厂 5 座，地下变电站 3 座，地下垃圾填埋场 3 座。其中，2011 年建成的龙岗区布吉污水处理厂是国内第一座大规模地下式污水处理厂，污水处理规模 20 万 m^3/d，占地面积近 6 公顷。

1.4　上海地下空间发展历程及特点

1.4.1　上海地下空间发展历程

上海地下空间开发始于人防工程建设，改革开放之后，随着大规模的旧城改造、新区建设和轨道交通建设，上海的地下空间开发规模迅速扩大。时至今日，上海已成为全国乃至全球，地下空间开发程度最高的城市之一。根据上海地下空间的发展历程，可分为三个发展阶段。

1. 1949—1978 年自力更生，艰苦创业

1949 年 11 月 4 日，上海成立上海市人民防空委员会。1951 年，市政府为保障人民生命安全，由市人民防空指挥部组织设计了竹、木结构的防空壕，在学校、大型企业试点修建防空工事，吴泾热电厂和瑞金医院地下工程是上海首次修建的高标准防空工程。1969 年国际局势紧张，人防建设进入全社会广泛参与的全面战备阶段，上海发动群众修建地道式人防工程，建成少数几处大型通道工程，如肇嘉浜路人防工程长 2500m。1970 年 8 月，上海市人防办制定《关于上海市构筑人民防空工事的规划》，至 1978 年，全市共构筑各类人防工程建筑面积近 300 万 m^2。

1960—1963 年，在浦东塘桥试验基地开展了首次盾构法隧道试验。采用直径 4.2m 盾构机建成长 25.2m（浅埋 4m）和 37.8m（深埋 12m）的试验隧道，为在上海地区盾构法施工提供了初步经验。

由于经济和技术条件原因，打浦路隧道建设条件先天不足。试验基地的盾构机由中国自行研发，在技术上有所欠缺。在现代地铁建设中，盾构包括开挖、出土、注浆、导向功能，但那时投入施工的盾构是网格盾构，需要在隧道内施加附加大气压才能疏干隧道正面的土体，维持盾构正面的土体不倒塌，让开掘中的隧道一步一步地向前延伸，这就导致了所有在场施工人员一起承受附加大气压。由于隧道内被施加附加大气压，里面终年潮湿、温度又很低，施工人员进入隧道试验段就要穿上棉大衣才能防寒防湿气。许多工人因长期在这种环境中工作得了关节炎，酸痛难忍。原试验是在苏联专家指导下进行的，由于国际关系紧张，苏联专家表示：上海是软土地质，要在这饱和含水的淤泥质地层中修建水底隧道，完全不可能。而中国人有志气有智慧，在艰苦卓绝的环境下，继续进行试验。1963

年 3 月，施工人员采用直径 4.2m 的盾构机，分别在覆土 4m 和 12m 处，建成长 25.2m 和 37.8m、总长 63m 的装配式钢筋混凝土管片作为衬砌结构的试验隧道。这证实在上海饱和含水软土地层用盾构法和钢筋混凝土管片建造隧道是可行的。

1965 年 5 月，连接浦西和浦东的上海第一条越江隧道，也是中国第一条越江隧道，打浦路隧道开建，拉开了成就这座城市交通划时代梦想的序幕。打浦路隧道是中国第一条水底盾构隧道，采用自行研制的 10.2m 直径网格挤压盾构施工，1966 年 3 月，直径 10.22m 的打浦路隧道（又称 651 工程）由上海市隧道工程公司承建始发推进，隧道全长 1322m，采用网格挤压式盾构施工，隧道穿越粉质黏土、粉砂土、粉砂含水层和江中段灰色粉砂黏土，1970 年 4 月隧道贯通。该项目获 1978 年“全国科学大会奖”。

在地铁领域，1966—1967 年在衡山路地段进行了地铁工程试验，采用直径 5.8m 网格挤压自动挖土盾构、干式出土辅以气压施工掘进了两条长 600m、内径 5m 的钢筋混凝土管片拼装成环的地铁区间，摸索出了盾构对下穿建筑物的影响规律以及施工导致地面沉降等规律。

此外，20 世纪 60 年代，上海开始进行沉埋法隧道的研究和沉管隧道缩尺比例试验，1973 年初在金山石化厂出水口过堤管工程中，通过 6 节外包 6.4m×3.2m×30m 管段按沉放施工工艺要求，完成出入口过堤管，又进行了越江沉埋隧道的试验研究。

至 20 世纪 70 年代中期，上海市隧道工程有限公司针对取排水隧道的取排水水口立管施工，开发了隧道取水口垂直顶升新技术，形成了一套安全、快速、经济而又不受水上风浪潮汐影响的取（排）水口施工新工艺。该工艺于 1984 年获得“美国土木工程师协会格瑞芬德施工奖”，得到全世界的广泛认可。

2. 1978—2010 年改革开放，高速发展

在 20 世纪 80 年代至 90 年代的十几年时间，城市建设大规模启动，浦东新区的建设也如火如荼地展开，上海建造了千余幢高层建筑和一大批公共建筑、越江隧道、上游引水、合流污水和地铁 1 号线等大型地下工程。由于工程规模越来越大，使用要求越来越复杂，因此基坑向着“大”“深”发展，基坑建设费用节节升高，基坑施工对周围环境的影响显著，而其制约条件也越来越严格。由此而引发的设计和施工过程中出现的方案选择、技术措施、节省投资和建设周期等一系列问题，引起了工程界和技术主管部门的警觉和关注。“基坑工程”这一特定的技术术语也逐步形成，并为工程界所接受。在此期间，上海的设计、施工、科研、教学单位也随着工程建设的需要，对基坑工程展开分析研究，探索创新，作了不少技术上的储备。各种基坑支护方式在上海地区得到应用，且在工程实践中不断总结经验和教训，基坑支护技术逐渐走向成熟。

从 1993 年起上海市建委为了规范基坑工程的设计和施工，减少基坑工程事故，开展了基坑工程设计和施工方案评审制度，这一制度一直延续到现在，对于保障基坑工程的安全起到了很好的作用。1997 年，上海颁布了地方标准《基坑工程设计规程》DBJ08-61-97，对提高上海地区的基坑工程设计和施工水平起到了非常重要的作用。

1978 年 10 月，第三次全国人防工作会议制定了“全面规划，突出重点，平战结合，质量第一”的人防建设方针，上海开始探索平战结合的发展道路，1992 年 9 月，市人防办首次举办地下空间经济开发招商洽谈会，将人防工程建设推向市场。1991 年，上海市人防办编制《上海市人防建设与城市相结合规划》，1991—1999 年，上海市民防工程完成数量比 1991 年前的总量增加 1 倍，建成了一批质量好、有规模的民防工程，在人民广场、徐家汇地区开始进行综合性地下空间开发。

1995 年，经停人民广场的上海第一条地铁全线贯通，人民广场成为上海第一个大规模集中开发地下空间的地区。人民广场初期建有 2.5 万 m^2 地下商场和当时亚洲最大的双层地下停车场。整个交通枢纽每天的人流量达到近 60 万人次。

1999 年，伴随着地铁 2 号线建设，人民广场北部地下空间打造了全长 400m 的华盛街。后期，轨道交通 1、2、8 号线在这里交会。围绕轨交车站，在人民广场的地下逐步形成了一个由地铁换乘枢纽、香港名店街和迪美购物中心等共同组成的四通八达的多功能地下综合体，为市民提供了交通、购物、娱乐和休憩的空间。如今的人民广场站已是上海最繁忙的地下交通枢纽之一，共有地铁 1 号、2 号、8 号线三条换乘线路，18 个出口（图 1-18）。每个地铁出口都是一幅时代掠影，静静地印在乘客们的记忆相册里。

图 1-18　人民广场平面图

在施工技术方面，在打浦路隧道经验的基础上，我国自行研制了当时属世界盾构直径最大之列的直径 11.3m 网格水力机械盾构，并用于 1981 年 12 月开工建设的延安东路隧道（北线）。隧道穿越了外滩建筑密集群，对道路、码头、桥梁、重要建（构）筑物和地下管线等进行有效保护，掘进实现了信息化施工，监控正面土压，保持开挖面土体稳定，1987 年 11 月隧道贯通。

以打浦路隧道和延安东路隧道北线为代表，上海自力更生形成了第一代大直径盾构法隧道技术体系。虽然由于工业基础的薄弱，装备方面与世界先进水平存在较大差距，但在总体技术方面已经能够满足当时对大直径隧道的要求。

1980—1982 年，在地铁 1 号线南端漕溪北路地段进行了地铁试验段工程，盾构近距穿越漕溪公园一座宫殿建筑，目的是解决隧道轴线、隧道防水、结构抗裂防渗、盾构掘进地面沉降控制和沿线建筑保护等，为日后上海地铁建设打下了坚实的基础。至此，上海三次较大规模盾构法隧道试验工程总计完成 2504m。

1992 年，上海地铁“一号盾构”（图 1-19）率先掘进。1993 年 5 月 28 日，地铁 1 号线南段锦江乐园至徐家汇站通车试运营；1995 年 4 月 10 日，地铁 1 号线一期工程全线开通试运营。

上海第一条跨越长江的隧道——上海长江隧道（图 1-20），穿越长江口西南港水域，长约 8.95km，采用当时世界最大直径（15.43m）盾构机。该工程南起浦东五好沟，途经长兴岛，向北止于崇明岛东端陈海公路，在南、北港分别采用隧道过江和桥梁过江方案，全长 25.5km，2004 年 12 月开工，2009 年 10 月建成通车。该工程是我国长江口区域的一项特大型交通建设项目，具有重要的交通、经济和社会意义。隧道推进施工所采用的是两台直径达到 15.43m 的超大型泥水平衡盾构，这两台盾构不但代表了当时世界盾构技术的最高水平，而且更是凭借其超大的直径和超长的一次性推进距离成为世界之最。该工程在长、大、深方面挑战了世界级工程难关，创造多项世界纪录。该工程获得国家优质工程奖、中国土木工程詹天佑奖等大奖，施工、运营、建设 3 项技术均获得上海市科学进步一等奖，极大地提升了中国超大直径隧道技术，使其达到了国际先进水平，部分达到国际领先水平。

图 1-19　上海地铁“一号盾构”

图 1-20　上海长江隧道

2005 年 1 月，上海市政府批准了《上海市地下空间概念规划》，2007 年编制完成《上海市地下空间近期建设规划》，并先后开展“十一五”“十二五”“十三五”规划研究工作，各个区和重点片区也纷纷编制了区域性地下空间总体规划和详细规划。

3. 2010 年至今全面发展，精益求精

随着上海世博会的申办成功，上海地下空间均步入快速发展时期，近些年，在城市建设用地减量严控的背景下，随着城市轨道交通和重点区域的建设，城市地下空间进入了“质”与“量”齐升的新阶段。

进入 21 世纪以来，上海地下空间的规划和建设进入快速发展时期。伴随着世博会的申办筹办，轨道交通、道路隧道等市政基础设施建设提速，为上海开发利用地下空间提供了重要契机。随着城市化步伐加快，为满足日益增长的市民出行、轨道交通换乘、商业、停车等功能的需求，地下空间建设规模不断扩大，功能综合化程度不断加强，地下空间逐渐由单体、分散式建设转变为系统、网络化发展，涌现了以上海世博园、虹桥商务区等为代表的城市重点功能区地下空间整体规划建设案例。尤其是 2010 年上海世博会后新一轮城市更新建设的启动，上海地区地下空间开发也呈现出规模越来越大、深度越来越深的趋势。

在建设规模上，主楼与裙楼连成一片，大面积地下车库、地下商业与休闲中心一体化开发的模式频频出现，使得面积在 1 万～5 万 m^2 的地下空间越来越多，有的甚至超过 10 万 m^2。典型的工程如上海长峰商城面积近 2.2 万 m^2，上海由由国际广场面积近 3 万 m^2，上海铁路南站北广场面积近 4 万 m^2；上海国际金融中心面积近 5 万 m^2；上海虹桥综合交通枢纽工程面积更是高达 40 万 m^2。

随着城市建设用地的日趋紧张和土地价格的急剧攀升，高层建筑地下室的层数也在不断增加，由先前的地下 2 层发展到地下 3～4 层，部分达到了地下 5 层，甚至 6 层，地下空间开挖的深度也由原来的十几米迅速增大到二十米以上，甚至达到三十多米的量级。如上海环球金融中心普遍开挖深度 18.35m，上海盛大中心最大开挖深度 22.25m，上海国际金融中心最大开挖深度 28.06m，上海中心大厦裙房基坑挖深达 26.3m，主楼基坑挖深 31.1m，上海世博园 500kV 地下变电站开挖深度 34m。正在建设的为满足上海苏州河深层排水调蓄工程需求的竖井设计最大挖深达到 70m。

随着城市轨道交通网络的初步建成，地下空间的施工环境越来越苛刻，大量的地下空间工程临近地铁隧道或车站，地铁的保护要求极高；另外，位于中心城区的地下空间工程还面临施工场地狭小、市政管线密集、道路交通繁忙、周边建筑林立或存在受保护建筑等情况，基坑施工的环境保护要求高，施工技术难度大。典型的工程如上海兴业大厦，周边紧邻八栋上海市优秀近代保护建筑且有年代久远的地下管线；上海盛大中心，紧邻 6 条地铁区间隧道；越洋广场，基坑紧贴运营中的地铁 2 号线静安寺车站结构外墙，开挖过程中暴露地铁车站的地下连续墙。

这一时期，虽然上海地区的地下空间工程面积越来越大，深度越来越深，且环境保护要求更加严格，但在多年大量工程的研究、设计和施工经验总结的基础上，各种复杂地下空间工程都得到了成功实施，上海地区的地下空间工程建设技术水平在全国范围内已处于领先地位。

目前，在上海市已建成人民广场、徐家汇、陆家嘴、静安寺、五角场、中山公园、世博地区、虹桥商务区等多处具有相当规模的地下综合体，全市地下空间开发规模已超过 1 亿 m^2，通过 800 余公里轨道交通网络的联系，形成网络化、多核心的世界级地下城。

1.4.2　上海地下空间发展特点

截至 2020 年底，上海市已建地下工程共计 4.2 万个，总建筑面积达到 1.26 亿 m^2，年新增开发规模达到 600 万～1000 万 m^2，每平方千米中心城区地下空间开发强度达到 10 万 m^2。

在功能构成方面，地下交通设施仍是上海地下空间开发建设总量最大的地下设施，其规模占比达到 68.44%，包含各类地下公共或配建停车库，831km 的城市轨道交通网络（地下线路比例约 59.5%），17 条越江隧道，50 余处下立交，24km 的系统型地下道路和诸多地下人行通道或地下步行系统。为了充分挖掘土地潜力，保护建成区环境风貌，上海亦开发建设了大量地下公共服务设施，包含商场、餐饮场所、娱乐场所、会议场所、办公场所、文化体育场所、医院、下沉式广场等，规模占比约 4.05%。

对于地下市政公用设施而言，其开发总量约占地下空间总规模的 3.02%，包含 12 万公里的地下市政管线、149km 综合管廊和诸多地下市政场站（如地下变电站、污水处理厂、水库、垃圾转运站等）。此外，地下仓储设施和其他地下空间（含地下闲置空间）的开发总量分别占总规模的 2.44%和 22.05%。

在空间分布方面，上海地下空间开发利用程度呈圈层式变化：内环线以内地区的地下空间开发强度最高，功能类型最为多元，结合轨交站点建设形成诸多地下综合体和地下公共空间；内环线至外环线之间地区的地下空间开发强度一般，已建设施主要为地下交通和市政基础设施；外环线以外地区的地下空间尚未形成规模，开发强度低，除虹桥商务区及五大新城等部分地区外尚未形成大型地下综合体或地下公共空间。

在开发深度方面，上海地下空间开发仍集中在－30m 以浅区域且逐渐朝向深层化发展，例如北外滩来福士广场和在建的徐家汇中心等重点地区标志性建筑地下室开发深度已达 6 层，苏州河深隧等线性市政基础设施最大开发深度达到 60m。

具体而言，上海地下空间的主要发展特点可概括为如下五个方面：

1. 站域地下空间的连通建设

自 1993 年上海首条地铁开通至今，基于地块开发主体的主动连通或控制性详细规划的指引要求，主城区和郊区新城的各级公共活动中心先后开展了站域地下空间的连通建设，在南京路至世纪大道沿线的核心地区、世博园地区、主城副中心、青浦与奉贤新城核心区等地区形成了诸多系统性和规模化的站域地下空间系统。截至 2021 年底，上海 277 座地下轨交站点中，有 96 座与周边地下空间进行了连通开发，总体连通开发比例达到 34.7%。其中，虹桥 2 号航站楼—虹桥火车站、耀华路—中华艺术宫、东昌路—商城路、五角场—江湾体育场等站域地下空间系统衔接了邻近的多座轨交站点（非换乘站），继而形成规划更大、系统性更强、辐射范围更广的站群域地下空间系统。

在空间分布上，站域地下空间连通开发站点呈现显著的圈层式分布，内环线以内的主城核心地区的连通比例达到 54.7%，内环至中环、中环至外环、外环至主城区、五大新城和其他地区则分别达到 26.3%、19.6%、25.9%、40.0%和 29.4%。在连通范围上，96 座站点的平均连通范围为 349m。其中，五角场—江湾体育场、娄山关路、耀华路—中华艺术宫和虹桥 2 号航站楼—虹桥火车站 4 处地下空间系统的最大延伸范围超过 1000m，分别达到 1100m、1170m、1310m 和 1700m。在连通形式上，80.2%的站点为站域第一圈层范围内的直接连通，19 座站点通过地下商业街、绿地广场地下空间及开发地块地下连通道等实现了与轨交站点的间接连通，构建形成较大范围的站域地下空间网络。

2. 地下城市空间的高品质营造

“地下城市空间”的营造要求是指在地下空间的开发中客观认识到城市重点地区和地下轨交站点周边的多层面人行活动需求和浅层地下空间开发价值，除了用于建设传统功能性基础设施外，亦可将部分城市公共空间向地下延伸，与营造地面空间一样，关注地下空间的内部品质、功能复合、竖向开放、横向连通和场所营造。

近年来，上海城市地下空间开发更加强调其作为公共空间的重要属性，从“城市地下空间”逐渐转变为“地下城市空间”，典型案例如上海虹桥商务区核心区一期（图 1-21），在规模上共计开发约 150 万 m^2 地下空间，地面和地下的开发建设规模比例将近达到 1 ∶ 1；在功能上除了传统轨交站点、停车库、设备用房和市政设施外，将零售商业、文化展示、共享办公、酒店服务等功能引入地下一层或二层，塑造“冰山”式的商业开发模式；在布局上充分考虑地下二层作为轨道交通站点和国铁枢纽到达层的人行活动层，构建尺度适宜、同等标高、全域连通、共享开放的地下人行系统，实现地下首层的效果；在地下空间

(a) 地下人行通道 (B2层)

(b) 地下商业通道 (B1层)

虹桥商务区核心区B2层平面图

(c) 商业下沉广场 (B2层)

(d) 办公下沉庭院 (B2层)

(e) 地下办公空间 (B2层)

(f) 地下商业空间 (B2层)

(g) 公共垂直交通 (B1层)

图 1-21　上海虹桥商务区核心区一期地下空间实景

营造上设置大量下沉广场、绿植庭院和采光中庭，使地下一层和二层的各类公共活动界面直面室外空间，实现自然采光、通风和良好的竖向连接，营造出与地面建筑毫无差别、开放宜人、富有魅力的地下空间场所感和地下城市意象。

3. 区域地下空间的整体开发

为了加强地下空间的整体性，上海在地下空间的长期开发实践中逐步从传统的地下连通道开发模式转变为街坊内地下空间整体建设，其后逐渐发展为横跨市政道路且包含多个相邻街坊的区域地下空间整体开发。区域地下空间整体开发模式取消了整体开发区内各地块地下空间的建筑退线要求，保障了连通范围内的统一标高和地下空间品质，亦最大化利用了地块周边零碎的地下浅层空间资源，广泛运用于各级城市公共活动中心，例如北外滩核心区、金桥主城副中心、世博B片区央企总部和徐汇西岸传媒港地区等。其中，西岸传媒港地区遵循“三带”（带地下工程、带地上方案、带绿色建筑标准）和“四统一”（统一规划、统一设计、统一建设、统一运营）的区域组团式整体开发原则，创新采用地上地下分层出让模式，在19公顷范围内跨越9个街坊整体建设46.5万m^2地下空间，借鉴国外先进经验，采用Urban core实现地下空间与地面多层空间的贯通联系，成为我国区域地下空间整体开发的典范案例。

4. 中层及深层地下空间的有序利用

近年来，上海建成区内的地下空间开发主要集中在0～－30m的浅层和中层地下空间。为了实现增量地下空间建设，上海在满足地下空间资源保护与生态安全的前提下逐步开发利用－30m以下的中层及深层地下空间。与此同时，上海亦已在－30m以下空间开展了部分大型市政基础设施（如深层排水隧道、能源输送干管、水资源调蓄设施等）、交通设施（如系统型地下道路、轨道交通等）、物流仓储设施、防灾避难设施、实验室和数据中心的规划建设，典型案例如轨交13号线淮海中路站及相应区间隧道（－33m）、苏州河深隧（－60m）和北横通道苏州河区段（－48m）等。

5. 存量发展背景下的地下空间多元利用模式

当前，上海已明确进入存量用地发展阶段，而城市地下空间资源的开发利用亦是实现存量用地提质增效发展的重要方式。

一方面，地下空间的增量建设是实现城市存量空间提质增效的重要方式，仍是地下空间发展的重要特征。在上海的建设实践中，除了在新增建设用地或拆除重建式用地下开展地下空间新增建设外，常利用城市公共用地、水域或存量建设用地的“边角料”空地，以局部点状增建的方式补充地下停车设施、市政公用设施、公共服务空间等公共设施，实现土地的复合化利用，推动存量用地的生活品质提升，典型案例如苏河湾中央公园与地下商业空间整合建设、徐家汇体育公园地下体育综合体项目、长宁体操中心和妇幼保健院地下空间联合开发项目和静安区大宁沉井式停车库等。以上海张园地区和黄浦区160街坊（原工部局大楼）等为主的案例则借助建筑物顶升托换、整体平移、地下暗挖等先进的工程技术，在存量建构筑下方新建地下空间或对存量地下空间进行竖向和平面增建，在保护地面城市风貌的同时，拓展功能性设施的承载空间，助力存量用地的功能转型发展。此外，为了保障地面环境水平、优化城市空间格局、释放地面空间资源，上海亦积极推进现状架空线缆、具有邻避效应的市政公用设施、物流仓储设施、大型交通设施的地下化建设，例如架空线入地和杆箱整治行动、核心区“井字形”通道规划和静安 500kV 地下变电站等。

另一方面，存量地下空间的更新改造或闲置地下空间的盘活利用亦是上海地下空间发展的重要特点，在规划实践中常采用如下三类再利用模式：将闲置或低效地下空间进行业态升级或功能重置，优先满足社区公共服务需求（社区文化、体育或教育功能），补充停车空间，优化市政配套设施，例如肇嘉浜路早期人防工程的综合管廊改建，长宁区虹仙社区“闲下来合作社”，普陀区石泉六村“微仓”等；对空间品质恶劣或早期设计的地下空间施行内部环境提升策略，增加地下开敞空间以加强自然通风和采光，优化提升地下空间无障碍设施和休憩空间，结合地区文化打造富有特色的地下空间意象，延续地面城市空间风貌，典型案例如上海城市规划展示馆地下连通道的更新改造项目；增强存量地下空间的连通性水平，构建区域地下空间网络，重塑城市空间结构，例如上海陆家嘴地区地下步行系统建设、虹桥开发区地下勾连工程和虹桥临空园区核心区立体连通道规划。

上海地下空间开发政策及规划

2.1　上海地下空间开发的法律法规

城市地下空间的有序开发需要建立一套完善的地下空间管理体制作为规划实施保障，明确地下空间的规划编制管理、规划许可管理、建设施工管理、建后使用管理、法律责任等内容，从法律法规的顶层设计来保障地下空间的规划管理有法可依，有据可循。

2.1.1　上海地下空间开发法规政策体系概览

上海市地下空间方面的规划和法规的发展基本上是以《上海市地下空间概念规划（2005—2020年）》（以下简称《概念规划》）的颁布实施为分水岭。在《概念规划》之前，上海市地下空间方面的法规标准仅限于民防方面。《概念规划》以后，在规划和工程建设推进的同时，各项配套的地下空间法规、规范和政策也纷纷出台。2006年颁布了《上海市城市地下空间建设用地审批和房地产登记试行规定》；2007年制定了《上海市地下空间规划编制暂行规定》和《中国2010年上海世博会园区管线综合管沟管理办法》；2007年全市进行了第一次地下空间普查工作，目前正在开展全市地下空间基础信息平台建设；2010年颁布了《上海市地下空间安全使用管理办法》；2013年上海市人大第十四届人民代表大会常委会第十次会议审议通过了《上海市地下空间规划建设条例》，并于2014年4月1日起正式施行。这是上海市首部地下空间规划建设法规，对加强上海市地下空间开发规划和建设的管理，促进地下空间资源的合理利用，适应城市现代化和可持续发展的需要具有重要作用。

在地下空间的长期开发实践中，上海已形成以地方性地下空间综合法规为核心（《上海市地下空间规划建设条例》），各类相关配套政策、规范文件和技术标准为支撑的“1＋N”法规政策体系（图2-1），对地下空间的规划、建设、运营等各方面作出了详细规定，为地下空间的精细化治理提供了有力保障。表2-1中统计了上海地下空间相关技术标准与配套政策或规范文件。

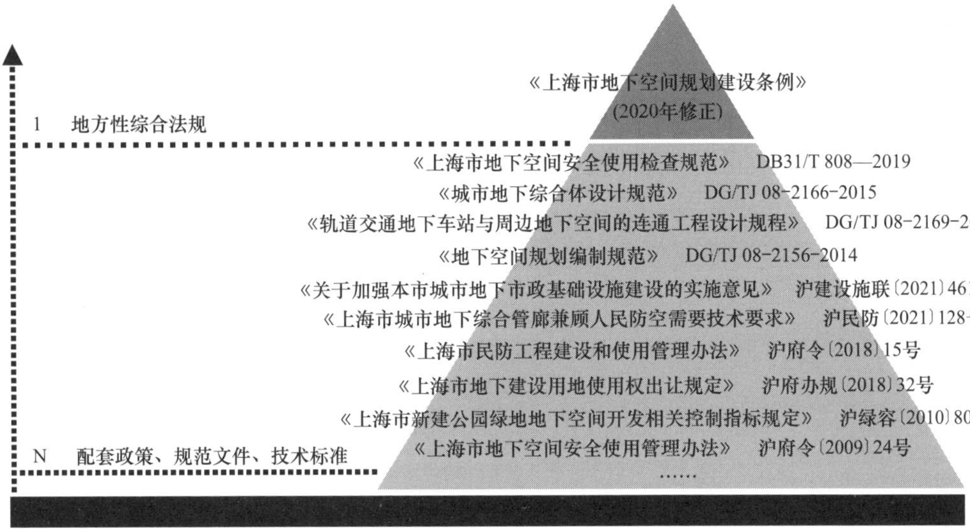

1　地方性综合法规

《上海市地下空间规划建设条例》(2020年修正)

《上海市地下空间安全使用检查规范》　DB31/T 808—2019

《城市地下综合体设计规范》　DG/TJ 08-2166-2015

《轨道交通地下车站与周边地下空间的连通工程设计规程》　DG/TJ 08-2169-2015

《地下空间规划编制规范》　DG/TJ 08-2156-2014

《关于加强本市城市地下市政基础设施建设的实施意见》　沪建设施联〔2021〕461号

《上海市城市地下综合管廊兼顾人民防空需要技术要求》　沪民防〔2021〕128号

《上海市民防工程建设和使用管理办法》　沪府令〔2018〕15号

《上海市地下建设用地使用权出让规定》　沪府办规〔2018〕32号

《上海市新建公园绿地地下空间开发相关控制指标规定》　沪绿容〔2010〕80号

N　配套政策、规范文件、技术标准

《上海市地下空间安全使用管理办法》　沪府令〔2009〕24号

……

图 2-1　上海市地下空间“1＋N”法规政策体系

上海地下空间相关技术标准与配套政策或规范文件　　**表 2-1**

类别	年份	文件	法令号
技术标准	2008	《上海市地下空间规划编制导则》	
	2010	《上海市新建公园绿地地下空间开发相关控制指标规定》	沪绿容〔2010〕80 号
	2011	《上海市城市规划管理技术规定》	沪府令〔2003〕12 号
	2011	《上海市控制性详细规划成果规范》	—
	2013	《上海市控制性详细规划成果规范》	—
	2014	《地下空间规划编制规范》	DG/TJ 08-2156-2014
	2015	《城市地下综合体设计规范》	DG/TJ 08-2166-2015
	2015	《轨道交通地下车站与周边地下空间的连通工程设计规程》	DG/TJ 08-2169-2015
	2016	《上海市控制性详细规划技术准则》	沪规土资详〔2016〕968 号
	2019	《上海市地下空间安全使用检查规范》	DB31/T 808—2019
	2020	《临港新片区地下空间规划设计导则》	沪自贸临管委〔2020〕922 号
	2020	《虹桥商务区规划建设导则》	沪虹商管〔2020〕25 号
	2020	《上海市控制性详细规划成果规范（2020 试行版）》	—
	2021	《上海市新城规划建设导则》	沪新城规建办〔2021〕1 号
	2021	《上海市城市地下综合管廊兼顾人民防空需要技术要求》	沪民防〔2021〕128 号
配套政策或规范文件	1995	《上海市城市规划条例》	—
	1997	《上海市城市道路与地下管线施工管理暂行办法》	沪府令〔1997〕53 号
	2001	《上海市管线工程规划管理办法》	沪府令〔2001〕107 号
	2002	《上海市轨道交通管理条例上海市轨道交通管理条例》	—
	2003	《上海市民防工程建设和使用管理办法》	沪府令〔2002〕129 号
	2004	《上海市城市道路与地下管线施工管理暂行办法的补充规定》	—
	2006	《上海市城市地下空间建设用地审批和房地产登记试行规定》	—
	2007	《上海市地下空间规划编制暂行规定》	—
	2008	《上海市土地使用权出让办法》	—
	2010	《上海市地下空间安全使用监督检查管理规定》	沪府办发〔2010〕29 号

续表

类别	年份	文件	法令号
配套政策或规范文件	2010	《上海市地下空间安全使用管理办法》	沪府令〔2009〕24号
	2011	《上海市城乡规划条例》	上海市人民代表大会常务委员会公告（十三届）第28号
	2012	《上海市停车场（库）管理办法》	沪府令〔2012〕85号
	2013	《上海市地下建设用地使用权出让规定》	—
	2013	《上海市城市地下空间建设用地审批和房地产登记规定》	沪府发〔2013〕87号
	2015	《地下空间安全使用管理基本要求》	DB31/T 984—2015
	2015	《上海市地下经营性用途建筑面积计算及分类规则》	沪规土资执规〔2015〕24号
	2016	《关于推进本市轨道交通场站及周边土地综合开发利用的实施意见》	沪府办〔2016〕79号
	2017	《关于本市地下管线纳入地下综合管廊的若干意见》	沪建设施联〔2017〕267号
	2017	《上海市地下空间突发事件应急预案》	
	2018	《上海市地下建设用地使用权出让规定》	沪府办规〔2018〕32号
	2018	《关于在全市开展结建民防工程配建面积计算新标准试点工作的通知》	沪民防规〔2018〕1号
	2018	《上海市普通地下室使用备案管理实施细则》	沪住建规范〔2018〕4号
	2020	《上海市工程建设项目民防审批和监督管理规定》	沪民防规〔2020〕3号
	2021	《关于加强本市城市地下市政基础设施建设的实施意见》	沪建设施联〔2021〕461号
	2021	《上海市城市更新条例》	上海市人民代表大会常务委员会公告第77号
	2021	《上海市自然资源利用和保护“十四五”规划》	沪府办发〔2021〕22号
	2021	《上海市浅层地热能开发利用管理规定》	沪规划资源规〔2021〕3号
	2023	《上海市地下空间突发事件应急预案》	沪府办〔2023〕11号
	2023	《上海市促进地热能开发利用的实施意见》	沪发改规范〔2023〕2号

2.1.2 上海地下空间规划建设相关法规

作为上海市首部地下空间综合性法规，《上海市地下空间规划建设条例》对加强上海市地下空间资源利用与管理具有不可替代的作用，其指导思想是为了加强对本市地下空间开发的规划和建设的管理，保障相关权利人合法权益，促进地下空间资源的合理利用，适应城市现代化和可持续发展的需要。

1. 地下空间的规划原则

在地下空间规划方面，明确规划原则是地下空间开发应当遵循统筹规划、综合开发、合理利用、安全环保、公共利益优先、地下与地上相协调。地下空间总体规划的内容应当包括：地下空间开发战略、总体布局、重点建设范围、竖向分层划分、不同层次的宜建项目、同一层次不同建设项目的优先顺序、开发步骤、发展目标和保障措施。中心城分区规划、郊区区县总体规划、新城总体规划、新市镇总体规划应当包括地下空间规划内容，地下空间规划内容应当符合地下空间总体规划。地下空间分为浅层、中层和深层，实行分层利用。地下空间开发应当优先安排市政基础设施、民防工程和应急防灾设施，并兼顾城市运行最优化的需要。

编制涉及地下空间安排的控制性详细规划，应当明确地下交通设施之间、地下交通设施与相邻地下公共活动场所之间互联互通的要求。确定重点地区的控制性详细规划，还应当对地下空间开发范围、开发深度、建筑量控制要求、使用性质、出入口位置和连通方式等作出具体规定。其他地区的控制性详细规划可以参照重点地区对地下空间的规划要求作出具体规定。涉及地下空间安排的各类专项规划，由市有关专业管理部门会同市规划国土资源行政管理部门组织编制，经批准后纳入相应的城乡规划。应当制定民防工程建设规划，对单建民防工程的布局，以及地下空间开发兼顾民防需要的重点区域和技术保障措施等做出规定。控制性详细规划和相关专项规划应当在相应地下空间预留地下管线位置。已经预留地下管线位置的区域不得新建架空线及其杆架。国务院、市人民政府和本市新城批准设立的经济开发区应当制定综合管沟规划。已经制定综合管沟规划的区域，应当集中敷设电信电缆、电力电缆、给水管道等管线。相关管线规划应当与综合管沟规划相衔接。已明确纳入综合管沟的管线，相关规划不再另行安排管线位置。

2. 地下空间的建设要求

对于地下空间的建设，应当遵循国家和上海市规定的建设程序，遵循先地下、后地上的建设顺序。地下空间的建设不得危及地下及地上相邻建（构）筑物、附着物的安全，地下空间建设因通行、通风、通电和排水等必须利用相邻建设用地的，相邻建设用地使用权所有人应当提供便利条件。建设单位的通行、通风、通电和排水等应当符合相关法律法规、标准和规范的要求，尽量避免对相邻建设用地使用权所有人造成损害；造成损害的，应当给予赔偿。建设地铁、隧道、综合管沟、地下道路等市政基础设施以及单建式地下工程，应当符合国家有关地下工程建设兼顾民防需要的标准。建设单位新建民用建筑，应当按照国家有关规定，结合建设可用于民防的地下室。

规划条件对地下建设工程有连通要求的，地下建设工程的设计方案应当明确与相邻建筑的连通方案。相邻建筑已经按照规划预留横向连通位置的，新项目的横向连通位置应当与之相衔接。新项目建设单位负责建设衔接段的地下通道，并可以取得地下通道的建设用地使用权。规划条件对地下建设工程未明确连通要求的，建设单位可以与相邻建筑所有权人，就连通位置、连接通道标高、实施建设主体和建设用地使用权等内容达成协议，形成连通方案，纳入建设工程设计方案一并提交审核。衔接段的地下通道需要穿越城市道路、公路用地的，规划国土资源行政管理部门应当征询建设行政管理部门的意见，并在土地划拨决定书或者出让合同中明确建设单位建设地下通道的义务、地下通道建成后的使用方式和维修养护义务。

地下工程建设应当符合工程建设安全和质量标准，满足防汛、排涝、消防、抗震、防止地质灾害、控制振动影响和噪声污染等方面的需要，以及设施运行、维护等方面的使用要求，使用功能与出入口设计应当与地上建设相协调。地下建设工程之间的距离，应当符合相邻地下设施安全保护的要求。

控制性详细规划应当根据相关专项规划或者行业标准，明确隧道、地铁及综合管沟等大型地下市政基础设施的安全保护区范围。需要在安全保护区范围内进行地下工程建设的，项目可行性研究报告和建设工程设计方案的审批应当征求相关行业行政管理部门的意见；建设单位应当依法向相关行业行政管理部门报批施工保护方案，并委托有资质的监测单位对市政基础设施的安全进行监测和检测，采取相应的安全措施。

2.1.3 上海地下空间建设用地使用权相关法规

《上海市地下建设用地使用权出让规定》（以下简称《规定》）于 2018 年 11 月，在 2013 年相关政策基础上修订而成，该规定内容共计 15 条，有效期至 2023 年 10 月 30 日。

1. 地下建设权出让范围

《规定》明确了地下建设用地使用权出让范围，除列入国家《划拨用地名录》范围的地下建设工程可以采取划拨方式取得地下建设用地使用权外，其他地下建设工程应当以出让等有偿使用方式取得地下建设用地使用权。地下建设用地使用权的出让，应当采用招标、拍卖、挂牌的方式。但符合以下情形之一的，可以采用协议出让的方式：附着地下交通设施等公益性项目且不具备独立开发条件的地下工程；地上建设用地使用权所有人在其建设用地范围内开发建设地下工程的；存量地下建设用地补办有偿使用手续以及其他符合协议出让条件的。结建的地下工程随其地上部分一并出让地下建设用地使用权。

2. 地下建设规划条件

《规定》明确了地下建设规划条件，优化地下建设用地使用权出让的补办流程，合并和优化办理环节，简化办理程序。地下建设用地使用权出让前，规划资源部门应当根据控制性详细规划核定地下建设规划条件。控制性详细规划中未明确地下空间规划要求的，应当根据规划管理技术规定核定规划条件。规划条件应当明确地下建设工程的用途、最大占地范围、开发深度、建筑量控制要求、与相邻建筑连通要求、地质安全要求等规划设计要求。地下建设规划条件应当纳入土地出让合同。土地出让合同约定的地下建设规划条件未能明确的，可以在建设工程设计方案和建设工程规划许可证中明确。土地受让人应当在地下建设工程规划许可证核发后三个月内，及时申请签订补充出让合同，确定地下建设规划条件，补缴土地价款。项目竣工验收时，地下实测建筑面积超过出让合同约定的地下建设规划条件，但在规划允许实测误差控制范围内的，通过签订补充出让合同，调整地下建筑量，按照原出让合同约定的土地价格，补缴土地出让价款。规定实施前签订土地出让合同、尚未办理土地核验的项目，涉及地下工程的，也应当按照本规定，签订补充出让合同，确定地下建设规划条件，补缴土地价款。其中，2006 年 9 月 1 日前签订土地出让合同并取得地下建设工程规划许可证所批准的地下工程，在签订补充出让合同完善地下建设规划条件时，免收土地价款。

3. 地下建设工程规划许可

《规定》明确了地下建筑面积和用途核定的有关规定，明确建管部门职责。建设单位申办地下建设工程规划许可证时，应当列表申报各类用途的建筑面积，并在相关图纸中，明确标注范围。规划资源部门核发地下建设工程规划许可证时，应当将地下建筑面积分类表作为附件。建设单位申报地下建设工程规划土地综合验收时，应当列表申报各类用途的实测建筑面积。规划土地验收部门应当出具意见，列明各类用途地下建筑情况。建设单位列表申报地下各类用途建筑面积时，对地下规划条件或地下工程规划许可证明确批准用途的商业、办公、仓储等，应当逐类列计建筑面积；对地下规划条件或地下工程规划许可证未明确用途的设备用房等，按照项目配套设施列计建筑面积；按照规划要求建设的地下公共通道和市政公用设施等公益性设施，单列建筑面积。

4. 地下建设用地使用权价格体系

《规定》完善了地下建设用地使用权基本价格体系，完善用途种类、降低价格标准，鼓励适度向下开发。地下建设用地使用权基本价格按照“鼓励开发、分层利用、区分用途、地下与地上相协调”的原则确定。地下一层基本价格以基准地价为依据，按照与同类用途、相应级别地上建设用地使用权基准地价的一定比例确定。地下二层按照地下一层的50%确定，地下三层及以下按照上一层的60%确定。地下项目配套设施的基本价格，按照建设项目用途基准地价的一定比例确定。建设项目为混合用途的，按照混合用地比例计算确定。地下工程范围内的民防工程部分，建设用地使用权基本价格，按照其所在工程地下用途基本价格的50%确定。地下建设用地使用权出让价款，应当经过评估，评估以基本价格为依据。地下建设用地使用权采用招标、拍卖、挂牌方式出让的，应当根据评估结果，经出让人集体决策，确定标底或底价。采用协议出让的，应当根据评估结果，经出让人集体决策，确定出让价款。协议出让最低价不得低于基本价格的70%。住宅配套类地下停车库暂免收取地下建设用地使用权出让价款，直接纳入出让合同的地下规划条件。2013年12月1日（含）前签订出让合同，并在2018年9月30日（含）前已取得建设工程规划许可证的非住宅配套类地下停车库，免收土地价款，直接纳入出让合同的地下规划条件。按照规划要求建设的地下公共通道和地区服务性市政公用设施等公益性设施，不纳入地下建设用地使用权出让范围，不计土地出让价款，可在出让合同中，约定建设和管理要求。

5. 地下空间整体开发配套规定

《规定》强调地下空间整体开发、连通开发的配套规定，鼓励整体开发。在集中开发的区域，应当对地下空间进行统一规划、整体设计，通过城市设计、控规附加图则和开发建设导则，规范区域内地下空间建设行为。涉及地下空间的建设工程设计方案，应当经集中开发区域的管理机构综合平衡后，方可报规划资源部门审批。鼓励实行区域地下空间整体开发建设。由一个主体取得区域地下建设用地使用权实施开发建设的，地上建设用地使用权可以分宗采取“带地下工程”方式供应。区域地下空间实行分宗出让、委托一个主体统一建设的，土地出让条件中应当明确统一建设的要求，地下建设工程设计方案和工程规划许可应当充分考虑各宗地地下空间的物理分割条件，合理确定地下工程布局，各宗地地下空间分割界线应当与地上权属界线相协调。实行地下空间整体开发建设的，地上和地下建设用地使用权人应当在建设开发和使用过程中相互提供便利。土地出让合同中，可以明确相邻关系的具体约定，以及地下空间的地面出口、地上工程的地下桩基等配套设施和构筑物的权属等内容。在互连互通方面，地下建设用地使用权人应当按照规划条件和建设工程规划许可明确的地下空间连通要求和连通方案实施建设。相邻地块已按照规划预留连通位置的，应与之相衔接。新项目的地下建设用地使用权人负责建设衔接段的地下通道。

2.2　上海地下空间开发的政策导向

2.2.1　上海地下空间开发相关政策的发展历程

在我国城镇化高速发展与地下空间大规模建设之初，已有学者提出要针对地下空间资源开发开展国家层面的立法，但是迟迟未得以落实。1997 年，建设部发布《城市地下空间开发利用管理规定》，明确了“地下空间规划是城市规划的组成部分”，应编制地下空间发展规划和建设规划，同时提出“地下工程应本着‘谁投资、谁所有、谁受益、谁维护’的原则”，允许“地下工程自营或依法进行转让、租赁”。然而，该规定仅为部门规章，法律效力低，未明确界定地下空间的权属范围和出让要求，可操作性不强。此后，2007 年通过的《中华人民共和国城乡规划法》仅提出地下空间开发利用的规划及审批要求，未能明确其法定规划地位。虽然《中华人民共和国物权法》（以下简称《物权法》）允许建设用地使用权分层设立，但是未有具体的实施方法。在此背景下，部分城市结合自身发展需求制订了地下空间综合性管理规定、专项管理办法和配套文件等。虽然上述文件在一定程度上明确了地下空间规划建设的管理内容，但是各文件内容较为零散，难以形成制度化的管理体系，在实施性上依然存在较大问题，仍呈现粗放式管理的特征。以上海市为例，2006 年成立的地下空间管理联席会议仅为议事协调机构而非专门的领导机构，缺乏管理的权威性。虽然《上海市城市地下空间建设用地审批和房地产登记试行规定》（沪府发〔2006〕20 号）提出对地下经营性设施收取土地使用出让金，但是出让金收取标准及方法的实施细则于 2013 年 11 月才发布（《上海市地下建设用地使用权出让规定》（沪府办〔2013〕84 号）），难以落实前述规定的管理要求，而上海市亦于 2014 年才实现首宗地下空间建设用地使用权出让（浦东新区黄浦江沿岸 E14 单元 Z4-2 地块地下商业空间）。总体而言，增量用地发展阶段的地下空间总体规划逐步从单一的人防工程专项规划转变为包含平战结合工程和普通民用地下空间的综合性规划，尚缺乏系统化的面向商业开发且利于市场主体实施的制度保障，特别是在地下空间的规划效力、管理机构和土地使用权归属等方面，仍以粗放式管理为主。

存量用地发展阶段，地下空间的利益主体趋于多元，实施方式更加复杂。为了鼓励社会资本参与存量地下空间的更新改造，利用地下空间的增量建设带动城市功能转型，需要提供更加明晰的地下空间管理机制、权属登记和奖励措施，传统粗放式管理难以满足复杂的规划实施要求。目前，国家层面的地下空间综合性立法依然未有进展，而各地区则基于前期地下空间规划实施和管理体制的探索成果，着手制订更具操作性的地下空间综合性法规或办法。以上海市为例，为实现地下空间开发建设的精细化管理，于 2013 年出台了首部地下空间综合性法规或办法并多次修正，为现阶段地下空间总体规划的贯彻和落实提供了保障。总体而言，上述法规或办法均特别明确了地下空间各层级规划与城市总体规划和控制性详细规划的从属关系，提升了地下空间规划的法律效力。针对地下空间的管理机构，上海市明确了由规划主管部门作为地下空间开发的综合协调机构，避免了地下空间多头管理和无人统筹的局面。对于地下建设用地使用权出让方式，上海对划拨、招拍挂、协议或租赁等方式制订了详细的实施细则，通过划拨或协议出让、免收地价、允许配建一定比例的经营性建筑等方式，鼓励实现地下空间的互联互通。针对地下空间产权登记，明确了地下空间权属的三维范围界定原则，落实了《物权法》中对建设用地使用权分层设立的要求。

2.2.2　上海地下空间开发相关激励政策

虽然地下空间开发激励内容未直接在文件中提出，但是在相关实施细则及规定中含有相关内容，例如地下建筑面积不计容，地下公共空间或公益性设施不出让建设用地使用权且不计出让价款，建设地下公共开放空间或公共服务设施的容积率或建筑面积奖励等。与地下建筑面积不计入容积率相关的政策为《上海市建筑面积计算规划管理规定》（沪规划资源建〔2021〕363 号）第 5 条，该条款明确地下室不计入容积率的适用情形。与地下建设用地使用权出让金减免相关的政策为《上海市地下建设用地使用权出让规定》（沪府办〔2018〕32 号）第 9 条，该条款明确“地下公共通道和地区服务性市政公用设施等公益性设施，不纳入地下建设用地使用权出让范围，不计土地出让价款，可在出让合同中，约定建设和管理要求”。与容积率或建筑面积奖励相关的政策包括：①《上海市城市规划管理技术规定（土地使用建筑管理）》（2011 年修订版）第 20 条，中心城内的建筑基地为社会公众提供开放空间的，在符合相关规定的情况下，对核定建筑容积率小于 4 的用地增加最高不超过核定建筑面积的 20％的作为奖励，其中容积率小于 2 时，每提供 $1m^2$ 有效开放空间允许增加 $1m^2$ 建筑面积，大于或等于 2 时则该指标为 $1.5m^2$；②《上海市控制性详细规划技术准则》（2016 年修订版）第 13.4 条规定：“因增加社区公益性设施、公共停车泊位、建筑底层公共空间或将建筑内部空间向公众开放而增加建筑面积，增加幅度不超过 15％”；③《上海市城市更新规划土地实施细则》（沪规土资详〔2017〕693 号）第 28 条（三）规定：城市更新时“在建设方案可行的前提下，规划保留用地内的商业商办建筑可适度增加面积”，同时在附件中明确了各类新增公共开放空间或公共服务设施给予的商业商办建筑奖励面积的系数及要求。

2.2.3　上海地下市政基础设施建设保障措施

2021 年 8 月，为进一步加强城市地下市政基础设施建设与管理，提升城市安全韧性，推动地下市政基础设施数字化转型，根据住房和城乡建设部发布的《关于加强城市地下市政基础设施建设的指导意见》（建城〔2020〕111 号）的精神，结合本市实际，制定《关于加强本市城市地下市政基础设施建设的实施意见》。其中明确了四项地下市政基础设施建设保障措施。

（1）落实管理责任。完善市地下空间管理联席会议职责，将地下市政基础设施规划建设职责纳入联席会议。推动地下市政基础设施规划、建设、运维、管理等相关部门共享建设计划、工程实施、运行维护等方面信息，切实加强建设统筹、工程质量保障与施工安全管理协调。依托市地下空间管理联席会议，加强城市地下市政基础设施建设管理的统筹协调，并将有关工作任务作为城市数字化转型的一项重要内容，定期开展检查、督查和考核评估。各区人民政府应加强对城市地下市政基础设施建设管理工作的组织领导，统筹城市地上地下设施建设，做好地下空间和地下管线各项具体工作。各区、行业管理部门及管线权属单位应当按照各自职责，协同做好地下管线规划建设管理工作。设施权属单位作为管理工作的第一责任人，应当依法依规做好建设运行管理各项工作，确保安全运行。

（2）强化技术支撑。制定和完善设施普查相关标准和技术规范，指导本市普查工作。加大城市地下市政基础设施科技研发和创新力度，鼓励在建设、运行维护及应急防灾等工作中，应用新工艺、新材料和新技术。

（3）落实资金保障。市、区两级财政部门及设施权属单位按照各自职责做好资金保障，支持和推进地下市政基础设施普查和综合信息平台建设工作。

（4）加强宣传引导。借助各类媒体平台，畅通宣传渠道，加强经验总结，形成可复制、可借鉴的典型案例，发动社会公众进行监督，增强全社会安全意识，营造良好舆论氛围。

2.2.4 上海地下空间开发的对策思考

虽然上海市为落实地下空间总体规划已逐步构建了更精细化的管理机制，发布了一系列地方性法规、办法或文件，但是在执行落实层面仍存在如下问题或不足。

（1）地下空间总体规划中的部分要求在实施上存在较大阻力，缺乏配套的保障性办法或实施细则。上海最新一轮城市总体规划明确提出了主城区和新城范围内新建市政基础设施100%的地下化建设要求。然而，由于高昂的投资成本和地下空间应对内部水灾或火灾的薄弱性，以变电站为主的市政场站建设管理主体无意推动地下化建设或明确不审批地下场站的建设方案，使该定量化指标难以落实，需进一步提出实施细则。

（2）针对地下建设用地使用权出让方法，上海虽有提出但缺乏具体要求。此外，上海提出按照规划要求建设的地下公共通道不纳入出让范围，但是并未涉及地块开发主体自主建设的情况，也未明确地下公共通道的认定标准。针对地下空间的权属登记，尚未推行三维地籍管理技术，难以实现城市三维空间的精细化管理。上海以竣工后地下建（构）筑物外围实际所及范围为计算标准，但未对建（构）筑物基础所占用的地下三维空间作出规定，存在法规上的空白。建（构）筑物基础实际上仍占用了部分地下空间资源，是否应豁免其占用的三维空间权属登记及出让金计收取仍有待商榷。

（3）未明确规定现状地下建（构）筑物与用地红线之间的未开发的地下建设用地的使用权归属。存量用地发展背景下，上述地块内未利用地下空间资源仍存在开发可能，其开发主体可能与既有地块产权主体或地块内现状地下建设用地使用权主体不同。在此情况下，该部分地下空间权属可否出让，如何协调新设立使用权主体与既有产权主体之间的利益关系，仍有待于进一步研究。

（4）既有的地下空间法规、办法或文件对存量地下空间的权属登记和新增地下空间的建设用地使用权出让作出了详细的规定。然而，上述规定并未涉及存量地下空间功能变更的相应机制及地下建设用地使用权出让金的返还或补缴要求。一般而言，我国主要城市的地下建设用地使用权登记及出让金收取根据地下建筑物内各实际功能用途的面积分别确定。存量用地发展阶段，现状地下空间权属主体可能调整既有空间功能，例如将经营性空间或高价值功能空间（如商业、办公）改造为价值相对较低的配建停车库、公共停车库或地下公共通道，或者顺应周边地区需要而将设备用房、停车库等功能调整为地下经营性空间。由于上述情况均需变更业已登记的地下建设用地使用功能，相关法规应明确功能变更及出让金收取机制，既保护存量空间使用权人的权益，又能够维护社会公平。

（5）地下空间开发激励政策难以真正鼓励开发主体建设地下公益性设施。虽然上海市对地下公共空间、公共服务设施、城市基础设施的开发提出了奖励容积率（或容积）和建筑面积的政策，但是并未出台细则明确可获得奖励的地下空间构成范围、空间边界和建筑面积计算方法，难以形成系统化的认定制度。在奖励标准方面，虽然政策中规定的奖励上限均较高（一般为核定建筑总面积的 15%～30%），但是奖励额度通常根据所提供的公共开放空间或公益性设施面积的 0.5～2.0 倍计算，实质上可获得的面积并不多。此外，《上海市城市更新规划土地实施细则》规定，对规划保留用地内因建设地下公共服务设施而奖励的商业商办建筑容量增加倍数需额外予以 0.8 的折减。存量用地内开发地下空间的成本较一般情况更高，而规划部门对容积率调整的审批则更为谨慎，较低的奖励标准进一步降低了开发主体的积极性，因而实施推行效果一般。另一方面，为鼓励地下公益性设施建设，规定可免除该部分的地下建设用地使用权出让金，而未提出现金奖励或补助政策，难以有效提升地块主体的开发积极性。

2.3　上海地下空间开发的规划与管理

2.3.1　上海地下空间规划的发展历程

“规划引领”始终是上海地下空间资源开发利用的先决条件。上海市地下空间资源开发利用规划始于人防工程大规模建设，后随着城市的发展需要逐步过渡到平战结合和民用地下空间规划阶段。

在以人防工程规划建设为主导的时期，出于国防战备兼顾城市交通需求，上海早在 1956 年就着手编制《上海市地下铁道初步规划（草案）》并开展了地铁隧道的建设试验。20 世纪 60 年代以后，除了修建单体的人防工程外，利用地下干道实现人防工程之间的互联互通亦成为地下空间的重要建设形式，例如人民广场地下环形通道工程和肇嘉浜路人员疏散干道工程等。1970 年，市民防办编制了《关于上海市构筑人民防空工事的规划》，成为我国较早编制的城市层面地下空间专项规划。

随着城市建设对于地下空间的资源需求日益迫切，为了保证地下空间的有序发展，上海在探索中逐步推进各层级地下空间规划编制工作。1988 年，上海市已开始人防与城市建设相结合规划的探索，着手编制了上海康健新村居住区人防工程和地下空间综合开发利用的相关规划，被视为我国最早开展的地下空间详细规划实践。1991 年，市民防办组织编制了《上海市人防建设与城市建设相结合规划》。其后，黄浦、卢湾等区由当地民防办联合同济大学地下空间研究中心分别于 1995 年和 1996 年开展了地下空间分区规划的编制，包含总体规划控制和各分项设施规划（地下空间设施、公共设施、防灾设施、防护设施），用以指导平战结合地下空间的建设与实施。在城市设计方面，《陆家嘴中心区规划设计方案》（1993）和《上海静安寺地区城市设计》（1995）等均明确提出了地下空间的整合开发理念。1997年，上海地下建筑设计院和长宁区地铁建设指挥部联合编制了《长宁区中山公园商业中心地下空间开发详细规划》，提出结合规划建设中的中山公园地铁站开发站域地下空间系统，在后期开发中基本得以落实。

增量用地发展时期，城市现状地下空间的规模较小，中心城区的空间矛盾突出，地下空间总体规划的首要目标是结合城镇化发展，快速实现地下空间的增量建设，拓展城市空间容量。《上海市城市总体规划（1999—2020年）》明确提出要重点发展地下多功能公共活动综合体、市政基础设施、交通设施和平战结合民防工程为主体的地下空间。

2002年前后，为推进上海城市地下空间的综合利用与开发，在市民防办等各有关单位的参与配合下，上海市原规划局会同市建设交通委组织编制了《上海地下空间概念规划》，并于2005年经市政府批准了第一部真正意义上的综合性地下空间总体规划——《上海市地下空间概念规划（2005—2020年）》。结合实际情况，规划明确了上海开发利用地下空间的必要性和迫切性，提出了地下空间开发原则，并从整体出发确立了地下空间平面和竖向布局；规划深化了城市总体规划的原则性要求，具体提出了地下空间使用的纵向分层导则和不同功能避让原则。该规划为上海地下空间的开发利用模式和方法指明了方向，为控制性详细规划、地铁专项规划、市政设施规划等各类相关规划的制定提供一个可操作的协调依据。在此基础上，上海城市地下空间的开发建设进入了一个快速、有序的发展阶段。规划还明确了上海中心城东、南、西、北、中部11个近期建设重点地区地下空间利用的内容和要求。

2005年编制完成的《上海市地下空间概念规划》拉开了上海地下空间规划的序幕，2008年，《上海市地下空间规划编制导则》制定完成，完善了地下空间规划编制体系，明确了地下空间编制内容、深度和报批程序，以及重点地区地下空间规划的相关要求。《上海市地下空间概念规划（2005—2020年）》中特别强调了配合世博会举办契机，“围绕地下轨道交通的建设，大力推进城市地下空间开发进程，重点建成一批骨干性的地下空间综合工程”。为落实上述规划发展目标，2007年由上海市民防办和原规划局联合编制了《上海市地下空间近期建设规划（2007—2012年）》，推动重点地下空间项目的规划实施。此后，在总体规划的指导下，宝山、黄浦、闸北、长宁、虹口、徐汇等区先后开展了新一轮的地下空间分区规划。针对城市重点地区的发展特点，编制了上海世博园、五角场、徐汇城市副中心、真如副中心、虹桥综合交通枢纽和商务区等重点地区的地下空间详细规划。以上规划对推动上海市地下空间科学、合理地开发利用起到了积极的指导作用，基本形成了从总体、地区、节点到专项的地下空间规划体系。

2017年，最新编制的《上海市城市总体规划（2017—2035年）》进一步强调了地下空间资源在存量用地发展时代的重要价值，同时明确了未来上海地下空间的布局模式与规划指标要求。2021年，在新一轮总体规划的要求下，市政府相关部门也着手开展《上海市地下空间资源开发利用和保护专项规划（2020—2035年）》的编制工作。

存量用地发展背景下，城市总体规划更加强调对土地利用水平和空间结构效率的提升要求，地下空间总体规划不再单纯强调地下空间规模的增量发展，而是立足于地下空间资源的保护进行适度和高效开发，以此实现城市空间的提质增效和存量地下空间资源的盘活优化。以《上海市城市总体规划（2017—2035 年）》为例，在明确“以主城区、新城为核心，以轨道交通换乘枢纽、公共活动中心等区域为重点的地下空间总体格局”的同时，着重强调了地下空间资源的合理利用，并未像 2005 年版的地下空间总体规划一样提出“推进开发进程”或建设“骨干性项目”的要求。此外，《上海市城市总体规划（2017—2035 年）》明确“至 2035 年，主城区、新城新建轨道交通、市政设施（含变电站、排水泵站、垃圾中转站等）地下化比例达到 100%，逐步推进现状市政基础设施的地下化建设和已建地下空间的优化改造”。2021 年出台的《上海市城市更新条例》明确提出“在城市更新活动中应对地上地下空间进行一体化提升”，特别要求“在浦东新区应优化分层设计并探索垂直空间分层设立使用权”。

地下公共空间是与城市公共活动联系紧密、对城市空间体系影响最为深远的地下空间设施系统。在这方面，《上海市城市总体规划（1999—2020 年）》明确提出了“地下多功能公共活动综合体”的概念。基于《上海市城市总体规划（1999—2020 年）》确定的中心城空间布局结构，《上海市地下空间概念规划（2005—2020 年）》进一步明确了要在各类重点换乘枢纽和公共活动中心规划建设大型地下空间综合体（包含站域地下公共空间）。《上海市地下空间近期建设规划（2007—2012 年）》则首次从总体层面提出“地下公共活动系统”的平面布局、开发策略、管理要求等具体规划要求，明确“近期以大型公共建筑的密集区、商业密集区、城市公共交通枢纽及大型开放空间等为地下公共活动系统建设的重点”。此后，站域地下公共空间突出了其城市空间属性，不再强调平战结合要求，在建设规模和建设速度上明显高于开发探索时期，其开发位置仍以主城区为主，特别是中环线以内地区，内部功能则兼顾了商业服务和公共通行，空间设计上更注重舒适性和系统性。此外，部分公共活动中心或城市副中心着手编制了地下空间规划实施方案，构建区域一体化的地下公共空间系统，例如《五角场城市副中心地区地下空间实施性规划设计》（2004）和《中国 2010 年上海世博会园区（浦东部分）地下空间规划》（2007）等。

2.3.2　上海地下空间规划的编制体系

目前，结合上海关于建立国土空间规划体系并监督实施的要求，上海市已基本构建起三级地下空间规划编制体系：总体规划层面，单独编制地下空间总体规划，作为专项规划纳入城市总体规划；分区规划层面，结合中心城分区规划、郊区区县总体规划、新城总体规划和新市镇总体规划编制地下空间分区规划或将地下空间规划要求纳入相应城市分区规划；详细规划层面，结合“五级三类”重点地区的城市设计开展地下空间规划研究，将地下空间规划控制内容以附加图则形式纳入控制性详细规划。上海市各层次地下空间规划编制情况见表 2-2。

1. 地下空间总体规划

城市地下空间总体规划是城市地下空间健康、有序发展的前提条件。尤其是在城市地

上海市各层次地下空间规划编制情况（不完全统计） 表 2-2

层次	规划项目	年份
总体规划	上海市人防建设与城市建设相结合规划	1991
	上海市地下空间概念规划	2005
	上海市地下空间近期建设规划	2007
	上海市地下空间资源开发利用和保护专项规划	2020
分区规划	黄浦区地下空间开发规划	1995
	卢湾区地下空间总体规划	1996
	宝山区区域地下空间总体规划	2005
	黄浦区地下空间总体规划	2006
	徐汇区区域地下空间总体规划	2006
	闸北区地下空间总体规划	2008
	长宁区地下空间总体规划	2010
	黄浦区地下空间开发建设和保护利用专项规划	2013
详细规划	康健新村居住区人防工程和地下空间综合开发利用规划	1988
	长宁区中山公园商业中心地下空间开发详细规划	1997
	五角场城市副中心地区地下空间实施性规划	2004
	徐家汇地区综合交通和地下空间开发利用深化规划	2005
	上海世博会园区地下空间规划	2005
	上海新江湾城知识商务中心地下空间实施规划	2006
	静安寺地区地下空间实施性规划	2006
	上海长风商务区地下空间控制详细规划	2006
	上海市北外滩地区地下空间控制性详细规划	2006
	虹桥综合交通枢纽地区地下空间专项规划	2009
	上海虹桥商务区核心区（一期、二期）地下空间控制性详细规划	2011
	苏河湾地区地下空间开发利用规划	2012
	桃浦科技智慧城地下空间专项规划	2014
	上海国际旅游度假区南一片区地下空间规划	2022

下空间开发利用的起步阶段，城市地下空间总体规划需要全面梳理并明确提出未来相当长时间内城市地下空间所涉及的规划、行政管理、地籍和权属管理、法规体系建设、工程建设等的整体框架和发展战略。这就要求城市地下空间规划要与城市发展实际需求相结合，明确地下空间在城市发展中的功能定位和开发利用的基本原则。在空间规划层面，城市地下空间总体规划要重点解决以下内容：明确地下空间开发的功能需求和未来的建设量；确定地下空间在城市平面和竖向上的开发适宜区域；统筹协调地下空间资源与其他地下潜在资源的互动机制；统筹协调各专业系统在竖向层面的空间优先权；提出各类地下空间的开发模式；统筹安排近、中、远期的地下空间建设任务，并为未来地下空间的发展预留平面和竖向空间。

总体规划层面的《上海市地下空间概念规划（2005—2020 年）》和《上海市地下空间近期建设规划（2007—2012 年）》仅仅是地下空间的战略发展指引，需要通过控制性详细规划或相应层级的地下空间专项规划将规划理念落实。在这方面，虹桥商务区、五大新城、临港新片区等重点区域的城市规划建设导则中明确提出了地下空间的规划要求，具体城市地下空间总体规划内容见表 2-3。

城市地下空间总体规划的内容　　表 2-3

<table>
<tr><th>项目</th><th colspan="2">内容</th></tr>
<tr><td rowspan="3">上位规划分析</td><td>城市总体规划</td><td rowspan="2">规划范围，城市空间发展战略，近期、中期、远期城市空间土地利用规划，中心城区规划，地下空间规划的方针、原则等</td></tr>
<tr><td>分区规划</td></tr>
<tr><td>城市综合交通规划</td><td>规模预测，发展目标，轨道交通线网规划，公共交通规划，道路系统规划等</td></tr>
<tr><td>现状分析与评价</td><td colspan="2">城市地下空间利用发展历程，城市地下空间现状总体概况，城市地下交通设施、市政设施、公共服务设施现状等</td></tr>
<tr><td>资源调查与评估</td><td colspan="2">城市地下空间资源调查与评估，建立评估体系（地下空间资源分布及容量估算体系、地下空间资源工程适宜性评价体系、地下空间资源综合质量评价体系）</td></tr>
<tr><td>功能需求及规模预测</td><td colspan="2">综合需求预测，建设强度预测，功能需求预测，分区需求预测等</td></tr>
<tr><td>规划目标和发展战略</td><td colspan="2">发展目标（总体目标、近期目标、中期目标、远期目标、远景目标），发展战略，布局战略，各专业系统规划引导及发展战略</td></tr>
<tr><td>总体布局规划</td><td colspan="2">地下空间平面布局规划，地下空间分区及建设引导，地下空间设施类型建设引导，地下空间竖向布局规划，地下空间竖向分类建设引导</td></tr>
<tr><td>各功能系统规划</td><td colspan="2">地下轨道交通系统规划，地下道路系统规划，地下停车系统规划，地下公共服务系统规划，地下市政设施系统规划，地下仓储设施系统规划，地下综合防灾系统规划</td></tr>
<tr><td>分期实施规划</td><td colspan="2">城市地下空间开发利用近期、中期、远期规划以及远景构想</td></tr>
<tr><td>技术经济分析与规划实施保障措施</td><td colspan="2">地下空间开发利用工程技术保障措施、规划项目投资估算及综合效益评价、规划实施保障法律体制保障、规划管理保障、资金筹措保障、生态化开发措施等</td></tr>
</table>

在地下空间分层利用方面，上海市根据自身地下空间资源情况，在《上海市地下空间概念规划（2005—2020 年）》中将地下空间分为浅层（0～－15m）、中层（－15～－40m）和深层（－40m 以下）。《上海市城市总体规划（2017—2035 年）》结合上海的水文地质条件，充分考虑上海第一、第二和第三承压含水层对地下空间开发的影响作用，将－30m 以下空间分为保护层（－30～－50m）、适宜开发层（－50～－65m）、潜力开发层（－65～－100m）和远景开发层（－100m 以下），并提出相应的规划指引，见表 2-4。

上海－30m 以下地下空间规划指引　　表 2-4

<table>
<tr><th>深度</th><th colspan="2">层名</th><th>规划指引</th></tr>
<tr><td>－30～－50m</td><td>中层</td><td>保护层</td><td>建筑桩基（局部）</td></tr>
<tr><td>－50～－65m</td><td rowspan="3">深层</td><td>适宜开发层</td><td>特种仓库、数据中心、能源设施、实验室、物流管道、水资源调蓄设施</td></tr>
<tr><td>－65～－100m</td><td>潜力开发层</td><td>远期战略空间资源（开发可行性研究阶段）</td></tr>
<tr><td>－100m 以下</td><td>远景开发层</td><td>远期战略空间资源</td></tr>
</table>

2. 地下空间详细规划

如何约束开发商对城市地下空间建设用地的开发行为是地下空间所有者在地下空间使用权出让之前需要考虑的首要问题。约束开发商的目的是保证出让土地的开发能最大限度地符合城市可持续发展的利益。控制性详细规划（以下简称“控规”）是中国规划体系的重要组成部分，在实施总体规划的战略中起着过渡性的作用，并通过管控指标来约束建筑设计行为，可以说是城市土地管理最有效的工具。地下空间控制性详细规划是对地下空间总体规划要求的具体指标落实，是城乡规划主管部门规划行政许可和实施规划管理的依据，也是地下空间规划可操作性的重要保障。因此，应更加重视对城市重点地区，尤其是重要地铁站域、公共广场、公共绿地等地下空间控制性详细规划的编制工作，在总体规划中明确需要编制控制性详细规划的地区以及地下空间开发利用的控制指标，并在具体地块控制性详细规划中落实总体规划的规划要求，在地块出让和建筑设计方案审批时对相应指标进行核实。

地下空间控制性详细规划的编制以城市地下空间总体规划、地区地面控制性详细规划为依据，确定建设地区地下空间使用性质、开发强度、开发深度、连通要求等控制指标、步行通道与市政管线等约束性位置以及空间环境约束引导，对开发范围内的地下空间形态、功能、交通组织、生态保护、空间环境等作出合理规划控制。相对于总体规划阶段的地下空间规划，地下空间控制性详细规划更注重对城市地下空间形态和功能的具体指导和控制，注重方案实施的可操作性。城市地下空间控制性详细规划编制流程和城市地下空间开发控制要素体系基本框架分别如图 2-2 和表 2-5 所示。

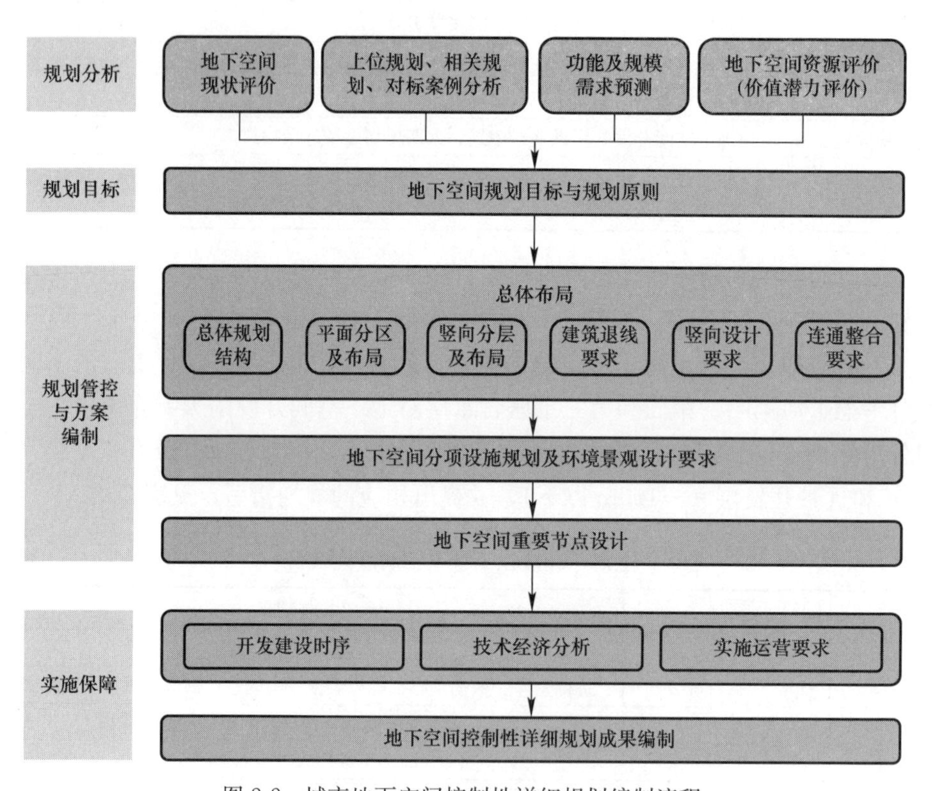

图 2-2 城市地下空间控制性详细规划编制流程

地下空间开发控制要素体系基本框架　　表 2-5

控制要素（一级指标）	二级指标	内容（三级指标）	指标属性
空间使用与开发容量	地下空间使用	边界、用地性质、开发功能、地块划分、适建性与兼容性	约束性
	开发容量	开发深度、开发规模、开发强度	约束性
空间组合及建造	空间设计	层高、层数、竖向标高、空间退界、地面出入口、通道参数、地下历史遗迹、文物保护	约束性

续表

控制要素（一级指标）	二级指标	内容（三级指标）	指标属性
空间组合及建造	设计引导	地下空间节点、天窗、天井、标识系统、灯光照明、环境小品、绿化、水体等	建议性
配套设施	静态交通设施	机动车停车库、非机动车停车库、其他附属设施	约束性
	市政设施	给水、排水、供电、燃气、供热、通信等、雨水收集、新能源站、垃圾回收、运输与处理、避让措施	约束性
	人防设施	人防工程建设面积、人防工程使用性质、平战结合、人防转换措施	约束性
行为活动	动态交通设施	轨道交通、地下步行系统、地下交通换乘、地下道路、附属设施	约束性
	商业文化娱乐设施	地下街（商业街、文化娱乐街、地下展览设施等）、地下综合体、其他设施	约束性
开发建设管理	环境保护措施	噪声、节能、新能源利用等	建议性
	规划管理	开发步骤、管理方式、规划审批	建议性
	工程开发	开发方式、运营管理	建议性

在详细规划层面，虽然 2011 年前并未明确地下空间规划指标的法定化地位，但是在规划实践阶段，以虹桥商务区核心区为主的城市重点地区突破性地将地下空间开发控制要求纳入控规法定文件和土地出让协议注，使地下空间规划要求得以有效落实。2011 年以后，《上海市控制性详细规划技术准则》明确将地下空间的开发控制指标纳入控制性详细规划附加图则，同时规定了公共活动中心区、历史风貌地区、重要滨水区与风景区和交通枢纽地区等各类各级重点地区的地下空间规划指标要求，实现了地下空间的规划要求法定化，保障了地下空间规划理念在土地开发中的有效落实。与此同时，为规范地下空间规划的编制，2008 年原市规划局发布了《上海市地下空间规划编制导则》，2014 年市城建委发布了《地下空间规划编制规范》DG/TJ 08-2156-2014，对各层级地下空间规划及城市设计的编制内容、要求及成果作出明确的规定。

以上海虹桥商务区核心区一期（以下简称“虹桥 CBD”）地下空间控制性详细规划为例（图 2-3），该区域地下空间控制性详细规划确定主要功能设施分为地下公共服务、地下步行、地下停车以及地块地下商业等，平面布局及重点地区 D17～D19 的竖向布局（图 2-4），并对各地块的地下空间标高、通道参数、退界等提出了指标控制和控制图则。

地下空间控规的弹性和刚性设定对控规的可操作性至关重要。对比虹桥 CBD 地下空间地下建筑方案和地下空间控规结果可以看出，虹桥 CBD 地下空间开发的实际情况与控制性详细规划有所出入，如开发深度、功能布局、层高和净高等指标。开发深度方面，控规指标规定了两层的开发下限，鼓励开发商开发第三或第四层作为停车场；实际情况是区域地下空间统一开发到地下三层，这与“高强度、等价值、大联通”的地下空间规划理念及上海虹桥商务区管委会（以下简称“管委会”）扩大空间资源的愿景是一致的。然而，由于开发商的逐利性，大部分地块在地下一层和地下二层都配备了商业设施。由此可见，为了尽早完成开发建设任务的压力，管委会也会不惜以牺牲空间品质为代价而向开发商妥协。虹桥 CBD 地下空间建筑方案如图 2-5 所示。以 D19 的地块为例，商业活动的第一层

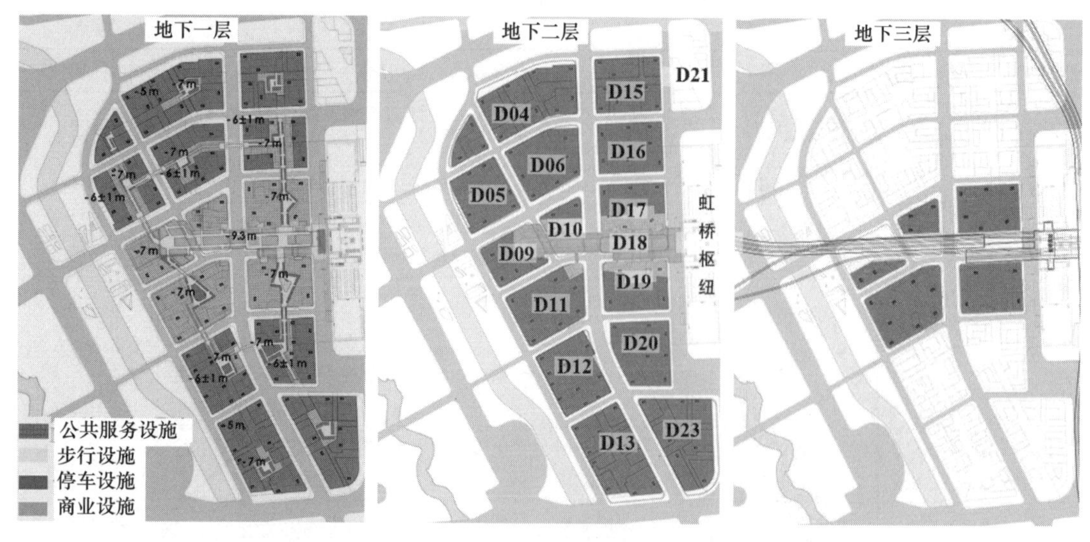

图 2-3　虹桥 CBD 地下空间控制性详细规划平面图

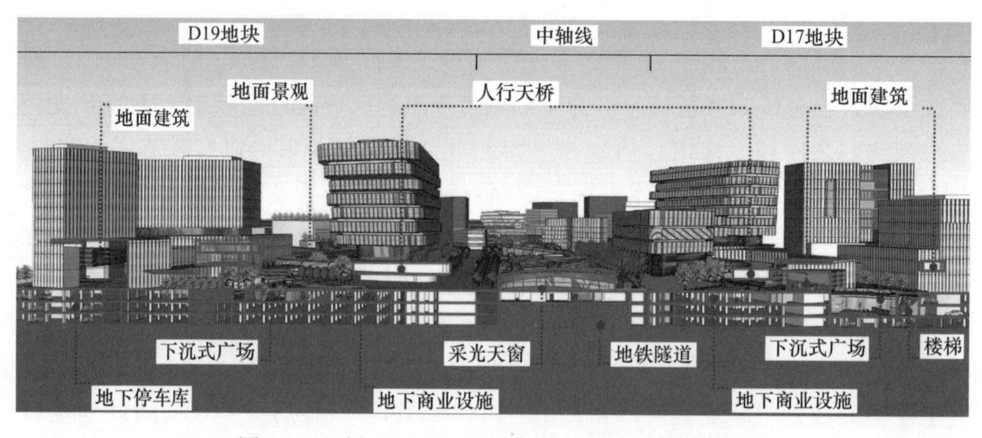

图 2-4　虹桥 CBD 地下空间 D17～D19 的竖向布局

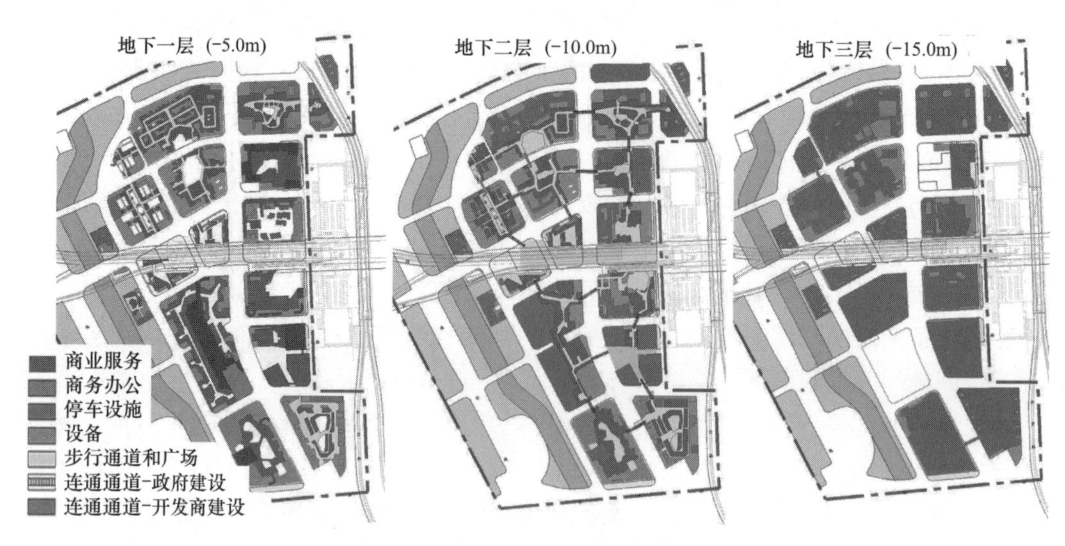

图 2-5　虹桥 CBD 地下空间建筑方案

地下的控规层高为7m，但实际上只有5m，使得空间较为局促，影响了人们的消费体验。可以看出，地下空间规划指标中刚性（约束性）和弹性（建议性）的设定确有必要。关键指标（如深度、层高、净高、出入口等）对地下空间体系的整体效率和形象至关重要，应设置刚性较大的约束性指标。对于有开发商自负盈亏的使用功能和室内装修风格等其他指标可以放宽。另一方面，控规指标也应针对实施过程和未来可能出现的诸多不可预见的因素留出足够的余地。

虹桥商务区地下空间控制性详细规划成功实施的决定性因素，是管委会通过地下空间来破解因限高而产生的空间困境的意志和决心。首先，为了解决地下空间控制性详细规划的法律效力不明确的问题，上海虹桥管委会将地下空间控规指标（重要的指标包括地下空间用途、边界、开发量、开发深度、退界、连通性等）和图则一并同地面控规纳入各地块的出让合同中，并以依此审查开发商提供的建筑设计方案是否满足相关指标，以确保规划的实施。在基础设施建设方面，上海申虹投资发展有限公司不仅负责道路、绿地、能源系统等前期项目，还负责15条地块间地下连通通道的建设，表明了其推动地下空间开发的决心，同时完善的地下步行系统也进一步增加了开发商地下业态盈利信心。政府的宣传、督导和开发商自身对土地资源稀缺的认识，使得虹桥CBD一期的开发商对地下空间都展现出了积极态度，所有的地块都开发到地下三层，几乎所有地块都在地下二层设置了下沉式广场，整体形成了较好的地下空间内部环境，如图2-6所示。在上海虹桥商务区地下空间的建设中，上海虹桥商务区管委会和开发商所起到的作用如图2-7所示。

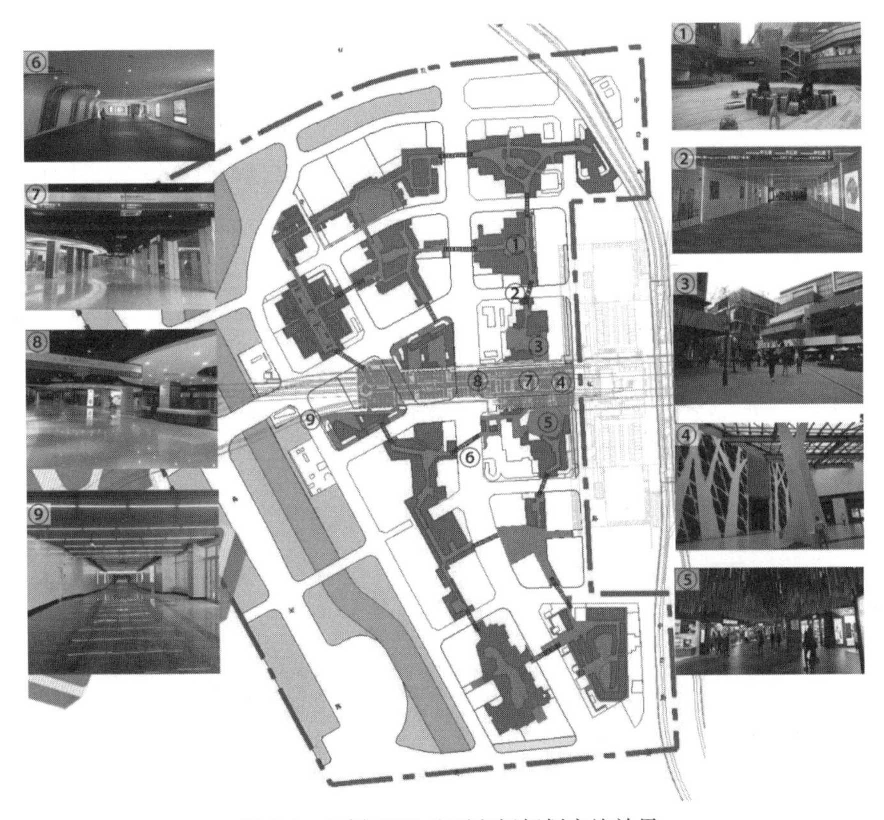

图2-6　虹桥CBD地下空间规划实施效果

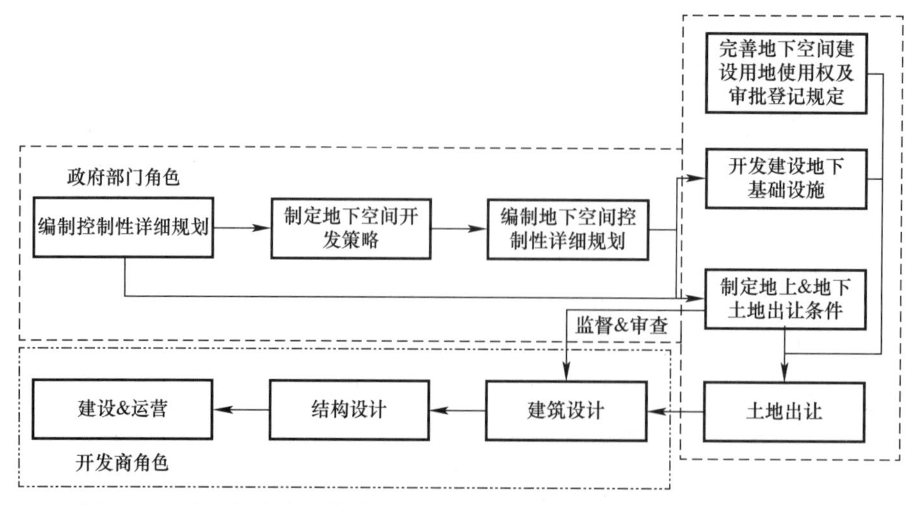

图 2-7 上海虹桥商务区管委会和开发商在城市地下空间开发建设中的作用

2.3.3 上海地下空间规划的技术创新

1. 土地存量更新模式下的城市地下公共空间绩效评价技术

“城市地下空间绩效”是指城市地下空间的综合发展成效。为了保障地下空间的科学和可持续发展，在当下我国各大城市纷纷开展大规模地下空间建设之际，合理评估城市地下空间绩效，以地下空间绩效为依据指导各层级地下空间规划优化，成为存量用地发展背景下地下空间规划的重要内容和技术方法。

1）宏观层面基于 POI 数据的城市地下空间绩效评价方法

城市地下空间具有明确的开发利益主体，其规划建设并非自然形成，而是基于利益相关者诉求的行为反馈。相关利益主体是地下空间绩效优劣高低的评价主体，因而可以将城市地下空间绩效进一步转译为地下空间利益相关者诉求反馈的成效。一般而言，地下空间的相关利益主体可以概括为三类，即政府部门、社会公众和开发经营主体。基于利益相关者理论，以地下设施类型为子绩效分类原则，充分考虑地下空间 POI 数据的特点，构建地下空间的绩效评价指标体系，如图 2-8 所示。

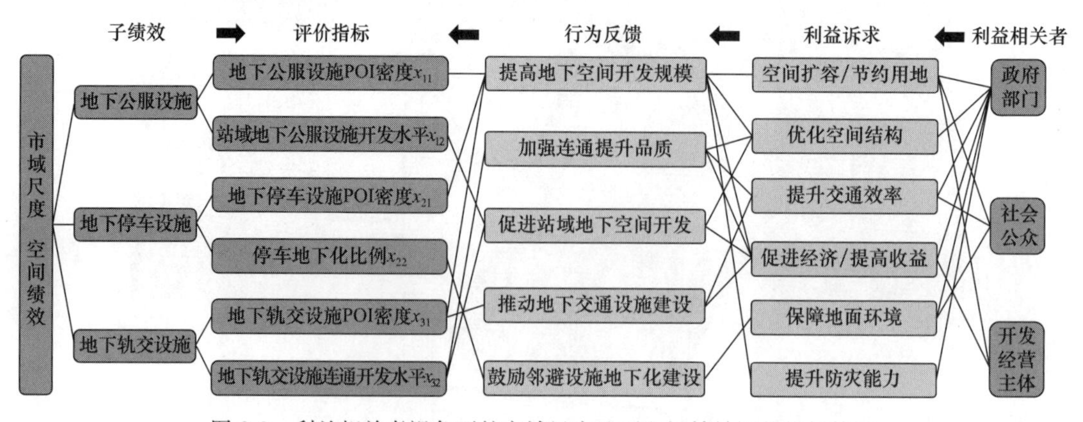

图 2-8 利益相关者视角下的市域尺度地下空间绩效评价指标体系

基于2020年高德地图POI数据识别上海地下空间POI，以上海217个乡镇街道为最小空间单元评价各空间单元的城市地下空间绩效。从绩效评价结果可以看出，全市范围内空间绩效最高（0.921）的街镇为淮海中路街道，各子绩效分值均位列第一。该街道（1.40km²）位于浦西中央活动区内，城市功能定位为国际级消费集聚区和现代商务办公区，建设有各类写字楼、商业中心和高级住宅区，在《上海市地下空间概念规划（2005—2020年）》中已确定为地下空间的重点发展地区。结合商办楼宇和新建住宅区开发，街道范围内建设有大量地下停车库（37个地下停车设施POI）和地下商业空间（475个地下公服设施POI）并设置4座地下轨交站点（一大会址·黄陂南路站、大世界站、老西门站、新天地站），轨交站域500m站覆盖范围达到97.7%，所有车站均与周边地下空间进行了连通开发，大大提升了其地下空间的空间绩效。空间绩效评价结果为“低”的街镇主要位于郊区，在主城区内尚有3个低绩效空间单元，包括庙行镇、彭浦新村街道和高桥镇。全市范围内，空间绩效最低的街镇共有28个（空间绩效为0，即几乎没有现状地下空间开发），主要位于外围远郊、崇明岛、横沙岛和长兴岛地区。

2）微观层面站域地下公共空间绩效评价方法

以站域地下公共空间整体为评价对象，选取研究地区内多个类似案例进行横向对比分析，构建空间绩效评价模型，评价其空间绩效的高低差异及影响因素，基于利益相关者理论构建微观层面站域地下公共空间绩效评价指标体系，如图2-9所示。

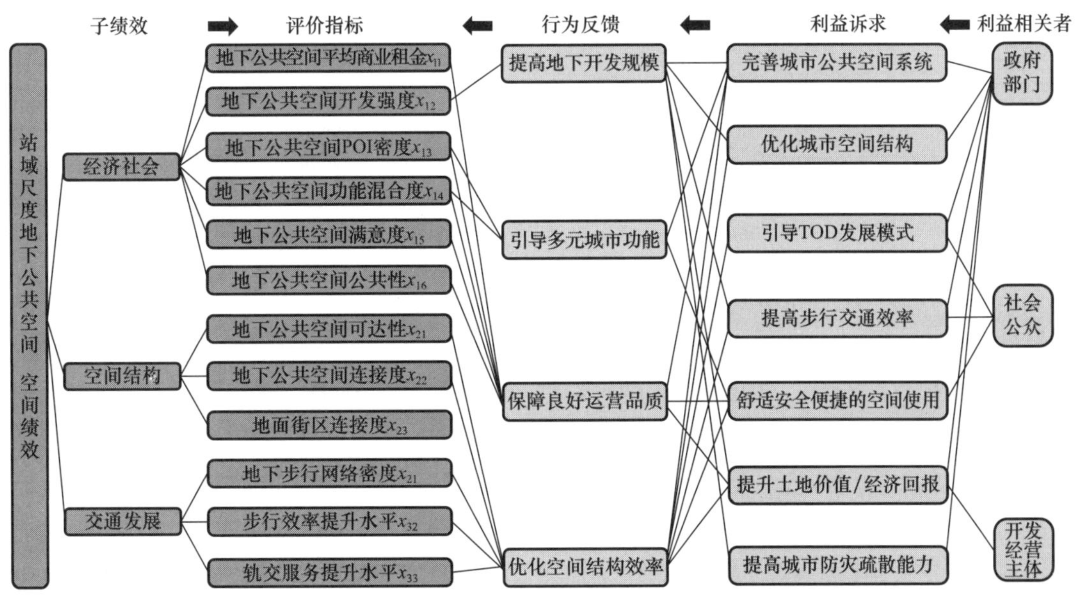

图2-9　利益相关者视角下的微观层面站域地下空间绩效评价指标体系

由于上海中心城（外环线以内地区）是上海站域地下公共空间发展建设最完善和最成熟的地区，基于《上海市地下空间概念规划（2005—2020年）》和《上海市地下空间近期建设规划（2007—2012年）》中提出的地下空间重点建设区域或项目，选择其中发展较为成熟的20个站域地下公共空间案例进行空间绩效评价与分析（图2-10）。总体而言，上海中心城20个评价案例的平均空间绩效为0.392。其中，五角场站-江湾体育场站（0.699）、人民广场站（0.688）和世纪大道站（0.547）的空间绩效名列前三，汉中路站（0.172）、南京西路站（0.234）和宜山路站（0.254）的空间绩效排名最低。此外，站域地下公共空间的绩效分布未呈现明显的空间相关关系。

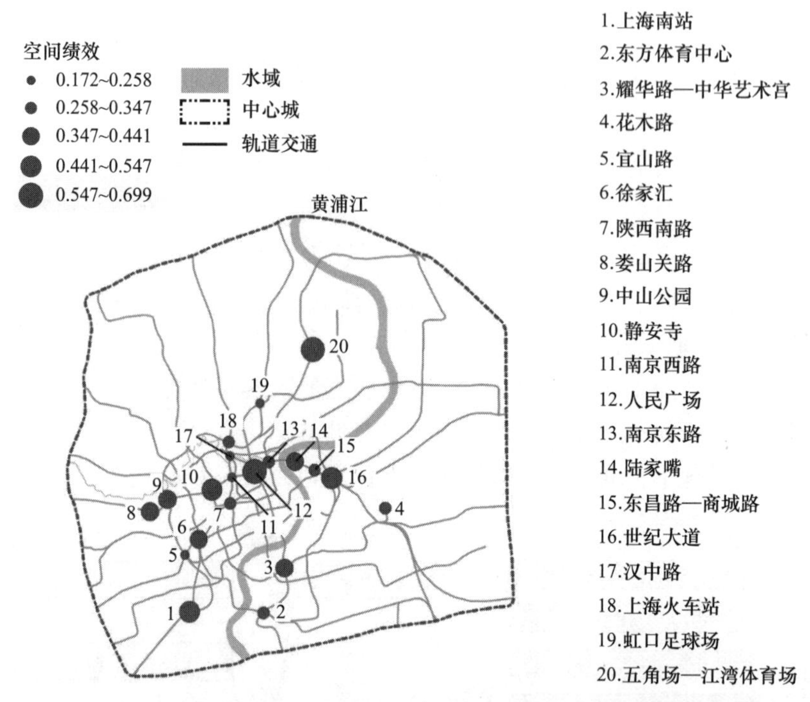

图2-10　上海中心城20个站域地下公共空间绩效评价结果空间分布

综合分析上海中心城的20个站域地下公共空间案例，空间绩效的高低水平与其整体布局结构、站域三维城市空间的规划引导和建设模式等方面息息相关。①布局结构：采用站群域布局结构的地下公共空间系统平均空间绩效最高（0.535）且远高于20个评价案例的平均绩效值（0.392），单站域结构的平均绩效评价结果居中（0.383），而站组域结构的平均空间绩效最低（0.276），特别是空间结构子绩效和交通发展子绩效。②区域层面的规划引导：对编制有详细规划及相关层次规划方案的站域地下公共空间而言，其平均空间绩效高于未有区域统一规划的案例，且交通发展子绩效的差异最为显著。③建设模式：在规划部门的法定规划指引下，鼓励各地块主体建设地下私有公共空间并相互连通形成一体化的站域地下空间系统是实现站域地下公共空间良性发展的重要举措。

2. 地铁站域地下空间智能规划布局技术

站域地下空间是以地铁车站为核心，与周边地上地下建筑形成一体化、功能集约、系统整合的综合型城市设施。与传统建筑空间或普通地下空间相比，站域地下空间具有多层次、多要素、动态开放等特点，是地下点状空间迈向城市地下网络的重要途径，也是TOD模式开发后期站域整合演进的一种状态。目前大多数站域地下空间的布局研究都是通过层次分析法来构建评价模型，缺乏主动和定量的计算方法。本技术将根据TOD模式下的站域地下空间的影响要素和规划目标，建立多目标优化的数学模型来实现站域地下空间的开发利用。由于站域地下空间各部分之间的空间耦合关系十分复杂，传统的人工方法在计算时将会面临巨大的工作量，而利用启发式算法进行智能化规划能够很好地解决这个问题，因此本技术利用NSGA-Ⅱ算法来定量计算站域地下空间的规划布局模式，以提高站域地下空间的紧凑性和适用性，用于指导未来城市站域地下空间的开发。

（1）构建了基于NSGA-Ⅱ非支配排序遗传算法的地铁站域地下空间智能规划布局模型，以期快速生成城市更新语境下科学合理的地下空间规划布局方案。该智能规划布局模型包含布局模拟与连通整合两大模块。其中，布局模拟模块对控制性详细规划尺度下的城市地下空间规划布局原则进行数字化转译，并将规划范围内的地下空间划分格网单元。

（2）提出用地功能冲突、开发效益与开发规模三项目标函数，并将相应的目标函数计算映射于前述格网单元中。基于经典的多目标优化理论，模型将NSGA-Ⅱ算法求解的帕累托前沿解集作为潜在的理性规划布局方案，并提出了基于TOPSIS算法的规划布局方案决策方法。连通整合模块则基于空间开发强度、空间功能协调度、车站邻近度对规划布局方案的格网单元进行空间叠加分析，据此得出地下空间单元连通优先级，从而辅助制定城市地下空间规划布局中的连通方案。

（3）以上海人民广场站域地下空间为实例，应用前述智能规划布局模型对其地下空间规划方案进行重构。研究结果表明，人民广场站域地下空间的真实地下空间功能分布与智能布局模型的推演结果高度一致。作为我国早期经典的大规模、综合性地下空间，其整体开发水平较高。其中，二者的地下空间功能一致性为86.7%，而地下空间开发强度一致性则为60.0%，表明人民广场站域地下空间在地下空间开发强度层面存在进一步更新优化的潜力，同时也印证了规划布局模型作为城市更新语境下地下空间规划优化决策工具的可行性。

3. 地下空间开发外部性价值货币化评估技术

地下空间外部性价值指标包括正外部性价值、负外部性价值等相关潜变量指标，又可细分为环境效益、社会活力、防灾效益、负外部性效应等子类，采用货币化评价方法进行量化。

地下空间外部性价值评估建立在城市地下空间资产和地下空间服务的概念体系之上。以联合国2030年可持续发展目标为价值识别标准，城市地下空间中的地下设施空间、地热能、地下水、地质材料、历史遗产、地下连续介质体、地下生物群落等组成部分可以为9个联合国2030可持续发展目标作出积极贡献，包括健康与福祉（SDG3）、水和环境卫生（SDG6）、现代清洁能源（SDG7）、经济增长和体面工作（SDG8）、韧性基础设施和创新工业化（SDG9）、包容、安全并有韧性的城市和社区（SDG11）、可持续消费和生产（SDG12）、气候变化应对措施（SDG13）、陆地生态系统和生物多样性（SDG15）等。这些积极贡献表现为正外部性价值，因此，将城市地下空间中的此类组成部分定义为“城市地下空间资产”（UUS assets），并依此确定了地下空间开发的正外部性价值和负外部性价值。地下空间开发的正外部性价值可分为社会、环境和综合防灾三个视角，又可细分为节约土地、节约时间、减少交通事故、提升不动产价值、节约能源、减少管线运营社会影响、提高低碳效应、减少空气污染、减少噪声污染、减少地震和战争损失等服务亚类。地下空间开发的正外部性价值是指城市地下空间开发对地下设施空间、地热能、地下水、地质材料、历史遗产、地下连续介质体、地下生物群落等地下空间资产的负面影响。

采用服务重置成本法（SRCM）等货币化的评估方法，可以实现对不同地下空间功能设施的不同外部绩效指标的定量化评价，包括环境效益、社会活力、防灾效益、负外部性效应等子类。SRCM评估框架假设城市地下空间开发的外部效益至少等于人们为取代城市地下空间服务而必须支付的成本或必须承受的经济损失，即假设外部效益至少等于城市地下空间服务的重置成本。基于多源空间数据和GIS分析，可进一步实现城市地下空间开发利用的外部效益和外部成本的可视化和空间分析。在城市地下空间开发利用的外部效益评估过程中需要用到城市建设数据、人口数据、综合交通数据和经济发展数据四大类多源空间数据，又可细分为若干子类空间数据，包括地块空间数据、土地利用类型、容积率、地下空间数据、工作人口、居住人口、轨道交通线网、轨道交通客流量及平均运距、交通出行比例及平均出行距离、路网数据、交通拥堵数据、交通出行率、平均运距、交通运行速度、交通事故率、平均载客率、房产价格、土地价格、GDP、人均收入等数据。城市地下空间开发的外部成本评估需要具备地下空间开发建设方案和与地下空间相关联的地质条件两大类空间数据，前者包括规划地下空间的平面尺寸及空间位置、竖向尺寸（开发层数）、埋深、施工方式及支护形式等数据；后者包括地层分布数据、各地层的厚度、天然密度、内摩擦角、压缩/变形模量、地基承载力特征值、渗透系数、比热容等数据。

城市地下空间开发利用的外部效益和外部成本的评估结果可以应用于城市地下空间规划决策优化。以可持续发展价值评估为导向，城市地下空间规划可以从三个方面进行优化，包括基于开发价值潜力的城市地下空间管制方法、以边际效益最大化为导向的城市地下空间开发策略以及面向城市可持续发展的地下空间资产协同开发与规划。通过分析城市地下空间外部效益的空间分布规律可以判断城市地下空间规划方案是否达到城市可持续发展的规划预期。从更加微观的角度看，城市地下空间规划方案中的每个单体项目本身都应该满足城市可持续发展的需求，即产生的外部效益应该大于外部成本，从而保证城市从地下空间开发建设中获得正外部性收益。此外，研究成果还可以转化为地下空间资源使用权的影子价格，该价格可由单位规模某类地下空间功能设施的开发收益、单位规模某类地下空间功能设施的开发成本、地下空间开发规模等参数计算得出。为简化计算，将地下空间使用权的影子价格分为土地开发商和社会/政府两个视角，制定出一种基于城市地下空间开发利用外部效益、外部成本、开发商的直接利润以及地下空间所有权的城市地下空间使用权出让价格机制，通过比较各项使用权价格获得最能保障城市可持续发展的定价方式。

以上海虹桥商务核心区地下空间规划为例，根据《虹桥商务核心区一期地下空间规划》，核心区一期地下空间开发规模为1010000m^2，地下空间开发功能主要为：地下交通（地下街、地下通道、地下道路、地下车库）、地下公共服务（地下商业、地下文娱体、地下广场）、地下市政设施（地下变电站、能源中心、综合管廊）、地下防灾设施（人防工程设施为主），见表2-6。在上海虹桥商务核心区一期相关资料及数据的基础上，对虹桥商务核心区一期地下空间开发效益进行货币化评价，检验量化模型的实用性和可行性，明晰地下空间开发效益的组成及构成，可为城市职能管理、规划及决策者提供一定的参考和借鉴。

上海虹桥商务核心区一期地下功能设施规划规模　　表2-6

功能类型		规模（m^2）	备注
地下公共服务设施	街坊内地下一层	250000	
	街坊内地下二层	40000	
	过街通道及广场	10000	市政道路下的过街通道及下沉广场
	中轴线地下街	50000	
地下停车设施		470000	按每个40m^2计，共11750个
轨道交通设施		95000	
建筑设备空间		95000	
合计		1010000	

通过虹桥商务核心区一期及上海市相关数据的应用，得出了虹桥商务核心区一期地下空间开发综合效益及各分项效益指标值。其中，直接经济效益达11200175.0万元，间接经济效益达60254320.8万元（社会效益达40562401.3万元，环境效益达33563.0万元，防灾效益达19658356.5万元）。可见虹桥商务核心区地下空间开发间接经济效益可达直接经济效益的5.4倍。若在50年计算期内未发生地震或战争灾害，则核心区一期地下空间开发的总效益值为5179.6亿元，可得年均效益值为103.6亿元，约占上海市2013年GDP总量的0.48%；若在50年计算期内发生较大的地震灾害，则核心区一期地下空间开发的总效益值为5269.2亿元，从而年均效益值为105.4亿元，约占上海市2013年GDP总量的0.49%；若在50年计算期内发生战争灾害，则核心区一期地下空间开发的总效益值为7055.8亿元，从而年均效益值达141.1亿元，约占上海市2013年GDP总量的0.65%；若在计算期内发生地震和战争灾害，则核心区一期地下空间开发总效益值将达71454495.8亿元，年均效益值为142.9亿元，占2013年上海市GDP总量的0.66%，具体开发效益值及其比例见表2-7。

上海虹桥商务核心区一期地下空间开发效益值及其比例　　表2-7

效益元素	效益值（万元）	比例（%）
地下停车直接经济效益	5209475.0	7.2906
地下商业直接经济效益	5990700.0	8.3839
替代机动车辆购置效益	175.0	0.0002
节省道路成本效益	86.2	0.0001
节省交通用地效益	254800.0	0.3566
减少交通事故效益	625.0	0.0009
沿线房地产升值效益	873600.0	1.2226
节约土地效益	39087000.0	54.7019
增加绿地效益	354.3	0.0005
节约时间效益	257560.8	0.3605

续表

效益元素	效益值（万元）	比例（%）
节约能源效益	88200.0	0.1234
减少空气污染效益	20154.7	0.0282
减少噪声污染效益	1200.0	0.0017
减少人体健康损失效益	12208.3	0.0171
减少地震灾害直接经济损失效益	188844.6	0.2643
减少地震灾害间接经济损失效益	660956.2	0.9250
减少震后救援费用效益	11330.7	0.0159
减少震后修复费用效益	34945.0	0.0489
减少战争损失直接经济效益	2345280.0	3.2822
减少战争损失间接经济效益	16417000.0	22.9755
总计	71454495.8	100.0000

结果表明：虹桥商务核心区一期地下空间开发间接经济效益可达直接经济效益的 5.4 倍，地下空间开发价值的绝大部分是溢出效益，对城市发展的促进作用是隐性的，城市管理者可以通过税收等手段对这些溢出效益进行内部化；虹桥商务核心区一期地下空间开发所带来的年均效益最高可达上海市 2013 年 GDP 总量的 0.66%，地下空间开发对于上海市城市发展的促进作用明显；城市规划、管理及决策者在地下空间开发决策及管理过程中，需要充分考虑地下空间的综合效益，而不应仅仅着眼于短期的、局部的造价及运营问题上。

2.3.4 上海地下空间开发的建设管理模式

1. 独立建设与管理模式

此建管模式中，地下空间相互独立，由地块主体投资、建设和运营，地块与地块之间没有建立地下连通。地下空间功能单一，主要为结合高层建筑结构基础修建的地下室，以设备用房、停车为主。这是最为简单的地下空间建设与管理模式，典型案例是上海陆家嘴中心区地下空间。

陆家嘴中心区位于上海市浦东新区陆家嘴金融区的核心地带，南至东昌路，东至浦东南路，占地面积 170 公顷。早期区域开发采用以地块为单位的独立开发模式，政府将区域范围土地使用权统一出让给陆家嘴集团公司，进行“七通一平”或“九通一平”的基础设施建设后将其开发成“熟地”，然后将“熟地”出让给各地块主体。地块权属范围依据用地红线进行划分，地块内的地下空间由各个地块开发商负责投资与建设。由于地块与地块之间缺乏地下连通道连接，使得整体区域地下空间的利用率低。

虽然后期对陆家嘴中心区地下空间进行了连通更新，设立了 4 条地下连通道，分别至金茂大厦、国金中心、上海中心及环球金融中心，如图 2-11 所示，但是实际地下人行系统的空间效率一般。

因此，在使用地下空间独立建设与管理模式过程中，应前瞻性考虑到城市未来开发需求，依据开发次序的不同预留有互联互通、相互衔接的空间。

2. 连通建设与管理模式

此建设与管理模式可以概括为：分宗出让、控规引领、分别开发，即以用地红线划分

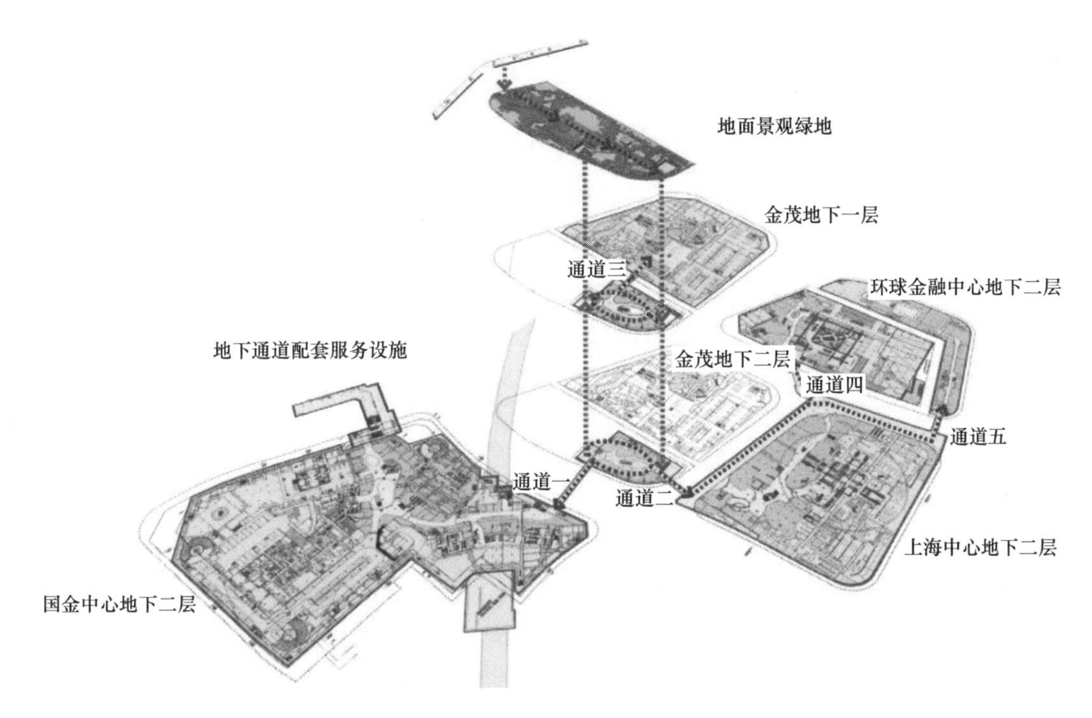

图 2-11　上海陆家嘴中心区地下步行系统

建设、产权、管理界面，公共用地下空间统一开发，地块开发主体负责地块内开发，是最为直接的地下空间区域建设与管理模式。以上海虹桥商务核心区（一期）地下空间开发为例，上海虹桥商务核心区（一期）总占地面积约 140 公顷，开发规模为地上约 500 万 m^2，地下约 280 万 m^2，构建由“中轴线”地下街、南北向地下街、地下过街通道、地下公共活动空间共同串联构成的地下步行系统（图 2-12），体现“高强度、等价值、大连通”的地下空间开发理念。

上海虹桥商务核心区（一期）地下空间建设与管理模式如图 2-13 所示。核心区地下空间开发采用“控规”指导的原则，商务区管委会委托编制地下空间控制性详细规划，规划图则纳入城市地面控规作为土地出让的依据，土地出让协议明确地下空间的建设要求和公共部分的开放条件，以保证地下空间各部分可以实现相互连通与公共开放。土地出让阶段，地块内的地上和地下空间土地使用权同时出让于相应二级开发主体，道路、广场、绿地等控规中强制开发的地下空间和中轴线地下街由代表政府方面的申虹公司投资开发并获得产权。运营阶段由各地块二级开发主体管理维护各用地红线内地下空间，公共用地下方的地下空间由申虹公司维护管理。商务区管委会始终承担区域统筹管理的角色，开发前期负责主导区域地下空间开发利用规划，开发阶段则监督引导各地块完成地下空间公共部分的互联互通和运营管理。

3. 统一建设与管理模式

统一建设与管理模式实施“统一规划、统一设计、统一建设、统一运营”，由于不同城市自然环境、技术经济等基底条件并不相同，具体建设、投资与管理方式会有所差异，主要可以分为上海世博园 B 片区模式、上海徐汇西岸传媒港模式两种模式。

图 2-12　上海虹桥商务核心区（一期）地下步行系统

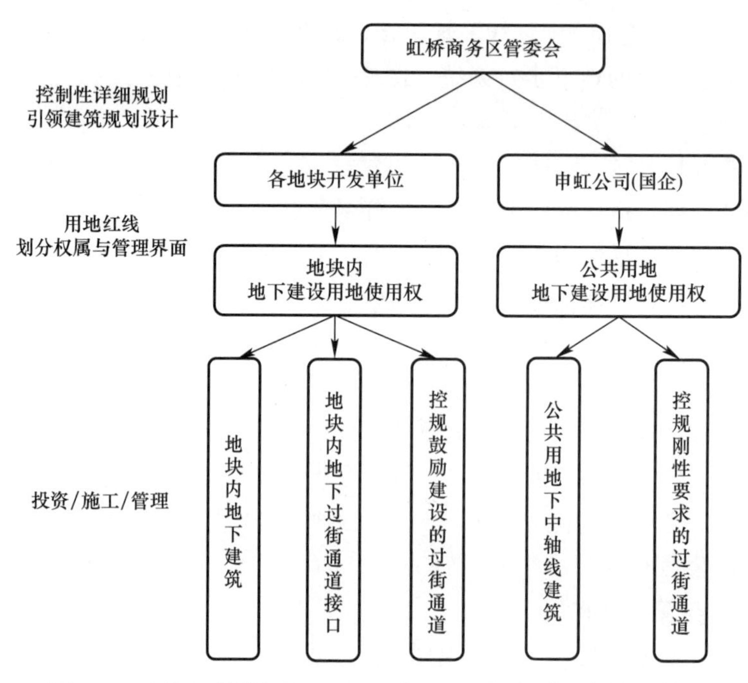

图 2-13　上海虹桥商务核心区（一期）地下空间建设与管理模式

1）上海世博园B片区模式

此建设与管理模式可以概括为：分宗出让，统一规划、设计、建设，分别运营。即以用地红线划分建设、产权、管理界面，所有地下空间统一代建，各单位有偿购买，依据产权界面分别管理，是较为深入的地下空间区域整体建设与管理模式。

世博园B片区位于上海世博园区“一轴四馆”西侧，规划范围东临世博馆路，西至长清北路，南临国展路，北至世博大道。B片区定位为央企总部基地，总用地总面积18.72公顷，地上总建筑面积59.7万m^2，共28栋单体建筑，地下空间约45万m^2，采用小街坊、高密度、低高度、紧凑型的布局模式，创造尺度宜人的街坊空间。

世博园B片区地块内地上和地下空间土地使用权归属于各央企，公共用地地上及地下土地使用权归属于世博发展集团，其地下空间建设与管理模式如图2-14所示。在控制性详细规划的总体控制下，世博发展集团作为总协调单位，协调各地块建筑设计和施工等工作开展，同时由其统一代建地块内地下空间，并根据地块面积进行费用分摊。该模式下，世博发展集团仅需承担公共用地下的地下空间的投资成本，大大减轻了其投资压力，同时也实现了地下空间区域整体式开发的效果。但是，由于地块内地下空间的产权仍归属于各地块二级开发主体，在后期运营管理中，鉴于保密保卫级别的要求，各央企均分别委托了不同的物业管理单位进行各自单体项目的物业管理工作，导致了地下公用部分出现管理协调不兼容的问题。总体而言，B片区地下空间的开发具有较好的整体性，为了避免后期运营中的问题，应尽可能在土地出让阶段明确出让后地下空间的运营管理方式与权责划分，保证地下空间公共部分的正常使用。

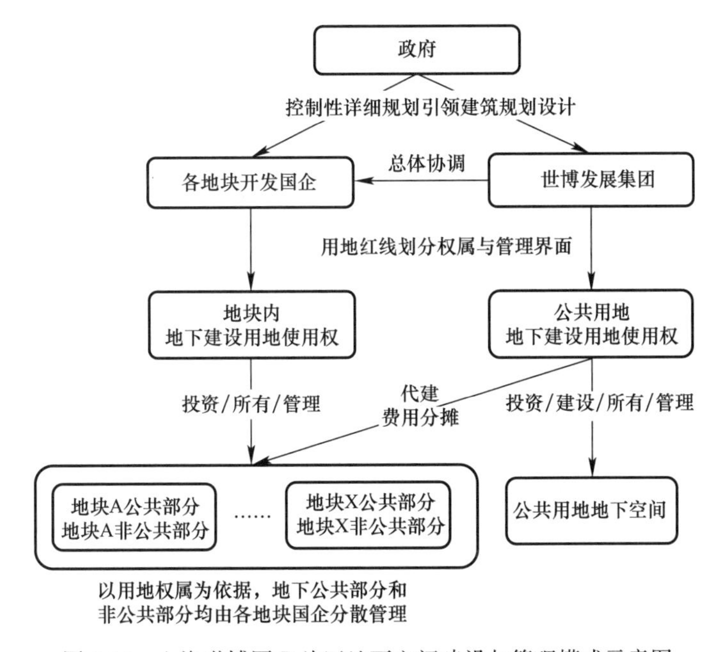

图2-14 上海世博园B片区地下空间建设与管理模式示意图

2）上海徐汇西岸传媒港模式

此建设与管理模式如图2-15所示，其概况为：分层出让，统一规划设计、建设运营，地上地下使用权统一，即以±0.00m标高划分建设、产权、管理界面，由某单一主体获得全部地下产权，统一建设并运营地下空间，地块地下空间出租给地上业主使用，是最为深入的地下空间区域整体建设与管理模式之一。

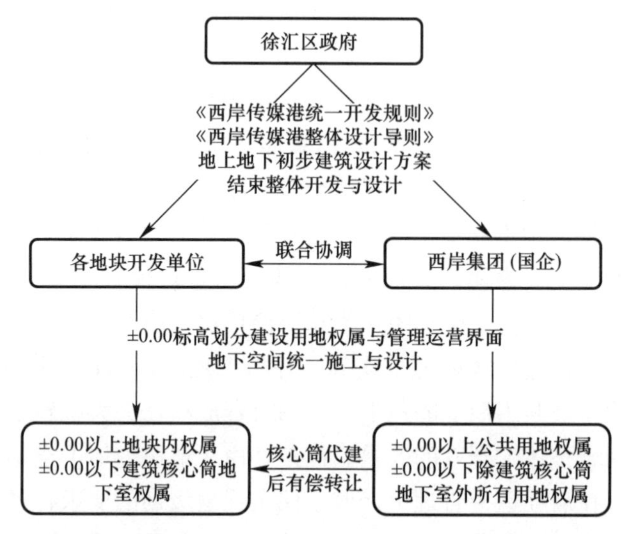

图 2-15　上海徐汇西岸传媒港地下空间建设与管理模式

上海徐汇西岸传媒港总占地面积约19公顷，规划总建筑面积99.9万 m^2，其中地上53.4万 m^2，地下46.5万 m^2。西岸传媒港以“东方梦中心”项目为旗舰，引进一批著名传媒产业、信息产业企业，打造集现代传媒、演艺娱乐、文化休闲、商务旅游为一体的高端影视制作和现代传媒产业集聚区，成为以商业和商务办公为主体功能的大型城市综合体建筑群。

西岸传媒港项目采用“区域组团式整体开发”和“地下空间统一建设”的创新开发理念，并采用“三带”“四统一”，即“带地下工程、带地上方案、带绿色建筑标准”的地上、地下空间土地分别出让的方式和“统一规划、统一设计、统一建设、统一运营”的开发模式，确保项目中各个地块在空间与功能上的完美衔接和建设品质上的高度统一，以及实现地上、地下空间和功能上的全面贯通。

2013年，徐汇区政府审议并发布《西岸传媒港统一开发规则》，确定项目开发模式、土地出让方式、各建设单位开发建设和运营的界面和权利义务。之后，政府带头组织编制《西岸传媒港整体设计导则》，经管委办审核认定后正式发布实施，使其成为相关单位及部门进行设计与审批的重要参考依据。由于传统控规研究深度无法满足该片区的整体开发要求，因此将“控详规划方案”土地出让转变为“建筑设计方案”出让，即“带建筑设计方案”的土地出让。

西岸传媒港中部3个地块（梦中心）的地上和地下空间土地使用权统一出让于一家二级开发主体，其余6个地块则采取地上和地下分开出让产权模式，从产权上对建筑产品以±0.00m线进行了横向的切分。地上部分由二级开发主体投资建设，地下部分土地使用权统一出让于西岸集团下属的上海西岸传媒港开发建设有限公司，由该公司负责地块下及区域内道路下的地下空间土地开发建设任务。其中，±0.00m 以下的地下室核心筒区域及为地上服务的设备用房区域产权（含土地使用权）归地上二级开发单位所有，但是由一级开发单位代建，通过产权转移（含土地使用权）的方式向二级开发单位移交该部分区域的产权（含土地使用权）。

为保证地下空间运营管理的整体性，将地上的办公与地下的商业运营管理主体分离，地上各建设主体自行管理各地块内地下核心筒和机房部分以及地上红线范围内的单体建筑，地下建设单位负责除此之外整个地下空间的统一运营管理，以产权界面确定管理界面。地下综合管廊与地下道路则由市政管理部门进行养护管理。

4. 建设与管理模式特征总结

地下空间独立建设与管理模式、连通建设与管理模式以及统一建设与管理模式权属划分、建设方式、管理方式、优势与劣势、适用性，见表 2-8。

上海地下空间建设与管理模式特征总结　　表 2-8

<table>
<tr><th rowspan="2">模式</th><th rowspan="2">独立建设与管理模式</th><th rowspan="2">连通建设与管理模式</th><th colspan="2">统一建设与管理模式</th></tr>
<tr><th>上海世博园 B 片区模式</th><th>上海徐汇西岸传媒港模式</th></tr>
<tr><td>权属划分</td><td colspan="3">地上与地下统一出让</td><td>地上与地下分开出让</td></tr>
<tr><td>建设方式</td><td colspan="2">分地块建设，分期建设</td><td>统一代建，费用分摊，同期建设</td><td>统一建设，同期建设</td></tr>
<tr><td>管理方式</td><td colspan="3">以用地红线为界线，无论公共部分与否，均分开管理</td><td>统一运营</td></tr>
<tr><td>优势</td><td>① 地块内地上空间和地下空间建筑品质统一；
② 权属与管理界面清晰</td><td>① 政府前置工作少，初期投入较少；
② 建筑品质统一，地上地下衔接好；
③ 权属与管理界面清晰，制度成熟；
④ 地下空间基本连通</td><td>① 地下空间整体效果好；
② 地下空间物理连通</td><td>① 地下空间整体效果佳，利用率高；
② 地下空间统一管理和运营；
③ 地下空间完全互通</td></tr>
<tr><td>劣势</td><td>① 地下连通道较少，地下空间没有形成一个整体，利用率低；
② 地块内地下空间功能单一，以设备用房、停车为主</td><td>① 地下空间整体开发效果一般；
② 难以实现规划方案动态优化；
③ 各地块互连互通需协调</td><td>① 政府前置工作与初期投入较大；
② 地下空间后期统一管理存在障碍</td><td>① 政府前置工作与初期投入大；
② 多元利益主体协调难度大；
③ 政府精细化管理要求高</td></tr>
<tr><td>适用性</td><td>地下空间开发强度较低，地块与地块之间大多相互独立</td><td>土地开发进度要求高，地下空间非整体化开发区域</td><td colspan="2">地下空间整体化开发区域</td></tr>
</table>

上海地下空间建设与管理模式类型比较见表 2-9。基于对地下空间开发模式的整理分析，可以得到以下结论：

1）地下空间开发整体性比较

上海徐汇西岸传媒港模式的地下空间整体效果最佳，上海世博园 B 片区模式地下空间整体效果次之。连通建设与管理模式地下空间整体性一般；独立建设与管理模式地下空间分布呈现为散点状，未形成一个地下空间整体。

2）地下空间实施难度比较

统一建设与管理的两种模式地下空间实施难度大体相近，为所有模式中实施难度系数最高；连通建设与管理模式地下空间实施难度中等；独立建设与管理模式地下空间实施难度最小。

上海地下空间建设与管理模式类型比较　表 2-9

建设与管理模式		地下空间开发整体性	地下空间实施难度
统一建设与管理模式	上海徐汇西岸传媒港模式	最佳	最难
	上海世博园 B 片区模式	良好	较难
连通建设与管理模式		一般	中等
独立建设与管理模式		最差	最小

上海地下空间开发关键技术

3.1 上海地下空间开发通用技术

自中华人民共和国成立至今，上海地下空间经历了不同的发展阶段，在开发过程中积累了适应软土与富水地质、复杂环境、经济、人文等条件的通用技术，如基坑支护技术、非开挖建造技术、地基处理技术、地下水控制技术等，在保证工程建设安全性、合理性、经济性等方面发挥了重要作用。

3.1.1 基坑工程技术

上海地区地下空间开发涉及大量的基坑工程，基坑的规模越来越大，其开挖深度也越来越深；与此同时，上海地区地下空间为典型的软土地层，基坑周边环境复杂敏感，基坑工程变形控制难度较高。面对基坑工程的挑战，上海地区在多年大量工程的研究、设计和施工经验总结的基础上，形成了一系列技术成果，使得各种复杂的基坑工程得以成功实施。

1. 上海地区基坑工程的主要支护形式

1）放坡开挖

当基坑周边环境条件简单且存在放坡空间时，可采用放坡方式进行开挖。采用放坡开挖的基坑开挖深度一般不超过 5.0m，放坡的坡率应满足整体稳定性的要求。当基坑开挖深度超过 4.0m 时，一般采用多级放坡的开挖形式。为了提高边坡稳定性，一般采取降水措施，当降水对周边环境有影响时，通常需设置隔水帷幕。此外，一般还需设置喷射混凝土面层护坡，进一步提高边坡稳定性。

2）水泥土重力式围护

水泥土重力式围护是由纵横多列连续搭接的“格栅状”水泥土搅拌桩（一般采用双轴水泥土搅拌桩）形成的重力式围护墙，是一种无支撑自立式挡土墙，依靠墙体自重、墙底摩阻力和墙前基坑开挖面以下土体的被动土压力稳定墙体。水泥土重力式围护墙具有施工噪声小、无泥浆废水污染、施工简便、工期短、造价低、隔水防渗性好、坑内空间宽敞等优点。目前上海地区应用水泥土重力式围护墙的设计理论和施工方法较为成熟。由于水泥土重力式围护墙侧向位移控制能力相对较弱，所以基坑开挖深度不宜超出7m，且在周边环境保护要求较高的情况下，应控制在5m以内，以降低工程风险。有时由于红线限制导致局部墙体厚度不满足要求的情况下，工程中常在重力坝内侧内插型钢，或在内、外两侧内插型钢并结合压顶梁形成类似于门架式支护方式，提高稳定性和抗变形能力。

3）复合土钉支护

20世纪90年代中期开始，由于工程造价低和工期快两个优点，土钉墙在我国基坑工程中得到广泛应用。上海地区具有地下水位浅、土体强度低、土体自立性差的特点，土钉墙的应用形式为复合土钉支护，是由土钉、原状地层、混凝土面层以及超前支护组成的复合围护体。复合土钉支护具有结构轻型、延性好、密封性好、施工速度快、施工设备与工艺简单、工程造价低等优势。复合土钉支护在上海地区的合适开挖深度一般限制在5m以内，也有通过采取必要的技术措施，应用于挖深在5～6m的基坑工程。由于受围护结构不能出红线的限制，近几年，市区基坑工程应用复合土钉支护，已较为少见。

4）板式支护

板式支护体系由围护墙和隔水帷幕以及内支撑或土层锚杆组成。上海地区常用的板式支护围护墙包括钢板桩及混凝土板桩、灌注桩排桩、型钢水泥土搅拌墙、地下连续墙等结构形式。不同形式的板式支护体系，其围护墙特点各不相同，适用于不同深度的基坑工程。

（1）钢板桩及混凝土板桩

钢板桩支护在20世纪70年代上海打浦路隧道引道段工程首次采用引进的“拉森”钢板桩作围护结构，随后在上海地区有较多应用。目前钢板桩支护多用于周围环境较为宽松、规模较小的基坑工程，窄条形的市政基坑工程、一般地下室车道区域的附属基坑及河道围堰等工程，一般适用于挖深不超过7m的基坑。与钢板桩类似的混凝土板桩在上海地区的基坑工程中也有零星应用。

（2）灌注桩排桩

钻孔灌注桩作为临时支护在上海地区应用范围较广，适用于开挖较深的基坑工程，但深度一般不宜超过15m。钻孔灌注桩外侧需布置隔水帷幕，常用的隔水帷幕主要有双轴水泥土搅拌桩、三轴水泥土搅拌桩、五轴水泥土搅拌桩等。在有些情况下，钻孔灌注桩可采用咬合的方式形成咬合桩，可形成类似于地下连续墙的围护结构，且无需再另外设置隔水帷幕。

（3）型钢水泥土搅拌墙

在水泥土搅拌墙桩内插型钢作为基坑围护结构的应用始于1994年的上海环球世界商厦基坑工程。1997年，上海在消化吸收日本型钢水泥土搅拌墙（Soil Mixing Wall，简称SMW）围护桩技术的基础上，研究解决了型钢从搅拌桩中起拔回收的技术难题，开发应用了型钢水泥土搅拌墙围护结构新技术，与地下连续墙相比，它具有止水性好、成本低、弃土少及无施工泥浆的优点。型钢水泥土搅拌墙技术已广泛应用于上海地区的基坑工程。由于围护墙的刚度有限，型钢水泥土搅拌墙技术目前一般适用于一层和两层地下室的基坑工程。型钢水泥土搅拌墙的水泥土主要采用三轴水泥土搅拌桩和五轴水泥土搅拌桩，近几年来，随着等厚度水泥搅拌墙施工技术的开发，工程中也出现了在等厚度水泥搅拌墙内插型钢的应用。

(4) 地下连续墙

20世纪80年代初，上海地区在地下连续墙试验取得成功的基础上，引进了日本的长导板液压抓斗，在上海地铁1号线车站深基坑工程施工地下连续墙围护并取得经验。随后，上海地铁1号线11座地下车站全部采用地下连续墙围护，1985年开工建设的延安东路矩形暗埋隧道和引道工程亦采用地下连续墙围护。此后，地下连续墙的应用日趋广泛。在地下连续墙接头方面，有圆形锁口管接头、波纹管接头、楔形接头、H型钢接头、橡胶止水带接头、套铣接头或混凝土预制接头等柔性接头形式，也有十字形穿孔钢板接头和钢筋承插式接头等刚性接头形式。在成槽工艺方面，有液压抓斗成槽、铣削成槽以及抓铣结合等方式，且成槽垂直度可做到1/1000。目前上海地区的地下连续墙技术已相当成熟，地下连续墙常用厚度有600mm、800mm、1000mm、1200mm，最大厚度达到1500mm。深度上广泛应用于开挖深度12m以上的基坑工程，最深已用于超过50m开挖深度的基坑工程，如上海苏州河深层排水调蓄工程的云岭西竖井基坑，开挖深度57.8m，地下连续墙深度105m。

与此同时，工程界还开发了预制地下连续墙技术，预制地下连续墙一般适用于9m以内的基坑，适用于地铁车站、周边环境较为复杂的基坑工程等，预制地下连续墙技术已成功应用于上海建工活动中心、明天广场、达安城单建式地下车库和瑞金医院单建式地下车库、华东医院停车库等工程。随着建筑工业化的推进，预制地下连续墙技术也成为一个重要的发展方向。

5) 内支撑系统

上海地区采用板式支护的基坑大多采用内支撑系统。内支撑系统由内支撑和竖向支承组成。内支撑系统具有无需占用基坑外侧地下空间资源，可提高整个围护体系的整体强度和刚度，以及可有效控制基坑变形等诸多优点。内支撑形式丰富多样，常用的内支撑按材料分有钢筋混凝土支撑、钢支撑以及钢筋混凝土与钢组合支撑三种形式，按竖向布置可分为单层或多层水平布置形式和竖向斜撑布置形式。内支撑系统中的竖向支承一般由钢立柱和立柱桩一体化施工构成，常用的钢立柱形式有角钢格构柱、H型钢柱以及钢管混凝土柱等，立柱桩常用灌注桩。

上海地区常用的钢筋混凝土支撑布置主要包括十字正交支撑形式、对撑结合角撑支撑形式、对撑角撑结合边桁架形式、圆环支撑形式、双半圆环支撑形式、多圆环支撑形式等。钢支撑布置包括十字正交支撑形式、对撑结合角撑形式。钢支撑一般设置钢混凝土围檩或钢围檩，在地铁车站基坑中，也常用无围檩的钢支撑；为控制变形，钢支撑通常还需施加预应力。在有些情况下也采用钢与混凝土组合支撑体系，包括同层平面组合形式和分层组合形式。对于采用中心岛开挖方法的基坑，可采用竖向斜撑体系。目前上海地区基坑的支撑选型已非常成熟。

6) 支护结构与主体结构相结合及逆作法

支护结构与主体结构相结合是指基坑工程中的局部或全部结构既是基坑施工阶段的围护、支撑构件，又是正常使用阶段主体结构的墙、梁、板、柱等构件。而逆作法为利用主体永久地下结构的全部或部分作为地下室施工期间的支护结构，自上而下施工地下结构并与土方开挖交替实施的施工工法。

上海地区的支护结构与主体结构相结合的工程类型分为三类：

（1）周边地下连续墙“两墙合一”或“桩墙合一”结合临时支撑顺作施工，是高层和超高层建筑深基础或多层地下室的传统施工方法；

（2）周边临时围护体结合坑内水平梁板体系替代支撑逆作施工，适用于面积较大、地下室为两层、挖深为 10m 左右的基坑工程，且采用地下连续墙围护方案相对于采用临时围护并另设地下室外墙的方案，在经济上并不具有优势；

（3）支护结构与主体结构全面相结合逆作施工，适用于大面积、开挖深度大、形状复杂、上部结构施工工期紧迫的基坑工程，尤其是周边建筑物及地下管线较多、对环境保护要求严格的情况。

逆作法施工在上海基坑工程中应用较多。1989 年建设的上海特种基础工程研究所办公楼，地下 2 层，采用逆作法工艺，是上海、也是全国第一个采用封闭式逆作施工的工程。1990 年开工的上海人民广场 220kV 地下变电站直径 60m、深 26m 的竖井采用 1200mm 地下墙围护内衬混凝土结构逆筑法技术。1992 年，地铁 1 号线黄陂路、陕西路、常熟路地铁车站为减少道路封交时间而采用盖挖逆作法施工技术。21 世纪以来，逆作法在上海地区快速涌现。目前，上海地区的逆作法技术在国内已处于领先地位，并创新了上下同步逆作、顺逆作交叉实施、跃层逆作、大开口式逆作法等新形式，满足了复杂的工程需求。典型工程如徐汇中心华山路地块，地上 8 层，地下 3 层，基坑开挖深度 17.05m，采用上下同步逆作施工技术，逆作施工阶段同步完成地上 8 层结构的施工；上海国际金融中心，地下 5 层，基坑面积 48860m^2，挖深 26.5～27.9m，采用主楼顺作、纯地下室区域逆作的顺逆作交叉实施方案，实现了塔楼上部结构封顶与全部地下室施工同步完成且总工期最短的目标，缩短总工期约 6 个月，节省造价约 6200 万元。

2. 基坑工程环境影响分析与变形控制技术

上海地区建筑物密集、管线繁多、地铁车站密布、地铁区间隧道纵横交错，因此基坑工程的环境条件日趋复杂。在这种情况下，基坑支护结构除满足自身强度要求外，还须满足变形要求，将基坑周边土体的变形控制在允许范围之内，保证基坑周围的建（构）筑物的正常使用要求，是基坑工程设计和施工需重点关注的问题。

1）基坑变形控制指标

基坑变形控制设计首先需确定合理的变形控制指标。上海地区在《基坑工程技术规范》DG/TJ 08-61-2010 中提出了基坑的环境保护等级概念，并根据基坑周围环境的重要性程度及其与基坑的距离把环境保护等级分为三级（表 3-1），根据大量工程实测统计分析，给出了各环境保护等级的变形控制指标（表 3-2）。十余年来的工程实践证明，规范所提出的环境保护等级和变形控制指标具有合理性，对上海地区基坑工程设计和施工起到了良好的指导作用。

2）基坑变形及环境影响分析方法

对于板式支护体系，上海市《基坑工程技术标准》DG/TJ 08-61-2018 提出了可采用经验方法预估基坑开挖引起的围护墙后的地表沉降，该方法是根据上海地区大量基坑工程的实测地表沉降曲线来确定的。此外，上海市《基坑工程技术标准》DG/TJ 08-61-2018还在国内率先提出采用数值方法来分析基坑变形及对周边环境的影响，即建立包括周边建（构）筑物在内、考虑土与结构共同作用的平面或三维分析模型，并建议采用考虑土体小应变特性的高级本构模型，进行整体模拟分析。

基坑工程的环境保护等级 **表3-1**

<table>
<tr><th>环境保护对象</th><th>保护对象与基坑距离关系</th><th>基坑工程环境保护等级</th></tr>
<tr><td rowspan="3">优秀历史建筑、有精密仪器与设备的厂房、采用天然地基或短桩基础的医院、学校和住宅等重要建筑物、轨道交通设施、隧道、防汛墙、原水管、自来水总管、煤气总管、共同沟等重要建（构）筑物或设施</td><td>$s \leqslant H$</td><td>一级</td></tr>
<tr><td>$H < s \leqslant 2H$</td><td>二级</td></tr>
<tr><td>$2H < s \leqslant 4H$</td><td>三级</td></tr>
<tr><td rowspan="2">较重要的自来水管、煤气管、污水管等市政管线、采用天然地基或短桩基础的建筑物等</td><td>$s \leqslant H$</td><td>二级</td></tr>
<tr><td>$H < s \leqslant 2H$</td><td>三级</td></tr>
</table>

注：1. H 为基坑开挖深度，s 为保护对象与基坑开挖边线的净距。
2. 基坑工程环境保护等级可依据基坑各边的不同环境情况分别确定。
3. 位于轨道交通设施、优秀历史建筑、重要管线等环境保护对象周边的基坑工程，应遵照政府有关文件和规定执行。

基坑变形控制指标 **表3-2**

基坑环境保护等级	围护结构最大侧移	坑外地表最大沉降
一级	0.18%H	0.15%H
二级	0.3%H	0.25%H
三级	0.7%H	0.55%H

针对数值分析中的土层参数确定问题，华东建筑设计研究院有限公司团队基于上海地区大量土工试验和工程反演分析与验证，提出了一整套HS-Small本构模型的参数确定方法，工程应用表明可以取得较好的计算精度，参数取值见表3-3。

上海典型土层HS-Small本构模型参数取值方法 **表3-3**

<table>
<tr><th>层序</th><th>E_{oed}^{ref} (kPa)</th><th>E_{50}^{ref} (kPa)</th><th>E_{ur}^{ref} (kPa)</th><th>c' (kPa)</th><th>φ' (°)</th><th>ψ (°)</th><th>K_0</th><th>G_0^{ref} (kPa)</th><th>$\gamma_{0.7}$ (×10^{-4})</th><th>ν_{ur}</th><th>m</th><th>p^{ref} (kPa)</th><th>R_f</th></tr>
<tr><td>②</td><td rowspan="5">$0.9E_{s1\text{-}2}$</td><td rowspan="5">$1.2E_{oed}^{ref}$</td><td rowspan="2">$6E_{oed}^{ref}$</td><td rowspan="5">0～5</td><td rowspan="5">22～32</td><td rowspan="5">0</td><td rowspan="5">$1-\sin\varphi'$</td><td rowspan="5">$2.5E_{ur}^{ref}$～$4.9E_{ur}^{ref}$</td><td rowspan="5">1.5～9.0</td><td rowspan="5">0.2</td><td rowspan="5">0.8</td><td rowspan="5">100</td><td>0.9</td></tr>
<tr><td>③</td><td>0.6</td></tr>
<tr><td>④</td><td>$8E_{oed}^{ref}$</td><td>0.6</td></tr>
<tr><td>⑤</td><td rowspan="2">$6E_{oed}^{ref}$</td><td>0.9</td></tr>
<tr><td>⑥</td><td>0.9</td></tr>
</table>

3）变形控制技术

上海软土地区深基坑变形控制难度较大，目前常用的变形控制方法主要有分区施工方法、采用轴力自动补偿钢支撑系统、土体加固方法、“时空效应”土方开挖方法、隔断法、保护对象加固方法等。

（1）分区施工方法

对于面积较大的基坑工程，每层土方开挖后无支撑暴露的时间较长，支撑形成后支撑自身的收缩或压缩变形也较大，因此不利于基坑变形的控制。分区施工方法是控制软土基坑变形的有效方式，广泛应用于邻近地铁设施、历史保护建筑物等环境保护要求非常高的基坑工程。其一般做法是将一个大基坑分成两个或更多的小基坑进行施工（图 3-1）。将较大的基坑分成若干个小基坑，则每个小基坑的施工速度、支撑的可靠度均能得到保证，相应各分区基坑的变形也能得到较好的控制，从而也就能将基坑整体变形和对邻近隧道影响控制在合理的范围内。以邻近地铁隧道的基坑为例，将整个基坑分成邻近地铁侧的狭长形小基坑，以及远离地铁的大基坑；其中狭长形小基坑宽度一般为 20m 左右，长度控制在 50m 左右；远离隧道的大基坑单个基坑面积通常控制在 10000m^2 以内；大基坑采用顺作法（或逆作法）先施工，在其地下室结构施工完成后再进行狭长形小基坑的开挖。大基坑施工时，由于有临时隔断围护墙和窄条基坑加固体的隔离作用，邻近隧道受到基坑开挖的影响较小；而当狭长形小基坑施工时，由于其宽度小，挖土非常迅速，大大减小了无支撑的暴露时间。

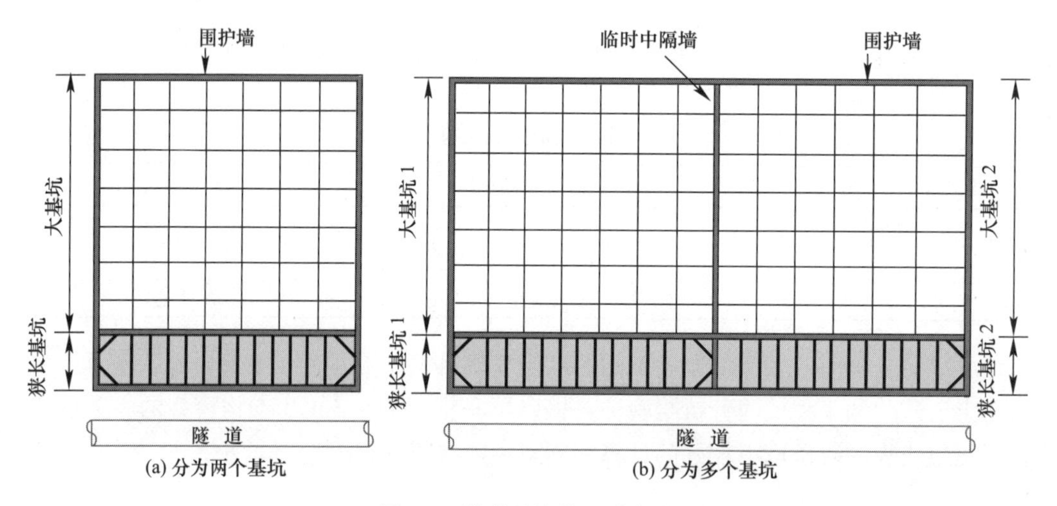

图 3-1　隧道基坑分区示意图

（2）采用轴力自动补偿钢支撑系统

对于狭长形基坑，例如地铁车站基坑以及分坑实施中的小基坑，可采用轴力自动补偿钢支撑系统。轴力自动补偿钢支撑系统实现了传统施工技术与液压控制技术以及计算机信息技术的结合，对支撑轴力变化实施全天候监测和自动补偿，可以有效控制围护结构的最大变形及变形速率，对控制基坑变形、保护周边环境发挥重要作用。该技术近年来在上海地区紧邻地铁车站、隧道、历史保护建筑等敏感环境下的深基坑工程中得到了大量的应用，变形控制效果良好。

（3）土体加固方法

上海地区土层软弱，为控制变形，基坑工程中通常会采用土体加固技术，目前的土体加固主要采用水泥土搅拌桩技术和地层注浆技术，其中水泥土搅拌桩技术包括双轴水泥土搅拌桩技术和三轴水泥土搅拌桩技术；地层注浆技术根据注浆原理的不同，大致分为静压注浆技术和高压喷射注浆技术，高压喷射注浆还可分为普通高压喷射注浆、超高压喷射注浆（Rodin Jet Pile，简称 RJP）及全方位超高压喷射注浆（Metro Jet System，简称 MJS）。被动区土体加固常用的平面布置有满堂式、裙边、抽条、墩式等，竖向布置包括坑底以下加固方式和坑底以下与坑底以上土体同时加固两种方式。

（4）"时空效应"土方开挖方法

软土深基坑具有明显的"时空效应"，因此合理的挖土流程是控制基坑变形的关键。目前上海地区已形成了一套较完整的土方开挖技术。对于大基坑的土方开挖，通常可根据基坑形状和支撑布置情况采用分层、盆式分块开挖的方式施工，即根据具体情况确定合理的分层厚度、分块大小、周边留土宽度、临时边坡坡度、支撑施工时间等，可有效地起到变形控制的作用。对于狭长型的地铁车站基坑，可采用分层分段开挖，确定分层厚度和分段长度参数，且每段开挖中又分细层、分小段，并限时完成每小段的开挖和支撑，达到良好的变形控制效果。

（5）隔断法

隔断法是指在基坑和被保护对象之间采用钢板桩、地下连续墙、钻孔灌注桩、树根桩等构成隔离墙的方法来减小基坑施工对周边环境的影响。隔离墙深度一般需穿越潜在滑动面。墙后土体发生沉降时，隔离墙能够提供一定的桩侧摩阻力，限制了墙后土体和保护对象的竖向变形。也可通过在基坑围护墙和周边建（构）筑物之间设置隔水墙，然后在围护墙和隔水墙之间进行降水，减小围护墙的侧向水土压力同时隔断地下水降落曲线，达到减少邻近建（构）筑物变形目的。

（6）保护对象加固方法

虽然在一定程度上提高基坑支护结构刚度是减小变形的有效措施，但当支护结构刚度已足够大的情况下，再进一步增加刚度并不能大幅度减小基坑的变形，反而会导致造价的大幅增加。在某些情况下，对被保护对象事先采取加固措施，可以提高其抵抗变形的能力，往往可取得更直接的效果。对建筑物进行基础托换是常用的措施，即在基坑开挖前，采用钻孔灌注桩或锚杆静压桩等方式，在建筑物下方进行基础补强或替代基础，将建筑物荷载传至深处更好的土层，从而可减小建筑物基础的沉降。还可在基坑开挖前对保护对象预先注浆加固，一般是在保护对象的侧面和底部设置注浆管，对其土体进行注浆加固，提高抗变形的能力，减小保护对象的变形。

对于环境保护要求特别高的基坑工程，一般需采用多种措施进行综合控制。例如上海盛大中心基坑工程紧邻 4 条已建地铁隧道，将基坑分成 1 个大的基坑和 2 个长条形的小基坑（图 3-2），大基坑采用地下连续墙结合十字正交钢筋混凝土支撑，小基坑采用地下连续墙结合伺服轴力自动补偿钢支撑系统，且小基坑采用坑内满堂加固的形式进行地基加固，此外还采用了"时空效应"土方开挖方法，多种措施

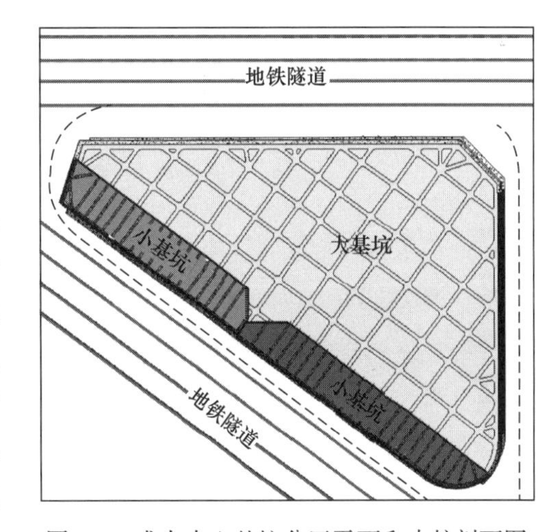

图 3-2　盛大中心基坑分区平面和支护剖面图

的实施有效地保护了邻近地铁隧道的安全。

【案例 1】 上海虹桥综合交通枢纽地下工程

上海虹桥综合交通枢纽（以下简称虹桥枢纽）占地面积 27km^2，集航空、城际铁路、高速铁路、轨道交通、长途客运、市内公交等多种换乘方式于一体，是当时世界上最复杂、规模最大的综合交通枢纽之一。虹桥枢纽包括 4 个新的综合社区、1 个新的容纳国内航班的机场航站楼、10 条磁悬浮列车的站台、30 条城际及高速列车的站台、1 个能容 5 条线路的地铁站以及 1 个新的城际巴士总站。

虹桥枢纽引入了核心区的概念，核心区建筑南北长约 1110m，东西长约 2050m，总建筑面积 150 万 m^2，其中地下建筑面积 50 万 m^2。如图 3-3 所示，核心区内各交通主体的平面布局由东向西依次为：航站楼、东交通中心、磁浮、高铁、西交通中心，地铁轨道交通 2 号线和 10 号线由东向西从地下穿越整个虹桥枢纽，在枢纽内设置高铁和交通中心两个车站。磁浮、东交通中心和南、北车库皆为地下两层；东交通中心和西航站楼主楼通过地下连通道连接；南、北车库为地上、地下相结合的组合结构，通过地下一层与交通中心连接；磁浮与交通中心通过地下二层与地铁连通。虹桥枢纽利用地下空间实现了旅客快速、安全、有序地换乘，人、车高度分流，处理好了多种交通运输方式之间的衔接，还通过地下连通道实现客流快速疏散，是当时国内一体化开发规模最大的地下空间综合体。

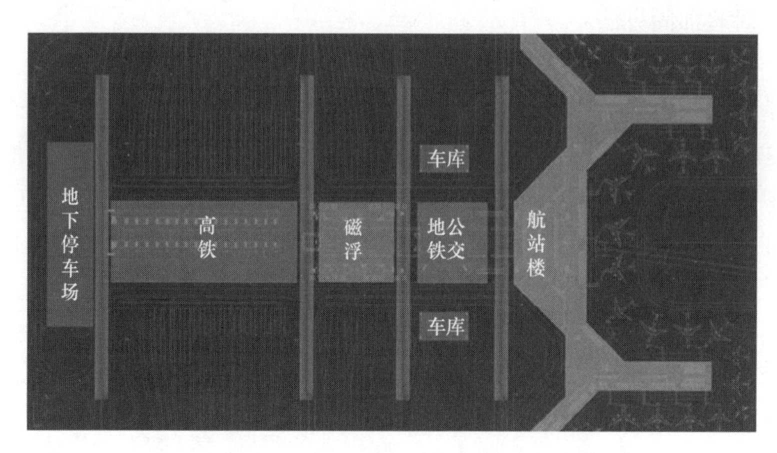

图 3-3　虹桥综合交通枢纽总体建筑分区平面图

虹桥枢纽工程西航站楼于 2007 年 4 月开始施工桩基工程，其后东交通中心、磁悬浮、高铁、西交通中心以及地铁西站陆续开工，历时仅约两年两个月时间，于 2009 年 6 月完成所有单体地下结构工程的实施。工程通过采用多级梯次联合支护体系、新型桩基等新技术的应用，解决了设计和施工方面的技术难题，各项监测数据均在允许值的范围之内，基坑本身以及周边环境在整个施工过程中完全处于安全状态；节省混凝土约 18 万 m^3，减少泥浆排放量约 26 万 m^3，共计节约工程投资约 2.1 亿元，节省工期约 12 个月，同时在节能降耗、确保上海市重大工程按时完成等方面都取得了重大成果。虹桥综合交通枢纽基坑开挖实景图如图3-4所示。

图3-4　虹桥综合交通枢纽基坑开挖实景图

3. 上海地区基坑工程技术规范的发展

1）97版规范

自20世纪80年代的十多年时间，随着城市发展需要，基坑工程的建造周期与费用剧增、基坑工程对周边环境威胁等经验和教训的积累，工程界认识到基坑设计和施工已不再仅仅是基础设计和施工过程中的一项临时性技术措施，而已成为一门综合性较强、难度较高、而且还在不断发展的新的专项技术。为了使上海市基坑工程能在依靠科技进步的指导原则下不断发展，使基坑工程的设计能做到安全可靠、技术先进、经济合理、方便施工，上海市建设委员会早在1991年就下达了编制《基坑工程设计规程》的文件。编制组历经近6年的努力，《基坑工程设计规程》DBJ08-61-97于1997年9月1日起颁发实施。

该规范内容涵盖基本规定、岩土勘察、土压力和水压力、水泥土围护结构、板式支护体系、与主体结构相结合的支护结构、支撑及土层锚杆结构设计与施工、管道沟槽开挖工程、降水工程与土方开挖、环境保护和监测等内容，对基坑工程的技术内容作了较全面规定，是上海地区基坑工程领域第一部技术规范，也是当时国内基坑工程领域最早颁布的地方标准之一，对于保证上海地区的基坑工程安全、促进上海地区乃至全国基坑工程技术的提高都发挥了重要的作用。

2）2010版规范

自《基坑工程设计规程》DBJ08-61-97颁布实施后的近十年，上海地区的工程建设飞速发展，尤其是伴随着大规模地下空间的开发，基坑工程的计算理论、设计方法、施工技术与检测手段等都有了相当的进步，同时工程中也出现了一些新的技术问题，都需要及时纳入规范予以明确。2007年上海市工程建设标准化办公室下达了对97版基坑规范进行修编的文件。根据上海市规范标准的统一考虑和规范总体框架的调整，将97版基坑规范修编成上海市标准《基坑工程技术规范》DG/TJ 08-61-2010。新版规范以基坑工程设计为核心，涵盖勘察、施工、监测和检测等各个方面内容。

这次规范修编总结了上海地区基坑工程建设的新经验，吸纳了基坑工程领域国内外的最新研究成果，涵盖了基坑工程勘察、设计、施工、检测与监测的全过程内容；覆盖范围包括建筑、市政、港口、水利工程领域；在原设计规程的基础上，新增了环境调查、复合土钉支护、型钢水泥土搅拌墙、支撑立柱与立柱桩、临水基坑工程、基坑土体加固、地下水控制、环境影响的分析与保护措施等内容，并大幅调整了基坑稳定性、支护结构与主体结构相结合及逆作法、基坑开挖和基坑监测等方面的技术内容。尤其是首次提出了基坑环境保护等级的概念并提出了各个环境保护等级的变形控制标准，对于日益严格的基坑环境保护问题给出了较好的规定。该次规范修编系统地完善了上海地区基坑工程的技术标准，既具扎实的理论基础，又能解决实际工程问题，可操作性强，总体上达到较高的技术水平，并继续领先于国内其他地方标准。

3）2018局部修订版标准

根据上海市住房和城乡建设委员会的要求，2016～2017年对2010版《基坑工程技术规范》DG/T 08-61-2010开展了局部修订工作。这次修订一方面是推广高强钢材的使用，另一方面是适当增加近年来已发展成熟的新技术内容，并将该规范名称更改为《基坑工程技术标准》DG/TJ 08-61-2018，成为新管理规定下上海市首批更名为标准的规范之一。规范修订新增了等厚度水泥土搅拌墙、伺服轴力自动补偿系统钢支撑、预应力鱼腹式钢支撑、可回收式锚杆、大直径旋喷锚杆、桩墙合一、上下同步逆作法、超高压喷射注浆、自动化监测等近年来发展起来的新技术，对新技术的应用和提高上海地区的基坑工程技术水平，起到了更好的促进作用。

3.1.2 隧道工程技术

广义的非开挖隧道工程技术是采用非明挖方式建造地下空间的施工方法。非开挖技术施工不会阻碍交通，也不会破坏绿地、植被，更不会影响商场、医院、学校和居民的正常生活和工作秩序，解决了传统开挖施工对居民生活的干扰，以及对交通、环境、周边建筑物基础的破坏和不良影响，因此具有较高的社会经济效益。地下空间开发中，常采用的非开挖隧道工程技术有顶管法、盾构法、管幕法等。

1. 盾构法

1）盾构法发展

盾构法是在地表以下土层或松软岩层中暗挖隧道的一种施工方法，自1818年法国工程师发明盾构法以来，经过100多年的应用与发展，从气压平衡盾构到平衡加压盾构以及更新颖的土压平衡盾构，已使盾构法能适用于任何水文地质条件下的施工，地质条件无论是松软还是坚硬，在有地下水的地层或无地下水的地层，都可采用盾构法实施暗挖隧道工程。

世界上第一条采用盾构法施工的隧道修建于1823年，全长458m。1869年，英国将盾构法应用于泰晤士河海底隧道。20 世纪初期，盾构法施工在欧美等地区得到了很好的推广，并且利用盾构法施工技术修建了很多隧道。到了 20 世纪 60 年代，盾构法施工技术已在日本的隧道建设中被广泛地应用，1974 年日本首先研制出土压平衡盾构掘进机，这标志着盾构法施工技术又进入了新的阶段。

2009 年之前，我国大约有 85％的盾构依赖进口。占据欧洲大半市场份额的德国海瑞克、以总产量 1670 台居世界首位的三菱重工，以及拥有多个品牌的德国维尔特的表现最为抢眼。其中海瑞克就占据国内盾构市场的 70％以上。

早在 1953 年，我国就有应用盾构法进行隧道施工的先例。1966 年，由上海隧道工程设计院设计、江南造船厂有限公司自行设计制造了国内第一台 ϕ10.22m 网格挤压盾构，应用于中国第一条越江隧道——上海打浦路越江隧道施工，打破了外国专家“在上海挖掘隧道就好比在豆腐里面打洞”的预言。20 世纪 80 年代后期，地铁隧道在上海修建成功，同时对于土压平衡式、泥水平衡式盾构技术研究也在不断进行中。从 2002 年开始，中国致力于“造中国最好的盾构”，国家科技部将盾构技术研究列入“863”计划，实现中国盾构从有到优的历史突破。

2004 年 10 月，上海隧道工程股份有限公司研制了第一台具有自主知识产权的“先行号”地铁盾构样机。2006 年底，“先行 2 号”盾构在沪制造安装完成并正式下线，首次实现了国内地铁盾构的批量生产。2008 年 4 月，依托“863”计划，由中铁隧道集团隧道设备制造公司牵头研制的复合盾构“中国中铁 1 号”下线。2009 年 9 月，由上海隧道工程股份有限公司自主研发的一台直径 11.22m 的具有自主知识产权的大直径泥水盾构“进越号”成功贯通上海打浦路越江隧道复线工程，标志着我国进入了具备大直径泥水盾构自主设计、制造和施工技术的盾构大国行列。

随着我国基础设施建设开展，给予了盾构制造企业技术足够的实践案例及数据支持，盾构的新理念、新技术、新工艺不断涌现。上海越江公路隧道的发展，代表了软土地区盾构法隧道施工技术的进步。从早期的网格盾构发展到如今直径 15m 以上的超大直径盾构，从普遍的圆形盾构发展到现在的双圆盾构、异形盾构等，许多施工技术如开挖面平衡理论、泥水处理体系、同步注浆、管片拼装等取得了突破性的进展。

开挖面平衡理论方面，从网格盾构的胸板支护，到泥水平衡理论，到加气压的泥水平衡理论，对于盾构隧道开挖面平衡机理的理解有了长足的进步。

泥水处理体系方面，早期泥水盾构采用大体量沉淀池初步处理后，对大颗粒渣浆通过船运排至允许排放口或直接管道排入河道。不分散泥水处理体系建立后，使用压滤、筛分等设备，将泥浆处置成渣土，通过土方车外运，从而消除了泥水盾构对河道条件的依赖，使泥水盾构可以更好地适用于城市密集区。

同步注浆方面，早期的泥水盾构施工中，同步注浆质量比较差，多采用惰性浆或双液浆，注浆率高，填充效果差，过多地依赖于二次注浆和补充注浆进行地面沉降控制。从上中路隧道开始，由于新型抗剪型同步注浆材料和施工工艺的应用，注浆效果明显改善，只使用同步注浆即可满足工程的需要，无需使用二次注浆。管片拼装方面，早期采用通缝拼装管片，后来改进为错缝拼装，到上中路隧道，开始采用全圆周错缝拼装施工，传统意义上的封顶块管片可以在全圆周的 19 个位置出现，全圆周错缝拼装明显提高了盾构隧道的整体刚度和质量。

2）盾构隧道案例介绍

（1）网格盾构隧道

【案例 2】 上海打浦路隧道

上海最早兴建的越江隧道，也是我国第一条越江公路隧道——打浦路隧道，采用直径 10.2m 的网格挤压盾构掘进机施工，始建于 1966 年。打浦路隧道的完工，表明我国已基本掌握了大直径盾构法隧道施工技术。

打浦路隧道和延安东路隧道的施工，采用的是网格盾构，相对目前的技术来说，这是一种比较原始的盾构，劳动强度大，施工环境差，地表沉降和轴线控制困难，对周边环境影响也很大。但通过这两条隧道的建成，积累了宝贵的施工经验，为今后的大直径盾构法隧道施工奠定了基础。图 3-5 为打浦路隧道盾构及通车照片。

(a) 打浦路隧道盾构

(b) 打浦路隧道通车照片

图 3-5 打浦路隧道盾构及通车照片

（2）大直径泥水平衡盾构隧道

【案例 3】 上海上中路隧道

2005 年 9 月底，当时我国最大的盾构法隧道——上海上中路隧道，代表着我国盾构隧道施工技术进入一个新的里程碑：超大直径盾构隧道时代的到来。在此之前，我国的盾构法隧道直径一直为 11～12m。上海众多越江公路隧道完成，积累了丰富的大直径泥水盾构设计、施工经验。国外直径 14m 以上盾构法隧道的成功实践，为中国超大直径盾构法隧道的发展指出了方向，而上中路隧道则成为这一转折的契机。上中路隧道施工中，许多与以往泥水平衡盾构隧道不同的施工理念得到了发展。加气压的泥水平衡理论、全圆周错缝拼接、抗剪型同步注浆材料及施工工艺、固控泥水处理设备、不分散泥水体系及众多适合于超大直径泥水盾构的施工技术快速发展起来。上中路隧道之后，直径14m以上的越江隧道，又陆续开工了上海长江隧道、耀华路磁悬浮隧道等。上中路隧道的成功经验及其所积累的施工技术，为直径15.43m上海长江隧道的超大直径盾构施工奠定了扎实的基础。

【案例4】　上海长江隧道

上海长江隧道工程是上海长江隧桥工程的重要组成部分，工程起自上海浦东新区五号沟，北至长兴岛南段，穿越长江南港水域8.9km，江中圆隧道段东线长7471.7m，西线长7469.4m。隧道上层路面为双向六车道，下层则行驶轨道交通。圆隧道外径15m，内径13.7m，管片每环宽2m。隧道衬砌采用单层管片，为通用环楔形管片，每环10片管片构成，采用全圆周错缝拼装工艺，采用了2台直径ϕ15.43m泥水平衡盾构进行隧道施工，一次性掘进长度为7.47km，是当时世界上盾构直径最大、单次掘进距离最长的盾构隧道工程。图3-6为上海长江隧道内景及盾构进洞照片。

(a) 隧道内景

(b) 盾构进洞

图3-6　上海长江隧道内景及盾构进洞

【案例5】　上海延安东路隧道

从延安东路隧道南线开始，中国进入大直径泥水盾构隧道发展阶段。延安东路隧道南线第一次采用直径11m级的泥水平衡盾构进行施工，有许多施工理念进行了更新。泥水平衡理论、泥膜形成理论、错缝拼装、双线隧道施工间的相互影响等施工技术逐步掌握。图3-7为延安东路越江隧道及盾构内景图。在延安东路隧道南线成功的基础上，又陆续完成了好几条直径11m左右的隧道，如大连路隧道、复兴东路隧道、翔殷路隧道等，施工周期越来越快，施工质量也有了较大的提高。其中，复兴东路隧道设计为双层隧道，将大型车和普通小客车上下层分开，充分利用了圆形隧道断面的空间。

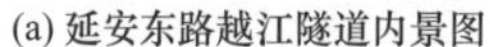

(a) 延安东路越江隧道内景图　　(b) 盾构内景图

图 3-7　延安东路越江隧道及盾构内景图

（3）大直径土压平衡盾构隧道

【案例 6】　上海外滩通道

2010 年，我国最早的大直径土压平衡盾构隧道——上海外滩通道工程，是上海市中心区域的“三纵三横”交通网络工程之一，被誉为是解决上海市中心城区交通问题的“心脏搭桥”式工程，其效果图及土压平衡盾构如图 3-8 所示。外滩通道北段采用直径为 14.27m 的土压平衡盾构进行施工，整个工程中，盾构面临近距离穿越多处建（构）筑物、长距离浅覆土施工以及隧道内出土等诸多难题。在实际推进过程中，通过对不同建筑物采取不同的保护预案，并严格执行预先制定的土舱压力、推进速度、同步注浆以及盾构姿态的控制方法，结合监测结果，随时对各项参数设置进行调整，盾构推进引起的最大变形不超过 10mm，倾斜率不超过 1‰，确保了推进过程中穿越历史保护建筑物的安全。成功穿越的各项控制技术为我国超大直径土压平衡盾构近距离穿越建（构）筑物施工积累了丰富经验，填补了国内空白，为同类工程的施工提供了借鉴。

(a) 外滩通道效果图

(b) 外滩“通泰号”土压平衡盾构

图 3-8　外滩通道效果图及土压平衡盾构

【案例 7】　上海迎宾三路隧道

直径 14.27m 土压平衡盾构还成功应用于上海迎宾三路隧道工程，该盾构隧道内径为 12.75m，分为上下 2 层，每层均为单向 2 车道，管片环宽 2m、厚 600mm，通用环错缝拼装，其盾构进洞及隧道实景图如图 3-9 所示。该盾构隧道总结了外滩隧道的施工经验，根据迎宾三路隧道工程环境特点，又对大型土压平衡盾构进行了适应性改制，对监控系统和液压系统进行相应的改善，大大提高了工作效能。针对切口土压、同步注浆量、盾构轴线位置、螺旋机出土及推进速度等技术参数进行精密控制，通过均衡、合理的推进，严格控制地面沉降量，最大限度地降低超大直径盾构推进施工时对地面建筑物的影响。最终，最大沉降仅为 6.94mm，机场主跑道沉降 5.12mm，在确保虹桥机场正常运营的同时，创造了盾构日平均推进 10m，月施工 300m 上层车道板的施工新纪录。

(a) 直径14.27m土压平衡盾构进洞

(b) 迎宾三路隧道实景图

图 3-9　迎宾三路隧道盾构进洞及隧道实景图

2. 顶管法

1）圆形顶管

顶管的发展具有悠久的历史。根据中东地区出土的文物证实，古罗马时代已开始有了应用顶管施工技术的萌芽。当时的罗马人利用杠杆原理，将一根木质管道从土层侧面顶进从而开辟出一条供水渠道，以汲取水资源。这就是在不开挖地面条件下进行的地下顶管施工雏形。20 世纪上半叶，顶管技术在欧美和日本等地区得到了迅速发展。在 20 世纪 60、70 年代，顶管施工技术得到了较大的改进，奠定了现代顶管施工技术的基础，其中最重要的技术进步有以下三个方面：①专门用于顶管施工的带橡胶密封圈的混凝土管道的出现；②带有独立的千斤顶可以控制顶进方向的掘进机研制成功；③中继间的应用。部分国外典型顶管工程发展情况见表 3-4。

部分国外典型顶管工程发展情况　　　　**表 3-4**

时间	国家	工程、事件	施工方法	顶管材料	特点
1896 年	美国	北大西洋公司施工的一项铸铁管铺设工程	手掘式顶管	铸铁管	顶管先驱

续表

时间	国家	工程、事件	施工方法	顶管材料	特点
1920年	美国	开始大量采用螺纹焊接钢管取代铸铁管	手掘式顶管	螺纹焊接钢管	材料更新
1957年	德国	Ed Zublin 公司首家开创了混凝土管道的顶进施工	—	混凝土顶管	材料更新
20世纪50年代	美国	开始出现长距离顶管	—	—	长距离顶管
1970年	德国	汉堡下水道顶管工程	机械式掘进	混凝土顶管	世界首次顶进超千米
20世纪80年代	日本	顶进施工法大为增长，施工管道长度占比大	机械式掘进	混凝土顶管	长距离转弯施工成功
20世纪90年代	美国	出现了气动钢管顶管技术	—	钢管	逐步取代液压

我国顶管施工法的起步晚于西方发达国家，初期发展较慢，近期发展速度很快。在我国，首次使用是1953年建设的北京西郊行政区污水管工程，开创了国内应用顶管技术的历史。随后，由于有了以上经验，上海等城市也相继采用顶管技术。

上海于1956年开始顶管试验，首次顶进的管道是直径为900mm的铸铁管，之后逐渐改用平口的钢筋混凝土管，管径由900mm逐渐增加到1600mm。1964年前后，上海一些单位开始进行大口径机械式顶管的各种试验。当时，口径2m的钢筋混凝土管的一次推进距离可达120m，同时，也开创了使用中继环的先河。1967年前后，上海已研制成功人不必进入管子的小口径遥控土压式机械顶管机，口径有ϕ700mm～ϕ1050mm多种规格。

1981年，内径DN2600管道穿越黄浦江，第一次在顶管施工中应用中继环技术获得成功，管道顶进长度达581m。1984年前后，上海开始引进国外先进的机械式顶管设备，从而使顶管技术上了一个新的台阶。1985年开始采用T形钢套环接口的钢筋混凝土管，管径为800～2400mm。1987年前后，上海又成功开发挤压法顶管，这种顶管特别适用于软黏土和淤泥质黏土，并引入计算机控制、激光指向、陀螺仪定向等先进技术，管道顶进长度始超千米，达到1120m，使我国的顶管施工技术处于世界领先地位。1988年，上海研制成功我国第一台ϕ2720mm多刀盘土压平衡掘进机，先后在虹漕路、浦建路等工地使用，取得了令人满意的效果。

钢筋混凝土顶管广泛应用于众多工程中，顶管直径、顶进距离都一次次刷新纪录。1990年上海合流污水一期工程以后，逐步改用F形钢筋混凝土管，管径为600～3500mm。1992年，上海研制成功国内第一台加泥式ϕ1400mm土压平衡掘进机。同年，上海奉贤开发区污水排海顶管工程，将一根直径为DN1600的钢筋混凝土管向杭州湾深水区单向一次顶进1511m，成为我国第一根单向一次顶进超过千米的钢筋混凝土管。1997年4月完成的上海黄浦江上游引水工程中的长桥支线顶管，将DN3500的钢管单向一次顶进1743m，再创世界纪录。上海市部分顶管工程及事件如表3-5所示。

2008年，由上海建工集团基础公司承建的广东汕头管径2m、全长2080m的过海钢质引水管，被准确顶入接收井，管道全线实现贯通。由此创造了国内一次性顶进最长距离的新纪录。到2010年底，上海仅单向一次顶进千米以上的钢管顶管就有12条。上海部分超过千米长距离的顶管工程见表 3-6。

上海部分顶管工程及事件　　表 3-5

年份	地点	工程、事件	特点
1964	上海	进行大口径机械式顶管的试验，直径达 2m，一次推进 120m	尝试使用中继间
1967	上海	研制成功口径有 700～1050mm 的小口径遥控土压式机械顶管机	小口径、遥控土压式、液压纠偏系统
1978	上海	研制成功三段双铰型工具管和挤压法顶管	长距离，适用于软黏土和淤泥质黏土
1987	上海	引入计算机控制等先进技术，黄浦江过江引水管道工程	大口径 3m、长距离 1120m
1988	上海	研制成功 DN2720mm 多刀盘土压平衡掘进机	新设备开始广泛应用
1989	上海	一期合流污水工程施工，引进德国大口径混凝土顶管技术	大口径顶管得到较大发展
1992	上海	研制成功国内第一台加泥式口径 1440mm 土压平衡式掘进机	20 世纪 90 年代，我国顶管技术基本处于世界先进水平
1996	上海	黄浦江上游引水工程，管道内径 2.5m，单向顶进 1743m	长距离，微机监控，大口径
2008	无锡	长江引水工程，顶进长度 2500m	长距离
2011	上海	青草沙水源地原水工程严桥支线工程，口径 2.5m，长 1960m	大口径、长距离

上海部分超过千米长距离的顶管工程　　表 3-6

年份	工程名称	管径	管材	单根长度（m）
1987	上海南市水厂过江管	DN3000	钢管	1120
1991	上海合流污水一期管	DN3500	混凝土管	1285
1993	上海奉贤污水排海管	DN1600	混凝土管	1511
1995	上海上游引水陇西支线管	DN2200	钢管	1290
1997	上海上游引水长桥支线管	DN3500	钢管	1715
1999	上海奉贤污水排海	DN1600	混凝土管	1330
2005	上海临港新城给水排水管网及污水处理一期 B4 标	DN2000	钢筋混凝土管	1622 1078
2008	上海市北京西路至华夏西路电力电缆隧道三标 12～13 号井顶管工程	DN3500	钢筋混凝土管	1289
2010	上海青草沙水源地原水工程严桥支线工程（QYZ-C4 标）	DN3000	钢管	1960

在圆形顶管施工中，最为流行的三种平衡理论：土压平衡、泥水平衡和气压平衡理论。

（1）土压平衡：通过大刀盘及仿形刀盘对机头正面土体的全端面切削，利用主顶设备把机头向前推进，把切削下来的泥土挤进机头土仓内，通过调节机头顶进速度和螺旋输送机的转速来控制土仓内的压力，土仓内的压力来平衡地下水的压力和机头前方的土压力。该类技术适用土层包括：淤泥质黏土、淤泥质粉质黏土、粉质黏土、黏质粉土、砂质粉土。

(2) 泥水平衡：泥水平衡式顶管是一种以全断面切削土体，以泥水压力来平衡土压力和地下水压力，又以泥水作为输送弃土介质的机械自动化顶管施工法。由顶管机正面刀盘切削土层，同时通过送泥管路将泥水送至刀盘后方泥水仓，与弃土充分混合后，由排泥管路排至地面泥水处理装置，经分离后的低浓度泥水被再度送入顶管机内循环使用。顶管机用后方顶进装置作为前进动力，在工作井中推进管材，再由管材将推力传至顶管机向前顶进。该技术适用土层包括：淤泥质黏土、淤泥质粉质黏土、粉质黏土、黏质粉土、砂质粉土。

(3) 气压平衡：通过作用于临时掘进工作面上的气体压力阻止地下水。在整个掘进工作面的高度范围内，作用的气体压力是相等的，但地下水的压力是有梯度的，因此在工具管的顶部就形成一个超过平衡压力的气体压力区。在这一压力作用下，地层空隙中的水被挤出，地层也从原来的饱和状态过渡到半饱和状态，从而起到平衡挖掘面的作用。通过对顶管机头改装，将机头前端设置斜向内的“喇叭口”，使得机头在千斤顶推力作用下向前切土，土方进入机头过程中在“喇叭口”挤密作用下，使得切入机头内半饱和状态土体固结，进一步加固开挖面土体，有效保证了作业空间内土体稳定。该技术适用土层包括淤泥、黏性土、粉质土、粉土、砂土。

圆形顶管管道由开始的钢筋混凝土管、钢管逐步发展到特殊材质的管道，如玻璃钢夹砂管、预应力钢筒混凝土管等。顶管管材可根据设计要求、管道的用途、管材特性及工程具体情况来选用。给水工程管材宜选用钢管或玻璃纤维增强塑料夹砂管，钢管管身外防腐施工应在工厂内完成；排水工程管材宜选用钢筋混凝土管、玻璃纤维增强塑料夹砂管或预应力钢筒混凝土管；输送腐蚀性水体或管外水土有腐蚀性时，宜优先选用玻璃纤维增强塑料夹砂管。

2) 矩形顶管

矩形顶管是采用矩形顶管机边切削、边排土、边顶进，将预制管节逐段向前推进，形成地下空间的一种绿色、环保、安全、高效的非开挖施工技术。它是在圆形顶管的基础上逐渐发展起来的，相对于圆形顶管，矩形顶管机有更大的空间利用率，对通道空间的规划利用也比圆形顶管机方便。

20 世纪 70 年代，日本率先研制出了矩形掘进机，并将其应用到了地下铁路的区间、车站以及水底隧道的旁通道等工程项目中。我国矩形顶管技术起步较晚，1999 年上海隧道股份有限公司研制出了我国首台 3.8m×3.8m 的矩形掘进机，用于轨道交通 2 号线陆家嘴站 5 号出入口。自 2005 年以后，矩形顶管在国内得到了充分的重视，但是断面都较小，主要应用于地铁车站的出入口及人行过街通道，断面基本不大于 6.9m×4.2m。2014 年国内最新研制出来的新一代矩形顶管机外径为 10.5m×7.5m，用于郑州下穿中州大道隧道工程，是当时世界上最大的矩形掘进机。2018 年长宁区勾连地道工程采用了 10.4m×7.4m 的顶管，是当时上海最大的矩形顶管，其后上海的矩形顶管进入飞速发展期，大断面、长距离顶管不断出现，应用范围也从以前的人行地道拓宽到车行地道、地铁车站、大断面的综合管廊等各种领域。上海部分典型矩形顶管工程见表 3-7。

上海部分典型矩形顶管工程统计表　　表3-7

贯通年份	工程名称	截面尺寸(m×m)	顶进长度(m)	顶管机
1999	上海轨道交通2号线陆家嘴站5号出入口	3.8×3.8	54	组合刀盘土压平衡顶管机
2006	上海轨道交通6号线浦电路站过街出入口	6.24×4.36	42.7	土压平衡式矩形隧道掘进机
2006	上海轨道交通6号线儿童医学中心站过街出入口	5.0×3.0	40.5	—
2008	上海轨道交通10号线新江湾城站5号、7号出入口	5.0×3.3	56.5 43.5	土压平衡式矩形顶管机
2008	上海轨道交通10号线殷高东路站3号出入口	5.0×3.3	48	土压平衡式矩形顶管机
2009	上海轨道交通2号线金科路站4号出入口	6.9×4.2	49.1	多刀盘土压平衡顶管机
2009	上海陆家嘴地下连通道	5.5×3.3	60	土压平衡式矩形顶管机
2010	上海轨道交通10号线伊犁路站3号出入口	6.9×4.2	—	—
2010	上海轨道交通11号线祁连山路站1号出入口	6.9×4.2	55	—
2010	上海外高桥13m覆土过街通道工程	5.0×3.3	45	土压平衡式矩形顶管机
2010	上海中山医院过街通道	5.0×3.0	78.8	土压平衡式矩形顶管机
2013	上海市茅台路人行地道工程	6.9×4.2	25	土压平衡平行轴多刀盘

矩形顶管机分为泥水平衡型和土压平衡型两种，具体选型应根据所在地层的地质情况而定。当地层的渗透系数小于1×10^{-7}m/s时，采用土压平衡顶管机较优；当地层的渗透系数大于1×10^{-4}m/s时，采用泥水平衡顶管机较优；当渗透系数在两者之间时，两者皆可。当地下水压不大于0.3MPa时，采用土压平衡顶管机较优；当地下水压大于0.3MPa时，采用泥水平衡顶管机较优。上海地区顶管机一般为土压平衡型。

3. 管幕法

管幕法是利用微型顶管技术在拟建的地下建筑物四周顶入钢管或其他材质的管子，钢管之间采用锁口连接并注入防水材料，形成水密性地下空间，然后在管幕的保护下，对管幕内土体加固处理后，边开挖边支撑，直至管幕段开挖贯通，再浇筑结构体；或者先在两侧工作井内现浇箱涵，然后边开挖土体边牵引对拉箱涵。

管幕的刚度可以大大降低施工对地面活动及其他地下设施与管道的影响，尤其对开挖面无法自立的地层可提供临时挡土及止水设施。其特点主要有以下几个方面：①该工法施工时无噪声和振动，不必降低地下水位和大范围开挖，不影响城市道路正常运行；②适用于回填土、砂土、黏土、软土和岩层等多种地层；③可以有效控制地面沉降以及对周围环境的影响，从而有利于环境保护和可持续发展；④由于对地表沉降要求较高，所以要求顶管机具有较高的顶进精度；⑤作为管幕的钢管埋入土体后不能回收，造成了资源浪费，成本较高。

中国首次应用管幕工法是1984年在香港地区修建地下通道，1989年中国台北松山机场地下通道工程由日本铁建公司承建，采用管幕结合ESA箱涵推进工法施工，箱涵长100m、宽22.2m、高7.5m，水平注浆法加固管幕内土体，1996年台北市修建地下通道，管幕内采用注浆加固。

管幕法施工可分为两大部分：钢管幕施工及在管幕保护下地下结构体的施工。管幕法施工步骤一般分为以下 6 步：①构筑顶管出发井和接收井，必要的情况下需进行土体加固；②将钢管按一定的顺序分节顶入土层中，钢管之间设有锁口，使钢管彼此搭接，形成管幕；③钢管锁口处涂刷止水润滑剂，钢管顶进时起润滑作用，后期成为有止水作用的凝胶，且通过预埋注浆管在钢管接头处注入止水剂，使浆液纵向流动并充满锁口处的间隙，防止开挖时地下水渗入管幕内；④在钢管内进行注浆或注入混凝土，并进行养护，以提高管幕的刚度，减小开挖时管幕的变形；⑤在管幕内全断面开挖，边开挖边支撑，形成从始发井至接收井的通道；⑥依次逐段构筑混凝土内部结构，并逐步拆除管幕内支撑，最终形成完整的地下通道。上海外滩源 33 公共绿地及地下空间利用项目，采用外径为 786mm、壁厚 12mm 钢管，钢帷幕长度 25.4m，上下左右共设置 46 根。若采用管幕结合箱涵的施工方法，则前 4 步的施工内容与以上步骤基本一致，所不同的是在管幕的保护下，单向顶进箱涵或双向对拉箱涵形成最终结构，如中环线虹许路—北虹路地道工程，则采用了管幕与箱涵结合的技术。

【案例 8】 上海中环线虹许路—北虹路地道

2004 年，上海中环线虹许路—北虹路地道施工，采用了 RBJ 工法，利用 80 根直径为 970mm 的钢管组成矩形管幕，钢管单根长度为 125m。该工程规模为双向八车道，内部箱涵横断面尺寸为 34m×7.85m，箱涵分 8 节，单向顶进。管幕与箱涵间的间隙为：上部 10cm，左右两侧 10cm，下部箱涵与管幕紧贴。管幕和箱涵所处地层为灰色淤泥质粉质黏土和灰色淤泥质黏土，均为饱和软土，且箱涵内部土体并未采用加固措施，开挖面采用网格工具头，以稳定土体。这是我国第一次引进管幕结合箱涵施工工艺，也是世界上在饱和含水软土地层中施工的横截面最大的管幕法箱涵顶进工程。

3.1.3 地基处理技术

上海地处长江三角洲平原东端，广泛分布着厚度不等的滨海相沉积高压缩性软土，包括淤泥及淤泥质土，呈软塑与流塑状态的粉土、粉质黏土、松散的粉细沙、暗浜土、初始回填时未经夯（压）实和含有大量腐殖土料回填的杂填土，以及土质软弱和龄期较短的冲填土等。这些软弱土由于土层成陆年代晚、含水率高以及固结程度低，具有强度低、压缩性大及明显的触变性等不良特性，属于典型的软弱地基。因此，上海地下空间开发，如基坑开挖、隧道建设等工程中常常需要利用地基处理技术对软弱地基进行加固，包括基坑被动区加固、进出洞加固、旁通道加固以及区间隧道加固等。下面就上海地区采用较成熟的地基处理技术分别进行介绍。

1. 水泥土搅拌法

水泥土搅拌法（即深层搅拌法，Deep Mixing Method，简称 DMM）是饱和软黏土地基常用的加固方法，主要利用水泥（或石灰）等材料作为固化剂，通过特制的搅拌机械，就地将软和固化剂（液或粉体）强制搅拌，使软土硬结成具有整体性、水稳性和一定强度的水泥加固土，从而提高地基土强度和增大变形模量。日本和瑞典等国家于 20 世纪 60 年代开始将水泥土搅拌法应用于地基加固工程中，凭借其灵活的布桩方式和固化剂掺量、较快的施工速度、较低的造价，迅速在全世界得到广泛应用。

因水泥土搅拌法具有施工简便、成桩快、价格低、不需井点降水、施工无噪声等优点，可最大限度地利用原土，加固效果显著，加固后可以很快投入使用，目前在上海地区被广泛用于地基加固中。软土基坑被动区坑底水泥土加固常用加固方式有满堂加固、墩式加固、抽条加固和裙边加固等。水泥土搅拌法工艺特点造成加固范围上部土层的扰动，在采用深搅加固时，必须使开挖面上下均得到加固。一般采用开挖面以下固化剂掺量较大，而开挖面以上掺量较小的方法。根据水泥土搅拌法加固工艺特点，可按上部结构要求，灵活地采用柱状、壁状和块状加固形式，在加固施工中无噪声、无振动、无污染。

软土基坑被动区坑底水泥土加固，多采用单轴、双轴搅拌桩和三轴搅拌桩，加固外径为 0.5～1.0m，单轴、双轴搅拌桩加固深度一般为 15m 以内，近年来部分设备在动力方面进行了加强，加固深度可达 18m 左右，在类似临港地区浅部密实砂层也有成功应用经验。三轴搅拌桩在搅拌深度和搅拌效果方面更具有优势，适用于处理较硬或密实的土层。通过接杆等方式，目前三轴深层搅拌机加固深度可达 50m 左右。双轴及三轴水泥土搅拌桩施工现场如图 3-10 所示。

(a) 双轴水泥土搅拌桩

(b) 三轴水泥土搅拌桩

图 3-10　双轴水泥土搅拌桩及三轴水泥土搅拌桩施工现场

值得注意的是，水泥作为最常用的土体固化剂，具有优良的性能，但水泥工业属于高耗能、高排放行业，因此，需要进一步探索新型非水泥基固化剂，以减少或替代水泥。近年来，众多学者将非水泥土体固化剂的研发思路投向工业固废的资源化利用。GS 固化剂是一种以炼钢产生的工业废渣为主要原料（固废含量达 70%以上），采用碾磨工艺，经过材料适应性试验而研制的应用于软土加固的绿色固化材料，并已成功应用于工程实践。研究表明，在相同掺量和龄期下，GS 固化土的室内无侧限抗压强度是水泥土的 1.3～2.1 倍，现场标贯击数是水泥土的 1.8～2.3 倍。在加固上海第③层淤泥质粉质黏土和第④层淤泥质黏土时，新型固化剂搅拌桩其桩身强度较相同掺量水泥搅拌桩可提高 2 倍左右，将显著提高地基承载力。

2. 高压旋喷注浆法

高压旋喷是高压喷射注浆法（Jet Grouting）的一种，在化学注浆法的基础上，采用高压射流切割技术发展而来，它是利用射流作用切割掺搅地层，改变原地层的结构和组成，同时灌入水泥浆或复合浆形成凝结体，借以达到加固地基和防渗的目的。该技术具有施工工艺简单、施工速度快、稳定性高、造价较低、耐久性好、良好的止水作用等特点，适用于上海地区淤泥、淤泥质土，流塑、软塑或可塑黏性土，粉土、砂土、素填土和碎石填土等地基，尤其是在基坑坑底加固方面具有较大优势。其施工示意图如图 3-11 所示。

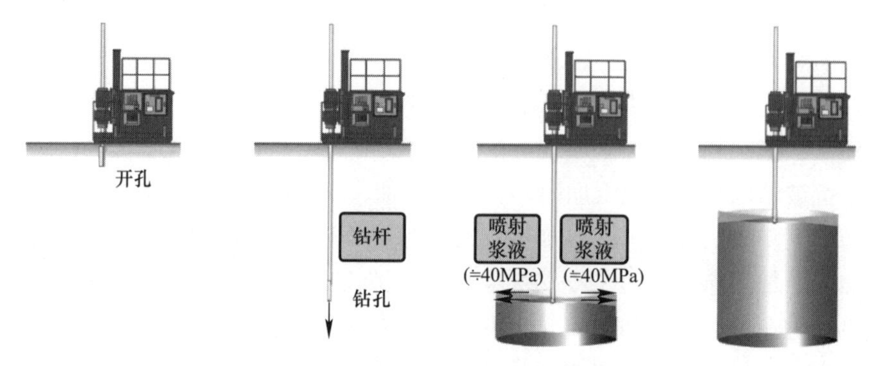

图 3-11　高压旋喷桩施工示意图

高压旋喷桩的基本工艺类型有单管法、二重管法、三重管法和多重管法四种方法。使用较多的是单管法和二重管法。

单管法是利用钻机把安装在注浆管底部侧面的特殊喷嘴，置入土层预定深度后，用高压泥浆泵等装置，把水泥浆从喷嘴中喷射出来冲击破坏土体，使浆液与从土体上崩落下来的土搅拌混合，经过一定时间凝固，便在土中形成一定的固结体。单管法成桩直径较小，一般为 0.3～0.8m。

二重管法使用双通道的二重注浆管。当二重注浆管钻入土层的预定深度后，通过在管底部侧面的一个同轴双重喷嘴，同时喷射出由高压浆和空气两种介质形成的喷射流冲击破坏土体，即以高压泥浆泵等高压发生装置喷射出浆液，从内喷嘴中高速喷出。在高压浆液和其他外环气流的共同作用下，破坏土体的能量显著增大，最后在土中形成较大的固结体，二重管法成桩直径为 1.0m 左右。

三重管法则是分别输送水泥浆液和空气及高压水。在以高压泵等高压发生装置产生 20MPa 左右的高压水喷射流周围，环绕一股 0.7MPa 左右的圆筒状气流，进行高压水喷射流和气流同轴喷射冲切土体，形成较大的空隙，再另由泥浆泵注入压力 2～5MPa 的浆液填充，当喷嘴作旋转和提升运动时，便在土中凝固为直径较大的圆柱状固结体。三重管法成桩直径较大，一般为 1～2m，但桩身强度较低，一般为 0.9～1.2MPa。

3. 静压注浆法

相较于高压喷射注浆法，静压注浆法是利用液压、气压和电化学的原理，通过注浆管将能强力固化的浆液以充填、渗透、压密和劈裂等方式注入地层中。浆液挤走土颗粒或岩石裂隙中的水分和空气后所占据的空间，浆液固结后又将原来松散的土粒或裂隙胶结成一个整体，从而改变岩土体的物理力学性质。

1）压密注浆

压密注浆（Compaction Grouting）是用特制的高压泵将极稠的低流动性的浆液注入预定土层的注浆技术。注浆过程中浆液不进入土体的孔隙，而形成一个各向同性的整体，能够产生可控制的位移量，以置换并挤密周围松散或软弱土层，或有控制地抬高发生沉降的构筑物。该技术所用的浆液、工艺要求、施工参数及其加固机理等完全不同于劈裂注浆、渗透注浆和喷射注浆等传统的注浆技术，是在实践的基础上发展起来的一种新概念的注浆。

压密注浆具有施工方便、施工效率高、施工质量易于控制、浆液不污染周围土体、能处理深层软弱土层、经济性较好等优点，常用于以下场景：①控制城市地下软土层中隧道掘进过程中引起的沉降；②抬高已沉降的建筑物和纠偏已倾斜的建（构）筑物；③挤密和加固松软的土体以控制基础沉降；④土体中形成柱状注浆体，桩体与周围土体形成复合地基，提高地基承载力；⑤处理液化地基，减少地震作用下的超静孔压力。

上海地区为软土地区，为减小基坑开挖对环境的不利影响，采用坑底被动区土体注浆加固以提高支护结构的稳定性，减小基坑开挖对周围环境的影响效果较为明显。同时它可减小支护结构内力，从而减少挡土墙及支撑系统的投资，只要加固方案合理、施工质量有保证，一般会达到较好的综合效益。

在盾构隧道附近进行基坑工程施工的案例屡见不鲜。由于基坑开挖引发的基坑外土体变形常常会引发临近隧道产生朝向基坑的水平位移及变形，若隧道变形过大，则极易导致隧道管片开裂、错台，甚至渗漏，对隧道的结构安全及地铁列车运营造成重大影响。由此，目前压密注浆技术也已成功应用于基坑引发的隧道水平位移的控制与恢复。

2）隧道微扰动注浆

软土地区大部分已开通地铁的区间隧道均存在长期的不均匀沉降和收敛变形问题，隧道变形治理一般采用劈裂注浆或压密注浆的补偿注浆方法，以起到加固土层的作用。但在高含水率软土地层中难以控制注浆效果且易发生负面影响，在运行的地铁隧道中使用时可能会产生不良后果。为此，上海申通地铁与上海隧道工程股份有限公司提出了一种“微扰动”注浆治理技术，并成功用于上海软土地层中运营地铁隧道的不均匀沉降和收敛变形治理。

隧道微扰动注浆修复是一种新型注浆技术，主要基于压密注浆的原理，利用浆液体积的膨胀引起周围土体位移场的变化，从而对工程施工引起的土体及结构物的变形进行补偿。该技术利用“双泵”将“双液浆”打出，通过特制的混合器使得双液浆充分混合，再通过注浆芯管将浆液注入土体，浆液在压力的作用下使得土体劈开，随着注浆芯管提升，在土体中形成脉状注浆体，快凝且后期强度高的浆液对于隧道的下卧、侧向土层起到填充、压密和加固的作用，能提高土层的强度和变形模量，从而控制隧道沉降及横向变形。

隧道微扰动注浆可根据隧道变形曲线上各变形点位的指标，进行分阶段、分区段的注浆治理，在隧道纵向均匀布置多个注浆孔，由上至下分层、少量、多次注浆，遵守“均匀、少量、多次、多点”的注浆原则，在对隧道变形控制的同时兼顾隧道线型的平顺。针对沉降和横向收敛变形控制，隧道微扰动注浆可分别采用隧道内底部注浆和隧道外侧向注浆等不同形式。隧道外侧向微扰动注浆技术在 9 号线徐家汇中心项目、2 号线创新中路至华夏东路、2 号线金科路至广兰路等项目中均有应用。从监测数据可知，多阶段侧向微扰动注浆施工对隧道收敛修复效果比较明显。图 3-12 为隧道内底部及隧道外侧向的微扰动注浆示意图。

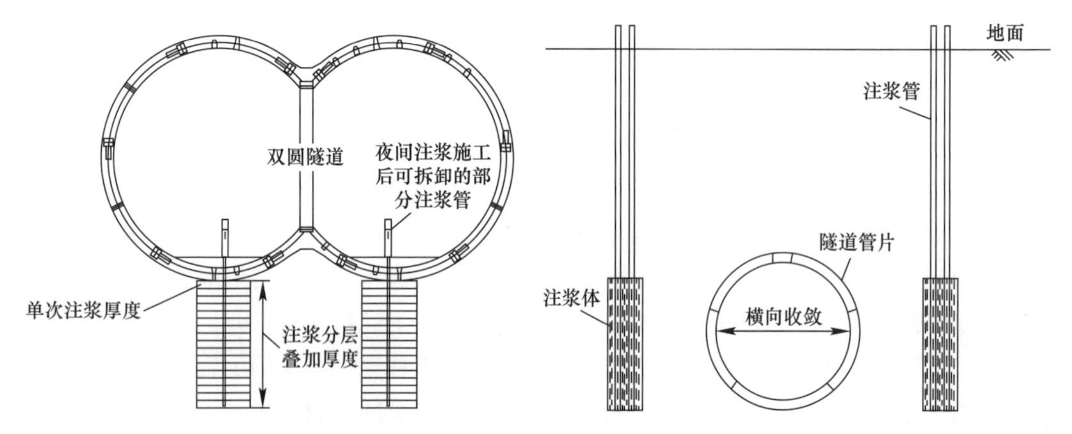

图 3-12　隧道内底部微扰动注浆（左）及隧道外侧向微扰动注浆（右）示意图

4. 冻结法

冻结法是利用人工制冷技术，使地层中的水冻结，把天然岩土变成冻土，增加其强度和稳定性，隔绝地下水与地下工程的联系，以便在冻结壁的保护下进行隧道、立井和地下工程的开挖与衬砌施工。其实质是利用人工制冷技术临时改变岩土的状态以固结地层。冻结法与其他施工方法相比，具有以下优点：①适应性强，适应于各种复杂地质及水文条件下的任何含水地层的加固，可根据不同地质、环境及场地条件灵活布置冻结管，且基本上不受主要构筑物几何形式和尺寸的限制；②强度高，一般可达到 2～10MPa，远大于融土强度；③隔水性好，尤其是适用于含水量大、地层软弱，其他工法施工困难或无法施工的地下工程；④环境影响小，充分利用土体自身的特点，材料是土体本身，对地下水及周围环境无污染，冻结壁解冻后，冻结管可回收，地下土层恢复原状，对环境较为有利。当然，人工冻结也带来冻胀和融沉等环境问题，但这些都可采取相应措施进行解决。

1955 年，我国首次在开滦林西风井使用盐水冻结法凿井并获得成功；20 世纪 80 年代，随着我国地下工程的增多，逐渐由矿山工程向城市各类工程推广应用，完成了北京、上海地铁的多项隧道水平冻结工程。1997 年，北京第一次将人工水平冻结法应用到实际工程中——地铁复兴门—八王坟线“大-热”段南隧道，其冻结长度达到 45m；2006 年，广州采用人工水平冻结法一次性完成了一条大面积、全断面、长度达到 138.8m 的地下隧道工程，这是人工冻结法在地铁区间隧道的应用上的重大进步。

上海地质条件差，地下水位较高，年平均水位埋深一般为 0.5～0.7m，松软土层较厚，含水率较大，工程中常见的不良土层以淤泥质黏性土、粉土和粉砂为主，在这些土层中施工，冻结法具有其他方法难以比拟的优势。人工冻结法施工技术作为软土地区隧道施工的一种经济可靠的方法，在上海地区得到了多次成功应用。1994年，采用人工冻结法在上海地铁1号线旁通道、盾构进出洞对软土进行加固，1994年12月～1996年4月，在上海延安东路隧道南线进行盾构进洞软土加固，1997～1998年，上海地铁2号线旁通道工程中，均成功地应用了水平冻结加固技术并取得了良好的加固和止水效果。2003年，上海将人工水平冻结法应用于大连路跨江工程，这也是我国首次将人工冻结法应用于水下工程。2011年，常熟路某取水隧道发生不可预见性的突涌流砂，事故地点位于长江中部，为克服水域修复施工带来巨大挑战，采用了填充加冻结双保险的截断方案，确保了工程安全。

在地铁隧道和越江公路隧道的联络通道施工、大型盾构进出洞加固施工、在已有建筑物下面的暗挖施工、盾构地下对接、事故修复等方面，冻结法已成为主要的施工方法之一。据不完全统计，上海地铁旁通道98%和全部越江隧道旁通道及泵站均采用冻结法施工。冻结法尤应重视冻结过程管控，上海地区近年来地铁建设也发生过由于联络通道冻结管密封不佳，承压水沿冻结管突涌至隧道内造成的风险事件。为规范冻结法的设计施工，上海地区于2006年推行地方标准《旁通道冻结法技术规程》DG/TJ 08-902-2006，同时为地铁旁通道、盾构进出洞加固，建筑基坑围护、隧道地基土加固和其他隧道通道采用冻结法施工等提供了依据。

典型工程如轨道交通4号线修复工程冻结法施工，2003年，上海地铁4号线江中段在砂性土层中采用冻结法进行联络通道施工，针对第一承压含水层的冷冻失效，发生了严重的突涌流土事故，造成隧道淹没，路面严重沉降，建筑物损坏，江堤塌陷。图3-13为上海地铁4号线董家渡站事故现场照片。

图3-13 上海地铁4号线董家渡站事故现场

轨道交通4号线修复工程包括三部分：第一，原隧道损坏部分的基坑明挖方案。第二，浦东、浦西两段完好隧道的清理工作，由于4号线事故抢险期间，隧道损坏段两端的完好隧道中充满了水，并留下了一些抢险时修筑的水泥坝等障碍物，因此修复工程要对该两段隧道进行清理工作。第三，新建隧道与老的完好隧道的连接段施工，为保证完成基坑内部结构与清理完毕的完好隧道实施结构对接，必须在基坑两端实施水平冻结后暗挖来完成连接结构，江中段冻结暗挖的长度约10m，中山南路段冻结暗挖长度约9m。修复工程的江中段，在破损隧道与完好隧道的临界点处（两处）要实施反复冻结，即先进行垂直冻结，然后进行水平冻结，在如此复杂条件下进行反复冻结在国内外尚属首次。

5. 既有地下空间基础加固

1）锚杆静压桩技术

锚杆静压桩法是将锚杆和静力压桩两项技术巧妙结合而形成的一种桩基施工新工艺，是一项基础加固处理新技术，适用于淤泥、淤泥质土、黏性土、粉土和人工填土等地基土。加固工程中使用该工法与其他工法相比，具有以下明显优点：①传荷过程和受力性能非常明确，在施工中可直接测得实际压桩力和桩的入土深度，对施工质量有可靠保证。②压桩施工过程中无振动、无噪声、无污染，对周围环境无影响，做到文明、清洁施工。非常适用于密集的居民区内的地基加固施工，属于环保型工法。③压桩施工设备轻便、简单，移动灵活，操作方便，可在狭小的空间 1.5m×2m×（2～4.5）m 内进行压桩作业，并可在车间不停产、居民不搬迁情况下进行基础加固，可为既有建筑地基基础加固提供良好的施工条件。

常规锚杆静压桩设备提供的压桩力较小，单桩承载力较低，难以满足目前高层建筑加固改造等单桩高承载力的工程需要，但常规大吨位压桩架往往构件的规格尺寸大、重量重，使得其吊装、搬运等困难，且危险性高。为满足既有建筑内部施工的特殊环境和要求（压桩动阻力大、施工空间狭小），上海勘察设计研究院（集团）股份有限公司自主研发了可拆卸式大吨位锚杆静压桩设备（图 3-14）。该新型压桩架采用高强度钢材，并对柱脚锚杆预留孔位置进行优化，避免应力集中导致的局部破坏，满足大吨位压桩需求，适用于压桩阻力较大的工程。根据计算及工程实践，可提供最大压桩力约 5000kN，已成功应用于最大 1m 直径钢管桩，最高加固建筑高度 200m。

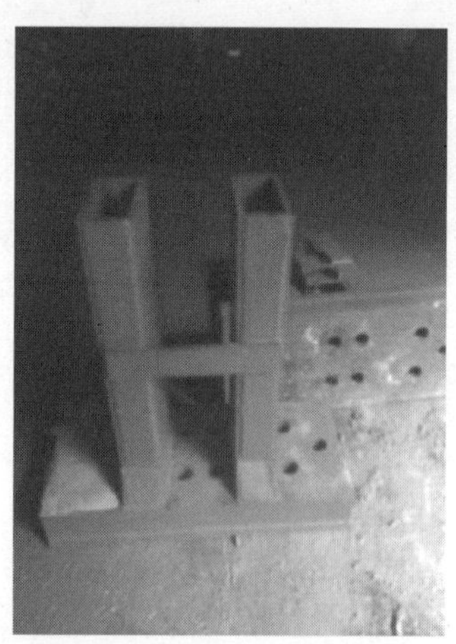

图 3-14　可拆卸式大吨位锚杆静压桩设备

2）注浆钢管桩技术

注浆钢管桩是在小型钻孔中下入钢管或者直接压入钢管，再在钢管中进行压力注浆，形成微型钢管桩。注浆钢管桩适用于淤泥质土、黏性土、粉土、砂土和人工填土等地层。

注浆钢管桩具有施工灵活方便、需要场地宽度小、施工速度快、对环境破坏小、适用性强的特点。其纵向受力材料主要是注浆钢管，通过一定的压力注浆可以提高桩侧摩阻力，并能提高基础的整体强度和刚度。因此，可利用注浆钢管桩的抗拔特性，为压桩设备提供压桩反力。

在上海等地区的软弱流塑性黏土或淤泥质黏土中，常规的桩侧注浆工艺可控制性、有效性差，容易在土层中形成串连通路，产生劈裂注浆，出现相邻多孔或隔孔冒浆、跑浆现象，注浆效果往往并不理想。此外，由于注浆压力和流量不能有效调节控制、跟踪注浆不及时等原因，浆液扩散难以控制，后注浆效果往往达不到设计预期，承载力离散性较大，施工质量难以保证，需要形成一套有效、可控的注浆技术。

针对此问题，约束式注浆技术采用加囊袋及扩孔注浆施工工艺对常规注浆施工方法进行了改进。在注浆钢管底端包裹单段或多段囊袋，通过注浆管向囊袋内注浆，浆液的扩散受囊袋制约，从而保证浆液在可控范围内扩散，囊袋在浆液的压力作用下挤压周边土体形成扩张头，现场施工情况如图 3-15 所示。经过工程实践验证，该技术能够有效提高注浆质量，注浆后桩基承载力大幅增加，具有施工工艺方便、单桩承载力高、注浆量易控制、经济性强等优点，特别适合于在软土地基中使用。

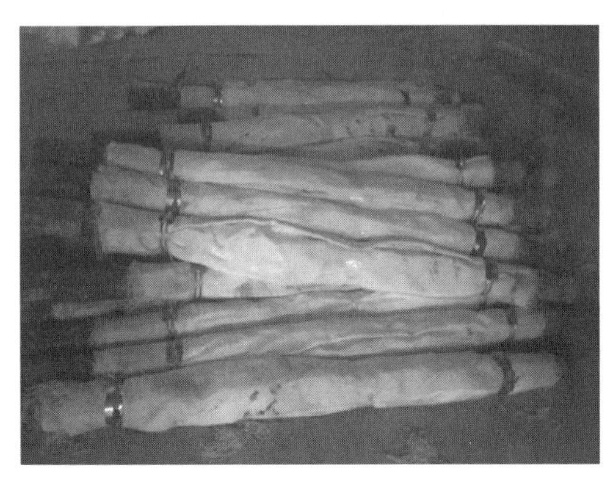

图 3-15　约束式注浆技术现场施工照片

6. 深层障碍物清理技术

随着城市化进程的加速发展，新工程的建设中难免会遇到原建筑物的桩基础、废旧的地下管线、发生破坏的地下结构等障碍物需要预先处理的问题。浅层障碍物可以采取开挖清理，或从地面进行引拔，对于埋深较大的深层障碍物，则需利用专用设备进行处理。常用的深层清障设备有摇管机和全回转钻机等。两种设备的清障原理基本相同，在下压力和扭矩的共同作用下驱动套管转动，利用管口的高强刀头对土体、岩层及钢筋混凝土等障碍物的切削作用，将套管钻入地下。在钻进过程中，可以利用重锤破碎障碍物，并用冲抓斗将套管内的杂物取出。通过连续、叠交的钻孔，形成一个切削断面。两种设备所不同的是，摇管机是在小角度范围内往返转动，全回转钻机则是 360°全圆周回转。

全回转钻机清障施工技术由于采用全套管跟进钻孔，套管起到支护土体、防止土体坍塌的作用，障碍物清理完成后，在套管顶拔过程中，需要在套管内回填具有一定强度的水泥土支护孔壁。在清障及回填施工过程中，由于钢套管对孔壁的支撑，在钢套管周边的土体应力尚未释放时，就已经将障碍物清除并及时回填，对土体扰动小，安全可靠。此外，全回转施工不产生任何泥浆，施工设备噪声低，对周边环境影响较小。该技术适用于各类地下障碍物清理施工，例如钢管、混凝土管清除及拔除地下桩体等，与其他施工工法相比，具有较好的经济效益和社会效益。

全回转钻机清障施工技术的一项典型应用是上海市轨道交通 4 号线修复工程中，利用该技术进行了深层障碍物的切割清理施工。工程起始于浦东南路站，终止于南浦大桥站，在主体工程区间隧道完工后，进行联络通道施工时，于 2003 年 7 月 1 日发生险情，导致隧道附近的土体流失，地面沉陷，近 300m 长度范围内的隧道破坏。险情发生后，由市建委科技委召开了多次专家研讨和论证会，确定了原位修复的总体技术路线，即采用深 65.5m、厚 1.2m 的地下连续墙作为围护结构，对长约 300m 的破损隧道进行明挖修复，基坑的最大开挖深度为 41m。工程修复过程中有多处需要对障碍物进行切割清除，最大切割深度达到 41m 左右，确定选用 RT260H 型 360°全回转钻机进行障碍物的切割清理施工。

此外，也有采用 FCEC 全回转进行深层障碍物处理的案例。与前述的全回转设备略有不同，FCEC 全回转拔桩机以履带自行走机械为平台，通过电驱动力装置驱动薄壁钢套管转进切削、切割桩周土体，使桩基与周围土体分离后拔除。FCEC 全回转拔桩机的钢套管可以多节连接以适应不同深度、不同直径的桩基拔除，套管底部镶嵌的钛合金刀具加快了钢套管的钻进速度，配备的高压气雾系统起到了管壁减摩作用，提高了钻进效率。

上海北横通道工程盾构掘进过程中需要下穿一幢重要建筑物，紧邻建筑物还存在大量遗留的桩基础，桩身进入刀盘切削范围，需要在盾构通过前拔除。工程采用国内外最先进的 FCEC 全回转拔桩设备，结合静力抓斗拔除桩基，累计拔除了直径 700mm 的钻孔灌注桩 58 根，现场施工情况如图 3-16 所示。

图 3-16　FCEC 全回转拔桩机现场施工照片

3.1.4　地下水控制技术

上海市位于长江三角洲前缘的南部，除松江西北部有高出地面数十米至百米的零星孤丘外，地势较平坦。地貌特征上，市区及郊区的大部分地区位于滨海平原区，上海第四系覆盖层厚度一般为 200～450m，地下水可分为潜水和承压水两大类。上海浅部分布的承压含水层，主要包括微承压含水层（④$_2$ 层、⑤$_2$ 层、⑤$_{3\text{-}2}$ 层等）、第Ⅰ承压含水层（⑦层）、第Ⅱ承压含水层（⑨层）、第Ⅲ承压含水层（⑪层）、第Ⅳ承压含水层（⑬层）和第Ⅴ承压含水层（⑮层）等。20 世纪 80 年代以来的工程实践表明，古河道区溺谷相沉积的粉土层中所含的地下水也具有承压特征，为与上更新世之前的五大承压含水层区别，称作"微承压含水层"。

地表下分布的承压含水层在上海地下空间开发建设中是一项重要的风险源，抗承压水突涌是关系工程本体和环境安全的重要问题。随着城市中心区大量深基坑的建设，由于基坑工程降水诱发的大范围地表沉降问题日益严重，受到民众越来越多的关注。上海地区在承压水控制的历程中，有着较多的教训，出现了一系列因承压水控制不当，而引发的坑底突涌、坑侧渗漏、底侧突涌、环境损伤等事故。

2003 年上海地铁 4 号线董家渡段建设事故是上海市地下水控制历程中的一个重大拐点。近二十年来上海市专家学者和工程技术人员在地下水控制技术与管理中，不断总结和发展，逐步认识到城市中承压水控制应以水位控制为前提、以沉降控制为核心，对以往单纯依靠降水来保证基坑安全的思路提出了反思，在建设工程水文地质勘察技术、围护与降水一体化技术、降水与回灌一体化技术、双截水帷幕与降水技术、水平截水帷幕与降水技术、承压水运行风险管控技术以及疏干降水技术等方面均有所开拓与发展，在水下开挖地下水控制、应急井快速成井施工、低净空降水井成井施工等方面也开展了相应的研究与实践。同时期出版了《工程降水设计施工与基坑渗流理论》《基坑降水手册》《轨道交通工程承压水风险控制指南》、《基坑工程降水案例》和《深基坑工程承压水危害综合治理技术》等专著。在地下水控制的标准建设中完成了《建设工程水文地质勘察标准》DG/TJ 08-2308-2019、《降水工程技术标准》DG/TJ 08-2186-2023、《深基坑工程降水与回灌一体化技术规程》DB31/T 1026—2017 等上海市地方标准。

当前本市地下空间开发力度越来越大，涉及深度越来越深，施工面积越来越大，如硬 X 射线自由电子激光装置项目（深基坑开挖深度超过 45m，涉及第Ⅱ承压含水层的减压，减压井单井出水量超过了 400m^3/h）、苏州河段深层排水调蓄管道系统工程（基坑开挖深度超过 58m，涉及第Ⅱ和第Ⅲ承压含水层的减压，降水管井深度达到了 122m）、上海市域铁路机场联络线工程（多个车站开挖深度超过 40m，涉及第Ⅱ承压水的减压）、徐汇滨江西岸传媒港和上海梦中心项目（基坑群面积超过 15 万 m^2）、浦东机场南区地下交通枢纽及配套工程（基坑总面积超过了 47 万 m^2）等超深、超大工程。上述工程的出现，使得承压含水层对基坑工程开挖施工和周边环境的安全威胁越来越大，控制地下水的难度也越来越大，具体表现在以下几个方面：

（1）建设工程要求降低的承压水水头值越来越大，目前地下水位降深最大已超过

50m，地下水控制涉及的含水层已包括微承压含水层、第Ⅰ、第Ⅱ和第Ⅲ层承压含水层。对降水设计、施工与运行管控而言，大大增加了技术难度与风险。

（2）地下水位降深越深，地下水的抽水量越大，相应引起的对环境的不利影响增加。尤其在巨厚软土层发育的上海，降水易引起周边地层较大水平位移与地面沉降，对周边建筑环境的不利影响更不容忽视。

（3）由于要求达到的地下水位降深较深或很深，不可避免地在基坑周围地层中形成较大、较深的地下水降落漏斗，地下水流速急剧增加，在地层中产生了附加的渗透应力场，基坑围护结构经受较大的附加应力的作用，不利于基坑围护结构的稳定。

（4）城市密集区域空间交叉建设中，对既有建（构）筑物、周边环境的控制要求越来越高，尤其在既有高、快速交通的隧桥、市政公共设施、轨道交通、市域和城际铁路、磁悬浮等周边或其地下空间施工，地面及建筑体沉降变形等控制的精度达到毫米级，这对本就控制难度很大的地下水控制技术又提出了新的更高的控制目标。

（5）大面积基坑群建设中，各基坑施工降水对既有建（构）筑物、周边环境的影响以及不同基坑间的相互影响变得越来越复杂，这对降水运行的综合管控也提出了更高的要求。

经过20多年理论和实践的探索，工程建设中对于地下水的控制已发展出了多种手段和技术，下面对目前比较常用的几种地下水控制技术作简要介绍。

1. 建设工程水文地质勘察技术

上海市经过了20多年的城市建设和地下空间开发与建设，对本市的建设工程水文地质条件已有较全面的认识，掌握了一定的工程建设中有效控制地下水的理论及方法，面对如何更好地掌握各类水文地质条件的分析理论工具、分析方法，如何更好掌握复杂水文地质条件下的水文地质参数分析与计算方法，如何更好地做好地下水控制设计和评价，上海广联环境岩土工程股份有限公司和华东建筑设计研究院有限公司等单位组织编制了上海市地方标准《建设工程水文地质勘察标准》DG/TJ 08-2308-2019。

标准提出了上海市减压降水环境保护等级，把环境保护对象至工程主体边界的距离与工程降水区域内水位降深的比值，作为划分减压降水环境保护等级的一个依据；提出了建设工程水文地质勘察等级以及不同等级下的最低工作量要求，等级划分考虑了工程降水区域内水位降深、单位降深可能造成的地面沉降量的大小、降水环境保护等级；针对水位升降与环境变形的复杂关系，标准中提出了基于现场变形监测的沉降修正系数法。标准规范了建设工程的水文地质勘察工作，统一了工作准则与技术要求，有利于保证建设工程水文地质勘察成果的正确性与可靠性，为各类工程提供充分、可靠的地下水控制设计依据，有利于加强工程建设中对地下水的有效控制，保证建设工程安全。

该标准目前广泛应用于上海市深基坑工程建设中，如上海轨道交通（9号线、12号线、13号线、14号线、15号线、18号线、19号线、21号线、23号线、崇明线等）、上海市域铁路（机场联络线、嘉闵线）、上海国际金融中心、上海董家渡金融城工程、硬X射线自由电子激光装置项目工程、苏州河段深层排水调蓄管道系统工程（云岭、苗圃）、浦东机场南区地下交通枢纽及配套工程等深大基坑工程，取得了良好的经济效益和社会效益，被行业内专家广泛认可并推广。

2. 围护与降水一体化技术

深基坑工程施工中，很多情况下基坑降水是不可回避且非常关键的环节，基坑工程的降水效果直接关系到基坑工程的成败。随着城市中心区大量深基坑的建设，由于基坑工程降水诱发的大范围地表沉降问题日益严重，受到民众越来越多的关注。2000 年左右，“按需降水”“分层降压”“降水最小化”等理念开始应用于深基坑工程的降水设计中，并首次在上海轨道交通 9 号线宜山路站基坑降水工程中成功实现既有上海轨道交通 3 号线的保护，在工程实践中不断深化，地下水环境的保护逐渐成为基坑降水设计中重要的一环。但对于超深基坑工程，在地下水降深特别大、环境保护要求特别高的情况下，上述设计仍然难以完全解决工程中面临的沉降控制、建（构）筑物保护等问题。

在上海地区的地下水控制中，因含水层厚度大、经济成本高、技术难度大等原因，使得落底式截水帷幕不能在很多基坑中推行，而采用悬挂式截水帷幕在经济、技术、安全及环境方面能达到较好的统一性，具有明显的优越性。目前已有很多悬挂式截水帷幕的工程案例，如上海市彭越浦泵站、上海环球金融中心、上海市轨道交通 4 号线董家渡段、上海市轨道交通 9 号线宜山路站、上海董家渡金融城工程、上海国际金融中心、黄浦区文化中心新建工程、上海张江国家科学中心硬 X 射线电子激光装置等。

随着工程界对于围护—降水一体化这一治理策略认识的不断深化，基坑降水设计与基坑围护设计的联系越来越密切，已在上海市基坑工程地下水控制中得到了广泛的应用，取得了良好的经济效益和社会效益，被行业内专家广泛认可并推广。

3. 降水与回灌一体化技术

在深基坑建设中必须采取有效措施消除或降低基坑降水对周边环境的不利影响。控制因基坑降水而引起的工程性地面沉降，最直接有效的办法是控制地下水水位，而在控制地下水水位的措施中地下水人工回灌是一种相对经济可靠的措施。早在 18 世纪末、19 世纪初，欧洲的一些国家已经有了人工补给地下水，我国许多大中城市在 20 世纪 50 年代末期就开始了地下水回灌的实施与研究，但其主要目的是：调蓄地下水资源和控制区域地面沉降。为控制区域地面沉降，上海等地长期开展地下水人工回灌工作，取得了较好的地面沉降防治效果。

随着城市深基坑工程建设的复杂化，上海、北京等城市的部分基坑采用了工程性的回灌。这些工程回灌多属于应急措施一部分，以备用为主，其回灌目的是含水层主要集中于浅层承压水，同时深基坑工程回灌井在空间布置上的局限性与回灌时间的短期性，都决定了基坑工程承压水回灌技术方法的特殊性。

上海隧道工程有限公司、上海广联环境岩土工程股份有限公司和同济大学联合开展了《临近建（构）筑物超深基坑承压水治理和环境保护施工技术研究》《超深基坑承压水综合治理技术研究》和《地下工程浅层承压水施工回灌技术研究》等科研项目，在此过程中积累形成了一些深基坑工程回灌成果，形成了深基坑工程地下水抽灌一体化施工国家级工法（图 3-17），编制了上海市地方标准《深基坑工程降水与回灌一体化技术规程》DB31/T 1026—2017。

目前基坑降水与回灌一体化设计已得到了大面积的推广应用，如上海长江路隧道工

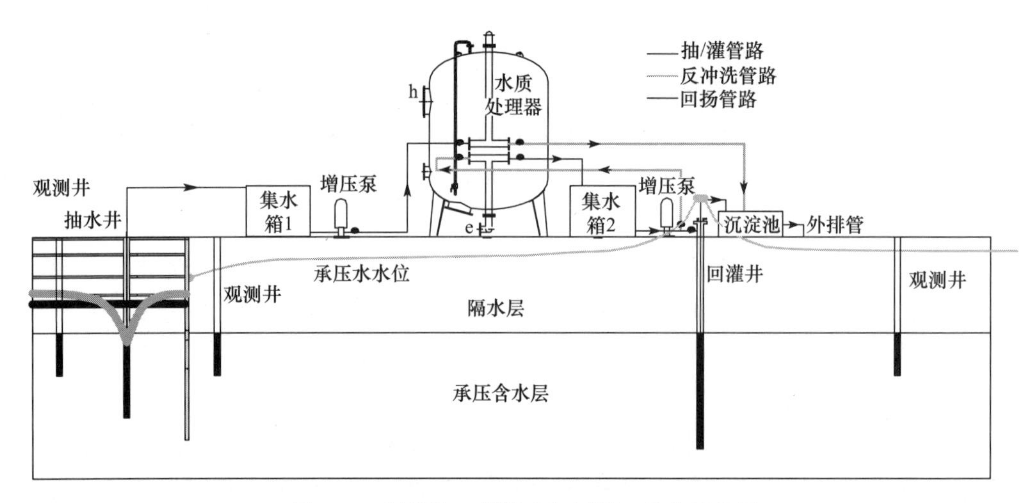

图 3-17　深基坑工程降水与回灌一体化示意图

程、上海轨道交通 12/13 号线汉中路枢纽站、上海盛大国际金融中心、上海轨道交通 14 号线陆家嘴站、黄浦区文化中心新建工程、上海静安区大中里项目等工程，得到了业内的认同，取得了良好的经济效益和社会效益。

4. 承压水运行风险管控技术

目前的研究及工程实践经验表明，承压含水层对地下工程的施工安全性具有重要影响，但大量的地下水抽排，不但消耗了大量的地下水资源，恶化水资源环境，也使地下水引起的安全及环境风险变得越来越大，形成了微观工程性和宏观区域性双重地面沉降。因地下水处置不当引起的基坑事故越来越多，且事故原因存在于地下水控制勘察、设计、施工、运行的全过程中，如前期勘察（岩勘、水勘）资料的准确性及利用合理性；地下水控制设计（隔、降、灌、排）的合理性，环境影响预测的可控性；过程管控中的节点控制的合理性；过程中风控措施的到位性（水位异常报警、断电异常报警、双电源切换、信息的综合评估反馈等）；特殊事件应对的技术积累以及工艺有效性；事故应急处置的及时性、有效性等。

鉴于此，在上海市经济和信息化委员会的支持下，上海广联环境岩土工程股份有限公司开发了一套上海城市建设地下水工程风险管控智能化服务平台（图 3-18），通过软件平台和监测硬件的建设实现了建设项目全过程、全要素风险实时在线管控，同时通过配套的应急工艺与设备实现了快速应急抢险的过程，进而使得平台实现了风险数据采集、风险分析、风险预警及应急管控施工的防灾、减灾全过程管控。为工程建设行业提供技术支持和服务，同时为建设管理部门提供可靠的管控信息、决策依据和发展建议。

该平台实现建设项目全过程、全要素风险实时在线管控，且是对建设主管部门、建设方、承包方、施工方等建设工程参与主体全开放的管控平台，已经与多个建设方管控中心实现接口对接，方便其所辖基坑地下水控制的管控。同时平台针对《地下水管理条例》中地下水资源管理问题配置了相应服务。目前平台已在 150 多个深基坑项目中得到有效的推广和应用，如在苏州河段深层排水调蓄管道系统工程试验段两个目前上海市最深的基坑工程中，利用平台有效控制了上海市第Ⅱ和第Ⅲ承压含水层的运行管控风险。

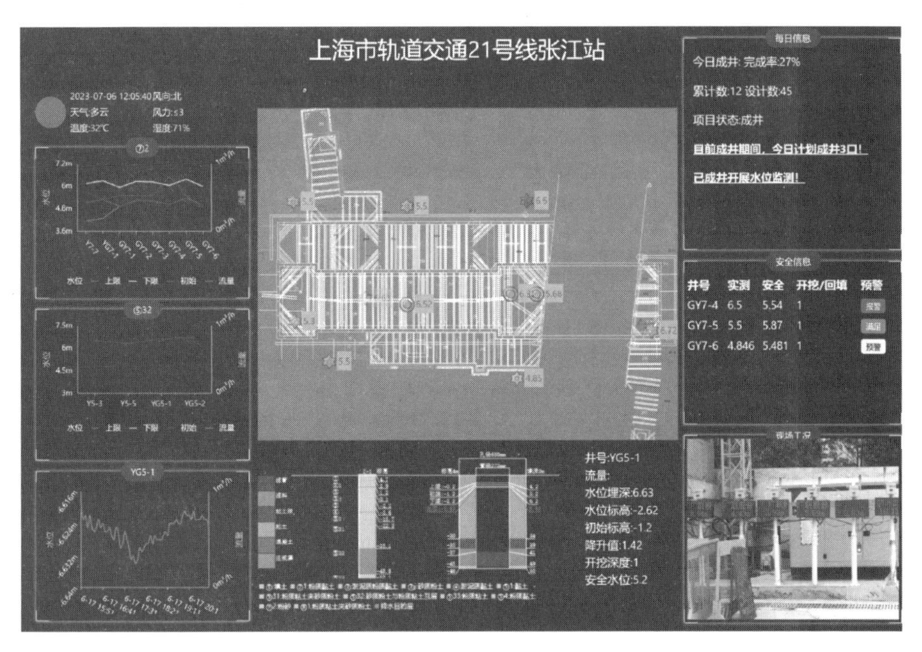

图 3-18　风险管控智能化服务平台示意图

5. 双截水帷幕与降水技术

随着基坑开挖深度的加深，竖向截水帷幕两侧的水压力越来越大，基坑建设中的侧向渗漏和侧向突涌风险变得越来越大，如苏州河段深层排水调蓄管道系统工程第Ⅱ承压水的内外水压差超过了 50m。同时上海地区深部承压含水层富水性强，在硬 X 射线自由电子激光装置项目第Ⅱ承压含水层减压井单井出水量超过了 400m^3/h，如出现井壁冒水，将引起巨大的事故。

鉴于此，除加强墙缝止水外，结合上海特殊的地层及地下水控制施工风险等级提出了各类型双截水帷幕＋降水技术。双截水帷幕体系系指超深基坑在地下连续墙等围护体外侧再增设一道截水帷幕形成双层帷幕的设计方案，近年来在上海超深基坑工程中得到广泛应用。

双截水帷幕体系出于降低造价、隔渗安全及风险差异控制的不同目标，可分为外深内浅、外浅内深和内外同深三类双截水帷幕体系，其对应的降水处置也有明显的差异。

双截水帷幕与降水技术具体又可分为以下几种：

1）外深内浅双截水帷幕与降水技术

外深内浅双截水帷幕主要适用于基底下方分布有巨厚承压含水层的软土地区超深基坑工程，内截水帷幕仅根据受力和稳定性确定入土深度，外截水帷幕根据环境要求及渗流特点设置为封闭或悬挂型。当含水层单井涌水量大，坑内设置降水井风险高时，可在双截水帷幕间设置减压井，如上海轨道交通 21 号线张江站内侧为 59m 的地下连续墙，外侧 73m 的 TRD 双截水帷幕，两截水帷幕间设置了减压井，解决了降水需求，同时也降低了降水井施工运行风险。

另外，外深内浅双截水帷幕相对于同深度帷幕一定程度上降低了工程造价，避免了采用造价昂贵的超深地下连续墙来解决承压水控制问题，而用相对经济的超深水泥土截水帷幕替代，从而实现节约工程造价和双层帷幕双保险的目标。如上海国际金融中心地下连续墙外侧设置超深TRD截水帷幕，确保了基坑工程与周边环境的安全，并节约了造价。

2）外浅内深双截水帷幕与降水技术

外浅内深双截水帷幕主要适用于开挖深度超过35m以上，涉及多个承压含水层需进行控制，基底附近分布有强透水的承压含水层，且周边环境较复杂的超深基坑。

外浅内深双截水帷幕方案中，内截水帷幕入土深度除了应满足基坑受力与稳定性要求之外，还应对影响基坑的多层承压水进行隔断或悬挂隔水控制处理；而外截水帷幕主要用于隔断或阻截基底附近对基坑安全有严重影响的承压含水层，进而在双截水帷幕间构建墙间缓冲降水系统，通过缓冲降水系统降低施工期间帷幕两侧的水压差。如硬X射线自由电子激光装置项目工程五个工作井均采用了外浅内深双截水帷幕与降水技术方案。

3）内外同深双截水帷幕与降水技术

内外同深双截水帷幕是外浅内深双截水帷幕的一个特殊情况，即内帷幕与外帷幕主控含水层一致时，采用内外同深双截水帷幕与降水技术，如苏州河段深层排水调蓄管道系统工程云岭工作井和苗圃工作井均为该类型。

在超深基坑群建设中，利用不同基坑截水帷幕也可形成双截水帷幕，有助于地下水控制目标的实现。目前双截水帷幕与降水相结合的技术也越来越受到业内同行的关注与应用。

6. 水平截水帷幕与降水技术

在沉降微扰动控制区域进行深基坑建设过程中，因上海特殊的地层，在很多区域因含水层厚度大、经济成本高、技术难度大等原因，使得落底式截水帷幕不能在很多基坑中推行，采用单一的悬挂式截水帷幕又不能有效达到环境控制要求时，一般采用悬挂式截水帷幕、水平截水帷幕与降水相结合的技术。

上海地区因水平截水帷幕所处深度较深，目前最深已达到84m，水平截水帷幕施工工艺一般采用N-jet和MJS工艺，如上海轨道交通14号线歇浦路站中基坑采用N-jet工艺在埋深49～53m处⑦层中施工了水平截水帷幕，上海市域铁路机场联络线工程2号盾构井兼风井采用N-jet工艺，在埋深57～63m处⑦层中施工了水平截水帷幕，上海轨道交通18号线一期工程民生路站1～2号清障井采用MJS工艺，在埋深33～38m处⑦层中施工了水平截水帷幕，桃浦污水处理厂初期雨水调蓄工程TP1.6标DG11盾构井采用N-jet工艺，在埋深78～84m处⑨层中施工了水平截水帷幕，这些工程为上海市水平截水帷幕的设计与施工积累了经验。

针对水平截水帷幕下的地下水控制设计上海市地方标准《降水工程技术标准》DG/TJ 08-2186-2023将其纳入其中。随着建设环境要求的越来越复杂，水平截水帷幕的使用将变得越来越多，将进一步完善其设计、施工和验收。

7. 疏干降水及抽排水技术

上海浅部土层，为典型的软土地层，其中③层和④淤泥质土层，具有高含水量、大孔隙比、低强度、高压缩性等性质，而且还具有低渗透性、触变性和流变性等不良工程特点。在工程建设中，软土层对地基与地下空间开发均有不利影响，对此上海市一般采用管井降水辅助加真空的方法降低土层含水量。当前疏干降水一般呈现抽水稳定流量小和水质差两个特点。采用潜水泵时，设备损耗大，且在大面积基坑中设备运行管控也具有较大的难度。

针对上海地区疏干降水的上述特点，主要从两个方面进行了一些技术优化与改进。一方面，提高或维持降水井滤管内外的水力压差，这方面的技术与专利如强力真空疏干降水管井、一种振动联合真空抽水系统、气体抽注交互式基坑降水系统等。另一方面，改进疏干抽水设备，将常规电驱动设备改为非电流驱动，避免了水下用电，实现基坑内无电化降水作业，同时降低了设备的损耗，降低了综合用电能耗。非电流驱动目前主要包括四类：利用负压抽吸水的设备、利用气举法抽水的设备、利用负压和气举联合驱动抽水设备、利用气动电机带动叶轮抽水的设备。当前市场前三类抽水设备利用较多，第四类因其设备复杂程度相对较高目前使用较少。

8. 主动式泄水减压技术

为了达到地下空间的最大利用，地库不断做大、做深。而纯地下室部分，上部荷载较轻，基础长期处于补偿或者超补偿状态，需要抗浮设计。通常抗浮设计会考虑经济性，最直接的办法是取较低的抗浮水位，而近年来大雨暴雨极端天气偏多，实际雨季最高水位可能会高于抗浮设计水位。另外，雨期施工，如果在施工期间抗浮考虑不充分（如覆土前停止降水），极有可能引起底板隆起开裂、梁柱节点破坏、墙柱剪切破坏等严重工程质量事故。常规的抗浮处理方法有抗拔桩/锚杆、增加配重等，其主要是增加抗力来满足抗浮设计，不仅施工周期长，而且造价较高，更有可能影响后期地库正常使用。因此，上海长凯岩土工程有限公司在 2012 年首次提出了一种以“泄”为主的抗浮处理技术（泄水减压技术），主动式泄水减压抗浮系统示意图如图 3-19 所示，该技术是通过降低地下水位来减小水浮力，从而使抗浮满足设计要求，大大节约了工期和减少了抗浮处理费用，直接有效地解决了抗浮问题，对后期正常使用影响很小。

上海长凯岩土工程有限公司提出的主动式泄水减压技术具有工期短（施工时不影响建筑物正常使用）、造价低（比传统锚杆可节约 30％～50％造价）、效果好（可靠保证建筑物雨季安全）、自动化（可搭配物联网实现自动控制）等优势。该技术的过滤器有诸多技术特点：①多层过滤，有效防止地基土细颗粒流失；②设置反冲洗功能，解决淤塞难题；③单套控制范围大，造价低；④工期短，施工便捷，对底板影响小；⑤可设置智能阀，实现按需排水；⑥可进行流量监控，监测系统运行情况。

主动式泄水减压技术具有广泛的应用范围，不仅可以适用于新建地库代替抗拔桩/锚杆解决抗浮问题，而且可以直接有效地解决既有建筑抗浮失效的问题。通过特殊加工定制的过滤器，泄水减压系统能够应用于黏性土、粉性土、砂性土、碎石土、岩石地基等场地，并且从 2015 年开始，已在几十个地库中得到应用，地下层数从 1 层至 3 层均有案例，项目分布全国多个区域，目前已在上海、河南、江苏、浙江、江西、四川、广西、宁夏等省（市、区）得到有效应用。本技术已编写行业标准《建筑工程抗浮技术标准》JGJ 476—2019 及上海市工程建设规范《地下结构隔排水主动抗浮技术标准》DG/TJ 08-2411-2023。

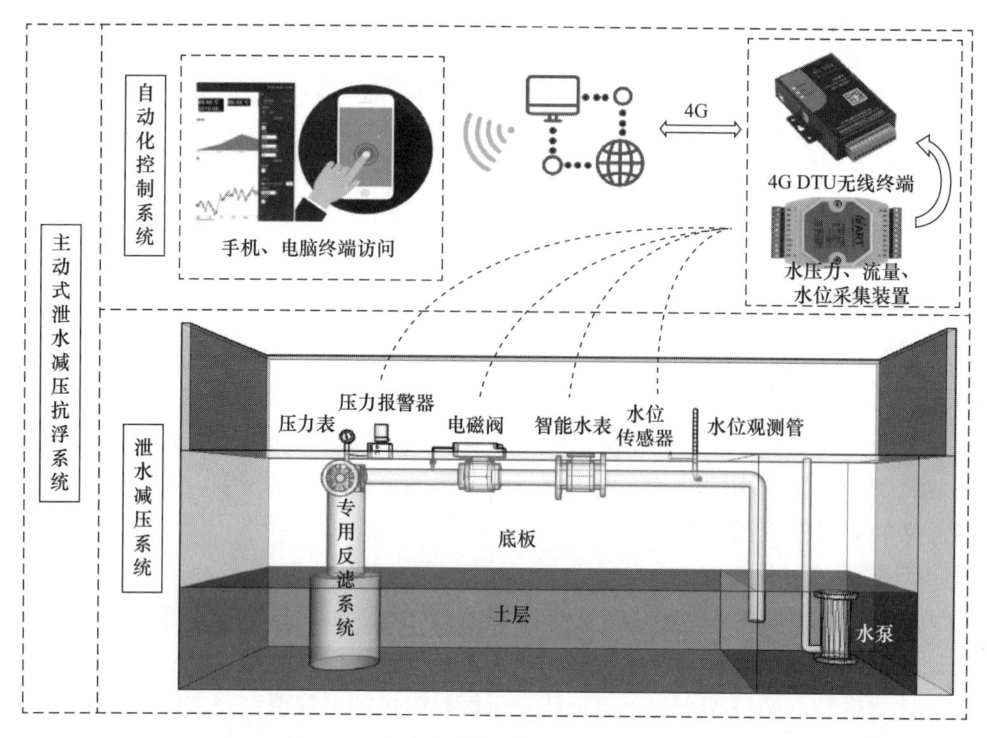

图 3-19 主动式泄水减压抗浮系统示意图

3.1.5 其他通用技术

上海地下空间建设的发展脉络与国际大城市基本一致——地下空间开发源于城市基础设施建设，随着城市建设大规模启动实现高速发展，并在 2010 年“世博会”达到一个高潮，人防工程、地铁、隧道、综合体等的发展一直作为地下空间建设的主要载体。地下交通枢纽建设、人文地铁建设都形成了一系列相关技术。此外，除了以上较为通用的地下空间建设开发技术，地下设施运维过程中的安全、消防、通风与环控相关技术也同样扮演重要角色，下面选择较为代表性的技术进行介绍。

1. 防火技术

地下综合体由于其自身特点，内部火灾荷载较大，火灾时燃烧速度快、温度高，在很短时间内就会发生“轰燃”现象。为了保证综合体内部结构的安全，应适当提高其构件的耐火等级，使地下综合体具有较高的耐火极限。

地下综合体的防火分隔物分别有防火门、防火卷帘、防火墙、耐火楼板、封闭和防烟楼梯间、防火水幕带等。属于水平方向的防火分隔物有防火卷帘、甲级防火门、防火水幕，垂直方向划分的防火分隔物有封闭楼梯间、防烟楼梯间和耐火楼板。

新型混凝土防火技术利用多种材料和技术在混凝土表面形成一层防火保护层，以提高混凝土的耐火性能。其中，最常见的新型混凝土防火技术包括：

（1）添加防火材料：在混凝土中添加防火材料是提高混凝土耐火性能的一种有效方法。常用的防火材料有膨胀珍珠岩、硅酸钙、氧化铝等。这些材料能够防止混凝土在高温下剥落、龟裂，从而保护混凝土的完整性。在地下结构中的应用，可以在混凝土中添加适量的防火材料，提高混凝土的耐火性能。

（2）喷涂防火涂料：其原理是在混凝土表面形成一层防火保护层，能够有效防止混凝土在高温下烧损。在地下结构中的应用，可以在混凝土表面喷涂一层防火涂料，提高混凝土的耐火性能。

（3）覆盖防火板材：其原理是在混凝土表面覆盖一层防火板材，能够有效防止混凝土在高温下烧损。在地下结构中的应用，可以在混凝土表面覆盖一层防火板材，提高混凝土的耐火性能。

2. 通风排烟技术

在城市地下空间发生火灾内部灾害时，如果不能及时、有效的进行通风排烟措施，将会产生严重的危害。实行通风排烟可以降低场内温度，减少高温毒气产生的危害，降低烟雾浓度的同时也缓解了火势的蔓延，增加了场内视线的可见度，对于提高救援效率，缩短救援时间有着重大的帮助。

城市地下空间通风排烟技术措施有很多，在不同的场景下应合理选用不同的通风排烟技术措施或者采用多种排烟技术相结合的方式。主要排烟措施包括：

（1）自然通风排烟措施：利用空气的自然对流，通过出入口以及排烟管道进行排烟。但在地下空间场所由于空间和开口受限，排烟效果不佳，一般仅作为辅助排烟措施。

（2）机械排烟措施：利用强制动力从而产生空气对流的方式进行排烟，通风排烟效果稳定，是主要的通风排烟技术措施。机械通风排烟在火灾初期阶段使用最有效果，在排烟的同时，并产生负压，阻止烟气朝外扩散，给人员疏散和救援带来便利。机械排烟可简单分为两种：固定式排烟和移动式排烟。固定式排烟是由地下空间场所配备的固有通风排烟系统。它由防火门、防火卷帘、通风排烟机、排烟管理、自动控制系统等设备设施组成。相比较来说，固定式排烟可以在火灾第一时间内启动，从而能及时、有效地控制火灾的蔓延和火场温度；移动式排烟是指利用排烟机等移动设备进行移动式的排烟。它除了具有灵活性，还可以在一定范围内提供新鲜空气并产生一个正压无烟地带，给消防抢救人员提供临时休息场所。另外在进行移动排烟时，为了使输出口能在室外吸取新鲜空气，采用接力的方式能取得更好的效果。

（3）喷雾排烟措施：喷雾的理想角度是 60°，喷射雾状水形成的负压能产生到驱烟的效果。在缺乏机械排烟设备的情况下，选用喷雾排烟也能取得良好的效果。喷雾水在火场内汽化既有排烟效果，也具备冷却降温、灭火、掩护人员的功能。

（4）泡沫排烟措施：通过高倍泡沫使空间内迅速填满泡沫，从而达到排烟、除尘的效果，也具备灭火和降温的功能。

（5）化学排烟措施：通过使用药剂与烟雾进行混合，从而形成无毒沉降物的方式进行排烟。

3. 地铁节能技术

通风空调给地下空间系统提供舒适健康的乘车环境与工作环境，但通风空调系统能耗大，却是无法回避的问题。通风空调系统不仅在空调季节消耗能量，在非空调季节，由于设置全高封闭式站台门，无法利用列车活塞风对车站进行自然通风，需要延长空调时间或通风机运行时间，使得系统能耗高，其用电量占到整个地铁车站耗电量的40%～50%。

【案例9】 上海市轨道交通17号线

上海市轨道交通17号线工程，在上海市轨道交通建设中首次设置可调通风窗屏蔽门，并提出了适合本工程的节能控制工艺，建设了绿色节能环保的车站通风空调系统。

上海地铁17号线采用全新的可调通风窗屏蔽门（图3-20），达到降低能耗的效果。在空调季节维持全高封闭式站台门制式，在春、秋非空调季节，将列车活塞风引入车站，对车站进行自然通风，实现环控系统通风制式的转换，构建一种全新的节能型通风空调系统。在不同季节充分发挥各自的节能优势，具有非常显著的经济效益与社会效益。该系统不仅能够满足轨道交通中的传统通风空调系统的功能要求，而且可以适应不同地区的气象参数，满足更多地区的轨道交通要求，相比传统的站台门而言，更加有助于通风空调系统节能。

图3-20　上海地铁17号线可调通风窗屏蔽门

4. 地铁区间风压控制技术

当列车快速进入隧道的时候，列车前方的隧道空气将被推入隧道深处，这个活塞效应会将列车头部的空气压缩。正由于空气的压缩性，这个压力将会以压缩波的形式以音速在隧道中传递。隧道工程设计必须考虑列车进入隧道诱发的空气动力学效应对行车、旅客舒适度和环境等方面的不利影响。

【案例10】 上海市轨道交通16号线

上海市轨道交通16号线工程在设计中运用了通风空调系统，首次研发应用设计时速120km隧道通风系统成套技术，解决了压力控制标准、盾构区间隧道断面确定，中间风井与洞口压力控制等一系列工程难题。上海市轨道交通 16 号线工程，通过对速度为 120km/h 的快速地铁列车在隧道内运行的空气压力的大量计算、模拟仿真分析研究得出，要达到压力变化舒适标准要求，单洞单线隧道盾构内径至少需要 6.8m，阻塞比不大于 0.33。鉴于地铁建设现有盾构规模为常规 5.5m 内径盾构机，该尺寸盾构需要特别制造。16 号线工程创新性地使用了内径 10.36m 的大直径盾构机，加大了隧道有效面积，采用单洞双线加中隔墙方案，如图 3-21 所示。

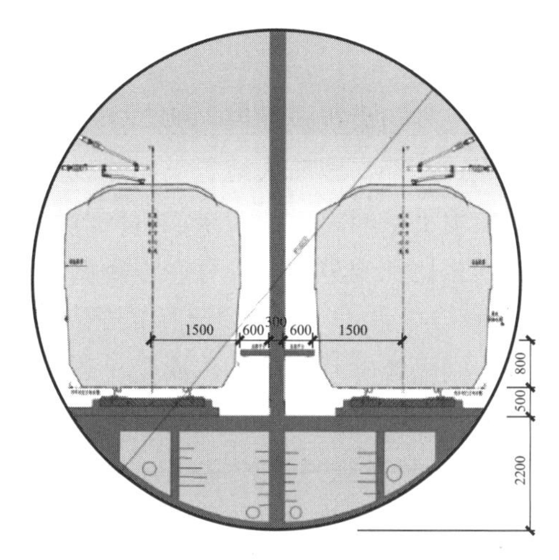

图 3-21　大盾构单洞双线加中隔墙隧道示意及实景照片

单洞双线加中隔墙方案阻塞比为 0.32，列车最大速度为 120km/h 时达标。由于两线隔开，可解决单洞双线方案的安全疏散与通风效率降低的问题，有效控制了隧道内压力波动，满足压力舒适标准的要求。此外，16 号线工程在隧道洞口室内外大气交界处和隧道截面突变处设置了能控制压力变化的喇叭形洞口、流线型中间风井隧道断面、流线型车站配线区等措施，并采用隧道压力波分析软件 ThermoTun 以及 FLUENT CFD 对隧道的压力标准和隧道断面进行分析，结果表明设置长度为 20m 的喇叭口减压设施能有效排除车头前方空气，使空气从喇叭口流出隧道，减少车头前方压力，减压效果明显。

该工程实际中在洞口设置喇叭口长度 20m，口部面积为隧道断面积的 1.5 倍，约 $55m^2$，采取以上措施，实际通车后，列车通过洞口和中间风井处没有耳感不舒适，实际运营效果非常理想，有效控制了隧道的压力变化不超标。该隧道通风系统成套技术解决了压力控制标准、盾构区间隧道断面确定，中间风井与洞口压力控制等一系列工程难题，在有效控制了工程投资前提下，保证了工程安全顺利地实施。

3.2　上海地下空间开发新兴技术

2010 年以来，新一轮城市更新建设的启动，上海地区地下空间开发规模越来越大，深度也越来越深。为满足市民出行、轨道交通换乘、商业、停车等功能日益增长的需求，地下空间建设规模不断扩大，功能综合化程度不断加强，地下空间逐渐由单体、分散式建设转变为系统、网络化发展，推动了深大基坑、软土暗挖、预制装配、改建扩建等领域新兴技术的不断涌现，地下空间开发走上了全面发展，精益求精的道路。

3.2.1 深大基坑技术

近年来，上海城市地下空间开发呈现超大规模趋势，深大基坑工程日益增多，建造技术不断突破，本节系统总结了基坑群、超深基坑、新型支护形式等新型深大基坑技术及应用案例。

1. 基坑群

近年来，以上海为代表的软土城市地下空间开发呈现超大规模发展趋势，产生了多地块一体化开发或相邻地块同期建设的深大基坑群工程；此外，因深大地下空间建设基坑工程安全、周边环境保护或施工场地布置需求，大规模地下空间建设往往采用分区分期方式实施，进一步促使了基坑群工程的产生。基坑群工程相比常规单一基坑存在以下两个显著的特点：

（1）群坑间相互作用显著。基坑群工程中，有限间隔相邻基坑围护体所受土压力有别于常规半无限假定下的极限土压力，同时对于采用水平支撑的基坑围护结构可能承受不平衡土压力，引起对侧围护体变形增大等常规设计所没有预见到的问题。各基坑界面相互交织，荷载在相邻支护结构之间直接或间接传递，基坑群开挖卸荷、拆撑回筑使得支护体系经历复杂的受力变形过程，形成受力复杂的支护体系。

（2）群坑对环境的叠加影响显著。城市深大地下空间建设区域往往邻近以轨道交通为代表的变形敏感对象，而地铁网络和建筑物密集的敏感环境变形控制要求高，深厚软土强度低、易扰动、压缩性高且小应变刚度特征显著，超大规模开挖卸荷、长时间抽降承压水等对周边环境的影响具有显著的空间效应和叠加效应，并受基坑规模、相邻基坑的空间分布及其与保护对象关系等因素影响。

总的来说，与常规单一基坑相比，深大基坑群工程体量大、同步或先后实施的关系错综复杂、土体反复加卸荷的应力路径复杂，群坑间相互作用和环境影响叠加效应显著，深大基坑群工程的安全保障与环境变形控制问题日益突出，这是大规模地下空间开发遇到的新挑战。

1）基坑群主要技术

基坑群工程的设计与施工需从总体与细节上进行系统把控，合理化基坑的分区与实施流程，综合考虑不同地块的开发进度需求、相邻地块支护结构之间的相互影响及多地块叠加作用下地铁等敏感环境的保护等问题。经过近 10 年的研究与实践，形成了以下主要技术。

（1）考虑软土力学特性的基坑群大规模仿真技术

由于深大基坑群与常规单一基坑工程的巨大差异，其受力变形性状与环境影响因素多、机制不明、边界条件复杂，常规构件设计已不能满足兼顾安全、经济和环境保护的要求，基坑群的工程设计与安全评估需要进行整体仿真分析。利用上海地区典型软土的小应变本构模型及其全套参数，采用可考虑土与结构相互作用的三维有限元分析技术，通过精细化的建模，可实现考虑空间效应和叠加效应的软土大规模基坑群三维仿真（图 3-22），得到基坑群受力变形和环境影响的非线性相应规律，为设计施工提供指导。

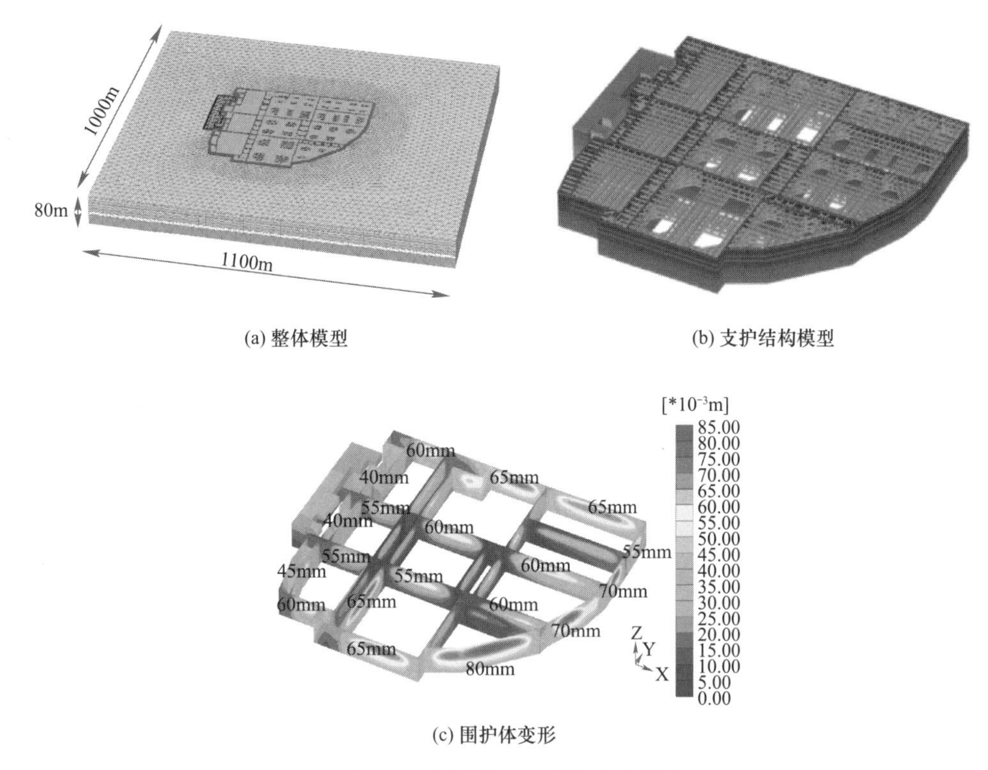

(a) 整体模型　(b) 支护结构模型

(c) 围护体变形

图 3-22　大规模基坑群仿真示意图

（2）复杂多约束条件下基坑群支护体系设计技术

对于大规模基坑群工程来说，如何选择满足基坑群安全与环境变形控制、实现多维度工期目标和提高经济性的总体分区分期设计方案是基坑群工程设计的关键问题。基于相邻围护结构间距及约束条件对坑间土压力的影响机理研究，将其引入土压力理论，得到基坑群非极限土压力计算公式，解决基坑群复杂支护体系设计的荷载确定问题，建立任意开挖深度下相邻基坑相互影响的临界间距定量确定方法（图 3-23）。在此基础上，针对基坑群超大规模开挖、工程安全、工期差异等复杂多约束条件，通过灵活、动态设置单/双隔断实现分区阻隔，实现基坑群总体分区分期设计；设置双隔墙缓冲区后，其两侧主体区基坑同步与交错实施的设计技术可满足基坑群的安全与工期控制需求。

（3）基坑群工程敏感环境变形控制设计技术

超大规模开挖卸荷对周边环境的影响具有空间效应和叠加效应，基坑群工程设计必须满足敏感环境变形控制要求。通过三维有限元分析可揭示不同分区方式、开挖顺序的周边环境响应规律，结合大量的工程实践，形成了考虑基坑群叠加影响的敏感环境保护成套设计技术（基坑群基于地铁保护的缓冲区和分隔带及支护平面示意图如图 3-24 所示），包括：合理分区阻隔，邻近敏感保护对象侧控制单次卸荷体量，划分窄条型小基坑分隔带；分期错峰实施，对于邻近保护对象的基坑，基于工期目标和环境叠加影响规律错峰实施，避免同步开挖对环境的不利影响；支护体系加强与主动变形控制，加强支护结构刚度，采用伺服轴力支撑系统；以专项水文地质勘察为依据、以环境变形控制为重要导向的基坑群承压水精细化控制，确保基坑群安全和降压环境控制等。

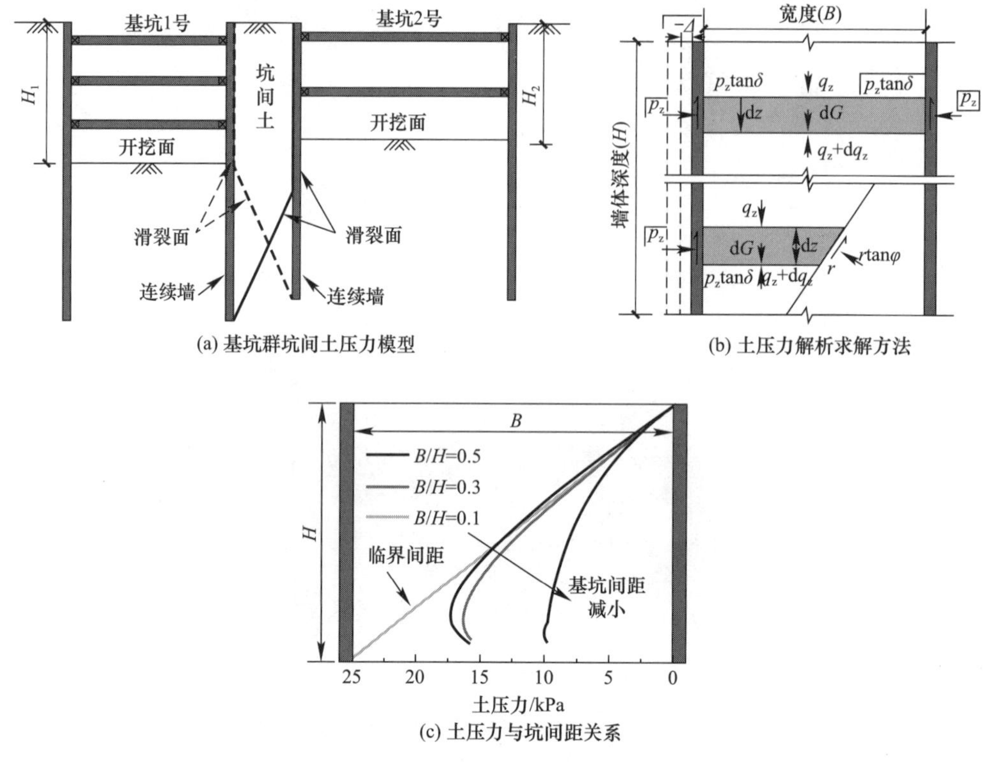

图 3-23　基坑群土压力计算示意图

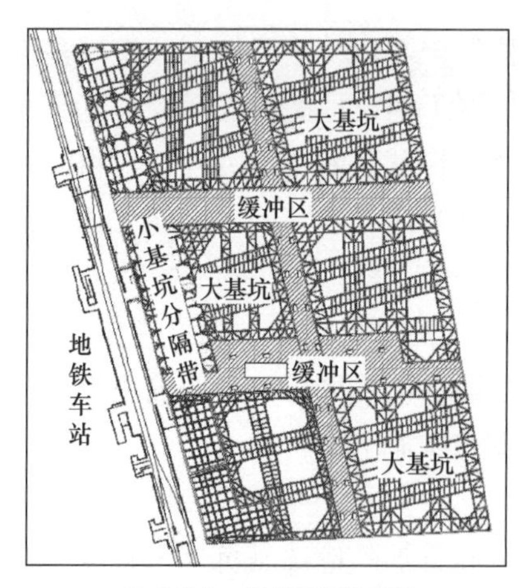

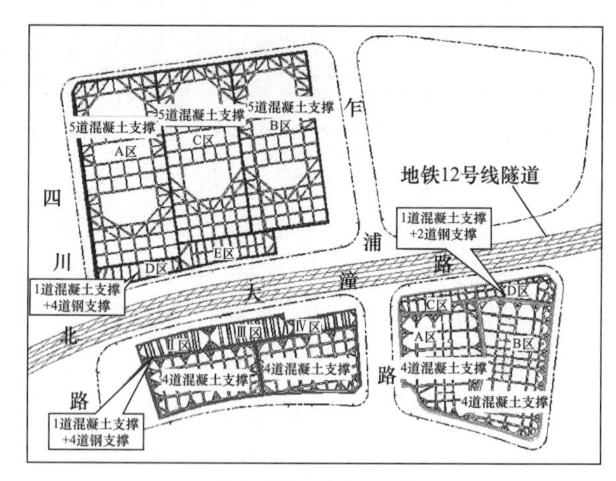

(a) 多地块一体化开发基坑群　　　　(b) 相邻地块同期建设基坑群

图 3-24　基坑群基于地铁保护的缓冲区和分隔带及支护平面示意图

（4）复杂工况基坑群工程全过程施工及管控技术

深大基坑群工程体量大、建设周期长、实施工况复杂、坑间相互作用和环境影响叠加效应显著，加之软土蠕变特性显著，工程安全与环境变形控制困难。基于信息化监测反馈，动态优化群坑开挖阶次、分坑内开挖序次、群坑地下水位降深梯次、支撑与结构体系形成时效、支撑变刚度调控等，可有效控制分坑间综合刚度差和水位降深差所导致的支护体系变形与周边环境变形。针对基坑群支护体系和工况流程复杂、监控项目众多导致的各类信息数据量巨大问题，通过引入融合监测数据和力学分析的风险评价量化标准体系，实现对异常数据和动态风险源的合理识别，建立智能化的基坑群风险分析预警平台，是控制基坑群工程风险的有效手段，基坑群风险预警实施流程如图 3-25 所示。

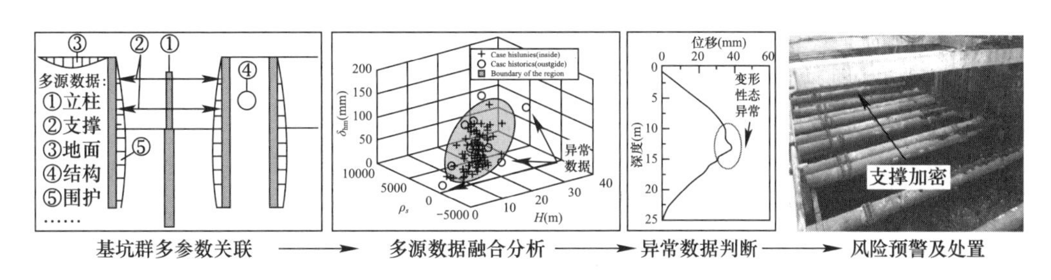

图 3-25 基坑群风险预警实施流程示意

2）工程案例

【案例 11】 上海徐汇滨江西岸传媒港与上海梦中心项目

西岸传媒港与上海梦中心项目为徐汇滨江开发建设的重要先导，由西岸传媒港公司主导的六个地块与上海梦中心公司主导的三个地块共计九个街坊组成，九街坊呈井字形布置，简称西岸“九宫格”。其地下空间开发打破传统的地块独立模式，将九个街坊及其内部道路下方建设成整体地下空间，地下空间建筑面积占比约 50%。基坑总面积超 15.7 万 m^2，周长约 2km，计入内部临时隔断围护总延长约 5km，基坑普遍开挖深度 16～17m，总出土量达 250 万 m^3。面对复杂的开发进度与工期需求，结合基坑安全与环境保护，在塔楼区域之间灵活设置单双隔墙先后或交叉顺作实施，邻近地铁侧划分 10 个窄条形小基坑分隔带，形成 28 个基坑集中开发的基坑群工程。该工程除是超大规模基坑群外，还面临如下主要挑战：

（1）建设投资主体多，工期紧张，协调难度大。中部三地块投资主体为上海梦中心，北三和南三地块地下投资主体为西岸传媒港，上部 26 栋单体（含 6 栋超高层）又分属 7 家不同主体，各地块、单体均有严格的工期目标，为了各自的工期目标 8 家建设投资主体之间难免出现开发进度、基坑分区、工况等方面的分歧，作为工期目标基石的基坑工程首当其冲面临来自各方的压力，基坑群支护设计需充分考虑各主体的工期需求。

（2）深大基坑群叠加影响下的运营地铁保护难度极大。基坑群西侧距离运营的地铁 11 号线龙耀路车站、隧道、附属结构普遍仅为 9～10m，与地铁相邻的基坑边长约 500m，且隧道底与基坑底基本齐平，是当时紧邻运营地铁线路的最大规模建筑基坑群之一，深大基坑群工程建设周期长、卸荷方量巨大、环境影响叠加效应显著，保护难度呈非线性提高。

（3）深大基坑群工程面临大范围长时间抽降承压水问题。建设场地邻近黄浦江，含水层水量丰富，基底以下$⑤_{3\text{-}2}$ 层微承压含水层存在突涌风险，且普遍区域$⑤_{3\text{-}2}$ 层与$⑦_{1}$ 层直接接触，常规作为深厚承压含水层对待，深大基坑群承压水抽降时间长、范围大，处治不当可能引发严重的周边环境安全问题，同时控制措施得当与否也对工程造价影响显著。

基坑群支护设计跳出传统的构件设计框架，随着投资主体工期目标的不断细化与明确，深化基坑群分区分期，提出了应对复杂多约束条件的基坑群总体设计原则。针对本工程，最终结合开发节奏将基坑群总体分为两大阶段实施：将上部建设体量大、建设工期相对更紧的央视华东总部以及沿龙腾大道具有较高形象要求的中轴和东侧共五地块作为一阶段实施，对滞后开发相对不敏感的剩余四地块作为二阶段开发，两阶段之间设置单隔断。两大阶段内部设置双隔断形成缓冲区或预留单双隔断调整条件，分先后或交错实施，实现了随工程进展分区分期的动态设计，分区分期及支撑平面示意图如图 3-26 所示。总体采用分区顺作实施，基于基坑群大体量卸荷和叠加影响显著的特点，周边和内部临时隔断均采用地下连续墙围护，邻近敏感环境区域地下连续墙厚度 1m，其余均为 0.8m，普遍设置三道钢筋混凝土支撑，平面布置上综合考虑相邻基坑荷载传递需要。

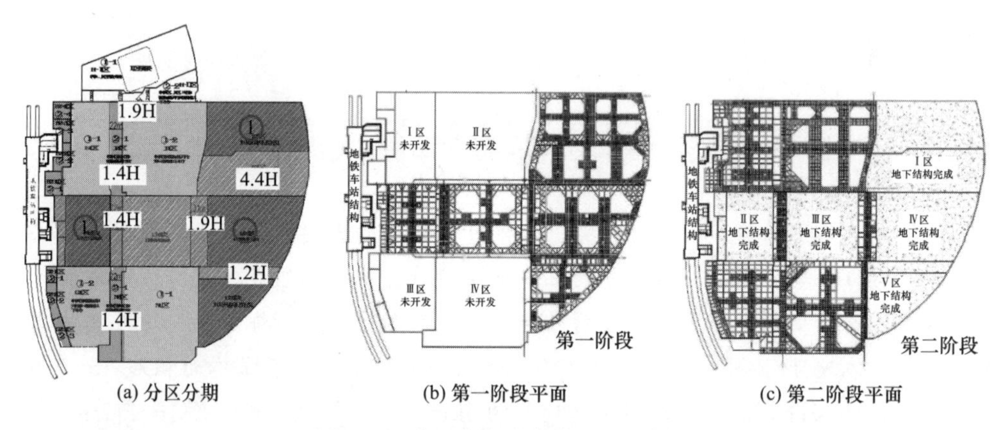

(a) 分区分期　(b) 第一阶段平面　(c) 第二阶段平面

图 3-26　分区分期及支撑平面示意图

基于理论分析和系统的数值模拟，形成了墙后有限土体主动土压力的简化计算方法；揭示了基坑群内相邻基坑缓冲区宽度对围护体受力变形的影响规律；建立了与挖深、土层、工况相关的临界缓冲区宽度概念和计算方法，大幅缩减同步开挖两坑之间所需缓冲区宽度（由常规认识的 $2H$ 缩小至 $1.2H$ 左右），化解了不同主体开发进度的矛盾，提出了缓冲区宽度较小时两坑同步交错开挖，以减小相互影响的设计措施：包括工况协调、坑内外土体加固、缓冲区重载车道等。

结合实施阶段和土层差异开展了系统的专项水文地质勘察，通过 5 组群井试验验证了两层承压水水力联系不紧密的事实（抽降⑤$_{3\text{-}2}$ 层、⑦$_1$ 层，水头无明显变化）。由此确定了以⑤$_{3\text{-}2}$ 层为目标降压层的基坑群工程系统性和差异性并举的承压水控制措施。针对不同环境保护要求，分区域采用差异性承压水控制：重点保护的近地铁侧地下连续墙墙加深至降压井滤管底部以下 10m 并隔断⑤$_{3\text{-}2}$ 层；次重点保护的近龙腾大道区域地下连续墙墙加深至滤管底部以下 5m 形成悬挂帷幕；其余区域不考虑止水帷幕加深。基于基坑群特点，结合现场实测情况充分考虑前序基坑降压对后序基坑影响，减小降幅，缩短总体降压周期，采用短滤头降压井结构等精细化措施，在确保基坑群安全的同时有效控制了降压对周边环境的影响。

从2015年8月开始首地块土方开挖，至2016年4月历时8个月完成一阶段首批（F1、M1基坑）地下结构施工；至2018年1月全部主体地下结构完成，仅30个月即完成了超15万m^2、16～17m深基坑群250万m^3土开挖和近60万m^2地下结构建设，为2019年9月26日中央广播电视总台长三角总部暨上海总站挂牌等重大节点完成打下扎实基础。2020年1月最后一栋单体腾讯华东总部大厦封顶，圆满实现全部建设主体工期目标。基坑群实施实景如图3-27所示。

图3-27 基坑群实施实景

实测数据表明，开挖至基底近地铁侧小坑外侧地下连续墙测斜最大值不足1cm，大坑中隔墙测斜最大值为5～6cm，内部临时隔断地下连续墙测斜最大值为9～12cm，基坑群总体安全可靠，利用时空效应通过放宽内部临时隔断地下连续墙变形，保障敏感环境侧围护体变形控制效果明显。实测缓冲区宽度1.2H两侧基坑同步交错施工相互影响引起的整体偏移量不足1cm，说明经有限土压力分析确定的缩减后的有限缓冲区宽度合理可靠。基坑内⑤$_{3-2}$层沉降深约8m，地铁侧坑外⑤$_{3-2}$层变幅0.5m以内，坑内外降深比大于10∶1；龙腾大道侧坑外⑤$_{3-2}$层最大降深为0.8～2m，坑内外降深比为10∶1～4∶1；期间坑外⑦$_1$层水头无明显变化。基坑群地下结构完成，地铁车站变形不足3mm，E地块对应区间隧道最大沉降为8.9mm，G地块对应区间隧道最大沉降不足4mm，为城市生命线的安全运营提供了保障。

【案例12】 上海后世博会央企总部集聚区项目

上海世博会地区位于上海市中心黄浦江两岸，南浦大桥和卢浦大桥之间的滨江地区，被打造成为功能多元、空间独特、环境宜人、交通便捷的世界级新地标，集博物博览、文化创意、总部商务、高端会展、旅游休闲和生态人居等多功能于一体。特别是在“四个中心”建设的总体功能框架中，世博会地区将根据自身优势补充上海国际化大都市相对功能的缺失，最大限度发挥世博效应，使之成为促进上海城市功能转型和中心城区功能深化提升的重要功能载体。会展及商务B片区将发展成为环境宜人、交通便捷、低碳环保、具有活力的知名企业总部聚集区和国际一流的商务街区。上海后世博会央企总部集聚区位于世博园区一轴四馆西侧，为规划会展及其商务区的一部分，由分属15家企业的28栋塔楼及地块道路组成，地下建筑面积40.9万m^2，基坑总面积16万m^2，整体为三层地下室，最大开挖深度超过20m，是当时国内最大的基坑群之一。

基坑西侧长清北路道路下设有地铁13号线世博园站，为地下两层车站，标准段底板埋深约为16.5m，其支护结构为800mm厚地下墙，墙深31.5～34.5m。车站距基坑最近距离约10.98m，区间盾构隧道距基坑最近距离约13.5m。基坑北侧世博大道下管线众多，其中ϕ800污水管距基坑最近距离约10.9m；基坑南侧国展路下敷设有共同沟，截面3.3m×3.8m，埋深约6m，底板、侧墙及顶板厚300mm，无桩基础；场地中的博城路下共同沟距基坑最近距离约5.8m，共同沟截面3.3m×3.8m，埋深约6.25m；基坑东侧为世博主题馆。由于受古河道切割，本场地内⑥、⑧层土均缺失，部分区域尚有$⑤_3$层、$⑦_2$层土缺失，导致微承压含水层与承压含水层直接沟通。基坑开挖期间，不仅土体开挖卸载将对相邻地铁等设施造成附加沉降，同时大体量抽取承压水也会对周边环境造成较大影响。综合考虑基坑分区筹划、分隔土体性状、围护耦合变形、环境相互影响的因素，通过设置双隔墙缓冲区将场地划分为18个基坑。

针对基坑群落中相邻支护的互相影响问题，在分析揭示坑间土体宽度影响土压力机理的基础上，提出了基坑群土压力计算模式及临界宽度确定方法，形成了群坑间受限土体理论；基于受限土体理论，建立了变形控制导向的基坑群支护体系设置与控制原则，提出了群坑分区隔断与流水实施的优化方法，形成了基坑群落同步与交错实施相结合的成套设计方法。

实际实施工程中，由于各地块审批时间及施工许可证办理的进度不同，共分为五阶段完成，具体为：先期实施B03-A1区基坑→同步实施B03-C1、B03-B、B03-D、规划一路A区，其中规划一路A区采用逆作法实施、其余基坑采用明挖顺作法实施→同步实施B03-A2、B03-C2、B02-B、规划路B区及D区基坑，均采用明挖顺作法→同步实施B02-A1、规划道路C1、C2区基坑，其中规划道路及公共绿地下基坑采用逆作法、其余基坑采用明挖顺作法实施→实施B02-A2基坑，采用明挖顺作法实施。基坑的分区分期示意图如图3-28所示。

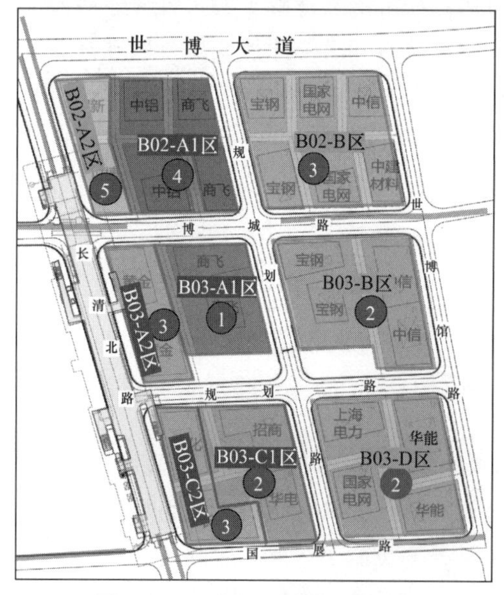

图3-28　上海后世博会央企总部集聚区基坑分区分期示意图

地铁保护区范围内的狭长基坑采用刚度大、传力直接、受力清晰的相互正交的对撑布置形式，而对于远离轨道交通的基坑则采用受力合理、出土效率高、施工组织方便的边桁架结合对撑形式。由于工程范围内若干承压水层的连通现象普遍，且承压水层深厚，因此采用悬挂式隔水措施。根据各基坑的开挖深度，将整个场地分为Ⅰ、Ⅱ、Ⅲ、Ⅳ四个降压区，其中B02-A与规划道路A区基坑为Ⅰ降压区、B02-B基坑为Ⅱ降压区、B03-A、B03-C与规划道路B、C1、C2区基坑为Ⅲ降压区、B03-B、B03-D与规划道路D区基坑为Ⅳ降压区。支护墙长度根据各基坑开挖深度及承压水稳定性确定，对每个降压区地下墙的插入深度按以下原则确定：近地铁侧地下墙插入比不小于1∶1.3，且墙底在降压井滤管以下不小于10m；远地铁侧地下墙插入比不小于1∶1.2，且墙底在降压井滤管以下不小于7m。

针对基坑群落同步与交错施工工序的复杂性和周边环境的敏感性问题，形成了分区梯次、单坑分块的快速挖土流水施工和多工况条件下的换撑技术，研发了基于最少地下水抽降原则的群坑挖土和降水耦合综合控制技术，实现了群坑高效施工和变形叠加的有效控制；开发了基坑群海量数据可视化处理软件，多维动态展示与分析全工况数据，实现了基于大数据分析的数字化建造。监测结果表明，基坑群实施过程中，支护结构受力变形可控，13号地铁变形控制在10mm内，保障了工程与环境安全。基坑实施的实景如图3-29所示。

图3-29　基坑群实施实景

【案例13】　萧山国际机场三期项目新建航站楼及陆侧交通中心工程

杭州萧山国际机场三期项目新建航站楼及陆侧交通中心工程为第19届杭州亚运会重要配套，由上海市华东建筑设计研究院有限公司设计。主要包括T4航站楼、综合交通中心和出租车蓄车楼等功能单体，建成后将承担5000万的年旅客吞吐量，实现航站楼与各类交通方式之间的高效换乘。该工程基坑总面积超过25m^2，挖深5～18.9m不等，卸土方量超320万m^3。且基坑挖深多变，各分区内部高差处理、不平衡力的应对是否得当，对工期、安全、经济均有巨大影响。

该项目环境复杂、保护要求高，不停航需求下交通组织难度大。基坑群工程长周期实施过程中均需满足紧邻的现状T1、T2、T3航站楼的不停航使用要求。既要控制因基坑群实施对运营航站楼附加变形的叠加影响，又要确保进出航站楼社会车辆道路的通畅。本工程基坑分区众多、工况关系复杂，南北紧贴同期施工的地铁和高铁车站基坑，在设计阶段需统筹并充分考虑基坑不同实施阶段跨地块的施工场地布置和交通组织，超过常规项目设计范畴。

该项目工期紧张，工况复杂，参建主体众多，统筹设计要求高。新建T4航站楼上部结构复杂、建设周期长，是实现本工程工期目标的关键路线，其同时覆盖航站楼、交通中心西侧、高铁车站中部和地铁车站西端的地下室，四部分地下结构的实施进度共同制约项目整体进度。北侧地铁、南侧高铁分属不同建设主体，各自均有较高的工期目标，又因共墙或紧贴与本工程基坑之间存在着制约关系，地铁盾构隧道穿越蓄车楼和北行李通道下方、紧贴航站楼地下室，相应区域的基坑设计和工程进度还需满足盾构实施的需求。

基于基坑安全、单体工期目标差异、环境保护及与北侧地铁南侧高铁基坑施工协调的统筹考虑，本工程自身分为40个分区，为杭州地区规模最大、工况最复杂的基坑群。深大基坑群工程体量大、工期长，同步或先后实施的关系错综复杂、基坑间相互作用及环境叠加影响显著；加之本工程基坑挖深多变，各分区内部高差处理、不平衡力的应对是否得当对工期、安全、经济均有巨大影响；设计和施工都是高度复杂的技术难题。基坑群设计包括如下几个方面：

① 复杂多约束条件下的超大规模基坑群分区分期统筹设计和交通组织策划。采用契合航站楼开发进度需求、环境保护及外部工况制约的基坑分区分期设计，实现自身工期目标的同时，解决了与地铁、高铁的工况协调问题。为满足工期要求，共墙的航站楼A1区与高铁a区同步交错开挖，建立了共墙条件下两侧基坑共同开挖的设计方法，提出了相应的变形控制措施。开展了基坑群工程受限条件下交通组织策划，巧妙利用基坑分区结合全局式栈桥设计，建立了随工程动态变化的立体式交通，为不同分区建立了畅通且相对独立的行车通道，实现了社会车辆与施工车辆的分流，解决了不停航要求下的基坑及土方挖运施工难题。核心区基坑分区分期情况如图3-30所示。

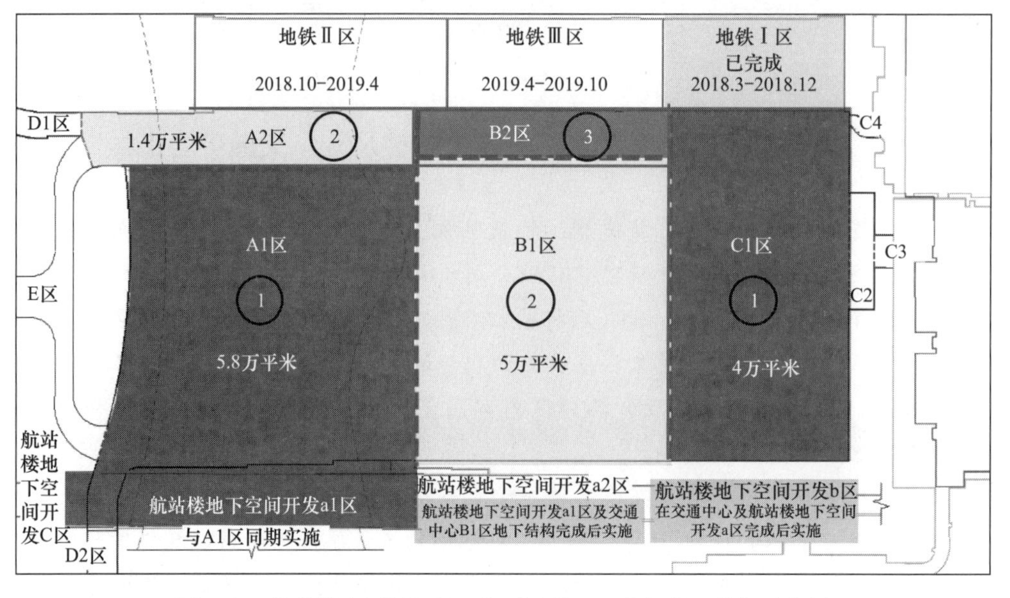

图3-30 杭州萧山国际机场三期项目核心区基坑分区分期示意图

② 紧贴运营航站楼的交通中心基坑顺逆结合设计。基于现状航站楼保护和同期建设地铁车站工况协调，采用了顺逆结合的总体设计，为浙江省近年来最大的逆作法基坑。通过顺作区域卸土接入逆作区 B2 板形成上下两层运土通道，解决了常规逆作基坑施工效率低、暴露时间长的问题。提出了以运营航站楼为保护对象、顺逆分区同步实施的成套变形控制方法。

③ 应对航站楼基坑内部深度多变且高差大的阶梯式基坑支护设计。A 区挖深高低错落，地下一层区域基底埋深约 7m，内部共同沟、下穿车道、交通中心区域挖深从 9.45～18.9m 不等，横剖面上挖深高低起伏多变，同时受下穿航站楼进入交通中心 B3、B4 层车道（车道底为变标高）影响，纵剖面上挖深渐变，两侧水土压力不平衡且多变，极大增加了基坑支护的复杂性。提出了浅层场地跨建筑主体统筹优化处理、内部分级分段支护、差异化撑锚体系的阶梯式基坑支护设计原则，综合采用了放坡开挖、重力式挡墙、SMW 工法桩、TRD 插型钢、灌注桩排桩、地下连续墙和平撑、斜撑、锚索空间立体组合的支护方式（图 3-31），经济高效地解决了基底高低起伏、土压力不平衡、支座不对称的问题。针对浅层 20m 的巨厚粉砂含水层，提出了基坑群工程，针对不同环境保护要求，系统性和差异性并举的地下水控制设计。

截至 2021 年 12 月全部主体地下结构完成，仅历时 34 个月，即完成了超 25 万 m^2 超大规模基坑群近 450 万 m^3 土方开挖和 52 万 m^2 地下结构建设，为杭州亚运会重要交通配套的完成打下扎实基础。航站楼两级坡体最大沉降约 3.2cm，内部围护桩最大变形约 3.6cm，交通中心邻近既有航站楼一侧地下连续墙测斜为 4～6cm，基坑群总体安全可靠。至全部地下结构完成，现状航站楼及楼前高架最大沉降未超过 1cm，出租车通道沉降变形最大值约 2.8cm，合理的基坑群总体方案和一系列专项技术措施确保了机场在基坑施工阶段的正常运行。

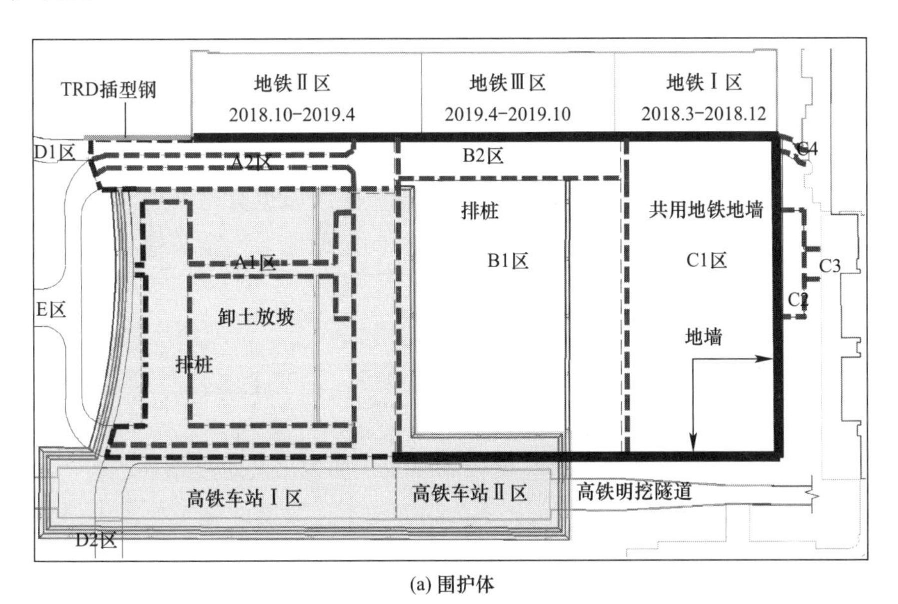

(a) 围护体

图 3-31　核心区围护平面布置示意图（一）

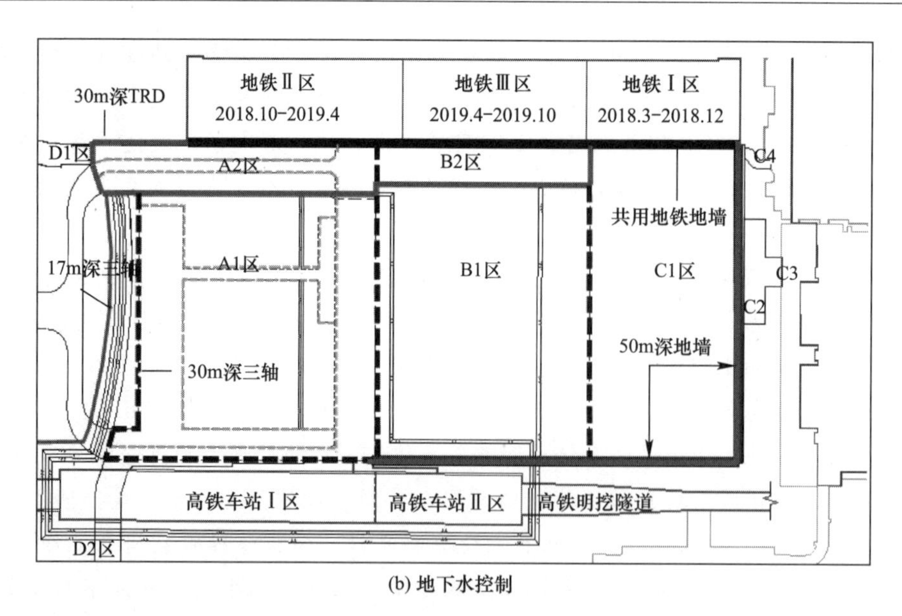

(b) 地下水控制

图 3-31 核心区围护平面布置示意图（二）

2. 超深基坑

上海市的整个行业及相关单位依托正在建设的硬X射线基坑、苏州河段深层排水调蓄隧道基坑以及机场联络线工程创新开发多项软土地层超深基坑施工系列技术，包括：超深（107.5m）铣接头地下连续墙施工技术、超深（70m）基坑土体加固（包括MJS、TRD、N-Jet）、超深承压水治理（上海地区第Ⅲ承压水）、超深基坑开挖变形控制等。上述技术体系为软土地区深度逼近60m的基坑建造提供技术支撑，并在上海富水软土地区首次实现。

1）超深基坑围护技术

（1）超深地下连续墙

在超深基坑工程中，超深地下连续墙是极其重要的围护形式，地下连续墙的深度决定了基坑可向地下开挖的深度。一般深度超过50m的地下连续墙称为超深地下连续墙。随着城市地下空间开发利用朝着大深度方向发展，地下连续墙也有越做越深、越做越厚的趋势，且穿越的地层也越来越错综复杂。复杂地层下的超深地下连续墙施工难度大，主要反映在如下三个方面：

① 超深地下连续墙往往下部需穿越硬土层如密实砂土，常规液压抓斗成槽困难且工效低；

② 超深地下连续墙接头箱起拔难度大；

③ 超深地下连续墙槽壁稳定与垂直度控制以及钢筋笼吊装难度增加。

新型施工装备如铣槽机及新型接头技术为超深地下连续墙的施工提供了保障。铣槽机通过机体底部的两套液压驱动的铣轮相对旋转，带动装在铣轮上的刀具切削地层。切削下来的渣土与膨润土泥浆混合，用安装在铣轮上部的泥浆泵排出槽孔，至泥浆净化系统将泥浆和渣土分离。铣槽机最大理论成槽深度可达150m，铣轮刀可根据不同地层进行选配，并结合抓铣成槽工艺保证超深地下连续墙顺利施工。此外，铣槽机利用电子测斜装置和导向调节系统、可调角度的鼓轮旋铣器，使地下连续墙成槽的垂直度高达1‰。超深地下连续墙接头可采用H型钢接头、“十”字钢板接头和套铣接头等。近期，上海隧道工程有限公司开发的GXJ接头止水性能更优，工序简单且经济性好，在深度50m以内的地下连续墙中广泛使用。超深地下连续墙施工过程中还需妥善处理槽壁稳定性、成槽工艺、接头工艺、钢筋笼制作及吊装、混凝土浇捣等关键施工技术。

20年前上海地铁4号线修复工程首次实现了厚度1200mm，深度超过70m的地下连续墙施工。近10年相继建成的一批工程中，硬X射线5号基坑地下连续墙厚1500mm，深度超70m，深隧工程基坑地下连续墙厚1500mm，深度达到105m。华泾路站四区基坑地下连续墙深度更是达107.5m，成为上海地区之最。

（2）土体加固

随着深层地下空间的开发，基坑工程安全高效的深层地下水控制技术与装备的研发有着迫切的工程需求，通过地基加固形成隔水帷幕为深大地下空间开发深层承压水控制提供了一种有效的手段。目前上海地区常用的隔水帷幕包括深层搅拌桩、TRD、RJP、MJS、N-jet等工法。深层搅拌桩、RJP等属于相对成熟的地基加固工艺，通常用于深度在50m以内的工况中。TRD、MJS、N-jet等工法则属于最近引进或开发的新工艺，具有加固深度大、质量好以及对环境扰动小的特点。

① TRD工法（Trench cutting Re-mixing Deep wall method），通过链锯型刀具插入地基至设计深度后，全深度范围对成层地基土整体上下回转切割喷浆搅拌，并持续横向推进，构筑成连续无缝的等厚度水泥土搅拌墙。根据TRD工法在上海地区的应用情况，该工法可适用于软黏土、标贯击数100以内的密实砂土等地层。2018年上海工程机械厂有限公司自主研发了新型TRD-80E型施工装备，设计施工深度可达80m，成墙厚度900～1100mm，并在上海硬X射线5号井工程中成功开展了86m深成墙试验，并进行了成墙厚度900mm、深度70m的大规模应用，效果良好。

② MJS（Metro Jet System）工法中在钻杆的端部设置了地应力实时监测与钻杆中心主动抽浆装置与技术措施，因此可以将地基加固对环境的影响降到最低，同时成桩的桩径更大、质量更好、效率更高。MJS工法通常用于对环境扰动要求苛刻的工况中，譬如在北横通道长距离明挖上跨地铁13号线中，门式加固离地铁隧道的净距仅1m，加固采用了MJS工法。目前上海隧道工程有限公司正在进行加固深度80m的超深MJS工法的研发，相信不久的将来，MJS将迈向更深的应用场景。

③ N-Jet工法桩基拥有深度大、角度多、精度高、参数实时调整等性能。可通过随时改变喷射参数来控制固结体的大小，实现两次切削土体，确保土粒和浆液搅拌均匀，大大提高加固体的质量。加固体桩径可在2～10m自由选择，理论最大深度达115m。该工法在上海市机场联络线中多个基坑工程中进行了应用，包括地下连续墙接缝止水加固，基坑坑底满堂加固等。

2）超深承压水治理技术

影响基坑周边环境的主要因素有基坑开挖深度、基坑支护结构水平位移及基坑降水等。其中地下水位降低的影响尤其大，通过对深基坑事故的调查资料显示，20%～70%的基坑事故与地下水有关。

（1）第Ⅲ层承压水治理

在上海地层中承压水包括：第Ⅰ层承压水主要是第⑦层土、第Ⅱ层承压水主要是第⑨层土、第Ⅲ层承压水主要是第⑪层土。基坑开挖深度小于40m的情况下，通常只涉及第Ⅰ、Ⅲ层承压水层。当基坑开挖深度超过40m时，通常会涉及第Ⅲ层承压水。前面所述的硬X射线基坑，苏州河段深层排水调蓄隧道基坑等工程中均涉及第Ⅲ层承压水的治理。由于第Ⅲ层承压水埋深更大，水量更丰富，相应治理的难度也大大提升，其中苏州河段深层排水调蓄隧道基坑中的第Ⅲ层承压水降水井深度接近100m。

（2）"隔—降—灌"一体化治理

在上海软土地区，基坑降水中抽汲出的地下水直接排放进城市市政管道，不仅增加了市政管道的负担，也浪费了地下水资源，破坏了自然生态系统中水资源的相对平衡。合理设置围护深度，形成阻挡效应，实现尽可能少地抽汲承压水，同时在基坑周边需要保护的建筑物附近布回灌井，在基坑抽水的同时，利用回灌井进行地下水回灌，回灌形成的水幕用以补偿基坑降水对回灌保护区地层的影响。布回灌井可有效维持建（构）筑物区的地下水水位，消除或降低基坑降水对周围环境的影响，同时节约水资源，确保自然生态系统中水资源的相对平衡。"隔—降—灌"一体化承压水治理的思路因此应运而生。

上海地铁汉中路站工程需要进行两层承压含水层的降水，针对两层承压含水层不同的特点，工程采取不同的措施。对于埋深较浅的⑦层承压水，用围护结构作为止水帷幕对其进行隔断处理，进行封闭帷幕内的基坑降水，最大限度降低降水对周围地层的影响。对于埋深较深的⑨层承压水，为了控制基坑降水对周围地层的影响，采用了"抽水—回灌"一体化的控制措施。现场实施效果表明，该技术可以保证回灌区域承压水水位降在50cm之内，建筑物的沉降也可以得到有效抑制。

3）基坑开挖与变形控制技术

由于圆井在坑外水土压力的作用下是不断压紧的过程，对变形的控制十分有利。同等深度条件，圆形基坑比方形基坑变形要小得多。另外，圆井变形分布是均匀对称的，方井则呈现长边的中点变形最大角点变形最小的特点，对围护结构的受力及防渗漏控制均不利。

顺作法与逆作法是基坑施工中常用的两种方法，选择顺作还是逆作通常不由围护变形决定，在场地条件允许的情况下，一般都采用顺作法施工，施工方便，效率高，结构质量好。在逆作施工中由于用水平混凝土板代替部分钢支撑，对控制围护侧向位移是有利的，但是整个施工工期增长，对变形控制又不利，由于无法进行同条件对比验证，因此又无法进行客观的对比与评价。

近期实施的上海市苏州河段深层调蓄管道系统工程包括云岭西和苗圃两个圆形工作井，施工过程中分别采用了侧墙顺作和逆作法施工，由于两个基坑规模、形状、地层条件等都基本相当，因此可视为顺作与逆作法施工的同条件对比试验。结果表明，两者变形基本相当，由于圆形结构良好受力特性，围护变形均较小。

超深基坑开挖中变形控制是整个基坑开挖过程中最核心的内容。包括基坑围护结构变形和周边环境的变形。其中周边环境变形通常由降水和基坑开挖过程中的卸载所引起。前面所述的“隔—降—灌”一体化承压水治理思路就是为了较好控制降水引起的环境变形。为了较好控制基坑开挖过程中围护及环境的变形，又先后开发了伺服钢支撑、伺服混凝土支撑、整体滑降式预支撑以及水下开挖等新技术。

伺服钢支撑已经成为成熟的技术与产品，主要通过实时监测并自动补偿损失的轴力达到改善支撑效果的目的，可以按支撑轴力和支撑长度两种模式进行控制。通常在变形控制要求高的场景使用。现在也出现了在混凝土支撑中采用伺服系统的情况。

上海隧道工程有限公司借鉴伺服钢支撑技术和滑模技术并将二者创新融合，自主研发了整体滑降式预支撑系统（图 3-32）。该系统体系包括四大子系统：钢框架支撑系统、千斤顶液压伺服系统、竖向滑降系统、控制监测系统。整体滑降式预支撑系统，一方面用作混凝土支撑施工底模，另一方面在混凝土支撑施工期间提前支护，控制围护结构变形。通过各子系统协同作用实现软土地层深基坑变形的主动控制，减少围护变形，缩短工期。该系统已在机场联络线华泾路站、沪通铁路以及南京建宁西路越江隧道等工程中应用。

图 3-32　整体滑降预支撑系统

4）工程案例

【案例 14】　上海机场联络线华泾站主体基坑工程

上海轨道交通市域线机场联络线华泾站主体规模为 562.3m×34.5m，站台中心处顶板覆土 4.5m，底板埋深 34m，站中心轨面标高为−26.857m。

基坑总开挖面积约 $18000m^2$，最大开挖深度达 44m，为整个机场联络线工程开挖最深的基坑工程，采用地下连续墙围护。施工过程中坑内设 3 道分隔墙，自西向东分 4 个工区施工（图 3-33）。

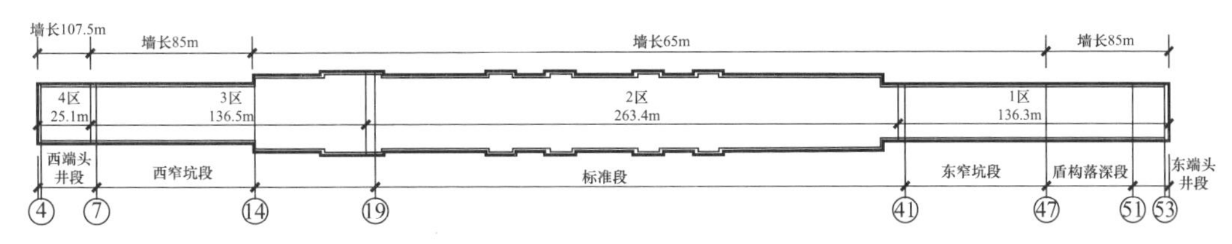

图 3-33　机场联络线华泾站平面示意图

该工程的主要特点与难点包括：

① 107.5m 超深地下连续墙施工。深度 107.5m 超深地下连续墙为上海地区之最，超深地下墙带来一系列的技术难题，主要包括：地下连续墙垂直度要求为 1/1000；铣槽设备选用 MC128 主机加 BC50 铣槽机，成槽稳定性控制难度高；163t 重超长、超重钢筋笼吊

装风险大，对接难度大、耗时长等诸多难题。

② 超大超深基坑施工基坑开挖面积约 18000m²，相当于 43 个篮球场大小，最大开挖深度达 44m，相当于 14 层楼。

③ 超长时间降水。83m 超深降水井，成井时间长，质量管控难度大，水位恢复速率快，降水运行风险高。超长时间降⑨层水风险大。西端头井距离 15 号线景洪路运营区间最近仅 60m。为隔断⑨层水，减小基坑开挖坑内降水引起的周边环境不均匀沉降，实现封闭降水。

④ 超高结构施工。最大净层高 15.9m，总高度 40m。本工程为地下四层，标准段竖向 8 道支撑，端头井/落深段竖向 9 道支撑 44m 深。结构开间大，最大跨 39.9m。结构底板 2.2m 厚。混凝土单次浇筑量巨大，消除温度应力裂缝和收缩裂缝控制难度大。

形成的关键技术与创新成果包括：

① 107.5m 地下连续墙施工。合理选择成槽设备，提高成槽效率。铣槽设备选用国内最先进的宝峨 MC128 铣槽机，配备 1 台金泰 SG-70 成槽机，满足本工程成槽施工的设备需要。采取抓铣结合，交替式成槽，提高施工效率、节约经济成本。

② N-jet 工法桩墙缝止水。采用 N-Jet 接缝加固，N-Jet 工法桩基拥有深度大、角度多、参数实时调整自由度及精度高等性能。该工法可实现大深度地基的改良，理论最大深度达 115m，桩径大、质量好。加固直径可在 2～10m 自由选择，360°旋转喷消除喷射死角。

③ 降水运行风险控制系统。此系统具备水位无线远程数字化监测、工程降水智能预警、备用电源智能应急以及水位—减压井开启智能控制等四大功能。配套设置智能化地下水控制风险管控平台，能够实现井点信息全面管理、水位水量实时监控、降水工程实时预警、多维度监管。

④ 深基坑自主滑降式快速预支撑系统。针对深基坑开挖时空效应，首次研发并应用了整体滑降式快速预支撑体系。缩短施工工期，较常规施工方法围护变形减少 30%左右。

项目地下连续墙施工充盈系数平均 1.03，垂直度控制在 1/1000 以内。地下连续墙刷新了上海地区的纪录。在大规模施工前，本工程首先进行了 4 区基坑的降水试验，4 区基坑采用封闭式降水，基坑开挖过程中严格执行“按需降水”，保障了基坑及环境的安全。引入滑降式快速预支撑体系的应用极大地缩短了工期，较好地控制围护结构变形。整个车站的土建结构已经完成，施工质量总体优良。

【案例 15】 上海市苏州河深隧基坑工程

目前正在实施的上海市苏州河段深层调蓄管道系统工程包括云岭西和苗圃两个圆形工作井。两个基坑的开挖深度均接近 60m，是上海地区最深的基坑工程。深隧基坑工程是上海软土地区首次将基坑的开挖深度突破 50m 的工程，因此在基坑围护施工、土体加固以及承压水的治理等各个方面都面临大幅度提升与突破。

云岭西圆形竖井主体基坑直径 34m，挖深 57.8m，为上海地区之最，地下连续墙厚

1.5m，深度 105m，采用铣接头。使用阶段地下连续墙与内衬墙两墙合一，内衬采用逆作法施工，水平向设 1 道压顶梁、2 道环梁，以及 12 节内衬墙，内衬墙厚 1.0～1.5m，共同构成竖井基坑支撑体系，基坑整体分 15 层开挖至基底，并依次跟进施工各道环梁和各节内衬墙。

苗圃圆形竖井主体基坑直径 30m，挖深 56.3m，地下连续墙厚 1.5m，深度 103m，同样采用铣接头。苗圃竖井在正式施工前通过方案优化，基坑采用顺作法施工，水平向设 1 道压顶梁、5 道环梁支撑体系，基坑整体分 7 层开挖至基底，浇筑底板后再自下而上施工内衬墙。

基坑的设计施工存在以下主要特点与难点：

① 超深基坑配套工艺欠缺。目前地区行业内地下连续墙的施作深度仅 70m、加固深度仅 60m，远无法满足本工程 103m 的施工需求，且一旦发生地下连续墙接缝渗漏将难以进行应急抢险治理。

② 超深承压水治理难度大。目前上海地区的降水施工多数针对⑦、⑨两层，但是苏河深隧工程需要同时考虑⑦、⑨、⑪（包括⑩夹层）承压含水层的治理，深层地层的水力参数缺乏，导致降水方案针对性差，且一旦发生承压水渗漏或突涌将引发灾难性的工程风险。

③ 环境保护等级高。基坑位于城市中心区，基坑四面被重要建筑物、管线所包围，最近处距基坑边仅 2m，一个近 60m 的基坑开挖以及综合设施 9.5～32m 的基坑开挖会对周边环境造成极大的影响。

形成的关键技术与创新成果包括：

① 首次实现百米级超深地下连续墙施工。结合工程需求，引进德国宝峨新型铣槽机，完善铣槽法施工工艺，将地下连续墙的最大成槽深度提升到 150m，且在本工程施工中地下连续墙连续穿越⑦、⑨两道承压含水层并将其隔断。通过工序优化、落实分段测斜、强化人员培训等，将成槽的垂直度提升到 1/1000，从根本上提升超深地下连续墙的接缝防水质量，确保基坑开挖安全。

② 加固工艺的改进。为了有效应对本工程可能发生的地下连续墙接缝处置需求，研发了一系列超深地基加固技术，包括超级 CCP、超级 MJS 等。可施工深度从传统的 60m 左右突破到 110m。

③ 超深承压水治理。通过开展原位水勘测试，获取了各层承压含水层的特性，为工程降水展开提供了坚实的依据，确保降水方案的针对性和有效性，并结合百米级超深井点管施作需求，将成井垂直度提升到 1/500，保证了成井质量。

④ 内衬结构顺筑与逆筑方案的比选与优化。云岭西工作井内衬墙采用逆筑法施工，针对超深逆作施工的特点，设计了一套整体下放的大直径圆形金属模板系统，该系统由 16 点同步提升系统、模板结构系统及定型金属底托架组成。悬吊系统由 16 组 HSL50300 智能油缸及其配套卷缆架组成，设备开启后，通过液压油来推动油缸、活塞往复运动，通过上夹持器和下夹持器的荷载转换，从而实现垂直提升或下降。模板采用 48 个标准块，高度 3.0m，通过 16 个加块，实现变径。通过伸缩油缸实现支模和脱模过程，通过设置在环

图 3-34 钢模板及悬吊系统实景图

梁上的16点液压同步提放系统悬吊实现模板提升和下放，如图3-34所示。

原设计深隧试验段苗圃及云岭西两处竖井基坑均采用明挖逆作法分层实施，地表沉降变形总体平稳。苗圃竖井回筑采用了常规的满堂支架方案，因此虽然开挖阶段顺筑法开挖速度快，仅4个月即开挖到底，但顺做法回筑工效相对低，操作平台拆、搭占据了回筑时长的一半，最终云岭、苗圃两处竖井开挖、回筑总时长基本一致。因此，同类型基坑如能结合二者优势取长补短，采用顺作＋液压滑模/升降平台的方案，有望大幅度提高工效。

【案例16】 上海硬“X”射线基坑工程

硬X射线自由电子激光装置包含5个工作井，即一号井～五号井（图3-35），基坑开挖深度均在40m以上，其中，五号井开挖深度约为45.45m，为深度最大的基坑，此处重点介绍五号井情况。

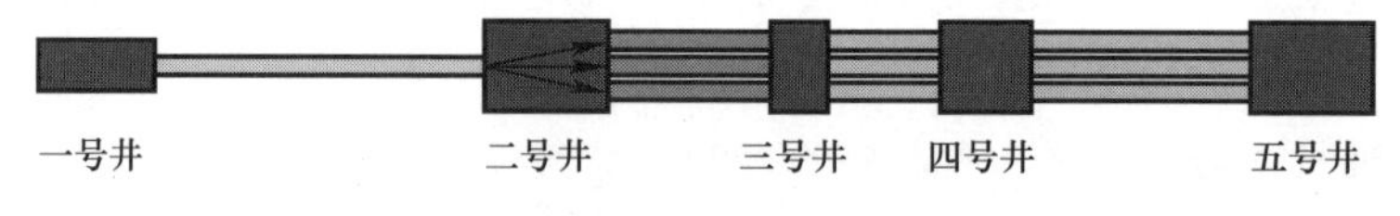

图 3-35 硬X射线工程线路图

五号井位于上海市浦东新区张江园区，集慧路西侧原有防护绿地内，场地西侧为罗山路高架、磁悬浮、三八河，东侧为500kV高压铁塔，南侧为小张家浜，工作井平面尺寸55m×76m。基坑开挖深度45.45m，共设10道混凝土支撑，采用1200mm厚地下墙，墙深89.8m。采用900mm厚止水帷幕TRD，帷幕深69m。五号井围护平面及地层剖面图如图3-36所示。

该工程主要特点与难点包括：

① 工作井最大施工深度达45m，为超深基坑，为此围护深度达90m，采用超深铣接头地下连续墙工艺施工，总体施工难度大。

② 因工程施工地点为上海富水软土地区，基坑底位于⑤$_3$层粉质黏土，对地下连续墙渗漏及围护变形控制不利。

③ 由于工程选址位于浦东新区张江高科技园区内，工作井周边存在重大基础设施，包括500kV高压走廊，上海磁悬浮列车墩柱，对环境的变形控制提出了极为苛刻的要求。

项目形成的关键技术与创新包括：

① 超深地下连续墙本体防渗漏施工技术。对地下连续墙的混凝土配合比进行研究，确定最佳水下混凝土配比，达到地下连续墙要求；对地下连续墙施工工序进行细化与优

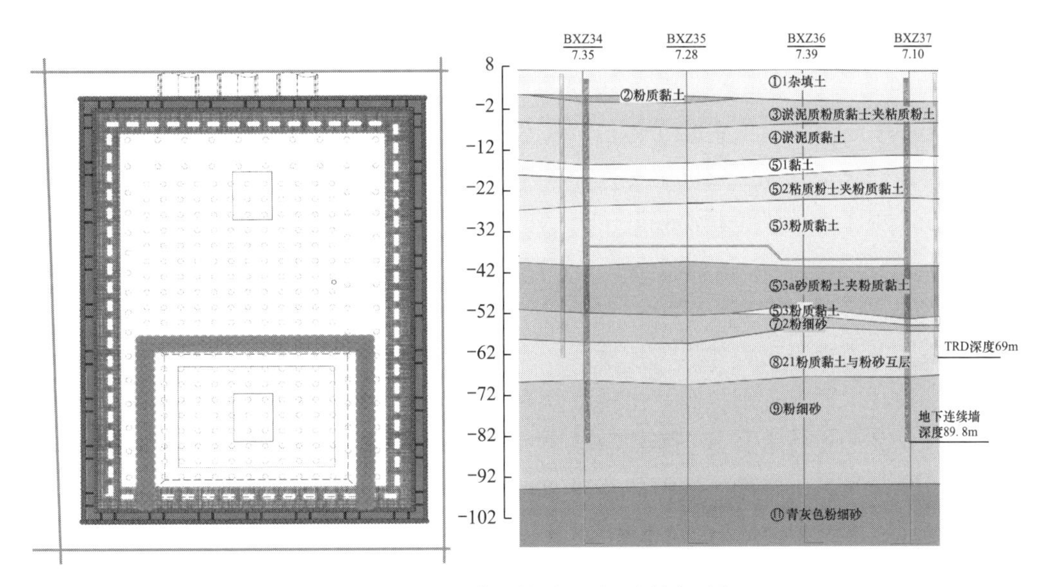

图 3-36　五号井围护平面及地层剖面图

化，形成可靠的防渗漏的超深地下连续墙技术。选择合理的套铣搭接长度确保二期槽段在套铣时可以铣削到足够的一期槽段混凝土，合理的套铣搭接长度与施工的地下连续墙深度、端面 X 向垂直度联系紧密，并且根据实际情况加密超声波垂直度检测的频率，严格做到随挖随测随纠，垂直度允许误差控制在 1/1000 以内，科学装置地下连续墙垂直度达到精度要求。

② 超深基坑立体帷幕 TRD 施工装备与技术。采用 MJS 紧贴地下连续墙的止水帷幕工艺，在开挖期间易发生不协调变形，导致地下连续墙产生裂缝，承压水渗流等风险。如在地下连续墙一定距离外采用水泥土墙作为止水帷幕，可通过双墙间设置降水井来控制承压水风险。TRD 相较 CSM 采用满足设计深度的附有切割链条以及刀头的切割箱插入地下，进行纵向切割整体横向推进成槽，同时向地基内部注入水泥浆，以达到与原状地基充分混合搅拌，在地下形成等厚度连续墙。具有更好的整体性与抗渗性，故四、五号井基坑采用等厚度水泥土墙（TRD）工艺，施工深度达 70m，采用与上海工程机械厂联合研发的 TRD-80E 设备，可施工世界第一深度 TRD。

③ 重大基础设施生存区双帷幕超深基坑地下水控制技术。根据设计方案，四号工作井基坑为矩形，内净尺寸 55m×50m，工作井基坑开挖深度 39.5m，基坑底位于第⑤$_3$ 层粉质黏土中，围护体为厚 1.2m、深 86m 的地下连续墙，墙趾位于⑨层粉细砂层中。地下连续墙外侧采用三轴槽壁加固，槽壁加固采用 ϕ850@600 三轴搅拌桩，坑外套接一孔。桩顶标高 4.5m，桩底标高－16.5m。桩长 21m。地下连续墙 4 个转角幅墙缝采用 RJP 加强墙缝止水。地下连续墙外侧采用等厚度水泥土搅拌墙加固（TRD）止水，TRD 厚 900mm，深 70m，墙底至⑧$_{21}$ 层粉质黏土与粉砂互层。

硬 X 射线自由电子激光装置 2 标五号井地下连续墙共施工 64 幅，四号井 52 幅，垂直度均小于 1/1000，满足设计要求；TRD 施工垂直度均不大于 1/300，抗压强度均大于设计强度 0.8MPa，渗透系数小于 1×10^{-7}cm/s；基坑开挖面位于⑤$_3$ 层，开挖过程对⑦、⑨

层承压水降压，保持在安全水位以下 1m，基坑顺利完成封底、封顶工作。

工作井周边重要建（构）筑物有高压铁塔、磁悬浮，高压铁塔处⑨层水位降深 0.91m，磁悬浮处⑨层水位降深 0.89m，⑨层停抽后，水位快速恢复至原始水位。高压铁塔墩柱最大累计沉降 2.93mm，小于累计报警值 10mm，磁悬浮处墩柱不均匀最大累计沉降-0.55mm，小于累计报警值 2mm。因此，⑨层降压效果较好，对周边重要建（构）筑物影响较小。

3. 新型支护形式

近年来，上海地区工程建设飞速发展，尤其是伴随着上海地下空间大规模、立体化开发，基坑支护技术要求逐渐提高，出现了众多新型支护技术，主要体现在新型钢结构支护技术、预制化装配式技术、微变形控制技术、绿色节能低碳技术等方面，更加追求高效节能与环保。本节从挡土结构、支撑体系以及组合技术三个方面对上海近年来的新型支护技术进行总结。

1）新型挡土结构技术

（1）钢管桩组合（PC 工法桩）

钢管桩组合（Pipe-Combination，简称 PC 工法桩）的前身是拉森钢板桩，拉森钢板桩具有质量高、施工便捷速度快、可重复利用的特点，广泛应用规模较小、开挖深度较浅的基坑工程。但由于拉森钢板桩的截面刚度过小，无法在开挖深度较大的基坑中使用，因此，PC 工法桩应运而生。PC 工法桩是将拉森钢板桩与钢管结合使用，通过焊接在钢管桩上的锁扣与拉森钢板桩进行连接，钢管桩与钢板桩分别发挥挡土、挡水作用，大大拓展了钢板桩使用的深度范围。

PC 工法桩具有如下突出优点：施工速度快，无需养护；无需水泥、无泥浆、无大噪声和大震动；围护刚度大，止水效果及受力好；重复利用可回收；适用于多种地层。目前常用的 PC 工法钢管桩型号（外径×壁厚）主要包括：630mm×14mm、820mm×14mm 以及 915mm×14mm，组合形式包括钢管密插、钢管和钢板桩插一拖一、插一拖二等多种组合截面形式（图 3-37）。

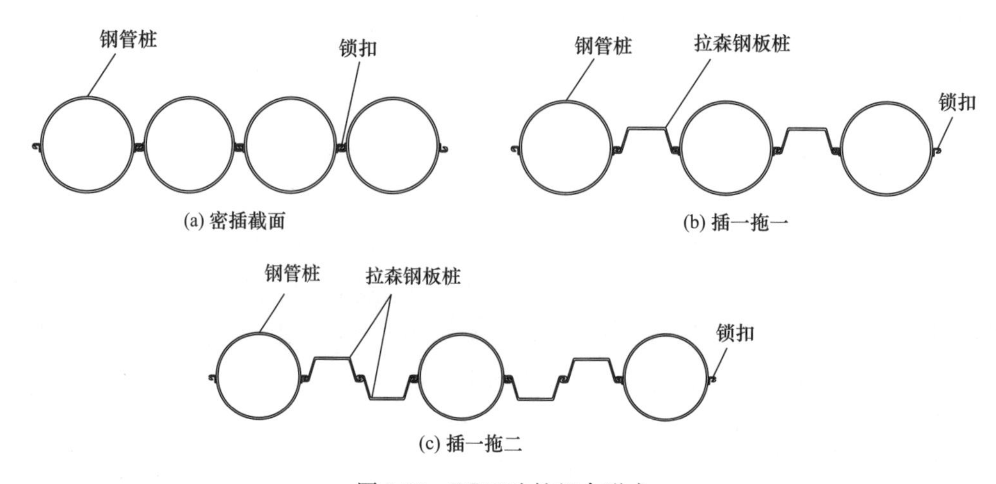

图 3-37　PC 工法桩组合形式

PC工法桩的施工工艺通常根据地质条件来选定最适当的打入工法。对于较软土层，可利用机械手和震动锤打入，设备由不同型号挖机和振动锤组合而成，是目前应用最广泛的打桩机，打拔速度快，操作灵活，适合6～24m长的钢板桩以及6～18m的钢管桩打拔。围护钢桩直接沉桩困难时，常常借用引孔等辅助措施，引孔主要采用高压水刀，搅拌或喷射桩；对于坚硬的地层，可先引孔再采用静压打入，以减少振动并保护周边环境。

【案例17】　黄家花园绿色建筑项目

黄家花园绿色建筑项目位于上海市普陀区真南路与武威东路交汇处，基坑为地下两层地库，普遍坑深约10.15m，基坑平面整体呈正方形，边长约为55m，周长约220m，基坑面积约3000m^2。基坑围护形式采用PC工法桩（图3-38）：ϕ915×16钢管桩结合拉森Ⅳ钢板桩（钢管桩长度24m、拉森钢板桩长度18m），并设置两道预应力型钢组合钢支撑，PC工法桩大大节约了项目工期，并实现全回收并重复利用，绿色环保、性价比高。

图3-38　黄家花园绿色建筑项目PC工法桩实景图

（2）型钢钢板连续墙（HUW工法桩）

PC工法桩较好地解决了拉森钢板桩刚度较小的问题，但是施工存在插拔困难，特别是钢管桩拔除时对周边环境影响较大，此外，圆形并非最节约的提高抗弯能力的形式，因此，型钢钢板连续墙（H-steel U-steel continuous Wall，简称HUW工法）运用而生。HUW工法桩是利用带锁扣的H型钢和拉森钢板桩相互连接形成钢板桩墙体（图3-39），其原理是利用H型钢抗弯刚度大的特点，增强常规的拉森钢板桩围护结构，H型钢作为受力构件，可充分发挥强轴方向刚度和承载力大的特点，在相同用钢量的情况下，其刚度和承载力要远大于圆形钢管桩和拉森钢板桩。另外和SMW工法相比，SMW工法需要先采用搅拌工艺将土体搅松，再插入H型钢，同时采用水泥土进行止水，搅拌桩设备庞大，对场地施工条件要求高，需要采用大量的水泥，产生大量的置换土。将H型钢和拉森钢板桩结合，可以充分发挥H型钢强轴抗弯刚度大、承载力高的优势，拉森钢板桩具有止水作用的特点，施工更加便利、施工效率更高、更加节能环保。

目前该工法在上海银都路隧道、嘉定嘉隆骏、临港飞鱼等多个项目中成功应用（图3-40），取得了良好的社会效益和经济效益。

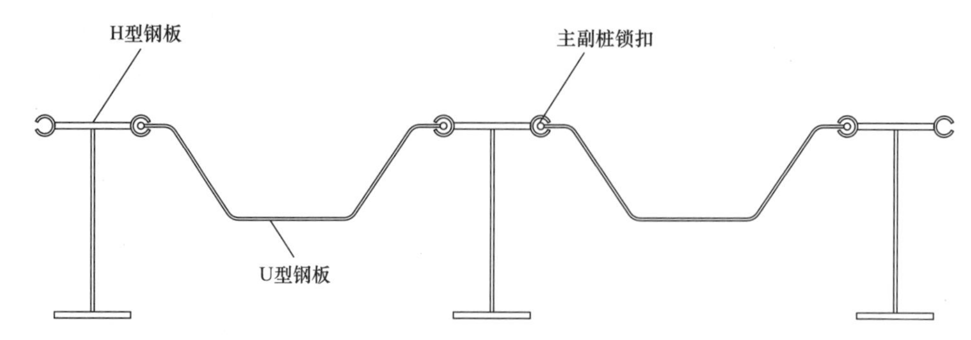

图 3-39　HUW 工法桩组合形式

图 3-40　HUW 工法项目应用实景

（3）三轴深搅桩内插预应力管桩（PCMW 工法桩）

PCMW 工法是“三轴深层搅拌桩内插预应力管桩的复合挡土与止水支护方式”的简称，是一种新型加劲水泥土墙支护方法，通过三轴深层搅拌机钻头将土体切散至设计深度，同时自钻头前端将水泥浆注入土体并与土体反复搅拌混合，在水泥土尚未硬化前插入预应力管桩，如此就形成了连排桩式地下桩墙，这充分发挥了水泥土搅拌墙的止水优点，管桩挡土的作用，最终构成深基坑侧向支护体新结构。

从工艺上说，PCMW 工法桩是在 SMW 工法桩的基础上，将内插芯材替换为预制桩的工法桩，施工工艺与 SMW 工法桩基本相同，其主要优点是避免了大型基坑工期长、租赁成本高以及型钢刚度小等问题。

目前在上海地区该工艺内插芯材一般采用 PRC 桩，它是在预应力混凝土管桩中加入一定数量的非预应力钢筋，形成的一种新型的混合配筋预应力混凝土管桩（图 3-41）。根据 PRC 桩与普通 PHC 桩的抗弯实验，随着荷载逐渐增大，达到极限状态时，PRC 桩受拉

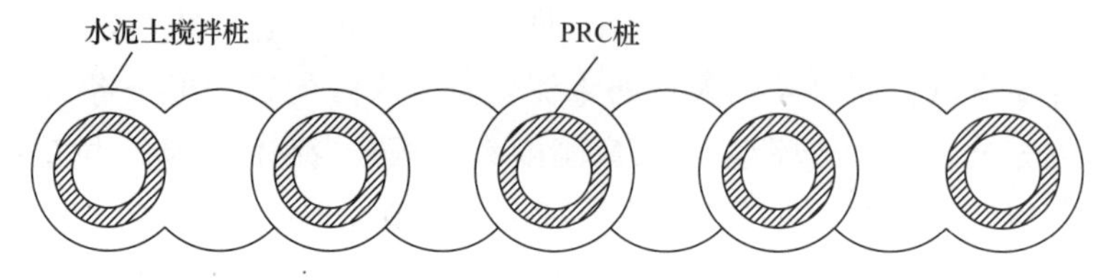

图 3-41　PRC 支护桩平面布置示意图

区非预应力钢筋首先屈服，后受压区混凝土压碎而破坏，有明显的预兆。而 PHC 桩却由于受拉区预应力钢筋被拉断导致桩突然发生破坏，说明 PRC 型桩较 PHC 桩有更好的延性，并且直径相同，配有相同预应力钢筋的 PRC 型桩较 PHC 桩有较高的抗弯承载力。

PCMW 工法桩除了具有 SMW 工法桩的优势外，还有以下优点：管桩抗弯刚度较大，弥补了 H 型钢刚度较弱的缺点，可以较好地控制基坑侧壁位移，为更深的基坑围护提供了一种选择；管桩内插入搅拌桩中，一定程度上减小了预制桩施工的挤土效应，保护了基坑周边的环境；预制桩增大了围护墙体的刚度，可以匹敌灌注桩，从而降低了基坑工程的造价；预制桩与水土之间可以紧密相接，从而弥补了 SMW 工法桩整体性差的缺点。

【案例 18】　上海天马生活垃圾末端处理中心二期基坑项目

上海天马生活垃圾末端处理中心二期基坑项目是上海市首个采用 PRC 支护桩的项目，该项目位于上海市松江区佘山镇青天路、东西干道交叉口西侧，新建主工房区域基坑开挖面积 2925m^2，周长 247m，基坑顶部卸土 2.90m 后，开挖深度为 6.3m，重点保护基坑周边已建承台基础和桩基。场地属湖沼积平原区，主要由饱和黏性土及粉性土组成，基坑开挖影响范围内土层主要为第①层填土、第②层灰黄～蓝灰色黏土、第③层灰色黏土、第$⑥_{1-1}$层暗绿～草黄色粉质黏土、第$⑥_{1-2}$层草黄色粉质黏土及第$⑥_2$层灰黄色砂质粉土。项目采用在三轴搅拌桩内插入 PRC 桩作为挡土结构（图 3-42），采用多种沉桩工艺，动力大，速度快，解决了型钢插入不到位问题，另外管桩无需回收，避免了型钢无法回收和回收扰动大问题，当底板浇筑完成，实测最大测斜位移仅 12.1mm。

图 3-42　上海天马生活垃圾末端处理中心二期基坑支护现场实景图

（4）拼装式钢筋混凝土 H 形围护桩（HMW 工法桩）

PCMW 工法内插芯体为管桩，当内插芯材不是圆形或者矩形时，称为异形截面工法桩。目前，应用较广的是拼装式钢筋混凝土 H 形围护桩，即 HMW 工法桩（图 3-43）。H 形围护桩构件采用高强混凝土（强度等级高于 C40）及高强钢筋（PC 钢棒 1420MPa 或与常规强度钢筋混合配筋）配合工业化生产流程制作，可现场快速拼装施工。H 形构件适用于水利、市政、工业与民用建筑、港口、铁路、公路、桥梁、船坞、石油化工等工程领域

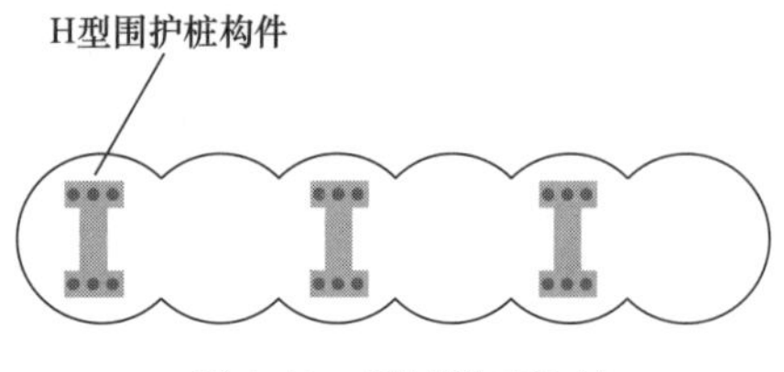

图 3-43　HMW 工法桩

基坑围护的围护桩。H 形截面作为最优的抗弯截面形式，可根据设计需求选择不同大小的桩型，可保证围护结构的安全性、经济性。

从具体的施工工艺上说，HMW 工法桩可参考 SMW 工法桩，一般配合的搅拌桩为三轴、五轴水泥土搅拌桩或 CSM、TRD 水泥土搅拌墙。此工法具有以下优点：无挤土、低噪声、施工速度快、适用性强；充分借鉴 SMW 工法特点，搅拌桩的施工不但可保证 H 型构件顺利插入，又可起到止水帷幕的作用；H 型构件采用高强预应力钢棒配筋，蒸汽养护，制桩速度快；工业化生产，质量可靠；构件整体刚度大，抗弯能力强，充分发挥钢筋受拉能力，较圆形截面的钻孔灌注桩节约大量钢筋混凝土，工程造价大幅降低。HMW 工法桩目前已在上海及周边地区应用较多，其优异力学性能使其在深基坑工程中取得了较好的围护效果。

【案例 19】　长风 10 号北地块项目

长风 10 号北地块项目位于上海市普陀区同普路以南，泸定路以东，基坑开挖面积约 3.1 万 m^2，普遍开挖深度 10.7m，基地周边环境较为复杂。在二期北区采用 HMW 工法（图 3-44），具体为 ϕ1000@600 五轴水泥土搅拌桩内插 H850×400×180×140（B 型）预制构件，插二跳一（间距 900mm），板桩长度 21.0m。

图 3-44　HMW 工法现场实景图

（5）型钢地下连续墙

在上海中心城区敏感地区，尤其是在中心城区狭小场地施工情况下，钢筋混凝土地下连续墙工法因需要占用大量的用地以满足钢筋笼的制作、需要多台大型起重机械吊装、施工过程中的声光污染等因素使实施难度越发增加。近年来，上海隧道工程有限公司自主研发了“锁扣型钢地下连续墙施工技术”。锁扣型钢地下连续墙是利用一系列相同规格的带 C-T 锁口的 H 型锁扣型钢，按照设计的排列方式拼装在一起，用以替代常规地下连续墙钢筋笼结构。H 型锁扣型钢两侧翼缘分别为“T”“C”字形，通过将“T”字形锁扣插入“C”字形锁扣这种形式的相互搭接，形成连续的刚性结构（图 3-45），极大增强了锁扣型钢地下连续墙的强度、刚度，横向的搭接保证了锁扣型钢地下连续墙接头处的防水性能，满足地下空间工程的支护要求。

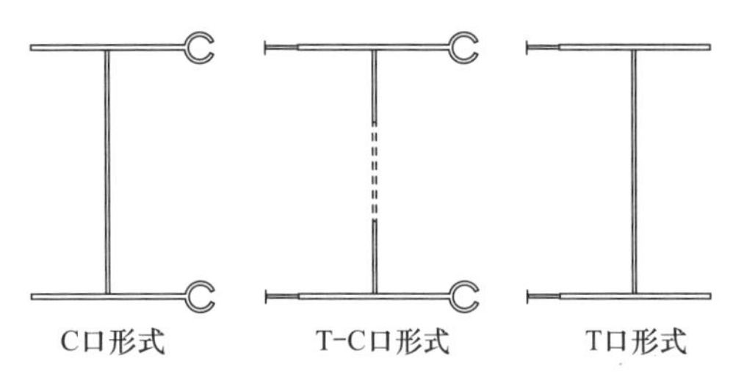

图 3-45　锁扣型钢构件示意图

锁扣型钢构件依次拼装、吊装入槽后，浇筑大流动性混凝土，形成具有高强度、高刚度的锁扣型钢地下连续墙支护结构。

比起传统钢筋混凝土地下连续墙，锁扣型钢地下连续墙技术具有多个优点，主要包括：锁扣型钢由工厂预制加工成型，由施工现场拼接完成，构件尺寸小，吊装容易，施工占用场地面积小，适合城市建筑物密集等狭小空间使用；锁扣型钢经加工的钢制构件采用装配工法按顺序进行安装，施工省力、快速，安装时无需重型机械，并可省去钢筋笼制作场地和钢筋材料放置场地等；锁扣型钢钢制构件的质量可靠性高，施工时可形成精度高的墙体，可确保良好的止水性能；锁扣型钢为钢制构件，墙体的承载力、刚度均可提高，墙体厚度可以减薄。经实践表明，对于环境复杂，地面环境不宜改变，作业面无法满足常规地下连续墙施工的地下空间开发工程施工，以及常规地下空间开发的高强度支护工程施工可采用锁扣型钢地下连续墙施工技术。目前该工艺已应用于上海市轨道交通工程中，取得了显著的经济效益及社会效益。

【案例 20】　上海市浦东新区周家渡街道轨道交通项目

典型工程如上海市某轨道交通项目，本项目位于上海市浦东新区周家渡街道，锁扣型钢地下墙所在的换乘通道基坑总开挖面积约 4400m^2，基坑开挖深度 17m，选取在换乘通道基坑封堵墙处施工 2 幅锁扣型钢地下连续墙，锁扣型钢布置情况如图 3-46 所示。

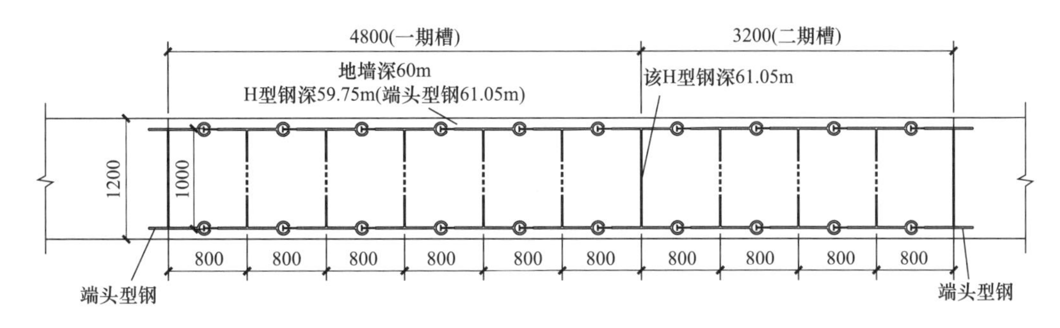

图 3-46　上海市浦东新区周家渡街道轨道交通项目锁扣型钢布置图

工程于 2021 年 3 月底开始进行地下连续墙施工，2021 年 9 月初正式开挖土方。基坑开挖到底后，锁扣型钢地下连续墙墙身无渗漏，墙身无夹泥，型钢无变形，墙体完整，各项参数均满足设计要求。基坑监测数据显示，基坑开挖到底时，锁扣型钢地下连续墙的最大测斜变形为 1.7cm 左右，钢筋混凝土地下连续墙的最大测斜变形为 2.5cm，锁扣型钢地下墙测斜变形率为 1.07‰H<1.4‰H，满足设计一级基坑变形控制要求，同时，相比于钢筋混凝土地下墙水平位移也较小。

（6）桩墙合一工法

上海地区超过半数的基坑采用排桩作为周边围护体，但如此量大面广的围护排桩一般仅作为基坑临时围护结构，在地下结构完成后即被其废弃于周边土体中，既不符合规定，也不符合建筑节能和可持续发展理念，存在着能耗高、利用率低、资源浪费等问题。桩墙合一技术则是将原本废弃的围护排桩作为主体地下结构的一部分，与其共同承担永久使用阶段荷载的技术。桩墙合一技术将地下室外墙与围护排桩之间的间距缩小，基坑开挖至基底后再单侧支模施工地下室外墙，形成桩与墙共同作用的挡土止水地下室侧壁，在确保桩墙共同作用结构体系形成的同时，满足永久使用阶段建筑防水、保温等功能的要求。根据围护排桩在永久使用阶段所分担荷载的不同，可将桩墙合一分为水平向结合、水平与竖向双向结合模式。从而减小主体地下结构外墙的投入，节约社会资源，增加地下室建筑面积，具有重大经济、社会效益。桩墙合一的关键技术包括围护桩关键施工技术、挂网喷浆层施工技术、防水保温层施工技术和单侧支模施工外墙关键技术等。

上海航头 H-4 商业地块工程基坑面积 6557m^2，开挖深度 10.55m，采用桩墙合一技术共节约工程造价约为 287 万元；上海虹桥商务区 D13 街坊项目，基坑面积 4.6 万 m^2，开挖深度 17m，且面临较为突出的承压水问题，采用桩墙合一设计相比于常规两墙合一地下连续墙设计，节约工程造价约 1000 万元；上海虹桥 T1 航站楼改造项目，基坑面积 3 万 m^2，开挖深度 10m，采用桩墙合一设计，节省工程造价约 400 万元。

2）新型支撑体系技术

（1）预应力鱼腹梁钢结构组合支撑

上海为典型的软土地区，深基坑一般需要设置内支撑系统以抵挡坑外水土压力以及保护周边环境，传统支撑有混凝土支撑及普通钢支撑形式。混凝土具有支撑刚度大、布置形式灵活的优势，但混凝土支撑具有施工工期长、造价高、难以重复使用、不绿色环保的特点；钢支撑具有可重复利用、可施加预应力、施工速度快的优点，近年来，基坑工程中钢支撑具有良好的发展空间，但是传统钢支撑存在刚度偏低、安装精度较低、支撑间距小的不足，市场需要新型的钢支撑技术。

预应力鱼腹式基坑钢支撑技术，是上海强劲地基工程股份有限公司引进、转化成功的一项高效、便捷、安全、绿色、环保和节能建筑技术。预应力鱼腹式基坑钢支撑技术，是基于预应力原理，针对传统混凝土内支撑、钢支撑对基坑变形控制能力的不足，通过大量的工程研究和实践应用，开发出的一种深基坑支护体系。它由鱼腹梁（高强度低松弛的钢绞线作为上弦构件）、对撑、角撑、立柱、横梁、高强节点、预应力加载装置等标准部件组成，形成平面预应力支撑系统与立体支护结构体系（图 3-47）。

与传统混凝土内支撑、钢管支撑相比，鱼腹梁钢支撑可施加较大的预应力来控制基坑变形，表现出较高的整体刚度，并通过多冗余度的节点设计提高了支撑体系的整体稳定性，结合远程实时监测，能有效而精确地控制基坑位移。此项技术取得了深基坑支护技术

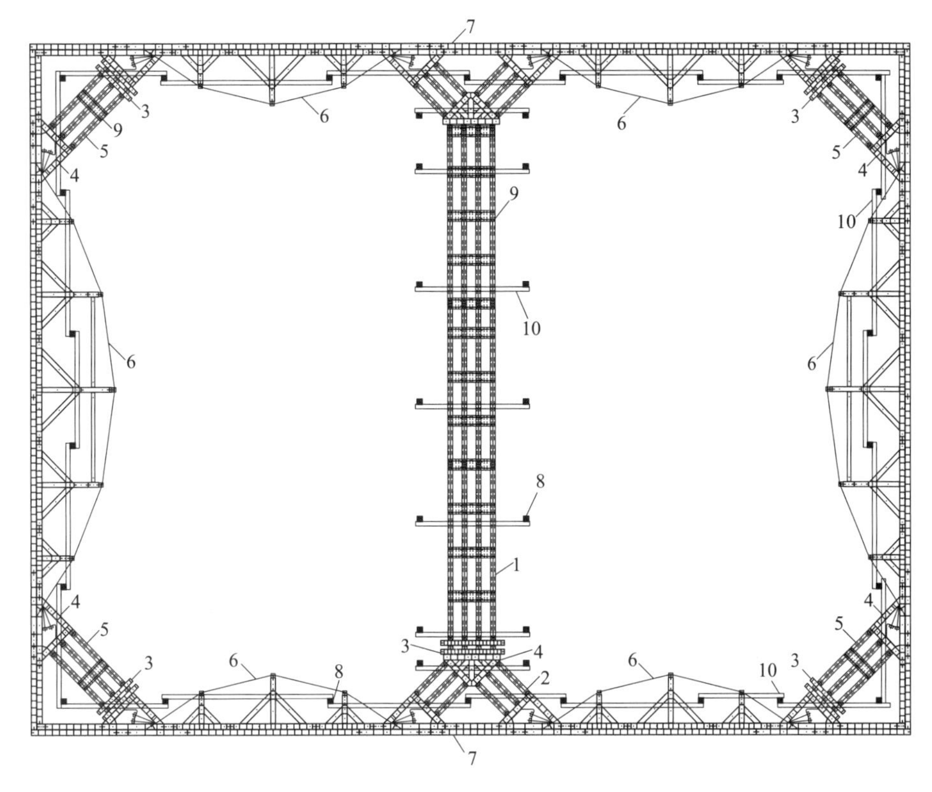

图 3-47　预应力鱼腹式钢支撑体系平面示意图

1—H 型钢组合支撑（对撑）；2—八字撑；3—支撑加压装置；4—连接件；5—H 型钢组合支撑（角撑）；6—鱼腹梁；7—腰梁；8—立柱；9—盖板；10—托梁

的重大突破，是目前国内最先进的内支撑技术。

预应力鱼腹式钢支撑体系以江浙沪为核心区域，辐射全国其他省份，在 150 多项工程中得到成功应用，最大基坑开挖深度达 26.5m，支撑的常用跨度在 80～130m，最大应用跨度达 170m 以上。上海地区典型应用案例有：上海国航上海浦东工作区倒班用房建设项目，坑深为 10.2～11.7m，第二道采用鱼腹梁钢支撑；上海浦东外高桥基坑，坑深约 15.0m，第二道及第三道采用双层鱼腹梁钢支撑，见图 3-48。众多应用案例验证了该支撑技术具有很高安全性、施工便利性和经济性等优势。

（2）组合式型钢支撑体系

钢材具有高强度、高延展性、材质均匀、缺陷少等特点，是一种理想的材料，钢支撑是基坑工程中被广泛应用的一种结构形式，钢支撑可以采用钢管、H 型钢、角钢等材料制作而成。钢支撑施工速度快、无需养护，同时可回收再利用，具有显著的经济性和环保性。基坑支护体系作为临时结构，施工时间有限，现场焊接和切割施工质量也难以保障，使得钢支撑一般只用在管廊、地铁车站等形状规则的基坑工程中，即使在此类工程中，由于结构体系简单、节点连接不到位、与支护结构不能形成有效约束，屡屡发生变形过大、节点破坏、构件脱落、结构失稳甚至整体失效的事故。为了解决这些问题，发展出了组合式型钢支撑体系，目的是形成整体稳定性较好的框架式结构体系。

图 3-48　预应力鱼腹式钢支撑应用案例

组合式型钢支撑体系采用工厂生产的高强 H 型钢标准件，经模块化组合而成。整个体系主要由对撑、角撑、围檩、立柱、支撑梁和连接件组成（图 3-49），可根据基坑的不同形状及要求设置月牙梁、斜抛撑和拱形撑，也可与混凝土支护结构结合使用，以满足各类基坑支护要求。该技术可应用于地下室、地下车库、地铁、隧道、综合管廊等工程。

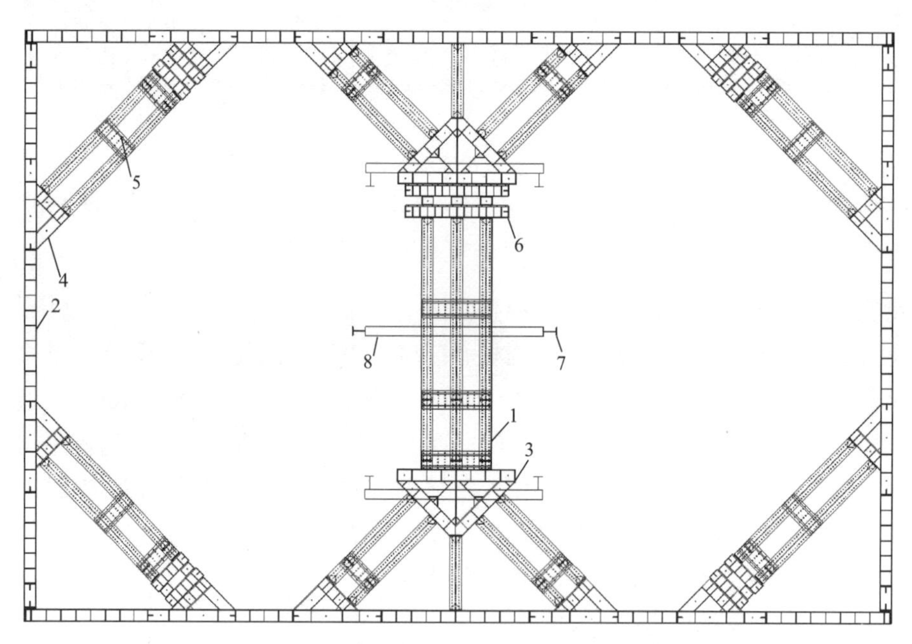

图 3-49　组合式型钢支撑体系平面布置与构件组成示意图

1—型钢支撑；2—型钢腰梁；3—八字撑三角件；4—角撑三角件；5—组合盖板；6—加压端梁；7—型钢立柱；8—型钢托梁

组合式型钢支撑体系有以下优点：

① 构件工厂化加工：所有构配件均为工厂加工，围檩、支撑等构件为多模数构件，可根据工程深化图纸选择不同模数标准件发货；

② 施工速度快：钢构件到场后现场拼装、分段吊装、螺栓连接，拼装完成后即可施加预应力，相比混凝土结构无需养护，且支撑拆除速度快，无需清理建筑垃圾；

③ 构件设置灵活：钢构件可根据现场实际情况，深化不同位置及不同形状支撑件，可跨越塔吊等构件；

④ 全回收绿色环保：支撑采用全钢材，可全部拆除重复利用；

⑤ 施工质量有保障：构件为工厂加工，质量有保证，且无隐蔽工程，质量较为直观，便于检查；

⑥ 变形控制效果好：支撑为多榀型钢组合使用，且可采用伺服系统，具有稳定预应力的效果，轴力、位移量实时监控。

近年来，组合式型钢支撑技术先后在上海、杭州、南京、天津、南昌等地区的一些深基坑工程中得到推广应用。典型的工程如上海理工大学改扩建项目，基坑面积约 $23000m^2$，开挖深度为5.2～8.55m，基坑支护采用SMW工法结合一道预应力型钢组合支撑，对撑、角撑均采用H400×400×13×21型钢，对撑最大长度达到99m，实测围护结构最大变形在23mm以内，支撑轴力小于设计值，实施效果良好。

(3) 轴力伺服式钢支撑

随着中心城区地下空间开发强度增大，超深、超大地下空间工程越来越多，安全风险控制难度加大。对于临近重要保护对象（例如历史保护建筑、地铁、城市生命线等）的超深、超大基坑，现有常规的设计方法一般采取增大围护桩（墙）刚度和入土深度、增加支撑刚度与数量、分区分块施工等被动的强化措施，造成工程成本大幅增加，且变形控制效果往往达不到预期效果，变形发生后也无法直接控制。上海会德丰广场深大基坑工程首次应用了钢支撑轴力伺服系统，之后在基坑变形控制中钢支撑轴力伺服系统得到了越来越广泛的应用，并在全国多地的实际应用中取得了良好的控制效果。

钢支撑轴力伺服系统一般由三部分组成：控制主机、数控泵站、支撑自动补偿节。控制主机包含控制中心、电控柜，以及终端控制；数控泵站一般放置在基坑边，方便与支撑自动补偿节连接；自动补偿节与钢支撑连接并设置在指定位置。控制主机与数控泵站可通过有线或无线通信方式进行数据传输，数控泵站与各个支撑自动补偿节通过有线方式连接，自动补偿节内置的千斤顶与数控泵站内置的油缸用油管连接，位移测控装置由数据线与数控泵站连接。系统工作原理如图3-50所示。

钢支撑轴力伺服系统通过自动控制钢支撑轴力以控制基坑的侧向变形，达到控制基坑周边环境变形的目的。系统根据设计设定的基坑变形控制值和钢支撑轴力设计值，结合不同开挖工况设定分步的基坑变形控制值和轴力值。由于基坑变形与支撑轴力大小及其变化形式和地层特性、施工工况、支撑位置、开挖支撑速度等地质或施工因素密切相关，因此需采取动态控制基坑变形和支撑轴力值的方法。

动态控制基坑变形和轴力值的方法采用变形与轴力双控标准，根据不同工况设定相应的控制值目标。在每一分步开挖工况中，如果基坑侧向变形能够满足分步工况控制目标，就以初始设定轴力值作为该道支撑伺服系统的轴力控制目标值；否则，根据变形大小动态调整轴力，直到变形满足控制要求为止。目前在上海地铁保护区范围内基坑一般均采用“大坑＋长条状小坑”的分区开挖施工方式，小坑均要求采用轴力伺服式钢支撑，该项技术的应用有效保证了上海地铁的安全，现场实施效果如图3-51所示。

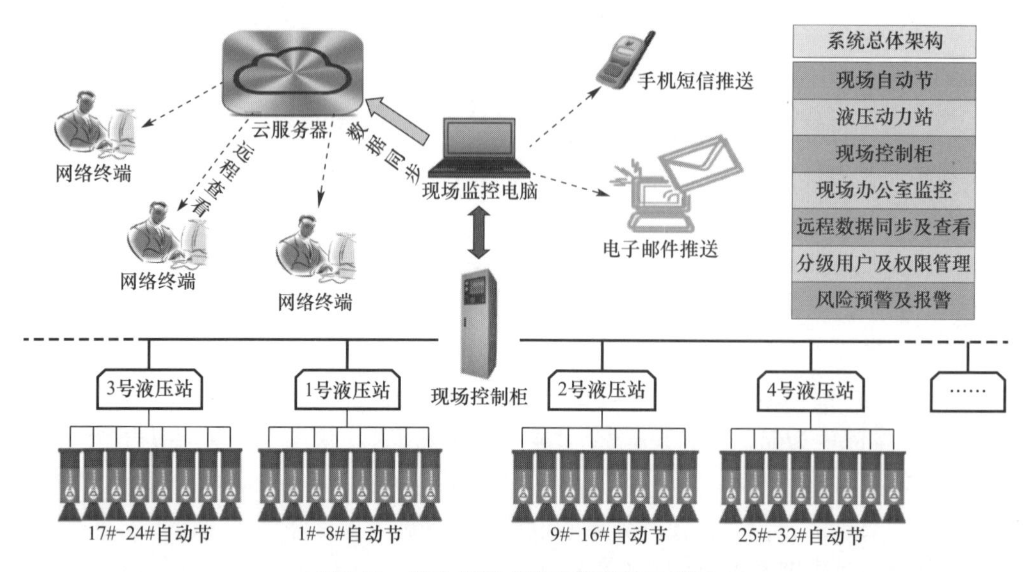

图 3-50 轴力伺服式钢支撑系统示意图

图 3-51 轴力伺服式钢支撑工程应用图

(4) 伺服式预应力混凝土支撑

伺服式钢支撑技术适用范围一般为宽度不大于 50m 的形状规则的地下工程，对于超深、超大、不规则地下工程，其承载力和稳定性难以满足要求。受限于钢支撑的系统稳定性以及对基坑形状要求较高等原因，软土地区深大基坑工程中仍然较多地采用混凝土支撑体系，它整体性好，能适应各种复杂形状和深度的基坑。但是，混凝土支撑也存在明显的缺点：混凝土支撑属于被动受力体系，无法有效调控变形；当基坑规模较大时，特别是支撑长度达到 100m 以上长度时候，混凝土支撑刚度明显偏小；混凝土支撑存在养护时间长、收缩徐变大、受温度影响大等缺点，导致支撑刚度下降，引起围护结构发生较大变形。

上海勘察设计研究院（集团）股份有限公司研发了主动控制超深超大基坑变形的伺服式预应力混凝土支撑技术：基坑开挖过程中，预先对混凝土支撑施加预应力，开挖过程中根据实时的围护结构位移监测数据反馈，当变形大于预设值时，利用油路控制系统控制伺服加载装置，对混凝土支撑体系实时施加轴力，从而减小围护结构的水平位移，实现地下工程变形的主动控制。

采用该技术的优势在于：大幅消除基坑变形。消除地下连续墙部分已有变形＋混凝土支撑压缩变形＋混凝土支撑收缩、徐变变形等，有效控制软土深基坑位移；实时主动控制。可根据基坑变形情况主动控制混凝土支撑轴力，按需调节围护变形；节约造价与工期。在达到同等变形控制要求下，可减少地下工程围护结构刚度与支撑道数，避免分坑、坑内加固等昂贵且效果有限的加固措施，节省大量工期和成本。

【案例 21】　海泰北外滩 105、106 地块项目

目前该技术在上海 20 多个项目中得到应用，取得了良好的经济效益和社会效益。典型工程如海泰北外滩 105、106 地块项目，该项目位于上海市虹口区北外滩区域，北邻城市主干道海宁路，西接河南北路，基坑开挖总面积约 7016m^2，普遍区域挖深 19.90m，项目周边环境较为复杂，基坑西侧靠近地铁 10 号线区间隧道段，基坑边线距离地铁 10 号线隧道边线最近 7.1m；北侧为在建北横通道直径 15m 超大盾构区间段，基坑边线距离在建北横通道隧道最近 19.1m，基坑开挖需要保证这些城市生命线的绝对安全以及变形可控。

该项目尽管采用了多种变形控制措施，但是考虑到东西向长度达到 109m，时空效应明显，基坑支撑的压缩变形、徐变及温度变形等仍不能忽视，为了消除这些变形，从第三道～第五道支撑设置了预应力伺服控制系统。在设计中采取了双圈梁的措施，其中伺服主动控制系统包括液压千斤顶集成箱、液压泵站以及自动控制软硬件系统，通过该主动控制系统可以实现对支撑体系应力的精确加载以及伺服调整，支撑节点设置如图 3-52 所示。该项目 2021 年 9 月 25 日浇筑完成首道支撑，2021 年 12 月 23 日完成 A 区底板浇筑，受疫

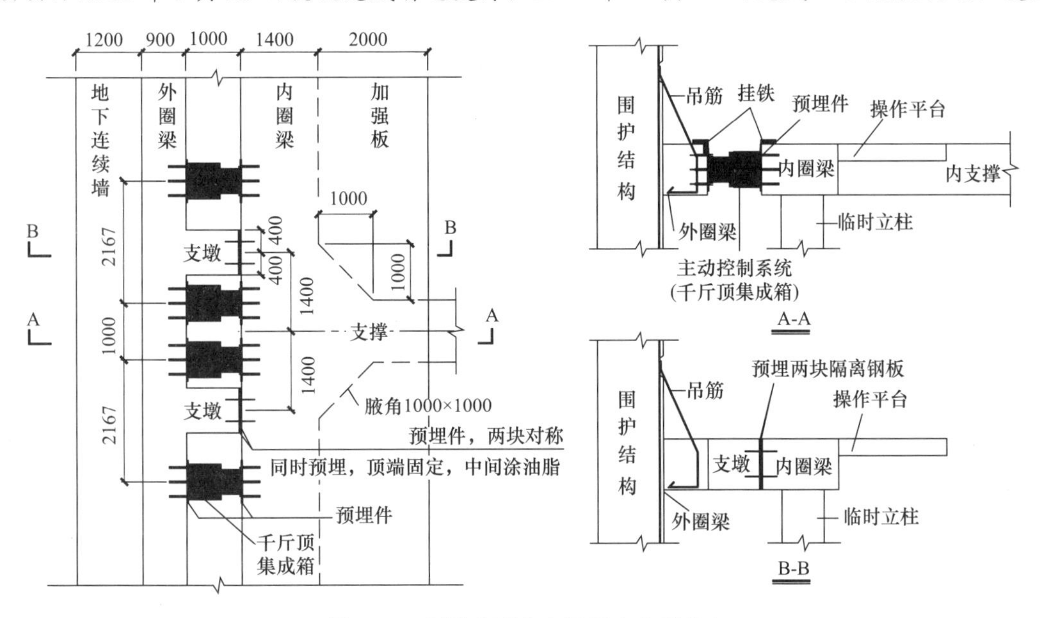

图 3-52　伺服式预应力混凝土支撑节点

情影响，2022 年 11 月 8 日 A 区施工至地面，总体施工较为顺利，采用预应力混凝土伺服支撑的区域和其他区域相比，减少地下连续墙变形 50%～70%，很好地控制了基坑变形（图 3-53）。

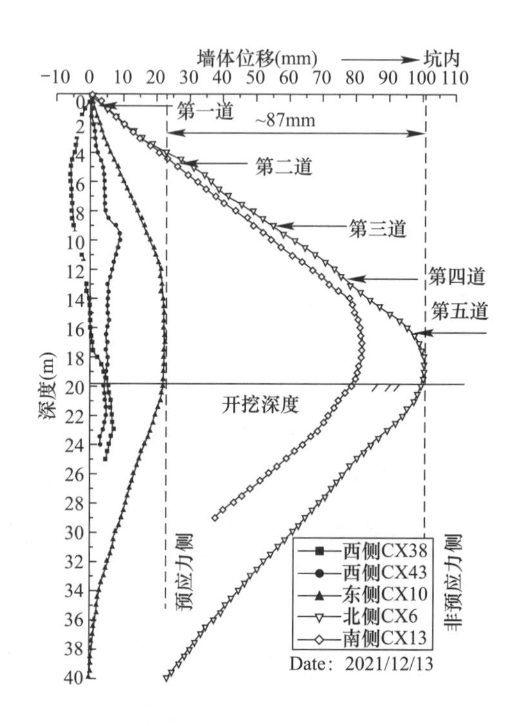

图 3-53　预应力混凝土支撑工程应用及测斜对比曲线

（5）钢栈桥技术

在基坑工程中，传统的临时栈桥（施工道路）结构主要采用钢筋混凝土形式，其施工环节多、养护周期长，且施工和拆除成本较高，无法重复利用，产生大量固废，资源浪费严重。目前在上海基坑工程中逐步在推广使用装配式施工栈桥，主要包括两种：一种是普通意义上的装配式型钢施工平台，该平台全部材料为预制型钢构件，主梁为 H 型钢，上部为预制路基箱或栈桥板，立柱为格构柱、H 型钢、钢管桩等，施工完成后可完全回收再利用。如在预应力鱼腹梁内支撑中常配合使用钢栈桥挖土平台作为土方收尾出土平台，一般规模较小。另外一种是在常规混凝土支撑梁上设置预制钢箱构件的施工栈桥，该技术采用钢结构的栈桥板代替传统的混凝土栈桥板，产品轻质高强、使用灵活、安装施工便捷，可重复循环利用，节能环保减排。

装配式钢栈桥板具有以下特点：一般栈桥面积占基坑面积的 30%～40%，钢栈桥板为装配式结构，敞开式施工，可调整施工方案，与传统混凝土栈桥挖土方式先挖基坑内再挖栈桥下面相比，使用钢栈桥后挖土方式则是先挖栈桥下面再挖基坑，为下一道支撑的形成创造有利的条件；使用钢栈桥板方便在栈桥面打开施工，便于矩形柱、劲性柱、泵管、栈桥下结构施工，因钢栈桥是装配式，每块可单独起吊，直接翻开钢栈桥板施工，加快了现场安装速度，同时也降低了在混凝土上开洞留下的安全风险；使用钢栈桥避免了混凝土栈桥板的切割拆除，提高了拆除效率；对于超大的分坑施工项目，基坑挖土使用跳坑施工工艺，具备钢栈桥板翻转使用的条件；钢栈桥板可以 100％回收，与传统混凝土相比，大量减少不可回收资源的投入和建筑垃圾的产生，改善施工环境、减少碳排放。钢栈桥现场实施效果如图 3-54 所示。

图 3-54　成品钢栈桥板及拼装实景图

【案例 22】　上海集成电路设计产业园 2b-6 项目

上海集成电路设计产业园 2b-6 项目位于上海市浦东新区盛夏路与银冬路交叉口东北侧，基坑开挖深度 14.95m，分为两个区施工，1 区开挖面积 18556m^2，周长 559m，栈桥面积 5110m^2；2 区开挖面积 24051m^2，周长 643m，栈桥面积 8210m^2。首道支撑在混凝土支撑梁上采用拼装钢栈桥，模数为 6m×1.5m 和 4.5m×1.5m 两种规格，栈桥板由混凝土栈桥优化为钢栈桥后，栈桥成本下降约 215 万元，成本较混凝土栈桥板降低约 38％，经济效应明显，施工工期大幅度降低。项目钢栈桥平面布置情况如图 3-55 所示。

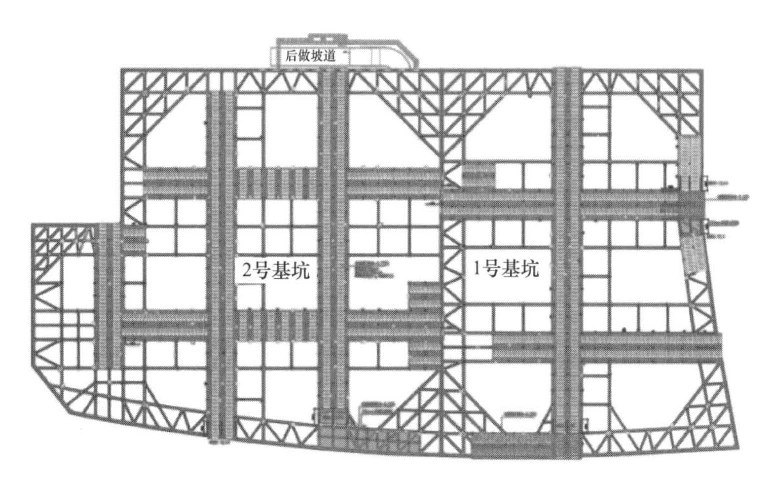

图 3-55　钢栈桥板平面布置图

3）自稳式基坑支护技术

在多年的城市建设工程实践中，软土地区基坑工程已经积累了大量的设计经验，针对不同的基坑条件形成了相对成熟的围护形式。对于地下一层（开挖深度 5～7m）、周边环境相对复杂的基坑工程，一般采用排桩＋一道内支撑的支护体系；对于地下二层（开挖深度 8～11m）的基坑工程，一般采用排桩＋两道内支撑的支护体系。当基坑面积较大时，支撑体系不仅造价高、出土效率低，对施工进度不利。且由于水平支撑多采用现浇混凝土结构，结构施工阶段需进行拆除处理，造成建筑材料和资源的极大浪费。

近年来，上海勘察设计研究院（集团）股份有限公司自主研发了“自稳式基坑支护技术”。自稳式基坑支护技术是以前撑注浆钢管为特征的围护结构，包括支护排桩（包括灌注桩、SMW 工法等）、前撑注浆钢管、压顶圈梁、坑边配筋垫层等。如图 3-56 所示，前撑注浆钢管的一端与排桩顶圈梁连接固定，另外一端以一定角度斜插入坑底土体内。该结构中前撑式注浆钢管与围护桩及配筋垫层一起形成抗力系统，共同承担坑外压力，配筋垫层同时限制坑底土体隆起等，有利于基坑抗水平位移、抗隆起、抗倾覆等。

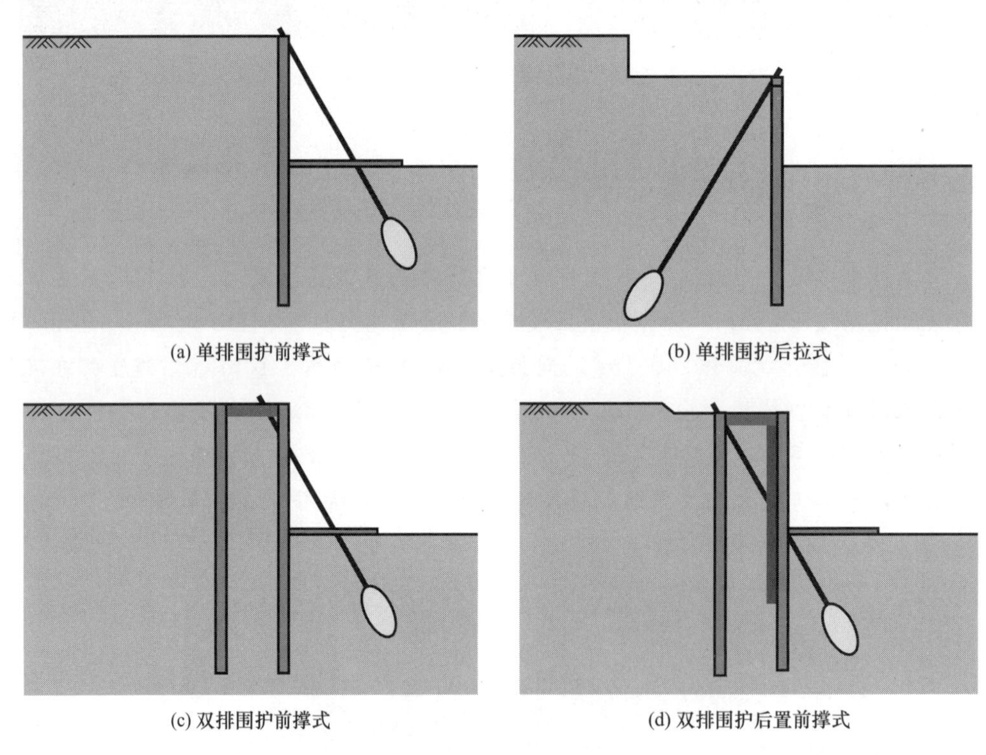

图 3-56　自稳式基坑支护组合技术常见支护组合

比起常规内支撑技术，自稳式基坑支护技术具有多个优点，主要包括：代替了原有复杂的支撑体系，施工内容大大减小；围护构件均在基坑开挖前完成，施工速度较快，且可实现土方的敞开式开挖，施工工期大大节约；无支撑施工、养护和拆除工况，地下结构施工可连贯进行；绿色环保，环境及社会效益明显。钢筋、混凝土等材料用量远少于常规方案，又避免了拆撑时对环境的二次噪声、粉尘污染。目前该工艺已广泛应用于长三角区域 200 余项软土基坑工程中，取得了显著的经济效益及社会效益。

【案例 23】　上海市青浦区赵巷镇科技园项目

典型工程如上海某科技园项目，该项目位于上海市青浦区赵巷镇，基坑总开挖面积约 7.4 万 m^2，大面开挖深度 10.50m，按常规内支撑基坑设计方案，本工程基坑面积超大，需分 3 个区实施，每个区域均需要采用单排灌注桩 12 道混凝土内支撑，无论是经济性和施工周期均无法满足建设单位的要求。本项目最终采用双排灌注桩门架结合 1 道前撑注浆钢管的自稳式基坑支护技术（图 3-57），本工程于 2021 年 6 月开始进行围护桩施工，2021 年 9 月底正式开挖土方，至 2022 年 7 月全部出地面（中间经历春节及上海疫情，停工 3 个月），项目高峰期日出土量可达 1.8 万 m^3，创同类项目之最。

图 3-57　自稳式基坑支护开挖现场航拍图及底板浇筑图

基坑监测数据显示，基坑开挖到底时，围护结构一般测斜变形为 3.0～5.5cm，基坑自身及对周边环境的影响均安全可控。本工程基坑采用自稳式基坑支护技术为主的组合设计方案后，与传统水平支撑方案相比，大幅减少钢筋混凝土用量，累计减少碳排放 2.4 万 t 以上，施工工期节约 180d 以上。在本项目成功实施后，网易文创科技园（南区）项目、云门科技城项目等 10 余个挖深 10m 以上的深基坑均采用了本创新工艺，单个项目节省基坑围护造价 20%～25%以上，减碳预计达到 10 万 t，极大推动技术进步和行业发展，产生显著的社会效益。

4. 其他基坑专项技术

近年来，上海在围护结构施工工艺、地基加固新材料等方面有了新的发展，这里选取双轮铣成槽和铣接头技术、渠式切割水泥土搅拌墙、铣削深搅水泥土搅拌墙、全方位高压喷射注浆、超高压喷射注浆、微扰动四轴水泥土搅拌桩、五轴水泥土搅拌桩、植入桩和土体硬化剂等技术进行重点介绍。

1）双轮铣成槽和铣接头技术

随着地下连续墙深度的不断增加，双轮铣槽机在基础施工中的地位也日益显现。在过去的半个世纪里，连续墙技术在建筑施工中不断发展，其开挖设备也不断更新。为应对更加复杂的地质条件以及连续墙深度的增加和垂直度的严格要求，法国地基建筑（SOLET-

ANCHE）公司于 1971 年首先提出了 Hydrofraise（水力铰刀，即现在的双轮铣槽机）这一机器的概念，并申请了专利，指出将铣削工具装在钻机的底部进行施工并利用泥浆反循环的方法排出碎屑，这样其工作效率较传统的成槽设备（如反循环钻机、抓斗等）要高；施工中通过对铣齿的更换，就能满足大多数地质岩层的铣削，适应性比较强；另外，由于采用了良好的显示界面，操作者可以根据操作界面对双轮铣槽机成槽的偏斜情况及时显示并指导纠偏，保证铣头垂直、成槽质量好、精度高。在此后的几十年里，德国宝峨公司、意大利卡萨格兰地公司、日本东亚利根钻机公司及意大利土力公司先后推出了自己的双轮铣产品，并且迅速应用于工程实践当中。不同型号铣槽机分别如图 3-58 和图 3-59 所示。

图 3-58　BC30 铣槽机和 BC40 铣槽机

图 3-59　MC96 双轮铣槽机和 MC128 双轮铣槽机

2008 年，由上海市基础工程集团有限公司建设的上海世博 500kV 地下变电站的地下连续墙，深57.5m，采用了双轮铣槽机作为施工的主要设备；2009年，上海中心大厦的地下连续墙的建造由上海建工集团总公司承包，采用抓铣结合的工法完成了66组50m深的连续墙；参与建设了上海多条地铁建设的上海市基础工程集团有限公司，2006年在建设地铁明珠线二期西藏南路站时主要使用液压抓斗，而目前正在建设的13号线淮海中路站已开始依靠双轮铣完成连续墙槽段的开挖。

近几年，上海市基础工程集团有限公司结合双轮铣槽机设备发展出了一种新型的地下连续墙接头工艺——套铣接头，这种接头工艺不使用锁口管、不预埋接头型钢，依靠混凝土的相互咬合形成致密的地下连续墙接缝。依托上海城市建设，在上海中心项目建设过程中试验性地采用套铣接头工艺作为地下连续墙施工方法，并在后续的上海新世界名品城项目、鼎鼎外滩SOHO项目及轨道交通13号线淮海中路站项目逐渐完善，通过解决工程实施中遇到的实际问题，开展软土地基中地下连续墙套铣接头工艺及设备的研究，已经取得了丰硕的成果，并在后续北横通道及其他市政项目实现了百米级以上深度的地下连续墙施工，包括苏州河段深层排水调蓄管道系统工程中，完成了150m的深度试验，达到了国际领先水准。

2）渠式切割水泥土搅拌墙——TRD工法

TRD的英文全称是Trench cutting Re-mixing Deep wall method，是由日本20世纪90年代初开发研制。该工法施工设备由主机和链锯式刀具箱两部分组成，主机可沿造墙方向移动，所带的链锯式刀具箱竖直插入地层中，然后做水平横向运动，同时由链条带动刀具作上下回转运动，沿深度方向搅拌混合原土并灌入水泥浆，形成等厚度的水泥土地下连续墙，也可插入H型钢形成型钢水泥土复合挡土墙。TRD原理及设备如图3-60所示。

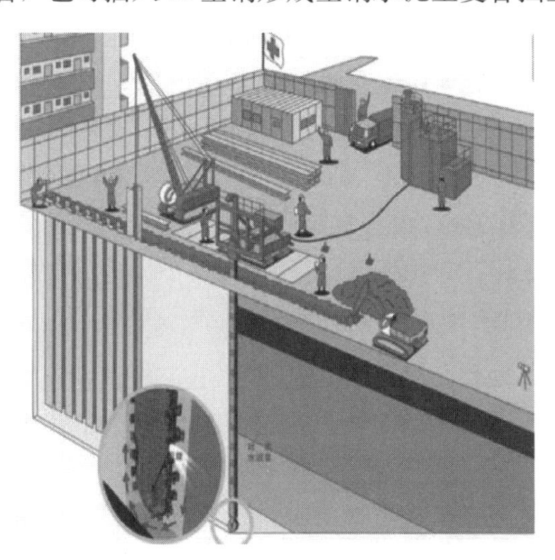

图3-60 TRD工法原理简图及设备

TRD工法的发展历程主要从20世纪90年代开始：1993年，TRD工法作为临时性的止水墙、挡土墙工法在日本开发成功；1997年，TRD工法获得日本建设机械化协会的技术审查证明；2009年，日本二手TRD工法设备引进中国；2010年，我国第一个项目实施(墙厚700mm、墙深45m)；2012年，TRD工法通过上海市城乡建设和交通委员会鉴定；

2013年，我国自主知识产权的工法设备（TRD-D型）投入生产；2014年，行业标准《渠式切割水泥土连续墙技术规程》JGJ/T 303—2013正式启用；2019年，世界最深TRD项目“张江硬X射线自由电子激光装置项目”开工，实验深度86m，施工深度69m；2020年，辽宁抚挖重工机械有限公司新型TRD机械TRD-1200型研发成功，成墙深度可达90m，成墙宽度可到1200mm。

与传统工法比较，该工程的施工深度不受机械高度影响，稳定性高、通过性好，适合有限净空施工，该工法具有如下优势：

（1）TRD工法搅拌更均匀，连续性施工，不存在咬合不良，确保墙体高连续性和高止水性。

（2）TRD工法成墙连续、等厚度，泥浆排放少，可在任意间隔插入H型钢等芯材，可节省施工材料，提高施工效率（10～20m/d）。

（3）TRD工法通过施工管理系统，实时监测切削箱体各深度X、Y方向数据，实时操纵调节，确保成墙精度，其施工精度已不受深度影响。

（4）TRD工法可在砂、粉砂、黏土、砾石等一般土层及N值超过50的硬质地层（鹅卵石、黏性淤泥、砂岩、油母页岩、石灰岩、花岗岩等）施工，比传统工法适应性更好。连续性刀锯向垂直方向一次性地挖掘，混合搅拌及横向推进，在复杂地层也可以保证均一质量的地下连续墙。

TRD工法近年在上海地区得到了成功应用，在上海国际金融中心工程中作为止水帷幕应用，墙厚700mm，试成墙深度56.73m；在上海虹桥D13地块工程项目中作为止水帷幕应用，墙厚800mm，深度49m；在上海前滩企业天地项目作为防渗墙应用，墙深－35m、墙厚700mm、水平延长530m。上海硬“X”射线基坑工程四、五号井基坑采用等厚度水泥土墙（TRD）工艺，施工深度达70m，采用与上海工程机械厂联合研发的TRD-80E设备，可施工世界第一深度TRD。

自2009年以来，通过各种工程的施工实践，充分验证了TRD工法所具有的技术特点，实现了挖掘、搅拌成墙施工水泥土质量的全过程实时监控。试成墙和工程墙体浆液取样及钻孔取芯检测表明：试块、芯样28d强度相对稳定，搅拌均匀，不同地层墙体强度离散性小，完全满足设计要求。同时，我国自主知识产权的TRD工法设备TRD-D型机的投产保障了今后大批量工程的需求。

目前，TRD工法造价高于传统的搅拌桩工法，但随着应用的普及，经济性会逐步得到改善，在未来地下空间开发过程中大有可为。

3）铣削深搅水泥土搅拌墙——CSM工法

CSM全称是Cutter Soil Mixing，源于德国宝峨公司双轮切铣技术，是结合现有液压铣槽机和深层搅拌技术进行创新的新工艺。CSM工法通过对施工现场原位土体与水泥浆进行搅拌，可以用于型钢水泥土墙、防渗墙、挡土墙等工程。CSM工法对地层的适应性更高，可以用于黏土、砂土、含砾石土层和小于等于100MPa的微风化岩层。

如图3-61所示，CSM的工艺原理是在钻具底端配置两个在防水齿轮箱内的电机驱动的铣轮，两组铣轮以水平轴向旋转搅拌方式，并经由特制机架与凯氏导杆连接或钢丝绳悬挂。当铣轮旋转深入地层削掘与破坏土体时，强制性搅拌已松化的土体结合注入水泥、水，形成矩形槽段的改良土体。其不仅可以作为单一的防渗墙，且可以在其内插入型钢或 NS-BOX，形成集围护、止水及结构于一体的墙体。

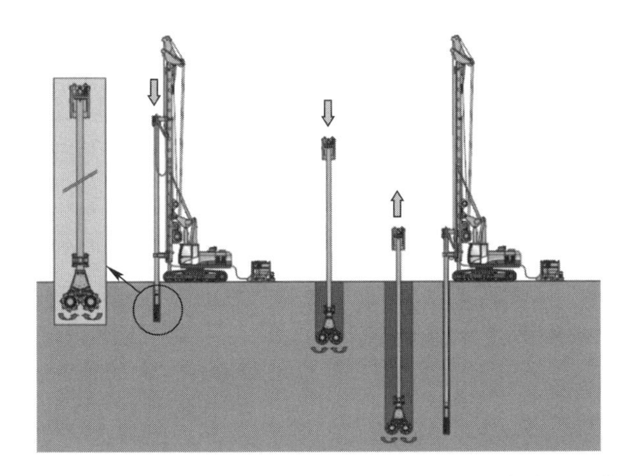

图 3-61　CSM 工法施工工艺流程图及设备

CSM 工法工艺先进，采用掘进、提升、注浆、供气、铣、削、搅拌一次成墙技术，无需设置施工导墙；切削能力强，成墙单幅宽且深度深；跟踪纠偏，槽形规则，成墙垂直精度高；墙体均质、壁面平整、整体性强、防渗性能好；保槽技术简单，运行成本低；墙体连接接头少；适用范围广，工效高。

CSM 工法施工设备较传统三轴桩轻便，操作简便、快速。设备采用履带式主机，占地面积小，移动灵活。CSM 工法施工机具有导杆式、悬吊式两种机型，导杆式双轮铣深层搅拌设备可以削掘搅拌深度不宜超过 60m，悬吊式双轮铣深层搅拌设备削掘搅拌深度不宜超过 80m。

在上海市徐家汇街道某地块大型超深地下工程中，CSM 工法首次得到了成功试验。该项目 CSM 工法试验深度 80m，墙厚 1.2m，试验三幅墙体的垂直度均在 1/800 以上，印证了试验之初拟定的 1/500 的指标是可以达到的。经过周边环境监测数据反馈，CSM 对周边环境的影响较小。

经过 80m 的施工试验，可以发现 CSM 工法的施工特点及其优势：

（1）有效截面大。传统的水泥土搅拌成型加固体基本为圆柱形，桩体通过桩间搭接成墙，有效截面比率较小。悬挂式 CSM 成墙为立方体状，有效截面比例为 100%。

（2）成墙深度深。经本试验验证，本套悬挂式 CSM 加固设备采用双轮铣铣槽工艺，加固深度最深可达 80m，目前为世界最深。

（3）垂直度精度高。经本试验验证，结合双轮铣强大的土体切割能力和精确的垂直度控制系统，成墙垂直度可达 1/500 以上，且在施工过程中可人为及时干预纠正（X/Y 方向）垂直度偏差。

（4）设备净空低，稳定性好。悬索式 CSM 设备采用 MC64 主机、BCM10 搅拌头。设备长约 13.5m、宽约 7m、高约 6.9m，净空较低、稳定性比较好，可适用于有限净高要求区域的加固、止水施工。

(5) 型钢可插入性好。CSM成墙后槽段内土体液化较充分，泥浆比重相对较低，更有利于型钢的插入。

(6) CSM工法低噪声、低振动，可以贴近建筑物施工。

4) 全方位高压喷射注浆——MJS工法

MJS (Metro Jet System) 工法又称全方位高压喷射注浆工法，在传统高压喷射注浆工艺的基础上，采用了独特的多孔管和前端造成装置，实现了孔内强制排浆和地内压力监测，并通过调整强制排浆量来控制地内压力，使深处排泥和地内压力得到合理控制，保证了地内压力稳定，降低了在施工中出现地表变形的可能性，大幅度减少对环境的影响，保证了成桩直径。

MJS全方位高压喷射注浆施工技术主要应用于深层地基施工改良，可进行水平、倾斜、垂直施工，可进行大深度地基改良，可自由选择改良体形状，主机设备如图3-62所示。

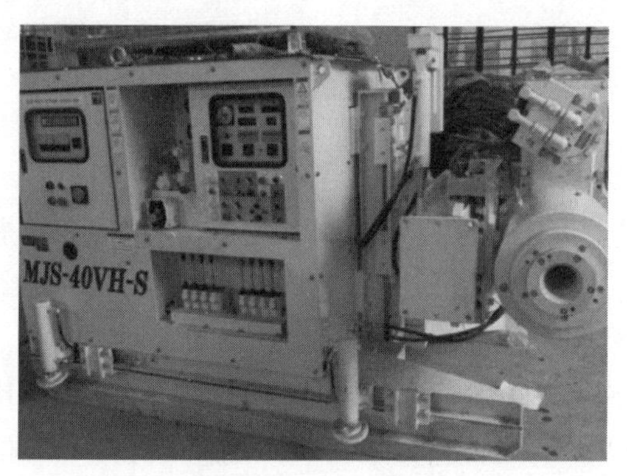

图3-62 MJS工法主机

和传统旋喷工艺相比，MJS全方位高压喷射注浆工法有如下优点：

(1) 可以进行水平、倾斜、垂直各方向、任意角度的施工，特别是其特有的排浆方式，使得在富水土层、需进行孔口密封的情况下进行水平施工变得安全可行；

(2) 喷射流能量大，作用时间长，再加上稳定的同轴高压空气的保护和对地内压力的调整，使得该技术成桩直径更大。由于直接采用水泥浆液进行喷射，其桩身质量更好；

(3) 通过地内压力监测和强制排浆的手段，对地内压力进行调控，可以大幅度减少施工对周边环境的扰动，并保证超深施工的效果；

(4) 采用专用排泥管进行排浆，有利于泥浆集中管理，施工场地干净，同时对地内压力的调控，也减少了泥浆“窜”入土壤、水体或是地下管道的现象；

(5) 转速、提升、角度等关系质量关键问题均为提前设置，并实时记录施工数据，尽可能地减少了人为因素造成的质量问题；

(6) 全方位高压喷射注浆技术占用场地小，可以随意控制喷射角度，大幅拓宽了应用的范围，显示出该工法在缩短工期、降低工程造价方面的明显优势，体现出其优越的先进性及经济合理性。

目前 MJS 工法已发展成为较为成熟的施工技术，广泛应用在上海地区轨道交通、市政工程等的地基加固施工项目中。在上海地铁陕西南路站的地基加固项目中，上海市基础工程集团有限公司应用全方位高压喷射注浆技术，完成了对运行 1 号线、地下管线的保护目标，解决了独岛式施工区域、泥浆处理等难题；金沙江路站全方位高压喷射注浆技术的应用，顺利完成对 22 万伏电缆箱涵、运行轻轨的保护目标，解决了清障、施工区域硬化等问题，积累了成功打捞落入钻头的经验；世博园通道项目全方位高压喷射注浆技术的应用，顺利解决了跨越大截面电缆箱涵围护结构替代施工电缆箱涵开洞 MJS 施工等难题，确保了开挖无渗漏水现象的出现。同时在上海轨交 12 号线复兴岛 MJS 加固项目、10 号线海伦路地块综合开发项目、上海虹桥商务核心区 04 地块基坑支护工程、上海轨交 12 号线嘉善路站项目等等，全方位高压喷射注浆技术的应用都取得了良好的挡土及止水效果。

全方位高压喷射注浆技术的出现，较好地解决了传统地基加固方法（如高压旋喷注浆法、深层搅拌法、SMW 工法等）施工过程中产生的地表隆起、地面开裂，以及对周边建筑物、构筑物、市政管线的影响等问题。MJS 工法作为一种微扰动的施工技术，解决了传统加固方法的难题，开拓了地基加固范围的新市场。

5）超高压喷射注浆技术——RJP 工法

RJP（Rodin Jet Pile）高压旋喷工法分为 3 种系列：普通 RJP 工法、S-RJP 工法以及 D-RJP 工法。

（1）普通 RJP 工法

RJP 高压旋喷工法采用的三重管构造，高压水、压缩空气、超高压水泥流体采用 3 点独立喷射，和传统的工艺不同的是采用摩擦阻力极小的喷嘴使喷射损失率减小，并使地基切削能力提高了 10%左右。另外，在上段和下段都配备了喷射口，和传统的大口径加固工艺相比总体效率上升了 30%。在上段超高压水喷射的防护下切削产生一定空间，使在加固体造成时发生的排泥能更顺畅地排出，并伴有内部压力释放效果。下段超高压硬化材料喷射和空气喷射流可以进一步对加固土层进行有效的切削，形成加固体。RJP 高压旋喷工法与传统工艺相比能进行更高效更快速施工，经济且加固质量高。

（2）S-RJP 工法

S-RJP（Speed-Rodin Jet Pile）工法在普通 RJP 工法基础上增加了下段部分硬化材料吐出量，可在短时间内造成和普通 RJP 工法同等直径的改良体。此工法将超高压喷射喷嘴和硬化材料喷射喷嘴向着同一个方向安装，并设计成来回喷射模式，喷射范围在 90°～270°之间，所以可以形成扇形柱状改良体。S-RJP 工法继承普通 RJP 工法性能的同时提高了经济性和施工环境适应性。

（3）D-RJP 工法

D-RJP（Diameter-Rodin Jet Pile）工法进一步增加了硬化材料每分钟的喷射量，可在短时间内造成 2～3.5m 甚至更大直径的加固体。D-RJP 工法适用于大断面的改良桩体，与以往的工法相比拥有更高的施工效率，是一种可降低施工次数和施工时间的经济型工法。

超高压喷射注浆法技术在深基坑超深隔水帷幕、型钢水泥土围护结构、深部软土加固、水泥土重力式挡墙、盾构进出洞口和隧道间旁通道的施工加固、地下结构物或围堰坝体防渗墙等地下工程中均具有良好的适用性，应用前景广阔。该技术已在上海地区几十项地下工程中得到成功应用，同时也在天津、广州、南京、杭州、苏州、宁波等地数十项工程中成功应用，已完成的工程中最大成桩直径达到 3m，最大成桩深度超 80m，成桩质量可靠，有效地控制了深层地下水，确保了工程安全顺利实施和周边环境安全，取得良好的社会经济效益。

6）微扰动四轴搅拌桩——DMP 工法

微扰动四轴搅拌桩是一种全新自主研发的自动化程度高的搅拌桩工艺，施工设备配备了 2 个大功率变频电机，大大增强了搅拌成桩的能力。设置了 4 根中空的三通道异形钻杆，搅拌过程中每根钻杆均能喷射水泥浆液和空气。气体的介入可以有效减小土体搅拌时的阻力，在 7 层搅拌叶片的辅助下，可以充分提高土体和水泥浆液的搅拌均匀性。同时，压缩空气可以一定程度上加快水泥土碳酸化反应的进程，加速水泥土强度的增长速度，提高桩身的早期强度。通过单次下沉和提升即可完成搅拌桩施工，大大缩短了施工周期并节约了成本。

相较常规搅拌桩，微扰动四轴搅拌桩成桩效率提高、水泥用量少、土体置换率低，具有较好的经济性，施工中渣土排放少环保优势明显。

此外，四轴搅拌桩在微扰动控制方面优势明显。四轴搅拌桩设备中的 4 根钻杆，在搅拌钻头底部均设置有喷浆口。施工过程中，通过喷浆口喷射的浆液有效降低了钻头底部的土体强度，减小搅拌的阻力和对周边土体的拖带作用，从而起到减少地层扰动的作用。在钻杆转动下沉或提升过程中，便会在钻杆周边形成排浆、排气通道，当搅拌土体内部压力超过原位应力时，浆液会沿着钻杆周边的排浆通道自然排出，从而避免了搅拌钻头附近浆气压力因缺少通道不断累积增大并对周边地层产生较大侧压力的情况。在搅拌叶片中部设置了差速叶片，差速叶片在搅拌过程中不跟随钻杆转动，防止黏土粘附钻杆和泥球的形成。搅拌钻头上配备地内压力监控系统，成桩全过程实时监测地内压力变化，通过调整浆气压力，确保地内压力控制在合理范围以内。

除了诸多优点以外，四轴搅拌桩设备较高，不适用于低净空施工。目前，微扰动四轴搅拌桩技术已在浦东机场建设项目中得到应用，如图 3-63 所示。

图 3-63　四轴水泥土搅拌桩设备

7）五轴水泥土搅拌桩

五轴水泥搅拌桩是近年出现的新型国产设备，在吸取传统双轴、三轴搅拌桩工法优点的基础上，采用全新研制的高集成化、高智能化的水泥土搅拌成桩技术，是一种高效、低造价、环保绿色的新型搅拌桩工艺设备。

目前，施工中常用到置换式和强制搅拌式五轴搅拌桩（图 3-64）。这两种机械设备外观类似，但设备性能、工艺参数、施工流程均不同。

五轴水泥土搅拌桩工艺在机械设备及工艺流程两方面的革新，有效地克服了传统双、

图 3-64　五轴水泥土搅拌桩设备

三轴搅拌桩施工效能低的弊端。非置换成桩模式的五轴水泥土搅拌桩在造价与环保方面较三轴搅拌桩有极大的优势。强制搅拌式五轴水泥土搅拌桩在施工过程中仅有少量溢浆，可减少施工对环境造成的污染。机械设备增加了搅拌叶片排数，通过将全断面螺旋搅拌叶片与对称直叶片结合，增加钻进过程的搅拌次数。采用钻杆内喷浆方式，喷浆孔均位于钻杆底部。此外，施工设备安装了智能化监控仪器，配备变频电机的送浆系统，可人为控制不同深度变量喷浆，使得浆液使用功效提升，改善了搅拌桩施工工艺中水泥使用无法准确计量的缺点。

上海地区首次在董家渡 11 号地块旧区改造工程中成功实施五轴水泥土搅拌墙，施工效果良好，对五轴水泥土搅拌墙在深大基坑的应用有较大的借鉴和参考意义。

8）超高压喷射注浆（N-Jet 工法）

超高压喷射注浆（N-Jet 工法）应用于基坑工程、地基处理、水利、水运等工程中，可作为基坑隔水帷幕、地下连续墙槽段接缝止水、地下连续墙槽壁加固、基坑被动区土体和深坑加固、基础和隧道土体加固、防渗隔离墙等。超高压喷射注浆（N-Jet 工法）技术具有下列优点：

（1）成桩直径大且成桩深度较深；

（2）可垂直或倾斜一定角度施工；

（3）成桩效率高且质量良好；

（4）对周边环境影响小；

（5）适用于各种复杂地层，如卵石层等。

超高压喷射注浆桩身水泥土 28d 无侧限抗压强度高，能够显著减小成桩施工引起的周边土体水平位移及地表沉降。目前已在上海、北京、宁波等地广泛应用，其中 N-Jet 工法在上海的典型应用案例见表 3-8。

N-Jet 工法在上海的典型应用案例　　表 3-8

地区	典型项目	用途	主要成桩形状	成桩深度范围（m）	桩径（mm）	根数
上海	上海金山区 10.0m 大直径试验桩	试验	全圆	1～3	ϕ10000	1
上海	云岭西路深隧大深度试桩试验	试验	全圆	40～115	ϕ3500、ϕ4800	2
上海	机场联络线 8 标 6 号风井大深度试桩试验	试验	全圆	112～115	ϕ2500	1
上海	上海轨道交通 14 号线歇浦路站	水平封底隔水帷幕	全圆	50～54	ϕ2400	639
上海	上海轨道交通 14 号线陆家嘴站工程	落底式隔水帷幕	全圆	20～60	ϕ2400、ϕ3200	197
上海	上海申铁机场联络线工程 1 标 1 号风井	水平封底隔水帷幕	全圆	50～55	ϕ3500	352
上海	上海申铁机场联络线工程 2 标 2 号风井	水平封底隔水帷幕	全圆	59～65	ϕ3500	174
上海	上海申铁机场联络线工程 4 标华泾站	地下连续墙槽段接缝止水	半圆	24～107.5	ϕ2200	64
上海	上海轨道交通市域线机场联络线 8 标 6 号风井	水平封底隔水帷幕	全圆	60～65	ϕ3500	180
上海	龙水南路越江隧道新建工程	地下连续墙墙缝止水	全圆、半圆	最深 76.4m	ϕ2600	全圆：2 半圆：61

9）植入桩

植入桩是我国近些年来在桩基工程领域研发和推广应用的新技术，其主要施工环节包括预成孔（钻孔）、灌浆和植桩。以东南沿海地区目前大量使用的静钻根植桩为例，该技术先对地基钻孔，喷射水泥浆并搅拌形成水泥土桩孔（桩孔直径略大于预制桩直径），然后在水泥土凝固前将预制桩植入桩孔。

与常规预制桩施工方法相比，植入桩显著降低了施工噪声和挤土扰动，施工深度大，适用地层广；与灌注桩相比，消除了常见的塌孔、缩颈和沉渣等现象，桩身质量及其稳定性均显著增强。

植入桩在上海 S26 公路东延伸（G15—G1501）新建工程中的高架桥梁基础进行了应用，施工质量可靠，具有良好的竖向抗压、抗水平承载能力和抗震性能，静钻根植桩和钻孔灌注桩相比具有一定的造价优势，在大规模高架桥梁工程中应用可取得良好的经济效益。

在植入桩基础之上，针对滨海地区深厚软土地质条件，又开发出了植入式排水桩技术。该技术先将塑料排水板与预制桩绑扎（对称布置），沉桩施工的同时将竖向排水通道一并植入桩孔，再利用真空负压对水泥土和邻近土体排水固结，由此提升桩侧摩阻力和桩基承载能力。该技术借鉴了已有排水桩（如透水混凝土桩或桩身开孔管桩）技术特点，可快速消除临近土层超静孔隙水压力。同时，该技术充分利用了植入桩沉桩施工阻力小的特点，可操作性较强，并且不影响桩身强度及其完整性。

10）GS土体固化剂

以工业固废为主要原料的土体固化剂，是将工业固废资源化利用有效途径。比如，GS型土体固化剂，以及混合一定比例的脱硫石膏、钢渣和炉渣的新型固化剂等。

GS土体固化剂是一种以炼钢产生的工业废渣为主要原料（固废含量达70%以上），采用碾磨工艺，经过材料适应性试验而研制的应用于软土加固的绿色固化材料，并已成功应用工程实践。

通过对GS固化剂加固上海第③、④层软土工程力学特性的研究，研究成果表明，相同掺量下，新型固化剂搅拌桩桩身完整性和桩身强度好于常规水泥搅拌桩，新型固化剂搅拌桩具有较好的经济性；在加固上海第③层淤泥质粉质黏土和第④层淤泥质黏土时，新型固化剂搅拌桩其桩身强度较相同掺量水泥搅拌桩可提高2倍左右，这将显著提高地基承载力。

GS土体固化剂在上海虹口区凉城地区社区中心场地改造项目、闵行区宝龙城市广场项目、松江区泗泾镇朝晖路一号地块等项目的围护及止水帷幕中都有所应用，取得了良好的效果。

3.2.2　软土暗挖技术

1. 盾构法技术

国内盾构技术正在全面进入高速度发展期，其中超大直径盾构技术发展迅猛，截止到2017年末，据不完全统计，世界上直径超过14m以上的盾构数量约42台，其中19台在中国。2017年，备受瞩目的深圳春风隧道工程盾构采购项目已完成招标、选型工作，采用一台直径15.76m的气垫式泥水平衡盾构，并配置了常压换刀盘，刀具全覆盖。2017年，由中国中铁装备集团生产的直径15.03m的超大直径泥水平衡盾构“中铁306”下线，这是迄今为止我国自主设计制造最大直径的泥水平衡盾构。该盾构将应用于国内最大直径海湾盾构隧道，首座地处8度地震烈度区的盾构隧道——汕头市海湾隧道。2017年8月，上海北横通道工程直径15.56m的超大直径泥水平衡盾构“纵横号”完成了首段急曲线施工，北横通道主线盾构法隧道长达6.4km（西段）+5.7km（连段），隧道线路中最小转弯半径仅500m。盾构还连续下穿正在运营的轨道交通3（4）号线、11号线、7号线、10号线、18号线、4号线。

盾构法隧道凭借其自动化程度高，工程质量好，对工程环境影响小等优势应用越来越广泛，在未来的发展中将呈现以下趋势：智能化、数字化，在整个社会发展数字化转型的大背景下，盾构装备制造与施工控制将迈向无人化、智能化；超大盾构隧道向城市中心区拓展应用，由于城市快速路发展的需要，以及超大盾构隧道可实现单管、双向、多车道集约化布置优势，城市核心区的快速路将以地下隧道的形式建造；异形断面隧道的应用场景更多。经过近十年的持续创新与应用，大断面矩形顶管、类矩形盾构等均得到了工程的验证，为今后的推广应用奠定了很好的基础。

1）城市核心区超大盾构施工技术

经过近30年的快速发展，国内外已建成一大批超大断面盾构隧道，相应的施工技术也日趋稳定成熟，但随着城市发展的需要，超大断面盾构隧道建设也由跨江越海逐步拓展应用到城市核心区。城市核心区意味着环境十分敏感、空间（包括地面和地下）十分受限、财富高度集聚，在城市中心区进行盾构掘进施工必须做到精控制、稳平衡、低扰动，这些也意味着在城市核心区进行超大断面盾构施工将面临新的难题与挑战。

（1）大规模穿越房屋建筑控制技术

针对超大直径盾构大规模穿越房屋建筑尚无先例的难题与挑战，首先需界定盾构穿房屋施工的影响范围（隧道轴线两边各1倍隧道直径）。综合考虑隧道埋深、房屋结构、房屋基础形式、隧道线型、地层条件等影响因素建立多因素多水平的风险分析模型，对穿越涉及的建筑进行风险评估。根据不同的风险评估等级，制定了相应的风险防控策略。根据风险评估等级，确定入户检测数量，委托有相关检测资质的第三方检测机构开展房屋检测工作，分别制定了初次检测、穿越过程中监测以及复核检测和评估的方法以及处理措施，并明确报警指标与房屋保护标准。对穿越风险高的情况，结合风险源制定针对性的防控措施，真正做到“一栋一案”。风险防控策略与施工参数控制形成联动，真正实现动态施工与管理。

（2）近距离下穿运营地铁控制技术

软土地区超大直径盾构穿越运营状态的轨道交通的经验还尚不成熟，竖向间距的控制尚无明确标准，风险控制存在较多的不确定性。针对运营地铁保护标准要求高，对地铁隧道的保护标准、穿越施工的方式、穿越的时间窗口等进行了研究。通过对比与优选，确定地铁隧道变形标准为－20mm～＋20mm。采取“列车限速运行、盾构匀速穿越”的总体方案。选择节假日（或者双休日）作为穿越施工的时间窗口。同时制定完备的人工监测和自动化监测方案。针对盾构穿越中可能出现的异常情况分别制定了相应的应急措施。

工程实践证明，在精细化施工控制技术和各项信息化保障措施下，被穿越地铁隆沉与地表沉降可控制在隧道的保护标准之内。此外，针对后期的沉降采取在地铁隧道内微扰动注浆，将最终隆沉控制在5mm内。北横通道多次穿越轨道交通的经验充分证明了超大直径盾构微扰动控制技术的实用性、可靠性与创新性。

（3）复杂轴线的控制技术

超大直径盾构急曲线转弯的工程并不多，其中西班牙马德里M30工程中15m级盾构隧道进行了一次500m半径转弯。为了攻克超大断面泥水平衡盾构连续急曲线转弯难题，重点从盾构装备选型、隧道衬砌管片设计以及施工过程控制等方面进行综合研究。为增加盾构的灵活性，首先对盾体是否采用铰接进行了深入比选分析，在此基础上对盾构锥度、仿形刀的配置以及总体布置等均进行了分析与研究。对隧道衬砌按多种环宽（2.0m、1.5m）以及多种楔形量（40mm、80mm）进行组合比选研究。针对施工工况条件建立三维有限元分析模型，对急曲线段施工的隧道安全进行评估，得出地面沉降、不均匀沉降、土体稳定性、轴线偏移量以及结构强度等指标均符合设计要求。

（4）大规模泥浆干化处置技术

泥水处理是泥水平衡盾构中重要的配套系统，包括泥水分离系统和废弃泥浆的干化处理等，其工作原理如图 3-65 所示。对于紧邻河道的项目，可直接在河边设临时码头将废弃渣土和泥浆通过水路船运至海边用于围海造地的填料。对于内陆无河道运输条件的项目，对废弃的泥浆必须干化后外运。

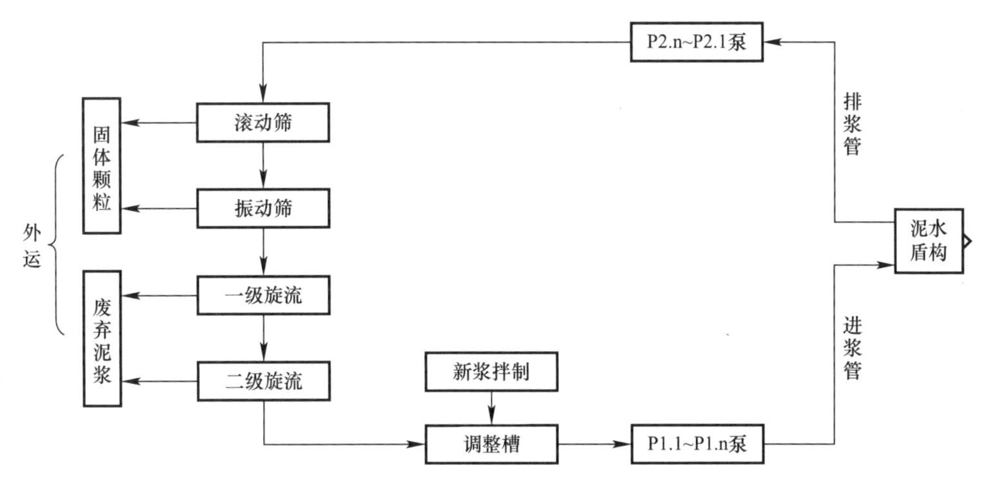

图 3-65 泥水分离系统的工作原理图

泥水分离系统包括：2 套滚动筛、2 套振动筛作为预筛分单元，4 组一级旋流器的除砂单元，4 组二级旋流器的除泥单元及 4 组脱水筛单元。该系统为模块化、单元化、集成式设计，具有占地小、安拆方便以及噪声振动小的特点，满足在城市中心区的应用。

（5）工程案例

【案例 24】 上海北横通道

上海北横通道作为上海市“三横三纵”快速路网中的北线，西起中环北虹路立交，东至内江路，全长 19.1km，沿线设置 8 对出入口匝道，穿越和服务 5 个中心行政区，与中环和南北高架互通，进一步均衡骨干路网交通，每天将近 20 万辆小客车转移至地下，释放大量地面空间资源，降低大气与噪声污染。

北横通道以隧道为主，结合高架、互通立交以及地下通道等进行布置（图 3-66）。其中，隧道 14.7km，包括盾构隧道 12.1km，明挖隧道 2.6km。盾构隧道按“单管、双层、双向六车道”布置，设计速度 60km/h。盾构隧道被 8 座工作井分为 6 段串联区间，采用两台开挖直径 15.56m 的泥水平衡盾构掘进施工（图 3-67）。工程由上海市城市建设设计研究总院（集团）有限公司、上海市政工程设计研究总院（集团）有限公司和上海市隧道工程轨道交通设计研究院设计，由上海隧道工程有限公司和上海建工集团股份有限公司施工，已于 2023 年 7 月 25 日全线贯通。

北横通道是中国首次利用城市深层地下空间，穿越城市核心区密集建筑群构建的多点进出超长地下快速路。全线穿越逾百栋房屋建筑，包括居民小区、商务楼宇以及各类历史保护建筑等，共 13 处与轨道交通交叉，超大盾构 5 次近距离下穿运营地铁线，5 次穿苏州

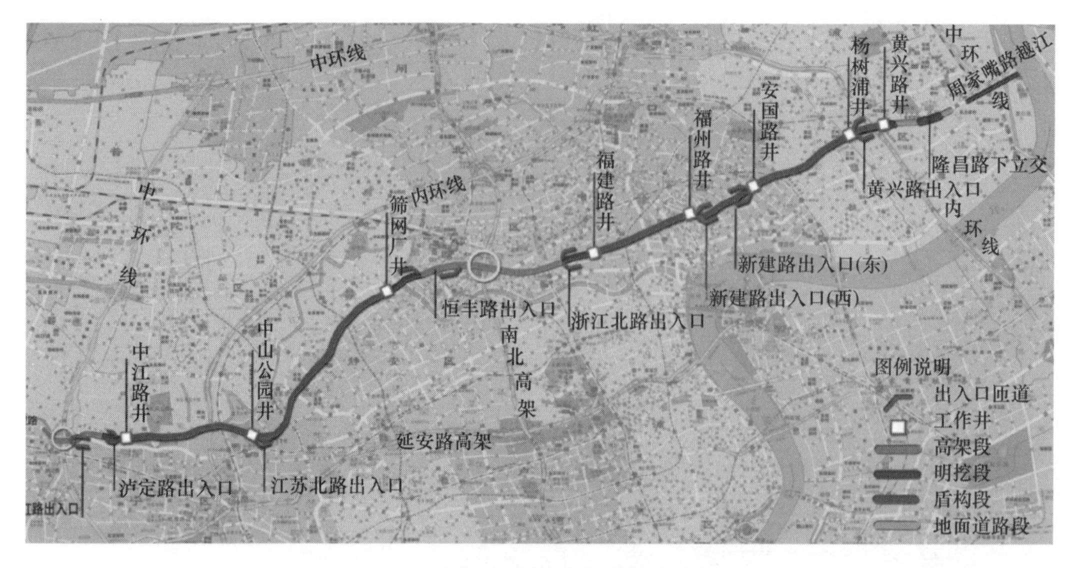

图 3-66　上海市北横通道工程平面布置

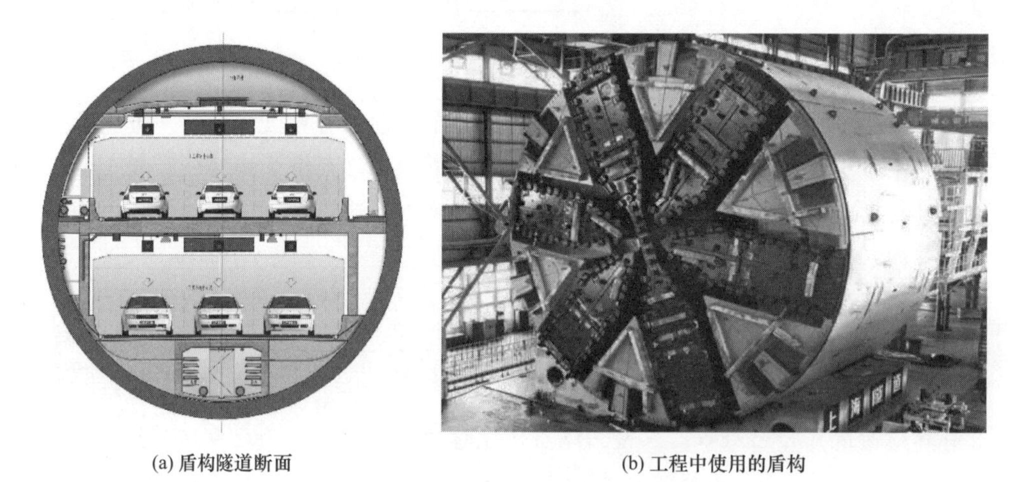

(a) 盾构隧道断面　　(b) 工程中使用的盾构

图 3-67　北横通道盾构隧道断面及盾构

河，此外还穿越大量城市管线、高架桥梁与道路等，还叠加连续急曲线、浅覆土、复杂地层等不利因素。超大断面盾构如此大规模、高风险的穿越为世界首例。整个工程被誉为"盾构穿越的百科全书"。

针对工程面临的困难与挑战，参建各方紧密合作，从工程设计、装备选型、施工控制与项目管理等多方面进行创新与突破。

① 设计创新点

创建一种集约高效、环境友好、低影响度的城市立体交通新模式，助力城市可持续发展。首次大规模利用深层地下空间，采用直径 15m 盾构隧道，按"单管、双层、双向、六车道"集约化布置，在城市核心密集建成区，构成 14.7km 的城市地下多点进出快速连续流地下快速路。

创新小客车专用快速路技术标准，采用 3m 宽、3m 高的车道标准，提高地下空间利用率，满足90%的城市车辆通行需求，相关研究成果形成国家行业标准——《城市地下道路工程设计规范》CJJ 221—2015。

完善超长双层道路隧道消防救援体系。创新采用上下层排烟联通管实现双层车道重点排烟，结合工作井设置上下车行连通道实现上下层互为救援通道，设置联动泡沫水喷雾灭火系统提高隧道的安全性。

② 施工创新点

创新超大盾构连续“S”型急曲线高精度掘进技术。对盾构装备进行量身打造，提高盾构灵活性，改进同步注浆系统确保隧道稳定，采用两种楔形量管片组合，实现对复杂隧道线型的高精度拟合。结合数值模拟分析及信息化施工手段，首次实现直径大于15m盾构转弯半径500m连续急曲线掘进，隧道轴线偏差控制在10mm以内。

创新富水软土地层超大盾构微扰动穿越技术。通过精确预测建（构）筑物变形、研发车架随行式检测设备、建立多因素多水平风险评估模型、基于不同风险级别制定穿越管控策略，实现被穿越的124栋建筑物和5条运营轨道交通变形控制在允许范围内。其中，盾构下穿净距5.6m的地铁4号线，地铁隧道最大位移仅7.6mm。

③ 管理创新点

开发全生命周期BIM+GIS协同管理平台，应用BIM赋能建设管理，实现工程信息集成共享、高效传递，打破工程不同阶段、不同专业、不同角色间的信息沟通壁垒，显著提高项目管理能效。

研制专用的整体移动式模架系统实现双层隧道内部结构与盾构掘进同步施工，节省主线工期18个月，盾构在中间井进行整体牵引过站节省工期6个月，内部侧墙采用清水混凝土，免去二次装修。

2）异形断面盾构隧道技术

（1）类矩形盾构技术

当前，盾构法隧道绝大多数为圆形断面，主要是其衬砌结构受力均匀、内力较小，圆形盾构开挖面较类矩形易于实现全面切削，拼装施工工艺相对类矩形简便，因此1865年开始采用了圆形盾构建造隧道，在此后的100余年内，几乎所有的盾构隧道均采用圆形断面形式。

然而，圆形断面隧道也存在着空间利用率低、地下空间占用大的不足。随着城市地下空间的逐渐饱和与地下空间资源的日益稀缺，城市建设对于地下空间利用率的要求也逐步提高，2014年《国家新型城镇化规划（2014—2020年）》也提出了“优化城市空间结构”的理念和要求，住房和城乡建设部提出了“加强城市轨道交通线网规划”的要求，可见对地下空间的有效利用已倍加重视，对地下隧道的空间利用和隧道建设与周边环境的相互关系愈加受到重视和制约。

有鉴于此，矩形断面隧道的优点再次进入了人们的视野。从隧道的使用功能来分析，地铁隧道、城市交通人行地道、地下共同沟等隧道的断面形式以矩形最为合适、最为经济，矩形断面与圆形断面相比，其有效使用面积增大了20%以上；在拥有相等有效空间的情况下，矩形断面能节约35%以上的地下空间，如图3-68所示。

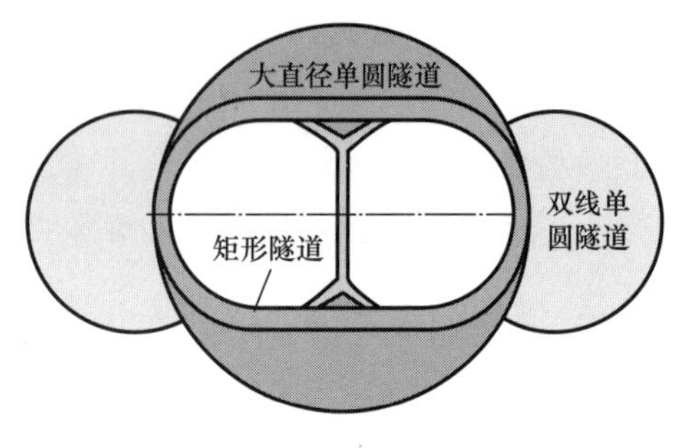

图 3-68　矩形隧道与圆形隧道断面对比

此外，矩形断面也提高了隧道在狭窄道路或高层建筑间的穿行能力，降低对周边环境的影响，减少了隧道埋深、土地征用量和掘进面积，单次掘进就可一次形成双线隧道，合理实施可节约工期。

2012 年后，为了更加适应公路隧道与地铁隧道的功能需求，上海隧道工程有限公司突破矩形管片拼装与铰接技术，建立了类矩形隧道设计、类矩形盾构研制、类矩形盾构施工三大技术体系，使异形断面掘进机形成了系列化生产，成功研制了两台 11.83m×7.27m 轨道交通类矩形土压平衡盾构，自 2015 年以来已相继应用于宁波地铁二、三、四号线等工程中；2014 年，上海建工集团机施公司也开始研究运用 9.75m×4.95m 矩形盾构，用于上海虹桥地区地下通道的试验。2019 年，由上海市政工程设计研究总院（集团）有限公司、上海市城市建设设计研究总院（集团）有限公司和上海市隧道工程轨道交通设计研究院联合主编的上海市地方标准《异形断面盾构法隧道技术标准》DG/TJ 08-2287-2019 发布并实施，这是我国首部关于异形断面盾构隧道的专用规范，为异形断面盾构隧道的发展起到积极的推动作用。

2020 年后，上海隧道工程有限公司针对城市地铁车站施工，为了兼顾土建施工、经济环保与未来规划等工程具体需求，将类矩形顶管与类矩形盾构法相结合，形成了类矩形盾构与顶管进行转换施工的“顶盾一体化”工法，应用于杭州地铁 9 号线一期四季青站折返线项目中，进一步拓宽了矩形顶管与矩形盾构装备的应用场景。形成的关键技术包括：

① 隧道断面及管片结构设计

针对类矩形隧道功能需求，以及结构在结构受力和开挖断面利用率之间平衡难、结构计算模型和计算参数无标准、管片分块和接头形式无经验等难题，开展类矩形隧道衬砌的建筑限界、结构形式研究、衬砌结构试验研究、示范工程现场测试等研究内容，形成类矩形盾构隧道设计标准。

首次研发形成了四段圆弧相切、单洞双线一次成型的城市轨道交通类矩形隧道的建筑横断面、结构形式和设计计算方法，并形成了适用于软土地层的类矩形盾构隧道结构通用图集，成功地应用于示范工程中，首次提出了根据接头受力情况调整接缝螺栓位置的设计新技术。首次进行了类矩形隧道管片整环荷载试验，提出了类矩形盾构隧道衬砌结构采用非对称、伺服控制的试验加载方式和考虑运营不利工况的破坏性试验技术，获取了运营、施工和极限破坏的三类工况的试验数据，承载能力完全满足设计要求，并为将来周边区域工程建设保留了足够的安全冗余度。验证了隧道结构设计的安全性和合理性，为类矩形盾构在宁波地铁 3 号线试验应用打下了坚实基础。

② 类矩形盾构研发

针对类矩形隧道断面 100%全断面切削难、多刀盘动态同步控制复杂、管片分块多体积大、不同管片距拼装机回转中心距离不等且相差较大、管片拼装空间狭长、R400 小曲率半径推进、盾构偏转和背土等难题，开展了类矩形盾构全面切削、急曲线转弯、管片拼装和沉降控制系统的研发，建立了整套类矩形盾构装备设计制造技术体系。

首创“双 X 同面＋偏心多轴”组合式全断面切削类矩形盾构刀盘系统（图 3-69），搭载了此技术的刀盘具有高精度相位差自动保持、停机就近快速复位等功能，精确实现了类矩形形式全断面可靠切削。

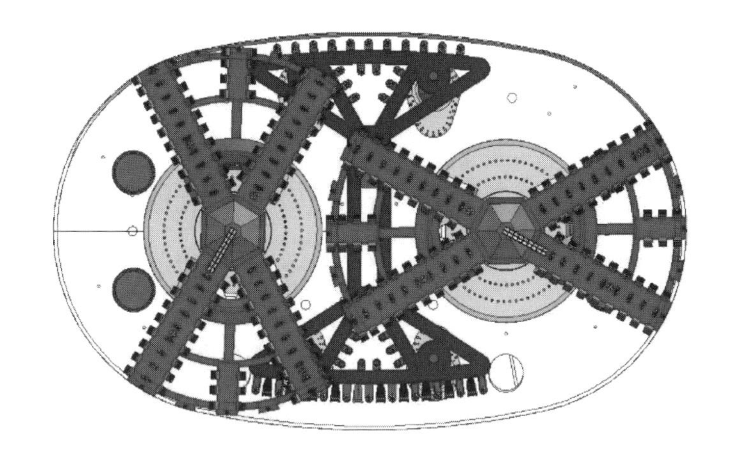
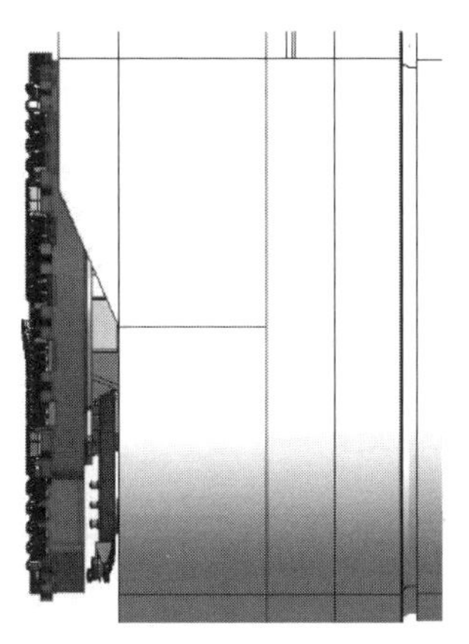

图 3-69　刀盘系统正面布置和侧视图

首创了串联环臂式轨迹伺服类矩形盾构拼装系统，大幅扩展了径向施工范围，具有复杂轨迹伺服跟踪功能，特别适应在狭窄和多局限空间内完成管片和中立柱拼装，突破了国际上现有拼装机在这一领域的作业瓶颈。

首创了施工同步可更换压密量可调式类矩形盾构铰接密封系统，此系统首次解决了施工过程中发生密封失效的紧急修复问题，大幅提高了隧道工程的密封质量安全及施工效率。

集成三项首创技术及改进多项盾构传统技术，开发了切削断面为四段圆弧相切所形成的全断面切削类矩形土压平衡盾构，更针对性地强化了其软土地层沉降控制能力，解决了线网密集的浅层地下空间利用这一巨大难题。

③ 类矩形盾构隧道施工综合技术

针对类矩形盾构施工中面临的诸如排土困难、开挖面失稳、盾构背土、盾构偏转、轴线偏差、管片拼装困难和盾尾间隙填充不足的难题，创新研发了类矩形盾构“切削排土改良技术”“类矩形盾构轴线控制技术”“异形管片拼装技术”“大断面类矩形盾构同步注浆技术”和“成型隧道变形控制技术”，形成了类矩形盾构法隧道成套施工控制技术。

针对类矩形盾构土舱内土体流动性差、局部易淤积、出土计量不精确等难题，运用流体动力学理论，采用超大规模粒子数值模拟渣土运动规律和特性，通过室内试验获得改良剂配比及性能指标，结合工程应用验证形成土体改良系统工艺。

针对类矩形盾构隧道高宽比小、特殊切削排土形式和管片拼装难度高等问题，开发了类矩形盾构自动导向系统和施工纠偏控制方法，实现了盾构姿态与隧道轴线的实时高精度控制。

针对类矩形盾构隧道管片结构特殊形式、拼装工艺复杂、拼装质量难控制等问题，综合采用误差分析的有限元计算模型、三维仿真拼装、管片拼装试验等研究手段，实现了扁狭空间内异形管片拼装的规划轨迹自动跟踪和优化，提出了拼装顺序优选方法和偏差控制标准，形成了类矩形管片的拼装工艺和质量控制方法。

针对类矩形盾构特殊断面形式导致的建筑空隙有效填充难，易影响地表变形和成环隧道稳定的问题，研发了类矩形盾构大型可视化同步注浆模型试验装置及试验方法，揭示了同步注浆压注过程的演化规律、直观形态和填充机理，形成了适应类矩形盾构施工的同步浆液配合比和主要性能指标。

针对地层特性，类矩形隧道特殊结构形式和高标准施工环境影响控制要求，提出了类矩形盾构掘进施工对周围地层扰动影响与成型隧道变形的预测方法，创建了软土地区类矩形盾构施工、地层变形和隧道变形等一体化的管控技术体系。

（2）工程案例

【案例 25】 宁波轨交 4 号线

宁波轨交 4 号线 TJ4016 标类矩形盾构区间总长 417m，盾构从小洋江站始发，沿线下穿东钱湖大道至明挖区间接收导坑，先后穿越 3 号圆管涵、新建桥梁及河道、拔桩区、超浅覆土区域以及上穿单圆隧道。区间最大纵坡 35‰，最小曲率半径 R350m，隧道顶覆土厚度为 1.7～9.1m。采用 11.83m×7.27m 轨道交通类矩形土压平衡盾构施工，于 2019 年 11 月 5 日贯通（图 3-70）。

图 3-70　宁波轨交 4 号线 TJ4016 标类矩形盾构贯通现场

【案例 26】 杭州地铁 9 号线一期四季青站折返线

杭州地铁 9 号线一期四季青站折返线位于四季青车站西侧，线路由四季青站小里程端头出发，下穿秋石高架后直线穿越中间井，再下穿古海塘、新开河后接入端头接收井。四季青站小里程端到中间井交叉渡线段采用类矩形顶管法施工，中间井到端头井段平行渡线段采用类矩形盾构法施工，最终成型隧道质量良好，周边环境安全可控。施工方案如图 3-71 所示。

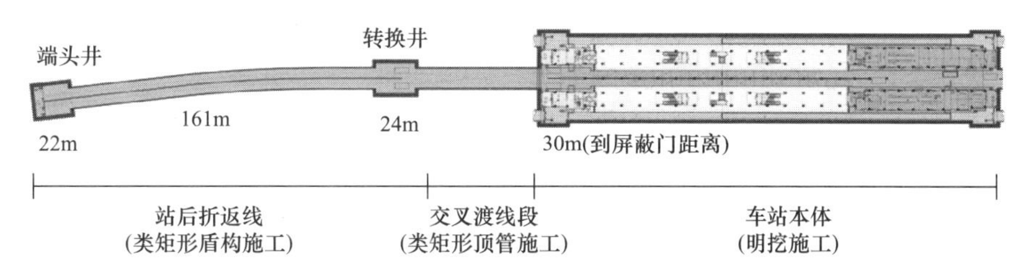

图 3-71　四季青站施工方案布置

【案例 27】　上海轨交 12 号线西延伸洞泾站站后折返段

上海轨交 12 号线西延伸洞泾站站后折返段采用顶盾一体工艺进行施工，总长为 260.4m。交叉渡线段采用类矩形顶管工艺施工，顶管段长 64.5m，外轮廓尺寸为 13.5m×8.4m。折返段采用类矩形盾构工艺施工，盾构段长 210m，外轮廓尺寸为 13.2m×8.1m。施工方案如图 3-72 所示。

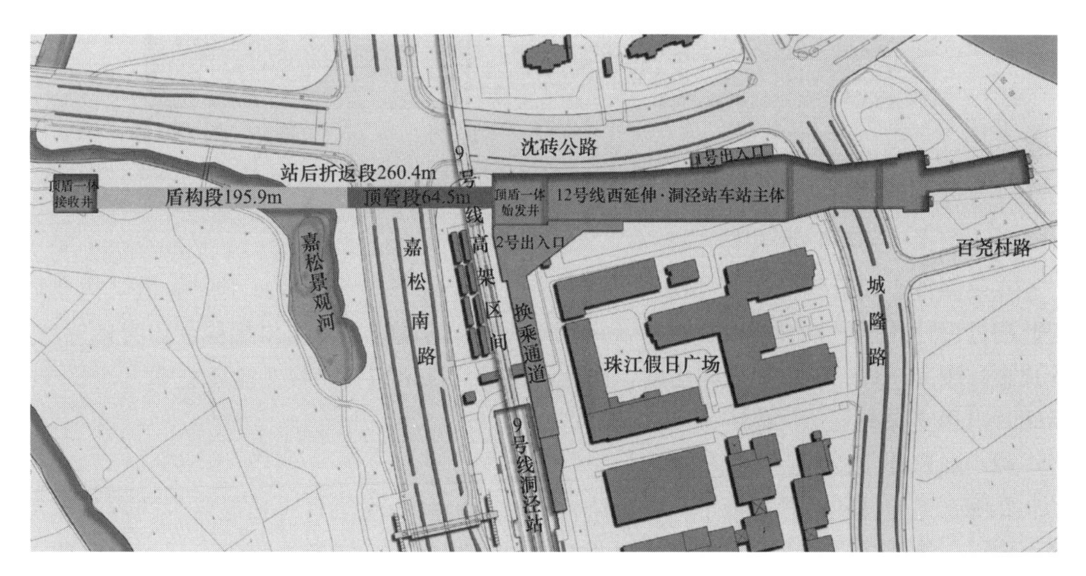

图 3-72　上海轨交 12 号线西延伸洞泾站施工方案

矩形断面隧道已在世界范围内有了广泛应用，它在功能上不仅能够满足城市交通中繁忙路口的人行通道和电力、通信等的电缆隧道或合用通道，还可用于地铁及水下隧道（比如越江隧道等）旁通道的施工；即使是公路隧道或铁路、轨交隧道，矩形断面也具有节约断面空间、提高地下空间利用率的优点。随着我国城市的发展，市政建设日新月异，相信异形断面隧道将在未来有着更为广阔的发展与应用前景。

3）零覆土大尺度无工作井盾构隧道技术

传统盾构隧道施工方法需要做两个工作井作为盾构始发井和接收井，盾构在工作井中始发和到达，工作井和隧道的暗埋段需要开挖。无工作井盾构法隧道法技术是盾构从地表始发，在浅覆土条件下掘进，最后盾构在目标地点从地表到达（图 3-73）。该工法特点是盾构直接从地面始发和到达，一般称之为地面出入式盾构法，简称 GPST（Ground Penetrating Shield Technology）工法。零覆土大尺度无工作井盾构隧道技术主要针对大直径的道路盾构法隧道工程，可大大延伸盾构段长度，减少大开挖工程量，降低施工对周围环境的不良影响，既节约了能源又减少了碳排放，符合国家节能减排的战略要求，具有节约与开发并举、提高能源使用效率的积极意义。

(a) 传统盾构法隧道施工示意图

(b) GPST隧道施工法示意图

图 3-73　GPST 隧道与传统隧道施工对比

（1）隧道变形控制技术

在超浅覆土和负覆土施工过程中，管片有竖鸭蛋变形趋势，容易引起隧道结构变形，为此通过设计计算、数值模拟分析和管片整环试验，从设计方面用斜螺栓、剪力销等增加管片整环刚度，长螺栓增加纵向刚度，设计制造管片稳定装置，提升施工技术，脱出车架后管片内用支撑或管片预埋钢板连接。

（2）隧道抗浮技术

在圆隧道建设和运营过程中，管片结构先后受到同步注浆浆液和地层水的浮托作用。当上覆土、管片结构及内部配重不足以抵抗这种浮托作用，隧道即发生上浮。超浅覆土、负覆土的极端工况下，隧道的上浮控制成为确保施工质量的重中之重。针对地面出入式盾构法隧道的稳定性问题，建立考虑细节构造的三维隧道模型，分析获得隧道的等价刚度，研究不同覆土隧道脱离盾尾后的稳定距离及隧道的上浮量，分析稳定装置的效果，分析不同技术措施对隧道抗浮的影响规律。施工阶段主要从上覆土压重、降低水位、改善上覆土特性、控制盾构姿态及施工参数、隧道内压重、管片结构增设剪力销和纵向抗剪螺栓数量、隧道环间或块间增设预埋钢板、加设抗浮板、改善注浆工艺及浆液特性、跟踪二次注浆等多个方面的组合运用进行抗浮。隧道在施工阶段完成了大部分的上浮量，为减少使用阶段隧道的继续上浮，保证隧道结构的运营安全，可考虑从上覆土压重、结构及内部配重、门式结构抗浮、锚杆抗浮等方面进行抗浮。

（3）隧道防水技术

地面出入式盾构隧道埋深较浅隧道受到轴力较小，这对隧道接缝处密封垫的压缩闭合极为不利，同时降低管片纵缝拼装质量，过量的管片变形和较难控制的拼装质量，使得管片纵缝张开量和错动量增加，影响隧道结构纵缝的防水效果。借助数值模拟和物理试验，对一字缝、T 字缝在不同硬度、不同张开量和错缝情况下的防水能力进行研究，得到密封垫应力与压缩量变化关系及耐水压能力评价结果，并形成一种适用于 GPST 工法的防水技术。

（4）盾构姿态控制技术

盾构姿态控制技术重点分析了土体改良的作用机理，同时结合辐条式、大开口率的刀盘结构，经国家“863”试验平台的反复测试，解决了低围压下进排土困难的问题。采用高精度监控系统，结合施工参数优化匹配、盾构自转控制技术等系列施工措施，综合形成盾构姿态的高精度控制技术体系。

（5）工程案例

【案例 28】　上海龙水南路越江隧道

龙水南路越江隧道新建工程位于浦东新区和徐汇区，西起徐汇区龙水南路喜泰路地区，东至浦东新区海阳西路耀龙路和高青西路耀龙路地区（图 3-74）。沿现状龙水南路延伸，先后穿越天钥桥路、云锦路、滨江路、黄浦江，至浦东后穿越前滩大道，终点至耀龙路。工程由上海市城市建设设计研究总院（集团）有限公司设计，上海隧道工程有限公司施工。

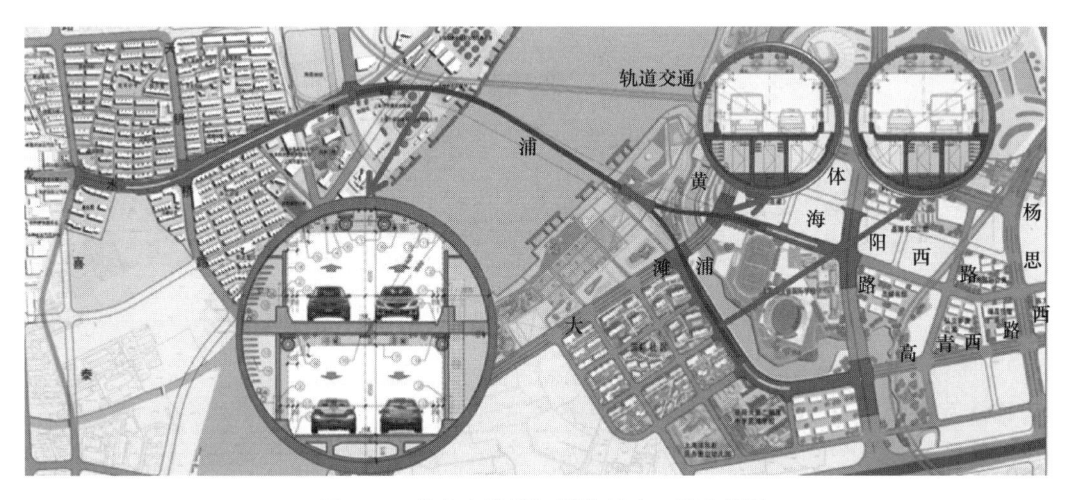

图 3-74　龙水南路越江隧道新建工程示意图

龙水南路越江隧道新建工程（盾构段）采用大盾构（Φ14.45m）及南、北线小盾构

(Φ11.66m) 进行暗挖施工，盾构区间分为过江段隧道、南线隧道及北线隧道。其中江中段 Φ14m 隧道长 822.8m、最小转弯半径 530m、下坡 4.99%、上坡 4.99%，最小覆土 9.17m；北线 Φ11.36m 盾构隧道长 296.4m、最小转弯半径 400m、最小覆土 2m、最大坡度 5.9%；南线 Φ11.36m 盾构隧道长 481.41m、最小转弯半径 400m、最小覆土 2.8m、最大坡度 4.99%。此次超浅覆土相关的浦东匝道段周边主要有惠灵顿学校、四方城、浦江壹号等建（构）筑物，还有小黄浦等河道。

【案例 29】 南京至高淳城际快速轨道南京南站至禄口机场段

南京至高淳城际快速轨道南京南站至禄口机场段起于禄口国际机场，止于南京南站（以下简称南京机场线），线路全长约 34.9km，其中高架段长约 16.3km、过渡段长约 0.8km、地面线长约 1.5km、地下段长约 16.3km，共设高架车站 3 座，地下车站 5 座。GPST 示范工程选定于南京机场线秣陵站～将军路站区间的出地面段，位于既有将军大道下，右线盾构段长约 123.659m，左线盾构段长约 124.591m，采用一台 Φ6.38m GPST 专用土压平衡盾构掘进施工。盾构先从秣将区间盾构工作井南端头井右线始发，沿着将军大道向南掘进至导坑接收；盾构调头，于左线始发，盾构在秣将区间盾构工作井接收，其施工筹划图如图 3-75 所示。

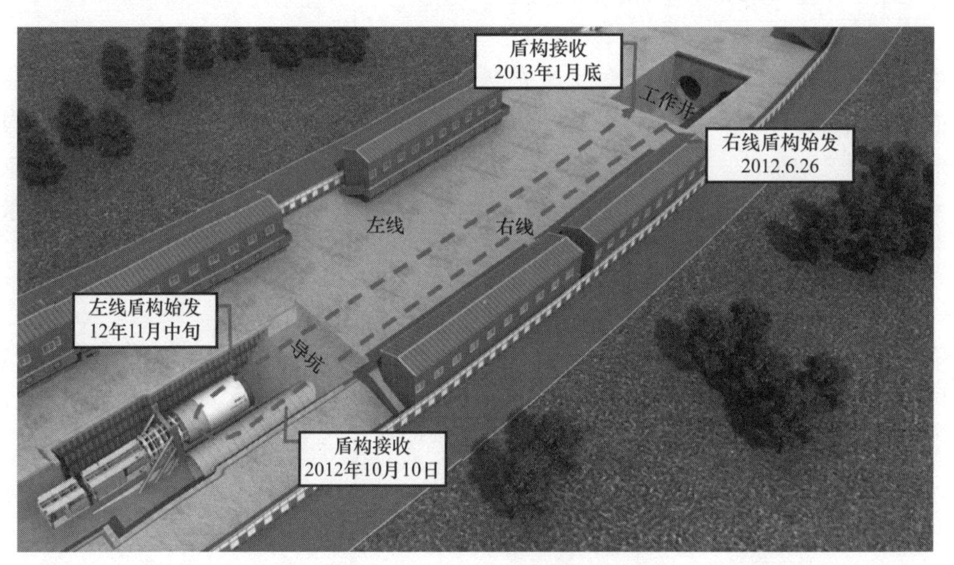

图 3-75 南京 GPST 示范工程施工筹划图

4）急曲线盾构隧道技术

随着城市的不断发展，城市功能需求越来越高，一般来说，地下隧道线路设计是在规划路网的基础上，对拟建的隧道线路的平面和竖向位置进行最佳化的布置。但是由于受规划及现有建筑物的制约，使得隧道线路的线型越来越复杂，小半径曲线隧道的应用越来越多，轨道交通建设领域因运营车辆及速度的限制，正线曲线半径设计时一般不小于 $R250$m ($R/D=38$)，辅助线路不小于 $R150$m ($R/D=23$)。但在其他施工领域，例如地下雨污水排水隧道或电力隧道，可完全不受车辆运营的限制，大大缩小隧道曲线半径，可充分发挥急曲线盾构法隧道技术的优势，减少工作井的数量，在城市密集建筑物中穿行自如，大大拓展盾构法隧道技术的应用空间。目前已形成了一系列急曲线盾构隧道的设计施工关键技术，包括急曲线隧道管片优化技术、急曲线隧道注浆综合技术、急曲线隧道稳定控制技术、急曲线隧道测量导向技术和急曲线隧道施工环境影响控制技术等。

【案例 30】　上海桃浦污水处理厂初期雨水调蓄工程

上述完整技术将在上海桃浦污水处理厂初期雨水调蓄工程 1.4 标项目中试点应用。桃浦污水处理厂初期雨水调蓄工程盾构区间主线及盾构井均位于上海市普陀区闹市区内，涉及多条曹杨、真如城区繁忙道路。该工程由上海市城市建设设计研究总院（集团）有限公司设计，上海隧道工程有限公司和上海建工集团股份有限公司施工。以 TP1.4 标为例（图 3-76），工程包括：1 座盾构井、2 座顶管井及 6 座入流井。其盾构井施工边界条件中涉及地下市政管线、通行交通道路及临近基坑周边建筑、居住楼宇，均对本工程主要线路施工造成不利影响。故取消除 DG9 外的其他盾构井，转角井部位采用小曲率盾构设备，采用一次推进完成盾构段 DG9～DG2。盾构段 DG9～DG2 区间长度约 3211m，最小平面曲线半径 R65m，最大纵坡 1‰，隧道内底标高－23.3～－32.9m，主要涉及土层为$⑤_1$黏土、$⑤_3$粉质黏土、$⑤_{4t}$灰砂质粉土、$⑥_1$粉质黏土、$⑦_1$砂质粉土、$⑦_2$粉砂。

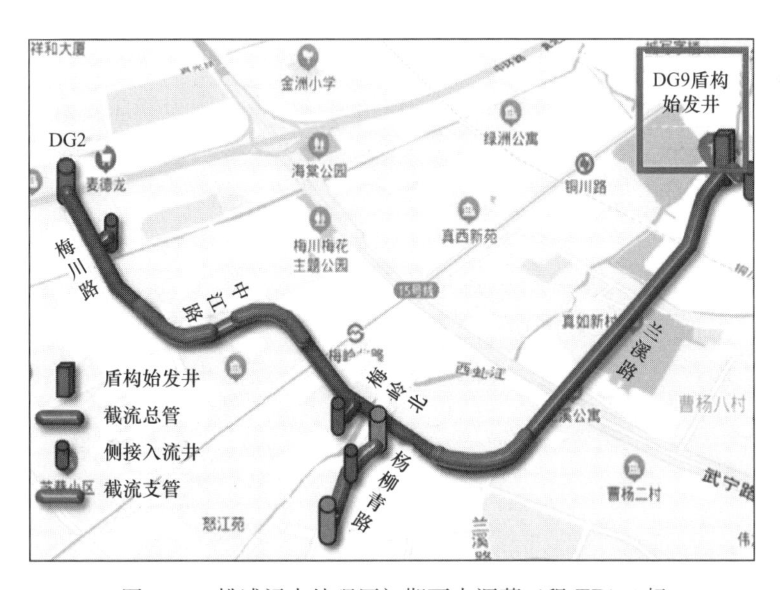

图 3-76　桃浦污水处理厂初期雨水调蓄工程 TP1.4 标

5）智能盾构法技术

智能盾构（Intelligent Tunnel Boring Machine，ITBM）泛指智能盾构技术和智能盾构系统，它是人工智能技术和盾构技术相结合后的产物。自动巡航最主要的特点是兼具决策和控制两个功能，因此盾构在连续自主掘进过程中，并不需要人工干预，就能按照设计需求，低扰动地穿越土层，形成准确的隧道轴线。上海隧道工程有限公司多年来持续在该领域进行研发投入与创新，并在一系列关键技术中取得突破。

（1）盾构自动掘进大数据系统平台和信息处理

基于盾构远程控制自动掘进的数据需求，开发数据中心和系统平台，开展盾构法隧道施工数据采集接口和标准化研究，实现不同类型、多台次盾构隧道施工数据采集的要求。基于大数据的微工况识别技术和基于元特征的异常发现在线算法，采用数据挖掘方法，利用隧道股份管控中心数据仓库中所拥有的海量历史工程信息，对盾构法隧道掘进工况进行聚类，为智能盾构推进过程能够基于实时工况特征进行掘进模式选择和实时的异常状态发现提供基础。

（2）面向无人驾驶的盾构智能控制体系

借鉴人类行为学模型，对无人驾驶的目标根据难度进行了拆分，在分析了子目标的特点和相互关系基础上，构架了感知层、执行层、规划层和策略层的四层架构体系，并设计了相应的处理模块。根据各子目标对应的任务特点，创新提出了从归纳、演绎和溯因推理的角度进行控制与决策模型设计，完成了首台自动巡航盾构控制系统的设计。

（3）盾构自主掘进预测与控制模型

针对盾构掘进过程中地质环境不确定、已知信息不充分的问题，充分运用地质勘探信息与盾构实时掘进参数，基于历史工程的学习，建立了完成对开挖面地质状态的精细化辨识。根据盾构运动特性、盾构当前位姿和下一阶段的隧道轴线特征，基于 LSTM、BP 和 PSO 等算法，设计了盾构轨迹规划和姿态控制模型，能够实时指导盾构沿着合理的路径，平稳准确地完成隧道掘进。根据地面沉降监测数据和盾构掘进参数，分析土体的稳定性和损失率，建立盾构地面沉降控制模型，自动调节盾构前方土压力和注浆量、注浆压力等参数，确保推进安全。

（4）盾构远程控制网络特征和保障技术

针对多个控制终端、多个数据节点和信息安全传输的需求，研究实现网络数据有序可靠传输、用户定制化的远程集控信息流管理、多路径的可靠性通信链路。针对一项功能的多条控制指令汇集到一个控制单元，研究实现近端本地控制软件实施精细控制和异地远程控制端系统级大流程控制。研究分级控制模式，合理设定远程通信指令密度，提高控制效率，避免出现不完整的控制碎片。

（5）工程案例

【案例 31】 绍兴杭绍城际铁路工程

“智驭号”无人驾驶智能盾构从 2019 年 11 月 25 日至 2020 年 10 月 28 日在绍兴杭绍城际铁路工程 SG-6 的柯华路站—笛扬路左线和柯华路站—稽柯风井区间左线两个区间隧道开展无人驾驶的现场试验。控制人员在本地或远程一键启动盾构以后，“智驭号”对盾构的刀盘驱动系统、推进系统、姿态控制系统、同步注浆系统和盾尾油脂注入系统等进行了全面的控制，实现了除管片拼装以外的主掘进过程的自动巡航（无人工干预）。“智驭号”

盾构在柯华路站至笛扬路站区间左线隧道累计连续掘进长度124.8m。与人工控制相比，“智驭号”盾构能够准确调整盾构姿态并控制地面变形，整个控制过程平稳、超调量小、对环境干扰小。姿态纠偏模型和土压平衡模型的控制性能和适应性能均达到且优于《盾构法隧道施工及验收规范》GB 50446—2017施工要求。模型适应能力强、参数调整过程短、能够快速适应不同地质和工况条件的施工要求。整个纠偏过程方向准确、纠偏力度适中、盾构姿态波动小、位姿佳。土压力设定大小适当、控制平稳、环境影响小。特别是在富水软弱土层困难地段的施工中，“智驭号”盾构优势明显，能够针对土层易触变、流变的特性，克服地层自稳性差和姿态控制困难的问题，显著提升了对盾构姿态和土体变形的控制能力。

自动巡航模型目前已被应用在上海、绍兴和南京三个城市五条区间隧道上，这些工程盾构、地层特性和周边环境特点都不相同，但是智能控制体系体现了很强的适应能力。只要在正常的软土地质情况下，智能控制系统经过1～2环的短暂调整，根据盾构设备特征和隧道设计要求，即能进入自动巡航状态，完成决策和控制的任务。

6）其他辅助技术

（1）盾构隧道同步推拼技术

随着国内外长大盾构隧道工程项目（尤其是长度10km级以上）的不断涌现，传统“推进→拼装的串联式”盾构工法的施工周期已无法满足社会与经济快速发展的需求。频繁的启停往往又是造成盾构故障的主要原因，“停停走走”的作业方式一方面考验着盾构机的工作性能，另一方面长时间的停机容易造成刀盘开挖面失稳，进而引发过度的地表沉降。上述问题都将成为制约长大盾构隧道项目可行性的关键因素，而同步推拼技术就是科学有效的解决方案。

同步推拼技术简而言之就是将管片拼装作业融入盾构掘进当中，无需停机即可实现两者的同步“推进、拼装并联”作业，理论上可显著提升长大隧道施工效率，大幅缩短施工周期，降低建造成本。

同步推拼技术，主要的技术难点在于推进—拼装同时进行的时候，拼装部位的部分油缸是缺失的。从理论的角度，盾构在掘进的过程中承受着包含刀具切削岩土的贯入阻力、刀盘正面的水土压力、盾构壳体与土层之间的摩阻力等在内的多种荷载，然而人无法准确掌握这些荷载在随机场土压力条件下的真实大小，只能以静止土压力为主进行粗略地估算。盾构司机在驾驶舱内仅通过千斤顶分区编组的方式手动控制总推力，并使总推力的分布满足盾构姿态的控制要求。但是推拼同步过程中，在部分千斤顶缺位的情况下，人无法通过复杂运算完成因推进力缺失对施工参数的动态调整。

要实现“推拼同步”高效施工，首先要解决一大“工程难题”，即在盾构掘进过程中推进系统总推力矢量如何响应地层非恒定负载，及因部分油缸回缩为管片拼装腾出空间，在部分顶力缺失情况下如何维持盾构姿态稳定（图3-77）。

同步推拼技术的概念早在硬岩隧道掘进机中得以实现，而日本从20世纪八九十年代开始就走在盾构推拼同步技术研发的前列，研发了前后盾双油缸、前盾独立转向、推力矢量控制和异型管片等4类方案。该技术在国内才刚刚起步，上海隧道工程有限公司是国内

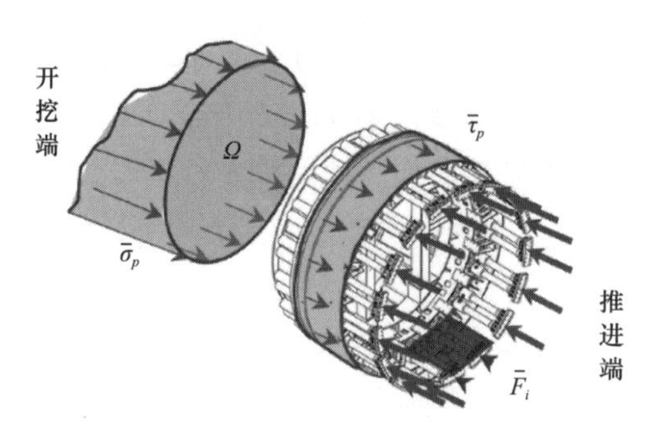

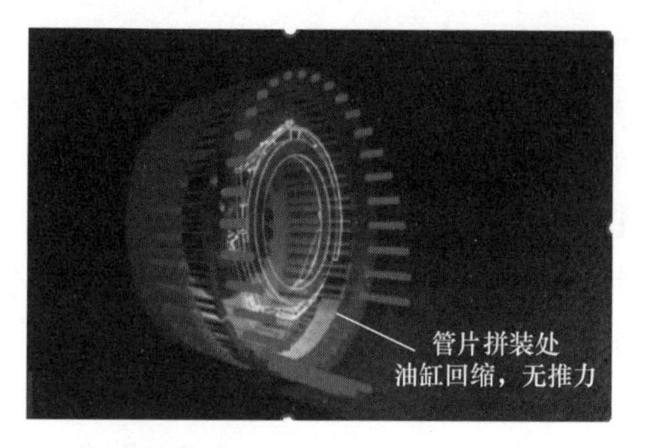

图 3-77 “双心重合”的力矢再平衡模型

较早研究该技术的企业，并率先进行工程实际应用，目前已经在上海市域铁路机场联络线3标中的2号机“骥跃号”盾构（盾构直径14.04m）中应用，随后在沪通铁路吴淞口长江隧道工程中的2台盾构（直径10.69m）均采用了同步推拼技术。

【案例 32】 上海市域铁路机场联络线 3 标

上海市域铁路机场联络线3标2号区间盾构于2021年10月始发、2022年6月完成，推拼同步全系统技术验证与算法优化升级，7月完成盾构推进270环。其中，故障停机时间整体占用率低于1%，从数据上反馈出推拼同步在减少盾构停机时长的同时，对降低盾构机故障率起到了积极的促进作用。通过对2022年7月270环的施工数据统计分析得出，盾构平均掘进速度35mm/min，平均单环盾构掘进时间57min、单环管片拼装时间为56min。采用推拼同步技术后可将传统交替推拼单环作业时长从113min缩短至82min，实测单环施工效率提升27.4%（图3-78）。

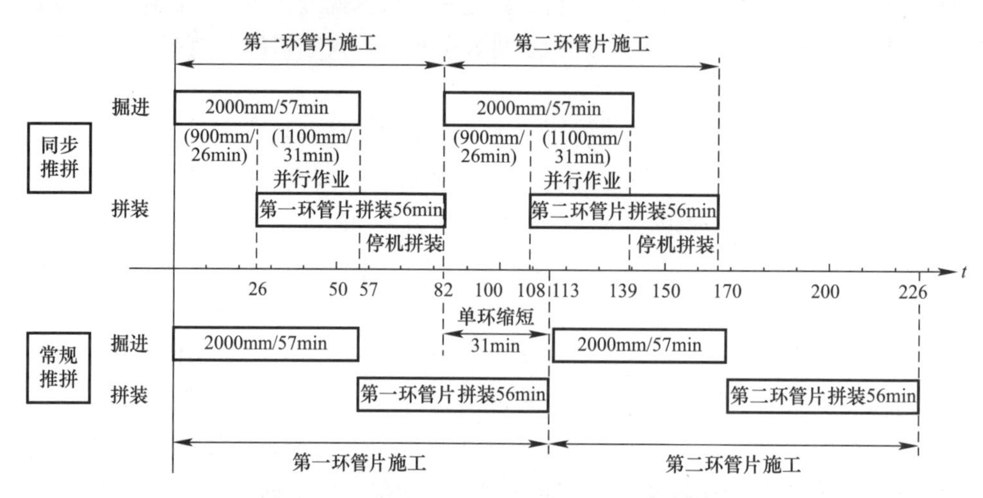

图 3-78 推拼同步实测效率提升分析示意图

（2）新型管片快速接头技术

所谓管片快速接头，指在满足隧道管片承载和变形要求的基础上，能够满足快速拼装，实现自动化施工和高精度施工所采用的环缝及纵缝的连接形式。快速连接件利用盾构机反推力来完成定位、安装过程，不需要人工进行螺栓紧固工作。基于安装要求，快速连接件的形式一般为环缝采用能够直接插入且在推力作用下自动完成公母接头咬合安装的连接系统，例如销钉连接系统，而纵缝连接件要能够配合环缝连接件来完成快速安装，例如插销式接头。

智能盾构隧道以“无人化、高效率、高质量、更安全”作为其显著特点。在盾构隧道施工中管片拼装是重要一环，国内盾构隧道管片普遍采用螺栓连接，管片由拼装机送至设计位置后，由工人穿螺栓并进行紧固作业。从管片结构形式上，管片预留的螺栓孔和作业手孔对管片的结构本体是一种削弱，同时螺栓安装与紧固完全依靠人工作业，效率低下，安全与质量保障度低。因此，国内普遍采用的螺栓连接接头形式已经成为智能盾构隧道发展的技术短板，在智能盾构隧道创新发展的过程中应优先开发出与之匹配的管片快速接头形式。

快速连接件约于 20 世纪末研发成功，欧洲根据本土的地质条件开发应用了塑料材质的销钉连接件 CONEX，之后又相继研发了 ANEX 等销钉连接件。日本在 CONEX 连接方式的基础上，开发出一系列高效快速的连接方式，如插入式接头、AS 接头、锁扣接头等，并且大量应用于工程实践之中，实现快速化施工，缩短工期。

【案例 33】　上海地铁 18 号线一期

上海地铁 18 号线一期借鉴国外隧道的成功经验，根据前期研究、调查和比较，推荐考虑采用块间锥形连接器接头、环间快速连接接头的形式。以期实现管片自动化拼装，提高拼装速度，缩短施工工期。

块间锥形连接器接头，是雄接头压入雌接头内的连接方式来代替一般的螺栓接头，是一种根据楔块原理，将管片块间强制连接的接头。该类型接头抗弯、抗剪强度大，连接便利，且无须设置手孔，大大提高了管片的整体刚度，减少了手孔等处混凝土局部受损的概率。

纵向快速连接接头，国外常用的楔入摩擦混合型连接件形式较为合理，但构件材质均为钢材且加工零部件很多，生产安装较为烦琐，故在此基础上进行改良设计。在管片环间接头面中预埋带螺纹构件，拼装下一环只要把接头杆件通过螺纹插入就可连接的接头。接头杆件一边压入，扩开带螺纹预埋件内部的螺纹，到位后螺纹反弹至空隙处，通过“倒刺”紧密咬合（图 3-79）。此种类型接头自动化拼装程度高，对管片生产、定位的精度较高。

图 3-79　纵向螺纹+“倒刺”式快速连接件实样（一）

图 3-79 纵向螺纹+“倒刺”式快速连接件实样（二）

上海地铁 18 号线沈梅路站—工作井区间隧道采用了上述快速接头形式。环向连接：利用在管片端部预留的插销式连接件进行连接，材质为球墨铸铁，屈服强度≥500MPa，保证应力≥320MPa，采用水性环氧漆涂层；纵向连接：利用双头带丝的插入式连接件进行连接，材质为高强钢筋外裹复合材料，抗拉承载力≥90kN，抗剪承载力≥180kN；环向连接件与纵向连接件拼装允差≤1.5mm，拼装精度要求高，且纵向连接为单向连接，管片一经拼装则无法拆除。施工过程中对施工人员的技能和设备精度提出了更高的要求，同时大幅度提高了施工质量。

盾构于 2018 年 12 月 15 日顺利始发，12 月 17 日完成负环及过渡环的拼装，12 月 18 日开始新型快速连接件正环管片错缝拼装，2019 年 1 月 18 日完成首推 100 环。2019 年 7 月 6 日完成联络通道处钢管片拼装，2019 年 8 月 6 日隧道顺利贯通，共计掘进 909 环，其中 6 环为标准环钢管片，903 环为新型管片。

（3）盾构隧道自动测量技术

① 免换站盾构导向系统

近年来国内的盾构装备和施工技术水平发展迅猛，与国际先进水平的差距迅速缩小。许多成熟先进的国产自动化测控技术均运用于盾构施工中，然而，目前所有的导向系统均不是一次安装后就可以服务整条隧道的推进，过程中 50m 左右就需要人工进行换台工作，耗费大量的时间、材料和人工，同时，在换台的过程中盾构是无法掘进施工的，这也大大降低了盾构推进的施工效率。测量台在换台中较容易发生错误，另外目前所有的导向系统在复合地层施工中，始终无法克服由于盾尾后部管片位移引起测量台失稳而造成测量数据错误的问题，只有不断采用人工复核的方法来减少错误数据对施工的误导。

由上海隧道工程有限公司研发的先锋系列免换站盾构导向系统（图 3-80），把测台和自动全站仪安装于车架上，应用先进的测台动态定位算法，实现测台在盾构快速掘进中的高精度定位。之后结合自动全站仪的观测数据，解算激光靶感应的入射角度，进而解算出激光靶的坐标、方位和坡度，再根据安装参数推算盾构姿态从而实现盾构姿态自动测量。系统创新实现了免换站盾构导向，首创全隧道导向免换测台，提高了盾构施工功效还克服了管片位移的干扰。另外系统创新研发的高集成度、高精度激光靶具有宽入射角激光感应功能（由传统的 8 度提高到 25 度），使得免换站盾构导向系统即使在急曲线（转弯半径为 80M 左右）中也可以应用。

该系统先后在上海龙水南路隧道及南京地铁 TA03 标某区间进行实际应用，系统观测

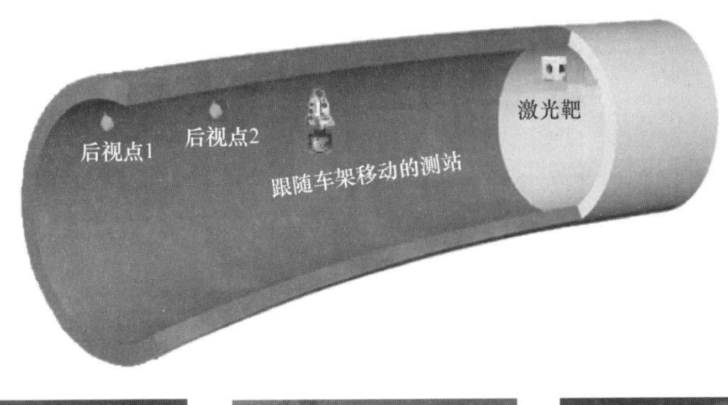

图 3-80　免换站盾构导向系统示意图及现场安装图片

的盾构姿态精度小于±10mm，很好地指导了盾构掘进施工。另外，该系统还具备盾尾间隙自动测量、管片纠偏选型、管片沉降监测等功能，为盾构安全、高效施工提供了充分的数据保障。

② 点云扫描式自动监测系统

由上海隧道工程有限公司研发的自动扫描式地表沉降监测系统就是该类方法的代表。该系统主要用于对盾构隧道施工中的地表沉降点的自动化监测。在盾构掘进轴线的地表适当位置，建立扫描型全站仪的工作点，每个工作点负责监测 100m 内的盾构影响区域，在盾构掘进通过当前区域后，将扫描型全站仪移动至下一工作点，各工作点交替前进，完成全线的地表沉降监测。当盾构在监测区域掘进时，系统运用点云扫描处理技术和特制的深层测点相结合，同时利用粗差剔除算法，既可以自动获取沉降面的点云数据又可以获取高精度的深层沉降点的沉降数据和平面坐标，最后通过算法与盾构掘进关联，生成直观的盾构掘进与沉降关联界面。

如图 3-81 所示，自动监测系统选用最高 0.6mm 的扫描精度和 1000Hz 的高速点云采集速度的徕卡 MS60 全站扫描仪作为主要监测设备，采用无线路由器配合 4G 流量卡提供网络，平坦地表测点采用专门设计，便于系统识别的深层测点形式，在无反射条件的地表采用 L 形棱镜作为照准目标。

该套自动扫描式地表沉降监测系统，在紧邻测站的 100m 范围内，能够以最高 15min/测回的监测频率对地表监测点进行 1.2mm 精度的沉降监测。自动扫描式地表沉降监测

图 3-81　移动式测站及扫描型全站仪和专用测点

系统在涉及非接触测量的环境中有巨大优势，如机场跑道、城市主干道等人员不易到达的重点区域。

2. 顶管技术

1）大断面圆形顶管

顶管的断面主要取决于功能需要和吊装能力，断面过大给吊装和运输带来一定的难度，一般钢筋混凝土顶管的内直径都控制在 3.5m 以内。然而，近年来也建设了超过 3.5m 直径的顶管工程。2017 年 4 月正式投入运营的上海市污水治理白龙港片区南线输送干线完善工程采用当时国内口径最大的钢筋混凝土管。该项目主要建设内容为长约 26.21km 的污水输送干管，采用顶管法敷设平行双管，顶管为内径为 4.0m，外径为 4.64m。每段顶管的顶距一般为 1.0km，最长为 1.3km。2017 年正式通水的上海黄浦江上游水源地原水工程采用直径 DN4000 和 DN3600 钢管节进行了顶管施工。另外，2023 年南京燕子矶新城综合管廊项目进行了全国最大断面圆形顶管的顺利顶推，全长 1180m，内直径达到了 4.5m。在 4～5m 直径方面，大断面顶管相比盾构还是存在一定的优势，大断面顶管的发展仍然有较可观的空间。

2）大断面矩形顶管

（1）矩形顶管技术

我国的矩形隧道技术也紧随日本起步于 1995 年，以上海企业为首，开始了矩形顶管隧道技术的研发。20 世纪末，上海隧道工程股份有限公司研发了矩形顶管及施工技术，运用研制的 2.5m×2.5m 可变网格式矩形顶管掘进机试验了 60m 隧道；随后研制的 3.8m×3.8m 组合刀盘式矩形顶管掘进机成功应用于地铁车站出入口、地下连通道等工程领域。2005 年至 2010 年期间，隧道公司相继开发研制了 6m×4m 偏心多轴式、6.9m×4.2m 三刀盘组合式、6.9m×4.2m 行星刀盘式土压平衡矩形顶管掘进机，并完成了近 30 条矩形隧道，突破了组合刀盘矩形隧道的全断面切削。

2010 年后，矩形隧道向着大断面的方向发展，上海隧道工程股份有限公司也在这一阶段突破了超大断面掘进机整机研制技术，研制了断面为 10.4m×7.5m 的矩形顶管机，应用于郑州中州大道下穿隧道项目，这台设备的开挖断面达到近 $80m^2$，为当时世界最大。后续，大断面矩形顶管也在全国首个大断面矩形顶管工艺车站主体工程——上海轨道交通 14 号线静安寺站中得到应用。

2018 年长宁区勾连地道工程采用了 10.4m×7.4m 的顶管，是当时上海最大的矩形顶管，其后上海的矩形顶管进入飞速发展期，大断面长距离顶管不断出现，应用范围也从以前的人行地道拓宽到车行地道、地铁车站、大断面的综合管廊等各种领域。比如 9.8m×6.3m 顶管应用于双车道地道（上海淞沪路—三门路下立交工程），9.9m×8.153m 应用于双车道地道（上海市陆翔路—祁连山路贯通工程），10.4m×7.4m 应用于双车道地道（裕民南路地道），10.06m×5.26m 应用于双车道地道（卓闻路隧道下穿川杨河），9.9m×8.7m 应用于地铁车站（14 号线静安寺站），14.82m×9.446m 应用于三车道地道（嘉兴快速路）。未来随着装备制造和工法研究水平进一步提高，必将迎来更大断面的矩形顶管机。

目前大断面矩形顶管的最大顶进长度是 445m（上海市陆翔路—祁连山路贯通工程），随着中继间、测量导向系统、注浆减摩技术、排渣系统、刀盘切削系统、推进系统、出土输送系统等一系列技术的突破，现有的一次性顶进距离将不断刷新。

多条顶管组合的项目越来越多，组合顶管的净距不断突破，如上海裕民南路下穿 G1503 地道组合顶管净距为 2.4m，上海轨道 14 号线静安寺站下方两个并行 9.9m×8.7m 钢混组合矩形顶管净距 2m，随着建设用地的限制，下阶段对组合顶管类项目的净距必将提出更高的要求。

随着城市地下空间的不断开发，项目面临的周边环境越来越复杂，顶管下穿或侧穿重要建构筑物的需求越来越多，净距也在不断突破。淞沪路—三门路下立交顶管下穿 9.85m×4.44m 合流污水箱涵，净距为 4m。日月光一二期顶管连通道下穿 ϕ2700 合流管，净距 2m。临港顶管连通道下穿已建综合管廊，净距为 1m。

受功能需求要求，顶管向浅埋深发展，目前覆土 4～5m 的顶管陆续出现，上海市陆翔路-祁连山路贯通工程顶管非过河段最浅覆土 2.4m，实现了超浅覆土下穿 S20 外环高速无中断运营施工，超浅覆土下穿顾村公园有轨电车无中断运营施工，预计未来会有更重大的突破。近年来发展起来的矩形顶管关键技术包括：

① 富水软土地层条件下超大断面矩形顶管施工工艺

采用 10.4m×7.5m 超大断面矩形顶管在长宁区临空核心四街坊地下人行勾连工程中进行工艺验证试验与应用，对该工艺在富水软土地层中隧道建造的技术可行性进行综合分析，特别针对施工对周围地层扰动及建（构）筑物影响规律进行研究，掌握了超大断面矩形顶管工艺施工质量与安全控制技术，形成可行性技术。

② 超大断面矩形顶管施工环境影响规律及保护控制技术

结合数值模拟分析与现场监测分析，针对性提出建（构）筑物保护针对性措施，成环隧道稳定性控制措施，掌握不同断面（长宽比）顶管施工地层损失率规律。通过开挖面稳定控制、减摩泥浆工艺控制、动态跟踪补偿注浆控制、泥浆固化等措施研究，达到有效控制顶管施工地面沉降及周边建（构）筑物变形的目的。针对液化地层条件下进行超大断面矩形顶管施工中存在的开挖面稳定控制难、地表沉降大、顶进轴线控制难、成环隧道结构不稳定等问题，从液化地层改良、顶进注浆、进出洞风险控制等方面掌握液化地层超大断面矩形顶管施工控制技术及工艺措施。

③ 适应不同交通设施构建需求的大断面矩形顶管特殊施工工艺

首次在超大断面矩形顶管中使用拼装式管节技术，对分体拼装式管节拼装平台进行整体设计、加工与应用研究，从功能上满足拼装试验及施工要求。并通过实际工程应用，不断提高与优化分体拼装式管节的拼装精度、质量与施工效率，形成拼装工艺，掌握适应不同断面及形式管节的新型翻身吊具应用工艺。开发了一套用于顶管施工中隧道轴线实时测量的自动化监测系统，并实现施工全过程施工数据的远程管理和监控应用。

④ 超大直径矩形顶管施工关键技术固化

通过大量工程应用及试验研究，对超大直径矩形顶管施工中土体改良、轴线姿态及转角控制、洞门动态止水保压控制、减摩工艺、固化工艺、防背土工艺、管节止退控制等关键技术进行整理优化，形成操作规程。

（2）工程案例

【案例 34】 上海轨道交通 14 号线静安寺站

上海地铁 14 号线静安寺站位于以千年古刹静安寺为核心的商务和文化活动区域，车站为地下三层结构，长 230m、宽 21m、深 26m，沿华山路南北向布置，并穿越延安路。本站与延安路北侧已建的 2 号线、7 号线静安寺站形成三线换乘枢纽。

车站所处地层为承载力低、灵敏度高的饱和软土层，且周边环境复杂，既有承载了上海记忆的石库门建筑群、老上海天桥，也有摩天大厦高楼群。车站穿越的延安西路和延安高架路为上海唯一一条沿东西向穿越市中心的城市快速路，道路下方有水、电、煤气等各类市政管线 54 根，直接影响 300 万居民的日常生活。延安路桥下老上海天桥净空高仅 5.6m，桥墩下部桩基至车站最小净距仅 5.3m。

车站若采用明挖施工，周边交通将无法承受，同时工期将大大延长，为保障车站上方的城市主动脉——延安高架的正常通行，决定对车站实施“微创手术”——在车站两端明挖，中段则用非开挖顶管技术施工，实现了不封路、不影响道路运行、非开挖建造车站的目标，这也是全国首次应用大断面矩形顶管工艺建造车站主体的案例。

该工程针对密集城区地铁车站穿越繁忙交通干线、城市生命线管网及重要建（构）筑物等难题，提出采用多顶管隧道群修建大型地下车站，即上部采用一个 9.5m×4.88m 钢筋混凝土矩形顶管作为站厅层，联通两端客流的通行，下部两个并行 9.9m×8.7m 钢混组合矩形顶管作为侧式站台，与两端站台贯通，解决了中心城区施工受限与车站功能保障两大难题，创新了地铁车站设计的新方法。建设团队通过联合攻关，在施工装备、工艺、控制技术和结构设计等方面形成了创新技术，创立了在中心城区明挖受限条件下地铁车站建设的新方法，建成了中国第一座采用多顶管法施作的地铁车站，节省管线搬迁费用 1.6 亿元，缩短工期 20 个月，保证了城市主干道施工期不受影响，保护了具有城市记忆特征的历史建筑。矩形顶管效果图及剖面图如图3-82所示。

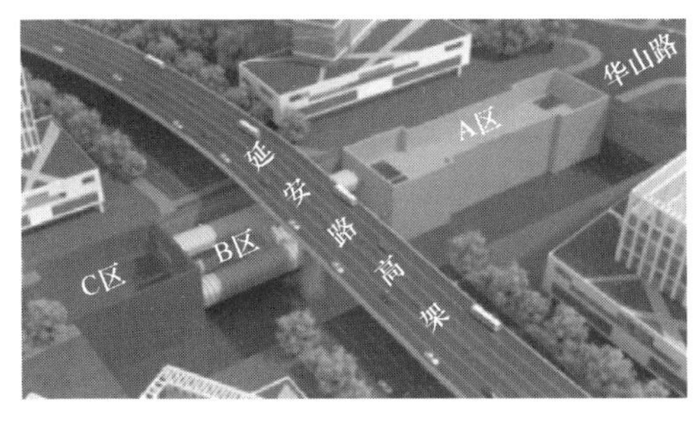

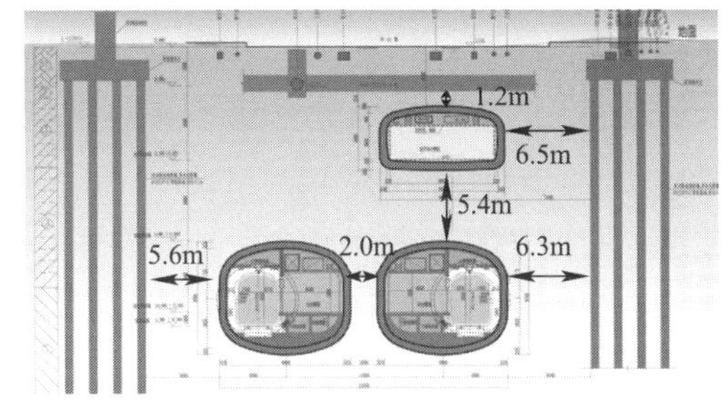

图3-82　上海地铁14号线静安寺站顶管效果图及剖面图

本项目采用大断面、小间距交叠顶进，站台层的2根大顶管近距离施工，是引起周边建（构）筑物变形的主要因素，整个施工过程对周边环境的影响均在2cm以下的可控范围。下部两个并行钢混顶管组成的侧式站台通过四个联络通道进行沟通，以便转向乘客行走，联络通道采用冻结法施工。

项目由上海市城市建设设计研究总院（集团）有限公司设计，已于2021年1月实现顶管贯通，并斩获了2022年第八届国际隧道协会（ITA）颁发的年度唯一一项超越工程奖，施工现场照片见图3-83。

图3-83　上海地铁14号线静安寺站顶管施工现场照片

【案例35】　裕民南路下穿G1503绕城高速地道工程

裕民南路下穿G1503地道工程位于嘉定工业区和嘉定新城（马陆镇），裕民南路为嘉定新城中心区南北向道路，现状在G1503绕城高速公路两侧断头，本次项目建设目标为打通南北断头路、穿越G1503地面道路，满足嘉定新城城市交通发展的需求。

工程由北向南依次下穿回城南路、G1503 高速及城固路，全长约 760m，包含一条双向两车道车行地道及两条人非地道，道路等级为城市支路。该项目的建设对于加强嘉定新、老城交通联系，推进新、老城联动发展具有重要意义，是嘉定区重大项目、实事工程。

为确保地道施工期间 G1503 高速的正常运营，下穿高速范围内车行及人非地道皆采用顶管施工。工程包含一条 10.4m×7.5m 类矩形车行大顶管及两条 6.9m×4.2m 矩形人非小顶管，顶进长度 60m，属于三排近间距大断面矩形顶管施工工程，下穿高速公路、施工通道多、截面面积大多增加了顶管施工难度，也是上海市首个高速公路下穿地道工程，施工现场及效果图如图 3-84 所示。顶管施工期间，现状 G1503 地表累计沉降控制在 1cm 以内，高质量地完成了地道施工对周边现状构筑物环境保护的计划，为后续下穿重要城市道路项目的设计提供了经验与参考。

图 3-84　裕民南路顶管施工现场航拍图及顶管效果图

工程需下穿西气东输 Φ800 燃气管，需进行原位保护，建设过程中各单位通力协作、克服万难，采取切实可行的专项方案确保施工期间对于管道的影响可控。工程先施工明挖段地道，利用始发井后方已施工的主体结构提供后靠顶力，解决了传统工程始发井后方区域需待顶管顶进完成方可施工的难题，既提高工期又节约造价。在小小的地道顶管井位置，地下布置了车行道地道、2 条人非地道、雨水泵站，地上布置了变电所，土地的集约化利用也很好地诠释了“螺蛳壳里做道场”。

【案例 36】　临港新城主城区 WNW-A1-2-1 地块与 WNW-A1-12-1 地块连通道

该连通道为车库与车库之间的车行联络通道，用于满足车辆双向通行需求。连通道下穿云鹏路，道路下为已施工的云鹏路综合管廊，为减少施工对管廊的影响，连通道采用顶管法施工，东、西通道顶管段长度分别为 37.45m 和 40.5m，顶管结构外包尺寸 7.0m×4.3m，结构净宽 6.0m，结构净高 3.3m，壁厚为 0.5m。连通道位于地下二层，结构埋深约 7.2m，纵断面见图 3-85。

本项目不单独设置工作井，工作井与地块相结合。通过在顶板、B1 板开洞完成设备及管节的吊装，通过在底板设置后靠背完成顶力的传递。项目采用顶管法施工，最大限度减少了对地面交通及社会管线的影响。从加快工期、节约造价的角度出发，本项目未单独

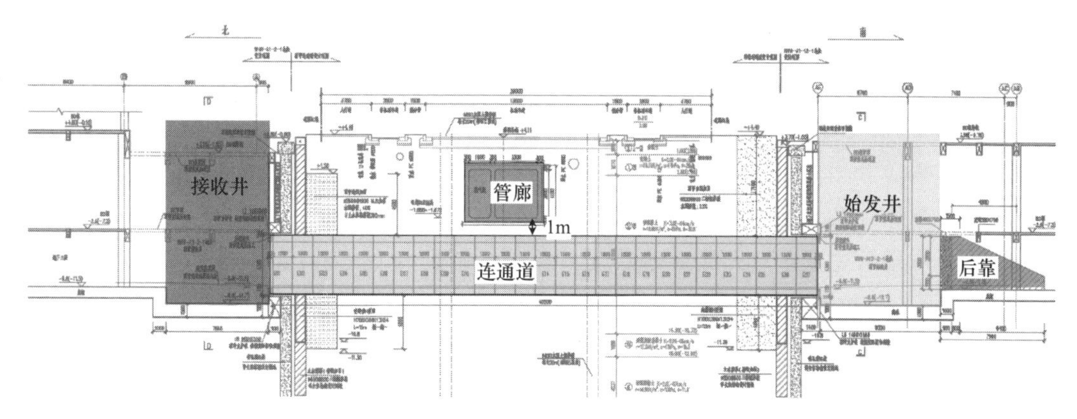

图 3-85　连通道纵断面图

设置工作井，工作井与地块相结合。通过在结构板开洞完成设备及管节的吊装，通过在底板设置后靠背完成顶力的传递，创新了连通道的设计方法，为后续相关工程提供了新的设计思路。顶管下穿已建的云鹃路综合管廊，与顶管通道竖向净距仅1m。顶管施工过程中，需要对综合管廊进行重点保护，严格控制顶进施工过程中的管廊结构隆沉，确保其安全。通过各方通力协作，及时分析周边建（构）筑物变形监测数据，动态调整掘进速度、注浆压力等施工参数，保证了顶管结构顺利贯通。同时，综合管廊结构得到了有效的保护（综合管廊变形小于10mm），顶管施工对周边环境的影响控制指标均达到预期效果。本项目于2022年初顶管顺利贯通。

3. 管幕技术

1）管幕法

管幕法有其独特的技术优点，在地下空间暗挖开发利用中得到广泛应用。由顶管机将钢管排顶入土中，各单管之间依靠锁扣连接并注入止水材料隔断周围水土，并形成支护体系。该方法对于止水效果与钢管之间的横向连接要求较高，因此大多数管幕工程是在砂土、卵石或岩层等较为理想的地质条件下完成施工。

然而以上海为代表的饱和软土地区，其土体含水量大、孔隙比高、固结沉降时间长、流变塑性显著、工程地质条件复杂，给管幕法施工带来极大困难，近年来多采用管幕—箱涵相结合的方式进行浅埋地下工程施工。但是，随着城市快速发展，土地供应日趋紧张，施工现场无法提供箱涵制作及顶推的场地，因此，现阶段管幕技术对施工空间、管节间的止水效果以及对周围饱和软土地层的控制提出了更高要求。

2015年，在虹桥能源管沟进行管幕验证性施工。该试验工程管幕直径1000mm，顶进长度为30m，在浅覆土下模拟了多种管幕接头工况，顶进完成后彻底开挖暴露，并进行锁扣耐压实测试验，实测值达到0.2MPa。沿垂直和水平方向切割了数个断面检查，证实了各类锁扣均连接紧密。

【案例37】　上海轨道交通14号线桂桥路站

2017年，上海轨道交通14号线桂桥路站，采用管幕法的顶管施工顺利完成，标志着管幕法施工技术在地铁车站建设中得以应用（图3-86）。为了确保管幕顶进过程相邻钢管有效连接和隔离内外水土，在管幕钢管上设计雌雄接口锁扣，其中雌接口为T形子扣，雄接口为门式母扣，材质均为Q345b，在顶进同时锁扣间填充密封油脂，油脂抗渗压力可达0.2MPa，实现顶进过程锁扣纵向止水。针对流变塑性显著的上海软富水地层，对管幕内土体进行水平MJS工法加固。工程采用机器人、扒渣机、自卸式土方运输车和含顶力设备的叉车按分舱分层、随挖随撑方式开挖管幕内土体，减小开挖土方坡度，避免了开挖面坍塌。其管幕顶管完成100m的顶进，施工轴线偏差控制在±30mm以内，地面沉降控制在5mm以内，轨道交通14号线桂桥路附属管幕法工程的顶管施工圆满完成，为上海软土地区管幕暗挖法试验工程迈出坚实一步。其总顶进里程5346m，顶管进出洞52次，钢管幕拼接988次，焊缝检测177次，轴线偏差控制在4cm，单管节精细化工效控制在8h。

图3-86　管幕法在上海轨道交通14号线桂桥路站应用

【案例38】　上海田林路下穿快速路工程

2018年，田林路下穿快速路工程，在总结中环线北虹路地道施工经验的基础上，结合田林路特色，采用超大管幕—箱涵工艺穿越中环线，穿越长度86m，共顶进Φ800钢管62根，单根顶进长度86m，总计5332m，历时14个月全线结构贯通；面对箱涵穿越中环线过程中，交通不封闭，对路面沉降及变形要求较高难题，采用封闭式土压平衡掘进机，提高了变形控制能力。针对箱涵顶进单位出土量大的问题，采用后方暗埋段输送带连续接力出土，并采用暗埋段作为箱涵顶进后靠结构，保证了项目顺利实施。最终，高架地面沉降不到10mm；中环线无一次因地道施工受影响。施工现场照片见图3-87。

图3-87　管幕法在田林路下穿快速路工程中的应用

2）束合结构（UBIT）暗挖新工法

束合结构（UBIT）工法结合了预应力技术和顶管技术，通过横向张拉预应力筋，将纵向顶进的离散的、小断面方钢管束合成可横向受力的整体结构，是一种创新型的绿色环保暗挖新工法。如图 3-88 所示，其施工步序主要包括：

（1）管节纵向顶进。以锁扣作为定位措施，利用小断面矩形顶管机顶进标准管和角部的工具管。管节纵向需根据始发井施工空间采用分段焊接方式连接。顶进完成后，在锁扣内充填油脂。利用高压喷射水枪清理干净管节内及管节间隙内的土体。

（2）横向穿波纹管与标准管内及管节间浇筑混凝土。利用标准管与工具管腹板预留的贯穿孔，横向穿后张法用波纹管。对除角部工具管操作空间以外的所有管节内、管节间隙填充混凝土。

（3）穿设与张拉预应力筋。混凝土强度达到设计要求后，利用波纹管依次穿入预应力筋，端部安装锚具，横向张拉预应力筋并锚固。张拉时应尽量保持对称、平衡、逐级到位，避免由于单侧张拉而导致偏载。

（4）浇筑工具管内混凝土与土体开挖。预应力筋张拉锚固完成后，浇筑 4 个角部工具管内混凝土，混凝土强度达到设计要求后，形成可横向整体受力，兼做永久结构的暗挖超前支护，不再另设临时钢支撑与土体加固，全断面开挖内部土体。

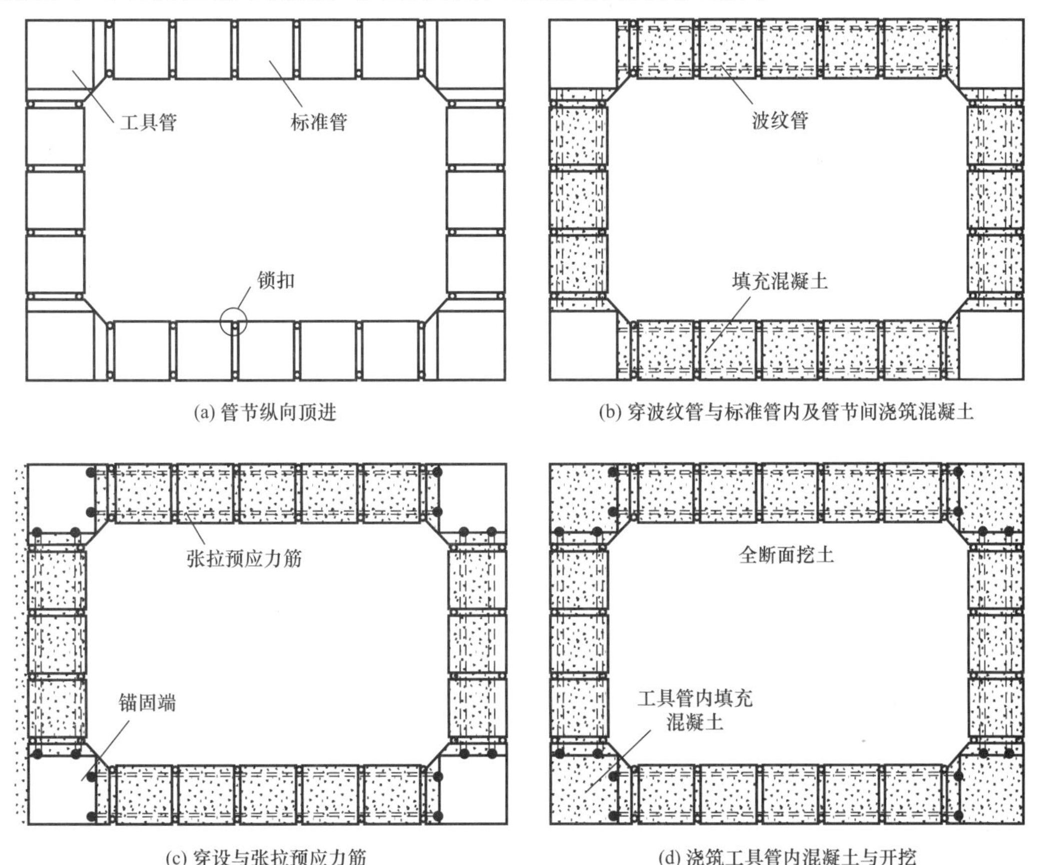

图 3-88　束合结构施工步骤

【案例 39】 上海地铁 14 号线武定路站 1 号出入口通道

上海地铁 14 号线武定路站 1 号出入口通道进行了束合结构应用（图 3-89），束合结构段长 15.3m，下穿武定路，结构内净尺寸 6.4m×4.2m，覆土约 4m 束合结构由 4 根 1.4×1.4m 和 16 根 1×1m 方顶管管节组成。工程于 2021 年 5 月 2 日开始施工，90d 完成束合结构施工，全断面挖土 6d 实现贯通，总工期 96d。

图 3-89 武定路站 1 号出入口通道 UBIT 工程

20 根顶管顶进共用时 68d，完成了 40 次进出洞，100 次管节对接，顶管顶进精度控制在 2cm 以内；管节间的 40 个锁扣环环相扣，无渗漏水；束合结构顶部 1.5m 处的 18 孔 11 万伏电力箱涵沉降控制在 1cm 以内。挖土贯通后，从内部观察，接缝内侧干燥，无渗漏水现象，且内壁平整、错台较小，不再另设混凝土内衬结构。

该技术具有超浅覆土+任意断面+无需支撑+永临结合等特点的束合结构工法在武定路站出入口通道的应用成功，为将来暗挖建造建筑功能“无损化”，具备大空间、适应大客流的车站，开辟了一条新路。

3.2.3 预制装配技术

预制装配技术是建筑及市政工程领域绿色、优质、高效的一项工业化建造技术。钢筋混凝土的预制装配技术已逐渐应用于住宅、桥梁、市政等工程领域，然而在地下工程领域的发展还存在一定的挑战。例如，盾构隧道内部结构需要在有限空间内进行装配作业，并影响盾构的正常掘进。在明挖隧道方面，需要克服接缝过多和拼装力不足带来的防水难题。

传统的盾构法隧道采用预制管片结构与现浇内部结构相结合，由于隧道内部空间狭小，现浇模筑法施工效率低，不利于节省建设工期。而预制结构采用流水线作业与机械化施工，标准化程度高且精度好，有效加快施工进度。因此，城市道路隧道采用预制装配技术，近年来已成为趋势，建设了虹梅南路越江隧道烟道板预制、诸光路隧道车道板预制、武宁路地道预制试验段等代表性工程。

1. 隧道预制装配技术

1）盾构隧道内部结构预制装配技术

为了加快施工速度，盾构隧道多采用预制口型构件来加快施工速度，上海长江西路隧道、虹梅南路越江隧道均采用了口型构件、预制烟道板的方法来加快施工速度。根据总体功能及设备的要求，单层车道的隧道内部空间从上至下，可分为 3 层，分别为排烟道层、车道层、车道下层，双层车道的隧道内部空间从上至下，可分为 4 层，分别为排烟道层、上车道层、下车道层、车道下层（图 3-90）。隧道内部结构构件主要有烟道板及牛腿、车道板、墙或柱、基座、防撞墙、口字件或 π 型件等。

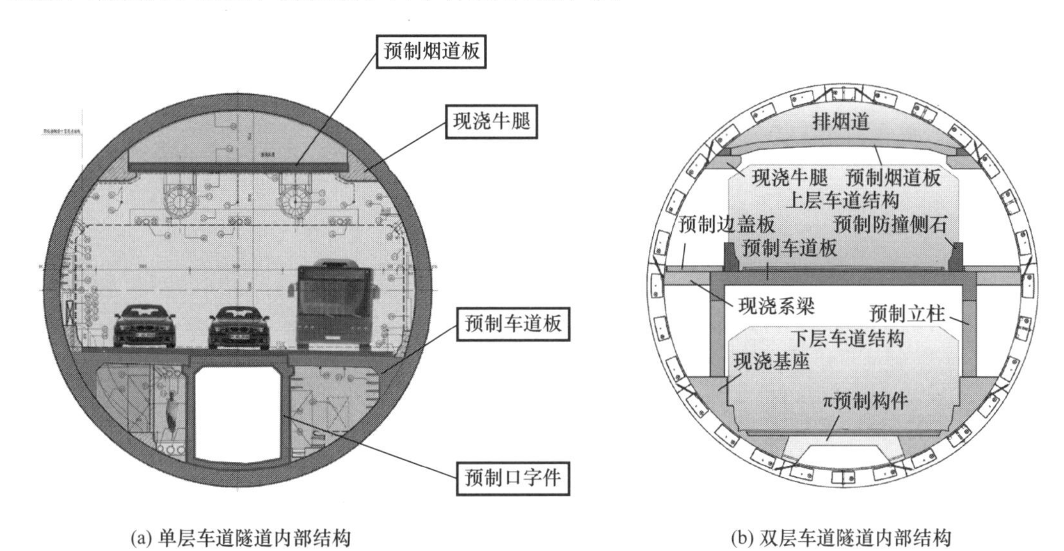

(a) 单层车道隧道内部结构　　(b) 双层车道隧道内部结构

图 3-90　常见单、双层隧道断面布置图

（1）烟道板预制

烟道板采用预制装配技术的重点是接缝密封质量。以虹梅南路隧道为例，提出了保证整体密封性能的预制烟道板结构（图 3-91）。预制烟道板块间设置角缝和丁腈软木橡胶垫，角缝内填充聚丙烯纤维，确保连接处密封。

图 3-91　预制烟道板安装实景图

在沿江通道越江隧道项目，根据项目特点对传统生产工艺进行了一系列改进，包含模板系统改进、翻身起吊系统改进、养护系统改进等。同时创新研发隧道内基于叉车的构件装配系统，提高了装配效率。

（2）车道板预制

对于双层车道隧道中，预制装配的关键在于上层车道板的安装和连接。上海诸光路隧道首次进行了双层结构的预制装配。隧道最下层采用预制 π 型构件＋两侧回填素混凝土作为路面结构基层，在隧道掘进期间 π 型构件作为纵向运输的通道。下层车道层两侧是现浇基座和防撞，基座的顶端预留钢筋与预制的立柱进行套筒连接。隧道的上层车道板设计成 n 字型，即梁板一体，每块预制件安装在四根预制柱上，车道板之间设置湿接头进行刚性连接。

【案例 40】　上海诸光路隧道项目

针对圆隧道内部结构预制拼装工艺，诸光路隧道项目建立了隧道内双层结构预制构件成套标准化生产技术，预制构件全部采用工厂化生产，在隧道内进行拼装，预制率达90%以上。此外，通过研制隧道内部结构预制装配构件安装的专用设备，形成了配套隧道狭小空间内构件高精度拼装技术（图3-92）。

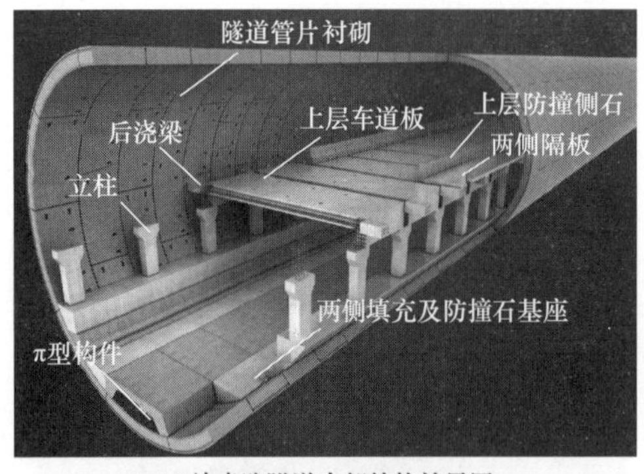

(a) 诸光路隧道内部结构效果图

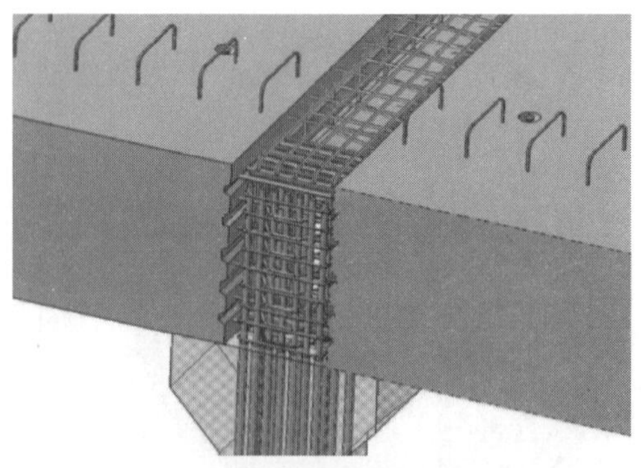

(b) 接头示意图

(c) 立柱安装实景图

(d) 上层车道板安装实景图

图3-92　诸光路地道内部结构预制拼装

（3）中隔墙预制、下部弧形构件

上海市轨道交通16号线地下区间首次采用内径为10.4m并设置中隔墙的“单洞双线”大断面盾构隧道。除了传统口型件进行预制外，中隔墙也采用预制拼装工艺（图3-93）。隔墙高度约7.8m，标准宽度0.3m，延隧道长方向每块宽1.5m。

在16号线预制拼装技术的基础上，市域机场联络线工程中应用了弧形段与口型件整体预制工艺（图3-94），使全预制拼装技术进一步得到了推广，预制率近95%。下部弧形构件和中隔墙均突破以往规格：弧形构件长9.5m，宽2m，高2.834m，单块重量近35t；中隔墙为T形，高9.136m，宽0.4m，墙面长2.19m，单块重量约20t。

2）明挖隧道预制装配技术

国内在明挖隧道预制装配技术方面做了一定的应用研究。例如，厦门市疏港路下穿仙岳路地下通道工程采用双孔框架结构，外尺寸19.9m×7.5m。框架结构纵向2m为一节段，水平向上下分成两个“山”字形块。基坑围护桩冠梁顶设置导轨，架设门架，将运输到现场的预制结构吊入基槽进行上下和纵向拼接施工。长春地铁2号线袁家店站共完成48m的地下结构拼装试验段，将明挖隧道的预制装配技术首次应用在地铁工程建设。

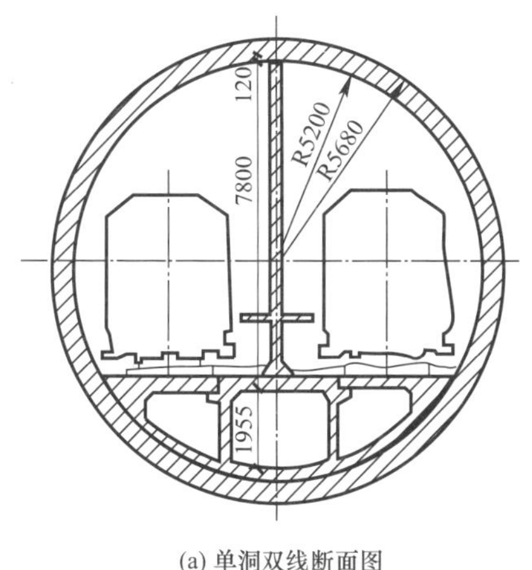

(a) 单洞双线断面图

(b) 结构贯通实景图

图 3-93 轨道交通 16 号线中隔墙预制

图 3-94 机场联络线内部结构拼装示意图及施工实景图

然而，上海地区是软土富水区域，基坑开挖过程存在大量的内支撑，限制了预制装配构件的作业空间。其次，预制构件之间存在较多接缝，不能像深埋隧道或沉管隧道一样借助外力形成密封，防水难度相对较大。因此，明挖预制装配技术应用并不广泛。这里以武宁路地道工程试验段为背景，对明挖隧道预制装配技术进行介绍。

【案例 41】 上海武宁路地道

武宁路地道位于上海市中心城区内，全线采用明挖地道的形式，隧道段总长 2.8km，设置有 2 对出入口匝道。预制装配试验段分为全预制和装配整体式两种方式进行试验，由上海市城市建设设计研究总院（集团）有限公司设计。其中，选取约 42m 长的路段作为全装配式预制拼装技术的示范段，该段建设规模为双向 4 车道，车道净空为 3.5m，为小车专用道，结构外宽 20.2m，结构总高度 6.65m，覆土约 2.3m。

构件采用上下“山”形构件拼合，预制构件环宽 2m，上下分块之间错缝拼装，纵缝采用螺栓连接，环缝采用预应力索，接缝防水采用立体超长一体式弹性密封垫，整体结构在基坑内顶推拼装成型（图 3-95）。预制构件最大单块重量约 140t，采用 350t 履带起重机在基坑内拼装成环，通过两两临时预应力张拉和整体永久预应力紧固形成整体。

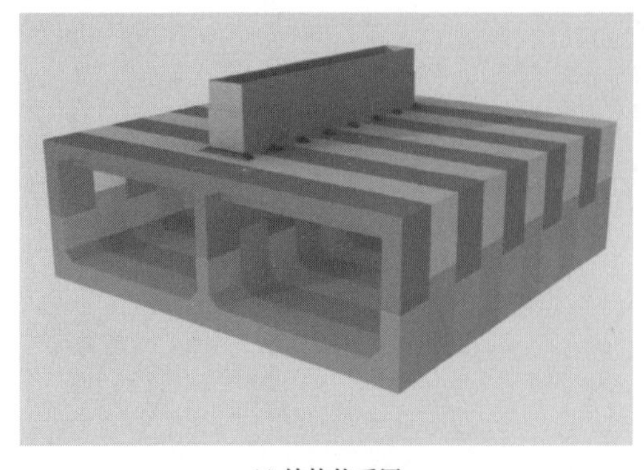

(a) 结构体系图　　(b) 现场图

图 3-95　武宁路地道预制拼装明挖隧道图

武宁路地道装配整体式技术试验段位于中宁路匝道暗埋段，为单孔箱型结构，结构外宽 8.5m，结构总高度 6.8m，覆土厚度 1.1～5.6m。采用成品钢筋笼现浇底板、单面叠合侧墙板、单面叠合顶板组成的结构体系，其中，叠合板采用钢筋桁架叠合板形式（图 3-96）。这种结构形式具有工业化程度高、现场工作量小、作业速度快、施工质量高、应用面广等多种优势，有效提高了工厂预制及运输吊装的便利性，侧墙及顶板拼装时间相较于传统工艺节省了 30%。

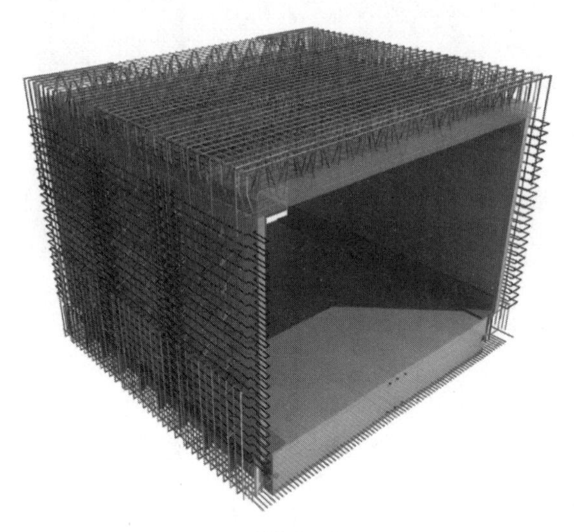

(a) 结构体系图　　(b) 现场图

图 3-96　武宁路地道装配整体式技术试验段

武宁路地道预制装配还应用了匹配浇筑、立体蒸养、清水混凝土、三维激光扫描、BIM 施工模拟等前沿工艺，具有施工速度快、环境影响小、工业化程度高、作业风险小等优点，社会经济效益显著，对于城市交通基础设施绿色工业化智能建造起到示范引领作用。

2. 地铁车站预制装配技术

地铁车站预制装配化建造技术，将车站隧道结构纵向拆分成若干标准环结构，每环结构再拆分成若干标准化构件。全部构件在工厂制作，运至现场，像“搭积木”一样进行拼装，快速组装形成全预制装配式车站结构，最大限度地减少现场建筑活动。预制构件之间采用榫槽式接头，干式、快速、可靠连接，接缝设置橡胶密封垫实现高性能防水。

装配施工无现浇混凝土湿作业，可实现主体结构100%装配率，结构无需设置防水层且不渗不漏，可建造单层单跨、多层多跨矩形框架或拱形隧道结构，且适用于桩（墙）+锚索、桩（墙）+内支撑、吊脚桩、土钉墙、放坡等多种基坑应用场景，以及各类工程地质和水文地质条件。

采用预制装配技术建造明挖法地下结构则起源于20世纪80年代，苏联联邦国家为了解决严寒冬季现浇混凝土施工困难问题，在明挖地铁车站和区间隧道工程中首次研究和应用了预制装配技术，随后在荷兰、法国、日本等国家的地铁工程中也有所应用。应用较多的苏联联邦国家，所采用的装配式结构形式有矩形框架结构，也有单拱大跨结构，其装配结构基本为预制构件+现浇混凝土结构相混合的方式，部分结构预制、部分结构现浇，最突出的是预制构件之间采用了现场钢筋连接并现浇混凝土的刚性接头。

1）轨道交通预制装配结构

随着装配式建筑在全国范围内迅速发展，轨道交通建设过程中也采用了装配式建造技术。作为城市轨道交通，国内典型的装配式车站技术主要分为两大类：一类是全预制装配式结构体系，另一类是装配叠合整体式结构体系（图3-97）。全预制装配式结构体系起步较早，体系较为完善，预制构件占比较高。但在城市轨道交通领域，其地层适应性不强，防水效果不理想，构件尺寸也较大。装配叠合整体式结构体系起步较晚，但经近几年的研究与实践，体系也逐步完善。装配叠合整体式结构体系均为局部装配，其地层适应性强，可在富水地区应用。利用肥槽回填混凝土形成叠合结构，防水效果较好。构件轻量化，方便运输与吊装。

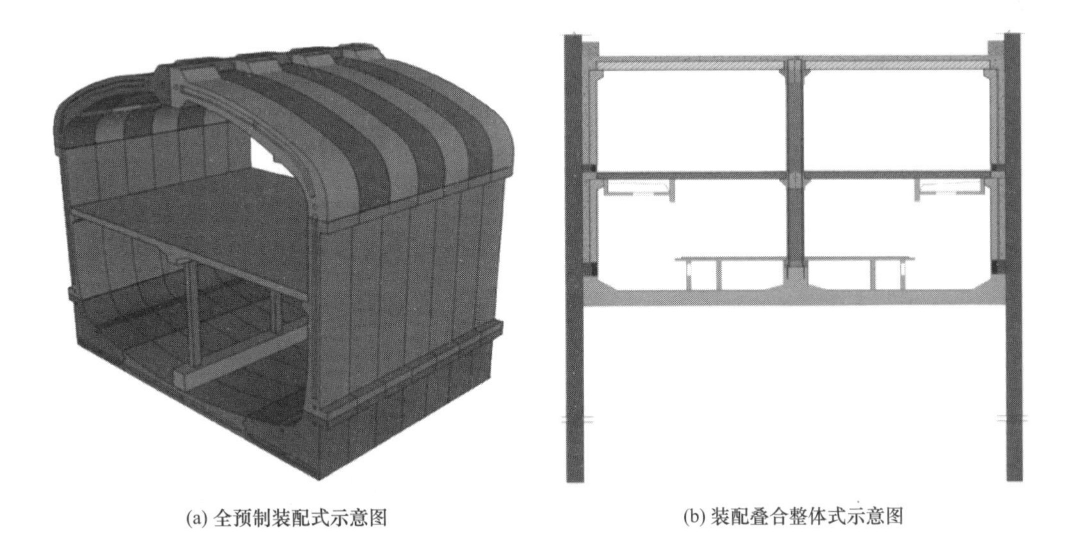

(a) 全预制装配式示意图　　(b) 装配叠合整体式示意图

图3-97　装配式车站结构图

地铁车站装配式结构采用混凝土预制构件，现场机械化拼装，快速完成，其间无混凝土浇筑湿作业，最大限度地减少现场建筑活动，充分发挥了预制装配的最大优势，这一以工业化模式为核心的建造技术，在环保、节能、创新等方面优势突出：

（1）显著提高工程质量和结构耐久性，减少运营维修费用。

工厂化高标准生产、机械化高精度装配施工，可避免现浇混凝土结构由于工艺的局限而产生的裂缝和渗漏水问题，仅渗漏水治理费用，每座车站可节约几百万元，甚至上千万元。

（2）绿色环保，减排降噪，可持续发展。

一坐标准装配式车站，综合工期可缩短4～6个月，施工用地减少约1000m^2，装配施工将工程噪声和粉尘污染降到最低，有效降低了施工对周边道路交通及环境的影响，居民满意度大幅提升；同时，一座标准装配式车站结构，木材消耗减少800m^3、建筑垃圾减少50%以上、综合碳排放减少约19.6%，有利于减少对地球环境的影响。

（3）大幅度提高施工效率，节省劳动力，缩短工期。

装配施工较现浇作业时间减少70%，节省劳力85%。通过减少工期和人工工日，一座装配式车站综合工期可缩短4～6个月，综合投资累计节省约1000万元，同时，加快建设速度，有利于轨道交通尽早通车和尽早发挥其改善城市交通的效益。

（4）标准化设计，装配化施工，整体提升建筑业的先进性和现代化。

创新的工业化建造模式，将极大改变传统建筑业“脏、难、苦、险”的局面，提供了清洁的工作环境，降低了劳动强度，提高了施工安全性，使建筑队伍的现代化得到整体提升，促进了轨道交通建设与工业化、信息化的深度融合，促进了建筑业由传统劳动密集型向高端产业转型的变革，并引领了绿色建造技术的发展方向，有力推动了行业的科技进步。

【案例42】 上海地铁15号线吴中路站

2019年3月，上海地铁车站首次创新研发采用装配式拱形顶板新技术（图3-98），应用于15号线吴中路站取得成功。车站顶板采用拱形预制钢筋混凝土结构，弦长20m，宽9.7m。施工人员采用运架一体机对预制拱板进行拼装、纵向移动和高精度就位；运架一体机由两台无线遥控的液压模块车和一组大型桁架支撑组成，设备在基坑内的中楼板上运行。预制+现浇叠合拱壳结构新工艺有利于地铁车站站厅层实现无柱大空间，减少现场支模的繁重工作量，缩短50%的施工时间。

图3-98 吴中路站预制拱板运架一体机施工

【案例43】 上海市地铁14号线锦绣东路金粤路路口项目

上海市地铁14号线锦绣东路金粤路路口项目，样板段金粤路站4号出入口为单层预制装配式建筑，南北宽7.3m，东西长11.5m，屋面女儿墙相对标高为4.3m和3.65m，该项目为单层装配整体式剪力墙结构。样板段于2021年5月完工（图3-99），相比传统地铁出入口，融入工业化建造理念方式，可使单个出入口节约建造用水量30%，节能、节约木材，节约脚手架、支撑架70%，降低综合能耗，减少30%～40%的碳排放，助力落实“双碳”目标。同时可以减少施工扬尘、混凝土垃圾，降低现场施工噪声。项目不受冬期施工环境影响，可减少现场施工人员、提高劳动生产率，造价可控。现浇混凝土框架结构体系地铁出入口现场工期35d，而采用工业化建造方式后现场工期25d，整体工期缩短近30%，减少现场用工量50%。

图3-99 锦绣东路金粤路路口装配式车站

2）轨道交通预制装配式构件

（1）标准化组合模具预制楼梯

以标准化组合模具预制楼梯为代表的预制构件，具有尺寸标准化、便于实现模数化的特点。楼梯踏步宽度和高度固定统一，楼梯宽度按照实际使用最宽尺寸设计，通过调整侧模位置达到想要尺寸（例如 1.2m、1.8m 等）。楼梯长度方向，梯段模具中间可设计为分段拼装式，两端为固定式，中间可根据实际需要设计为 1 个单组踏步，和一个双组踏步，根据设计需要进行拼装（图 3-100）。

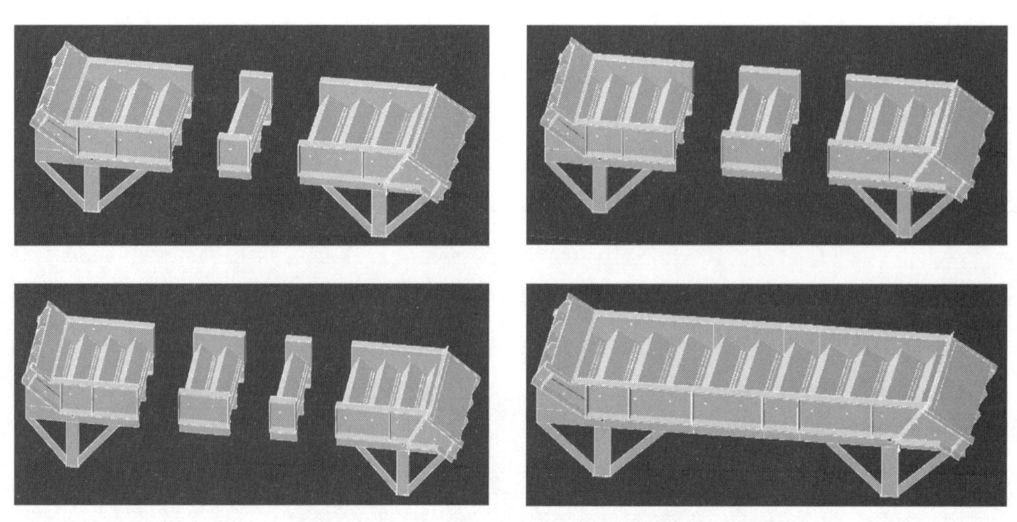

图 3-100　预制楼梯组合模具拆分

采用预制楼梯方案，极大提高了车站施工速度，连接方式包括：固结-现浇、铰接-干式连接以及固铰结合的方式（图 3-101）。同时模具采用了组合模具方案，大幅降低模具成本，标准化楼梯构件便于吊运和安装施工，总体成本更低。

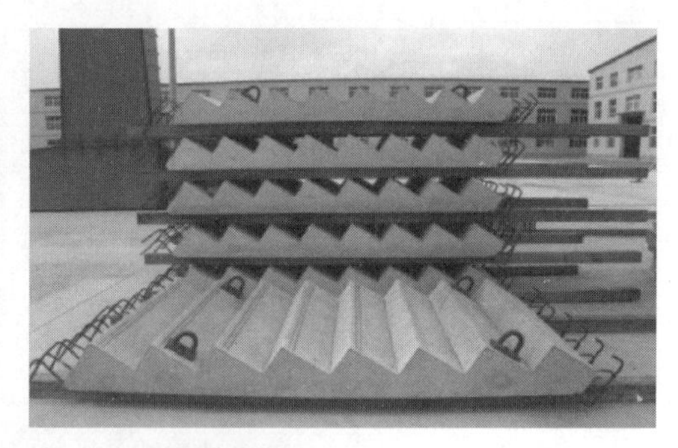

图 3-101　不同连接方式的预制楼梯

【案例44】　上海轨道交通13号线学林路站

2017年1月，轨道交通13号线学林路站PC预制混凝土楼梯的吊装（图3-102），是上海地铁首次尝试应用PC预制混凝土技术修建地铁车站工程，也为上海地铁建设实现高效、节能、环保的理念翻开了崭新的篇章。学林路车站主体结构公共区有三部楼梯，其中1、3号楼梯呈现对称分布，结构形式和所处环境基本相同，2号楼梯为T字形楼梯。在装配式楼梯设计伊始，针对地铁车站使用功能、结构尺寸和施工情况，在梯板宽度设计上选择了600mm和700mm两种形式，踏步则选择了300mm×150mm和280mm×159mm两种形式。由于公共区楼梯完全处于内部封闭空间之内，鉴于内部空间的限制采用SWTC5小型履带吊实施双机抬吊。预制装配式建筑在住宅建筑中装配化程度水平较高，然而在城市轨道交通建设中，除了区间隧道和高架桥梁这两种特殊的结构外，装配率都比较低，尤其是地铁车站地下空间运用率几乎为零。学林路预制楼梯的首吊拼装成功，为轨道交通地下空间装配式结构施工填补空白。

图3-102　学林路站预制混凝土楼梯

（2）装饰一体化站台构件

地下车站站台板作为车站内重要施工部位，根据前期调研情况，由于目前采用传统现浇混凝土方式，结构施工难度较大，同时由于站台板不仅作为承重结构，其表面还需进行多道后续施工，包括贴砖、铺设盲道和指示标记等。综上所述，由于地下车站站台板尺寸相对标准，因此若采用预制装配施工方式，站台板也是一种较为合适的工业化生产对象。装饰一体化站台构件具有以下技术特点：

① 标准化构件尺寸，节点连接方便，拼装效率高；

② 饰面一次反打成型制作，完成质量高，耐久性佳；

③ 相较于传统施工造价成本，整体建造成本更低。

3. 市政设施预制装配技术

1）装配式综合管廊

目前国内装配式混凝土综合管廊主要有两种技术，一是节段预制拼装式综合管廊——完全由预制混凝土管廊部件在现场采用拼装工艺干法施工形成的管廊主体，二是装配整体式综合管廊——由预制混凝土管廊构件和现场后浇混凝土组成，通过可靠的节点构造形成整体受力的管廊主体。

节段预制拼装式综合管廊可采用分舱组合方式，也可以采用上下组合方式实现超大截面综合管廊的预制装配化建设。

节段预制拼装式综合管廊的预制装配率很高，几乎达到100%，且通常采用承插式接头、预应力筋连接接头或者螺栓连接接头，因此现场几乎不需要进行湿作业。目前上海主要采用这种形式。最早的应用是2012年上海世博园综合管廊试验段中，采用了螺栓连接接头。后来在临港综合管廊中也进行了创新型应用，借鉴盾构管片接缝防水构造，采用“平缝＋橡胶密封垫＋纺锤形定位销＋预应力筋张拉安装”的构造形式。

预制拼装综合管廊的连接端面存在上下块体间和纵向管节间端面，每种端面还分为防水端面和无防水端面。防水端面主要涉及外墙、顶板和底板。无防水端面指的是中隔墙端面。针对环与环的防水端面，设置密封垫和其他构造防水措施，借鉴盾构管片接头构造设计，在接缝处设置凹凸不等的构造，形成的凹槽采用止水密封垫、衬垫、嵌缝材料进行封堵。此外，端面预留预应力张拉和定位用孔洞。

环间无防水端面指的是中隔墙的环间端面构造。构造做法仅相对环间防水端面取消了密封垫，其他做法保持一致。环与环之间采用剪力销兼作定位棒。

【案例45】 上海临港综合管廊工程

上海临港综合管廊工程是一个装配式管廊的典型案例（图3-103），该工程位于上海市临港新城新建云鹃路、水芸路、N1路上，总长度为1.1km。综合管廊主体横向共分2舱，其中综合舱净宽3.2m，燃气舱净宽1.6m，标准段两舱结构净高均为3.5m。综合舱内设给水管、污水管、预留管（垃圾管或再生水管）、电力电缆及通信电缆；燃气舱内设燃气管线。顶板厚300mm，侧墙、底板厚300mm，中隔墙厚300mm，外包尺寸5.7m×4.1m，覆土厚度为1.09～2.38m。主体结构包括标准段、倒虹段、端头井、进排风井、分支口、逃生口、T字形交叉口、分电所。标准段部分采用预制拼装，非标准段及倒虹段仍采用现浇施工。

图3-103　上海临港综合管廊工程实施情况

2）预制装配式污水处理构筑物

近年来，国家大力推进装配式建造技术，上海作为全国的技术前沿阵地，在建筑板块，桥梁板块都提出了装配率要求，且有在水务板块进一步推广的趋势。2021年4月上海市水务局颁发了《上海市水务局推进装配式技术水务工程应用三年行动计划（2021—2023年）》，为适应行业发展动向和企业发展规划需求，依托竹园污水处理厂四期工程和竹园调蓄池工程，开展预制装配技术在水务厂站中的工程应用意义重大。

目前水务板块中，管网工程预制装配率较高，但主要水处理构筑物仍很少采用预制装配技术。大型盛水构筑物传统施工方式多为现浇钢筋混凝土，现场存在大量的模板工程、支架工程、吊装工程，导致现场作业工人数量多且人员密集，存在施工周期较长、施工风险高的特点。预制装配技术利用工厂化生产提高构件质量，现场一般只需吊装构件、临时固定和接头处理等少量工序，大幅减少现场作业工人数量和提高施工效率，实现降低工程风险和缩短工期的目标。同时通过将普通工人转变为产业工人提高劳动力素质，最终形成良性循环，推动工程建设向集约高效型发展。

国内典型的装配式技术主要分为两大类：一类是全预制装配式结构体系，另一类是装配叠合整体式结构体系。全预制装配式结构体系起步较早，体系较为完善，预制构件占比较高。装配叠合整体式结构体系起步较晚，但经近几年的研究与实践，体系也逐步完善。

【案例46】 上海竹园污水处理厂四期工程

上海竹园污水处理厂四期工程是预制装配污水处理厂的一个典型案例，设计单位为上海市城市建设设计研究总院（集团）有限公司，该工程选址于浦东新区高东镇，用地范围东至洲海路、南至华东路、西至规划高东新路，北至外高桥船厂，总面积58.7公顷。厂区主要分为三部分：50万m^3/d污水处理设施厂区（以下简称50万厂区）、70万m^3/d污水处理设施厂区（以下简称70万厂区）和120吨干基/日污泥处理设施（以下简称污泥厂区）。竹园调蓄池设计容积为50万m^3，竹园调蓄池工程选址位于竹园第一污水处理厂西侧、竹园升级补量工程北侧、外高桥发电厂南侧，总面积7.01公顷。竹园四期工程和调蓄池建成后，届时将成为亚洲最大世界前五的污水处理厂，竹园调蓄池也将成为亚洲最大的合流制污水调蓄池。

竹园污水处理厂四期工程50万t厂区和70万t厂区中AAO生物反应池中缺氧池区域的内隔墙、顶板、顶板梁和观察窗均设计为全预制装配式结构的形式，预制装配总方量约3万m^3，顶板预制率4%（面积比）以上，隔墙预制率15%（长度比）以上。在70万t厂区中AAO生物反应池中为国内首次采用预制双面叠合墙+倒T板的组合工艺，且预制双面叠合墙高达8.5m、皮厚0.5m、空腔厚度0.35m，国内尚无此类规模的预制叠合墙应用工程。污水处理构筑物装配叠合整体式结构体系如图3-104所示。

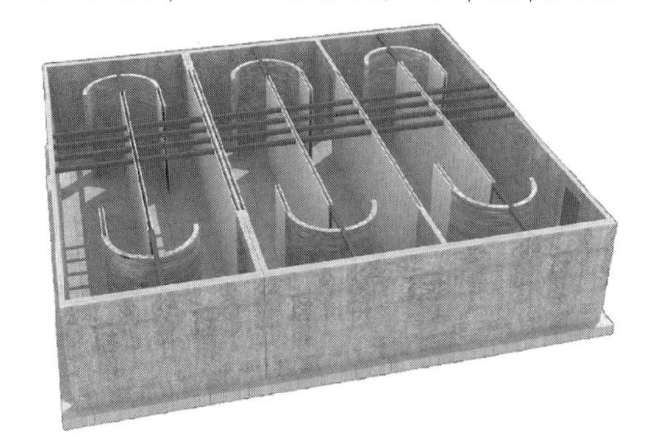

图3-104 污水处理构筑物装配叠合整体式结构体系

相比于传统现浇施工方式，本工程中预制装配的工效得到了大幅提升。每天按 8 小时工作时间计，预制内隔墙每天可拼装 8～10 块，顶板及顶板梁每天可拼装 20～30 块。整个预制装配施工过程，专业作业人员约 34 人，按同等工期考虑，现浇施工至少需 200 人以上。相比于现浇施工方式，仅 50 万 t 厂区就节约模板 4.6 万 m^2，节约支架 173t。

竹园调蓄池采用“预制梁＋预制板、UHPC 节点后浇”的结构形式，预制装配方案部分涉及现浇柱顶节点 65 个，预制梁 158 根，预制叠合板共 364 块（图 3-105）。

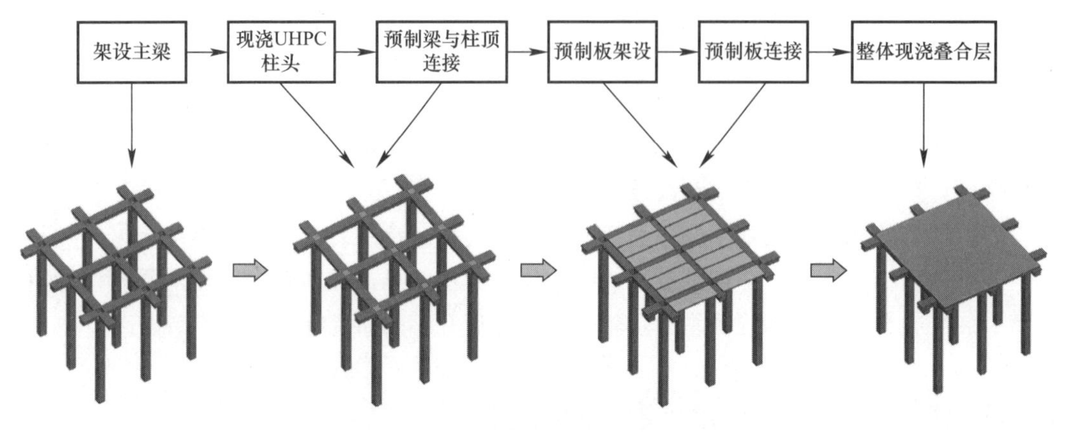

图 3-105　竹园调蓄池装配叠合整体式结构体系

竹园调蓄池结构平面尺寸约 229.8m×180.8m，底板埋深为 17.6～25.5m，结构高度为 20.6～29.55m，调蓄池结构净高较高，顶部构件现浇需满堂支架与大量高支模工程量，顶部构件预制能有效减少支架与模板工程，降低施工风险；此外，结构封顶之后，在密闭空间进行拆模等工作繁琐，且存在较高施工风险，顶部构件预制能省略密闭空间拆模的过程；为减少现浇施工的高支模工程量，减小有限空间作业风险，降低施工风险和环境污染，同时提高施工效率，对尺寸较为规整的调蓄池Ⅱ区顶部构件采用装配整体式结构。

本工程的装配式内容主要为现浇柱（含搁置牛腿）、预制梁、UHPC 节点后浇、预制板和现浇预制层的完整的装配式结构施工，施工现场如图 3-106 所示。

图 3-106　竹园调蓄池预制构件施工照片（一）

图 3-106　竹园调蓄池预制构件施工照片（二）

4. 竖井预制装配技术

城市地下空间发展中，竖井的建造经常是不可或缺的一个环节，例如盾构和顶管法隧道通常都需要建造始发和接收工作井、超深立体式机械停车库、采用竖井的地下调蓄池或泵站、深潜运动项目水池、超深地下工程通风井、深层调蓄系统的节点井等。这些或深或浅、或方或圆的深井除采用传统明挖作业外，近年来涌现了超深装配式智能化竖井、常规压入式沉井、自动化压入式竖井等建造方法，其结构均采用预制管节拼装而成。

1）超深装配式智能化竖井建造技术

装配式竖井技术可以借助多种设备实现，目前国内已完工的竖井采用的有德国海瑞克公司新型设备垂直竖井挖掘机（VSM）、国产改进型 VSM 设备等。各种设备基本原理类似，主要由伸缩式铣挖臂、沉降机组以及泥水分离系统组成。伸缩式铣挖臂上安装有特殊切削具的旋转磨头，铣挖臂通过在井底的旋转运动疏松土质，完成掘进。在掘进过程中，通过沉降机组实现竖井结构的同步下沉，沉降机组通过钢绞线使竖井结构处于悬吊状态，通过控制各组机组受荷状态，保证竖井下沉精度及垂直度。掘进过程开挖的土体通过管路进入泥水分离系统，进行干化处理后外运。而竖井结构采用钢筋混凝土管片拼装而成，借助下沉系统进行整体下沉。

【案例 47】　南京竖井式停车设施项目工程

目前该项技术的国内首个示范工程——南京竖井式停车设施项目工程已建设完成并投入运营。工程由上海市城市建设设计研究总院（集团）有限公司设计，上海公路桥梁（集团）有限公司施工，于 2021 年 11 月竣工。

项目位于南京建邺区，占地 400m^2，共布置两座竖井，地面设 3 层钢结构建筑，主要功能为设备用房及管理用房。竖井井筒内径 12m，竖井最大开挖深度约 67.3m。单井设 100 个机械车位，1 梯 4 位，共 25 层。用常规车库 10%～20%的用地指标停放了 200 辆汽车，有效缓解周边地区的停车压力。

竖井结构采用预制混凝土管片拼装而成，管片内径 12m，外径 12.8m，环宽 1.5m，

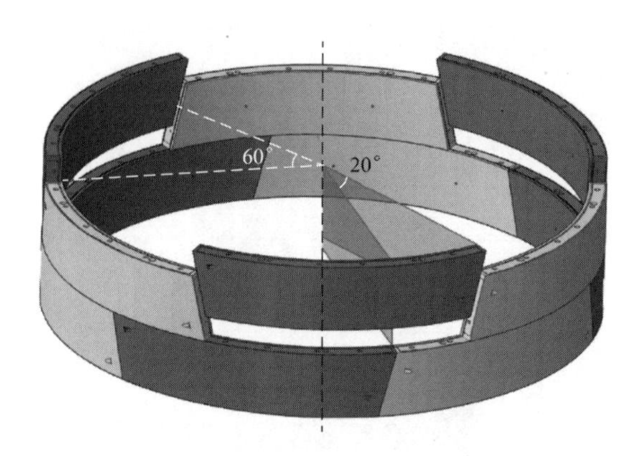

图 3-107 管片拼装示意图

分成完全相同的 6 块管片，实现了真正意义的通用管片设计，管片拼装如图 3-107 所示。

竖井整体预制拼装率超过 70%，第一座竖井于 2020 年 12 月 24 日开始掘进，历时 45 天完成掘进下沉，第二座竖井于 2021 年 4 月 3 日开始掘进，仅历时 28 天完成掘进下沉。项目总工期仅约 300 天，相对于传统建设方法节约了超 50%的工期。

竖井施工期间总占地为 1430m^2，场地布置高度集约化、自动化。建设完成后，汽车存取全程无需人员操作，全自动单车存取时间仅 90 秒。并可通过 APP 等实现远程预约，在线支付等功能。同时采用“人机分离”方案，确保人员安全。

该示范工程是超深装配式竖井建造技术在国内的首次应用，创造了多项国内及世界范围内的第一：是国内首个深度达到 68m 的地下竖井式智能停车库，也是国内首个使用一梯四位升降系统的智能停车库。竖井结构外径 12.8m，是目前世界上采用该技术实施的最大直径竖井，同时也是世界上首例该类竖井与地下机械车库结合的案例。现场施工情况及效果如图 3-108 所示。

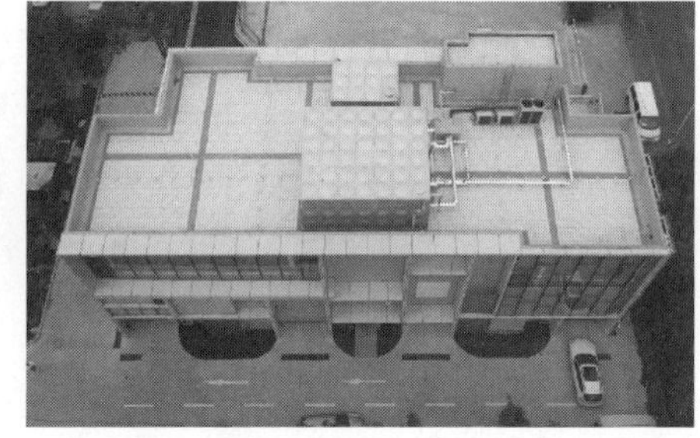
图 3-108 南京竖井式停车设施项目工程

该技术在上海地区还成功应用于上海竹园白龙港污水连通管工程、龙华初期雨水调蓄工程等工程。目前南京二期竖井式车库、上海御山调蓄池等项目也在推进中。未来该项技术还将在更广泛的领域进行探索应用：在地下车库方面，不仅可以利用城市边角地进行单独建设，还可与地下商业相结合，应用于城市旧改提升；在市政工程方面，可用于盾构、顶管始发接收井的建设，解决在城市建筑密集区施工难的问题；还可以用于建设深层雨水、污水集蓄池，地铁通风井、逃生通道，桥梁基础、钻井平台及其他海底基础设施，以及地下储油罐、地下粮仓等。

2）压沉法沉井建造技术

压沉法沉井是地下结构和深基础的一种形式，如图 3-109 所示，其主要借助地锚反力装置，通过穿心千斤顶提供一个向下的压力，在适当取土的同时，将沉井压入土体；通过对沉井施加一个足够的下压力，使沉井具有足够的下沉系数，该下压力足以消除土层对其产生的种种不利影响，能够主导沉井的下沉。

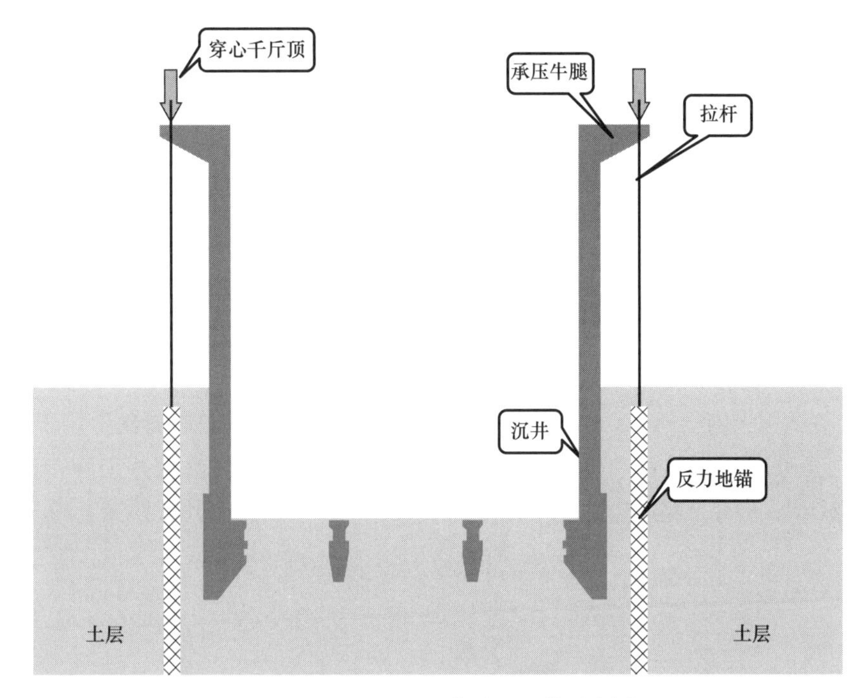

图 3-109　压沉法沉井施工工艺示意图

其制作特点为：首先在地面上制作一个井筒桩的结构，然后在井内挖土，利用压沉系统使得沉井逐步下沉，压沉系统通常由千斤顶、反力钢绞丝、承压牛腿或反力梁以及承台或地锚等构成。压沉到位后，沉井底部填充混凝土进行封底。

压沉法沉井和普通沉井相比，压沉速度较快，能快速封底。由于压入力的存在，可在施工过程中不断调整及时纠偏，同时可在井内留有一定厚度的土塞，理论上可以减少对土体的扰动，造成的环境影响较小，可适用于建筑物密集的市区或周边环境复杂的地区的施工。

2013 年上海污水治理白龙港管道工程中一个工作井采用压沉法施工，它是中国大陆首个采用压沉法施工的沉井，该项目实现了在软土地区沉井施工的快速精准下沉，有效降低对环境的影响，是对传统自沉沉井工法的工艺创新。

3）主动控制型装配式机械化沉井（APM 工法）

主动控制型装配式机械化沉井工法（Actively-controlled Precast caisson sinking Method，简称 APM 工法）基于不排水下沉工艺，采用装配式井壁、主动压入式下沉、机器人取土、智能化控制等技术，通过刃脚嵌入、内外平衡、精准控制，实现沉井微扰动下沉，如图 3-110 所示。

水下机器人采用多自由度机械臂配合专用绞吸头，可挖掘十字梁侧的数字分区及梁下的字母分区，实现全覆盖开挖。通过轨迹编程，可实现各个单区或多个分区组合自动开挖。

图 3-110　APM 工法系统总图

主动下压设备具有下沉模式和拼装模式（图 3-111），下沉模式可实现提拉下沉与下压下沉两种功能，可以设定行程控制下沉，也可以设定压力控制下沉。拼装模式下，在拼装管片时，摆动油缸回缩将设备摆开，留出施工空间，完成管片拼装。

智能控制系统采集挖掘工况、下沉参数、井身姿态及环境监测等信息，采用挖掘轨迹三维虚拟、下沉姿态动态调整、环境影响联动控制等技术，实现沉井数字感知、智能控制、稳定下沉。

施工装备适用于内径 6～10m、深度 100m 的竖井施工。本工法将首次应用于上海轨道交通 13 号线西延伸段季乐路站～运乐路站区间北青公路及幸乐路逃生井工程，逃生井内径 8m，外径 8.7m，北青公路逃生井开挖深度约 20.9m，幸乐路逃生井开挖深度约 31.5m。

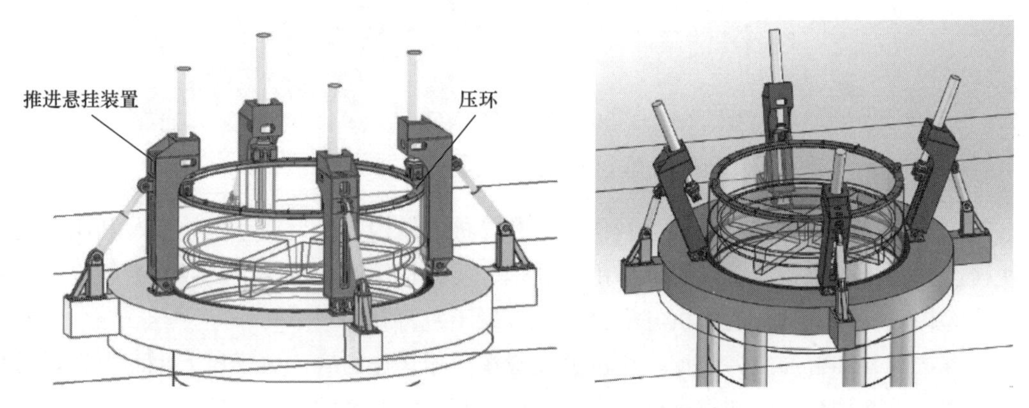

图 3-111　APM 工法下沉模式及拼装模式

APM 工法具有断面广、环境影响小、施工用地少、低碳环保、智能建造等特点，可用于雨污水泵站、地下停车库、区间中间风井、竖向逃生通道等竖井施工。

3.2.4　改建扩建技术

城市地下空间开发利用“十三五”规划中提出：合理开发利用城市地下空间，是优化城市空间结构，增强地下空间之间以及地下空间与地面建设之间有机联系，促进地下空间与城市整体协调发展，缓解城市土地资源紧张的有效措施，对于推动城市由外延扩张式向内涵提升式转变，改善城市环境，建设宜居城市，提高城市综合承载能力具有重要意义。

随着我国经济的发展、人口的增长、城市化进程的加快，城市建设用地紧张的矛盾日益突出，为了充分利用土地资源，科学、合理、可持续地开发地下空间已成为城市建设的客观要求。按照城市建设高质量发展的要求，人们对建设节约型社会的认识的提高，在城市建设中避免大拆大建的局面，既有建筑改扩建工程在建筑市场的市场份额稳步上升，成为市场的主流。我国城市建设发展方式正从“增量开发”建设向“存量更新”转变。

许多既有建筑在设计时未考虑地下空间的利用，设计的先天不足为后续的使用带来不便，其中较典型的如老旧小区的停车问题。在既有建筑改造过程中，进行地下空间开发是节约建设用地、节省投资的有效途径。另外有一部分历史建筑，不允许拆除，但需要加大使用面积、改善使用功能，也需要进行地下空间开发。随着城市功能更新、既有建筑老龄化改造，对既有建筑地下空间进行扩展和功能提升，有巨大的市场需求和市场空间。

既有建筑地下空间开发的实现方式，主要包括竖向延伸式、水平扩展式、混合式、平移式等几种形式（图 3-112）。前三种地下空间开发形式属于原位地下空间开发形式。

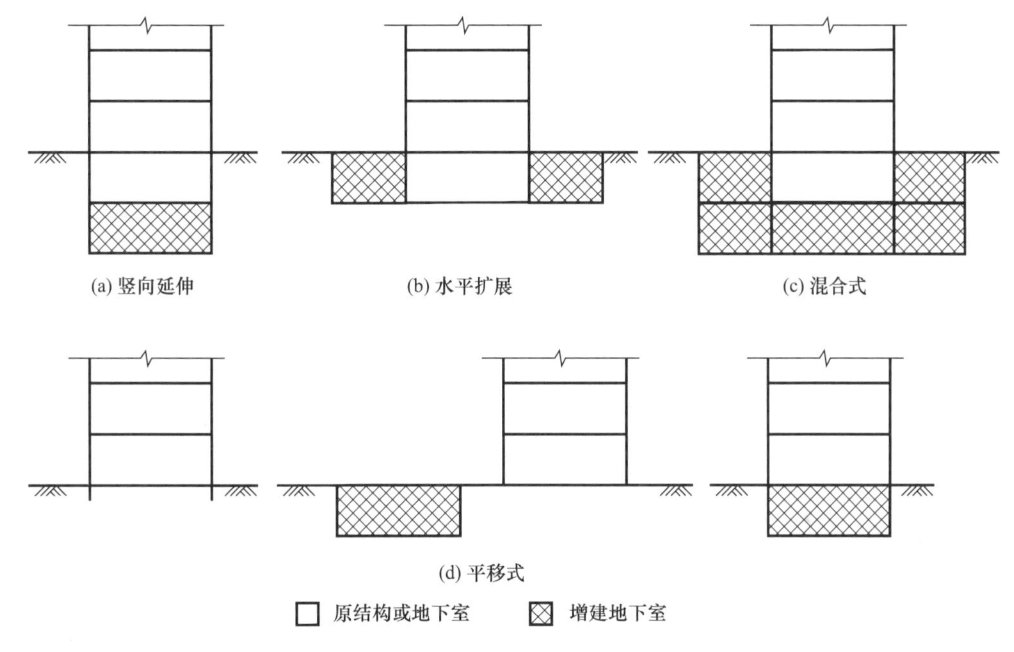

图 3-112　既有建筑地下空间开发形式

地下空间改扩建，可以采用多种方法实现，并涉及一系列复杂的成套技术。主要的方法可分为既有建筑整体托换后进行地下空间开发、既有建筑物内部采用托换加支护的方法进行地下空间开发。平移式地下空间开发使用的结构及岩土工程技术主要为建筑移位相关的技术。

1. 既有建筑物基础托换技术

基础托换技术是为解决既有建筑的地基基础承载力不足、既有建筑增层、改建或纠倾、新建建筑对既有建筑影响、既有建筑下修建地下工程（如地铁等）等问题而采用的技术总称。按托换的方法可分为基础扩大托换，坑式托换，桩式托换（静压桩、锚杆静压桩、预制桩、灌注桩、树根桩等），灌浆托换（水泥注浆、高压喷射注浆）等。按托换基础的形式可分为浅基础托换（包括柱基础、条形基础、箱型基础和筏板基础等）和深基础托换（主要为桩基础）。按荷载转移方式可分为主动托换和被动托换。

基础托换是将既有建筑的部分或整体荷载经由托换结构传至基础持力层。由于地基条件的复杂性、基础形式的不同、地基与基础相互作用以及托换原因和要求的差别等，复杂条件下的基础托换技术实际上是一项多学科技术高度综合、难度大、费用高、责任性强的特殊工程技术。

1）浅基础的地下增层托换

砌体结构在我国广泛应用，其基础形式多为墙下条形基础。在砌体结构下增层托换时，采用锚杆静压钢管桩结合抬墙梁法是最佳选项，能最大幅度减轻对既有建筑和周边环境产生不利的影响。在承重墙下按“对称布置、受力均衡”的原则，采用“两桩承台”、“四桩承台”等形式进行布置锚杆静压桩，承台穿墙设置，与夹墙梁浇成整体。上部墙体的底部反力（轴力、弯矩和剪力）通过夹墙梁和自身刚度传递给转换承台，进而传递给下部锚杆桩，使每组锚杆桩能整体受力、共同作用。

当既有砌体结构与新增地下结构总层数在3～5层时，锚杆静压桩直径可采用250～300mm，锚杆静压桩可优先沿墙下均匀布置，这样有利于上部建筑均匀受力，且能预留地下土方开挖需要的施工空间。当既有砌体结构与新增地下结构总层数在6～8层时，锚杆静压桩需要的数量较多，宜增加桩径至300～400mm，并适当集中布置，并加大托换梁和夹墙梁刚度，这样在保证上部建筑均匀受力的前提下，能够保证地下土方开挖需要的施工空间。

当既有建筑采用柱下独立基础时，上部荷载较为集中，可以采用“一柱两桩”“一柱四桩”等形式进行托换。当锚杆桩为钢管桩时，压桩孔采用圆形孔。土层条件为软土时，优先采用锚杆静压桩。每组锚杆静压桩的顶部应设置混凝土转换承台，上部结构柱的柱底反力通过转换承台传递给下部锚杆桩，使每组锚杆桩能整体受力、共同作用。混凝土承台可利用原柱下独立基础，当原基础尺寸偏小或承载力不足时，应事先进行加固。

当既有建筑采用柱下条形基础时，可在柱网附近的条形基础外挑部位设置压桩孔，中柱和边柱可采用“一柱四桩”、角柱可采用“一柱三桩”的形式，当条形基础尺寸偏小或承载力不足时，应事先进行局部加固。

当无地下室剪力墙结构采用筏板基础时，平面尺寸一般较小，无法进入或不宜进入室内时，可在筏板外挑部位开孔压桩，当外挑长度不足时，可新增牛腿承台。当有地下室剪力墙结构设置筏板基础时，可在筏板上开设压桩孔，当底板厚度不足时，局部加厚处理。在墙交点处或墙中部集中设置锚杆静压桩，利用上部荷载重量和既有筏板的刚度压入钢管桩。

2）桩基础地下增层托换

当既有建筑原基础为桩基础时，应尽可能利用原工程桩作为施工阶段的竖向支承体系，但原工程桩的承载力取值不能简单套用原设计时采用的单桩承载力特征值，应根据原工程桩的桩型、打桩记录、静载荷试验及完整性检测结果，结合水文地质条件对原桩基质量及承载能力等情况进行评估，并充分考虑后期土方开挖卸载对既有工程桩承载性能的影响。考虑到地下增建结构的新增荷载及施工荷载作用，施工阶段原工程桩承担的荷载比施工前一般会有所增加，后期逆作开挖卸载效应又会降低原工程桩的竖向抗压刚度和极限承载力，因此通常情况下需在开挖前事先增补锚杆静压桩，与原工程桩一起共同作为施工阶段的上部既有结构的竖向支承体系。

由于锚杆静压钢管桩施工前，上部既有建筑及其基础的全部荷重均已作用在原工程桩上，如何在后期开挖阶段确保新增锚杆桩与原工程桩之间能做到变形协调、协同工作，是设计需要考虑和解决的一个问题。可要求在钢管桩静压到位后，通过设置临时反力架使钢管桩桩顶封孔前保留一定的预压力，并在原承台上方浇筑 500mm 厚的"反向桩帽"，使新增锚杆静压桩与原工程桩之间能整体受力，共同承担上部既有结构的竖向荷载。"反向柱帽"高出沿承台面部分，待地下室墙柱托换施工完成并达到设计强度后再予以凿除。

当既有建筑原基础为桩筏基础时，既有"一柱一桩"的柱托换相对比较简单，可将原工程桩钢筋笼外侧的保护层凿除并凿毛，然后在其外侧外包混凝土，形成新增地下结构的永久结构柱，外包混凝土内的纵向钢筋，下端锚入下部新浇筑的混凝土底板或承台内，上端通过植筋锚入原混凝土承台或基础梁内。

对于"一柱二桩"的柱托换，情况比较复杂。由于两根工程桩及钢管桩均不在结构柱轴线位置，结构柱托换过程中，需要将逆作施工阶段由两根工程桩及钢管桩承担的全部荷重转移至新的结构柱上。新增结构柱可采用型钢混凝土柱，先安装柱内型钢，并在型钢柱底部设置顶紧装置，使型钢柱先受力，即通过顶紧装置使原先由两根工程桩及钢管桩承担的一部分重力荷载先转移到型钢柱上，再浇筑型钢混凝土柱的混凝土部分。

基础托换的力学机理简单明了，即将既有建筑物的部分或整体荷载经由托换结构传至基础持力层。但由于地基条件的复杂性、基础形式的不同、地基与基础相互作用以及托换原因和要求的差别等，复杂条件下的基础托换技术实际上是一项多学科技术高度综合、难度大、费用高、责任性强的特殊工程技术。其涉及结构、岩土、机械、液压、电控等多个方面，需要结构工程师、岩土工程师、电气工程师、液压工程师和测量工程师等密切协作，还要求采取严密的监测反馈措施，实施施工过程的信息化。

基础托换用于既有建筑地下空间开发仍面临一系列挑战，主要包括：

(1) 既有建筑的内部空间低，对托换桩设备尺寸、工艺有限制要求。

(2) 考虑到地下空间开挖的需求，需发展高承载力托换桩技术，以尽量减少托换桩数量。

(3) 地下空间土方开挖前，既有建筑荷载全部转移至托换桩，存在一次力的转换和基础与结构变形的过程。

(4) 土方开挖过程中托换桩之间将产生进一步的变形和差异变形，需要严格控制，使上部结构不至于产生过大的附加变形和内力而引起结构开裂或影响建筑使用。

(5) 在地下空间开挖过程中，原有桩基或新增托换桩基失去四周土体约束，桩基承载力和稳定性降低，整个建筑类似于高高在上的吊脚楼，托换桩的受力复杂，整体失稳问题突出。

(6) 为了保证托换桩与结构之间的传力可靠，托换桩的布置以及托换桩、临时托换构件、结构基础、上部结构之间的传力节点设计与连接构造非常复杂。

【案例 48】　上海徐家汇换乘枢纽站地下增层改造项目

基础托换技术的一个典型工程案例为上海徐家汇换乘枢纽站地下增层改造项目。在上海市轨道交通9号线徐家汇枢纽站工程中，为满足地铁1号线和9、11号线之间付费区直接换乘的要求，需在1号线地铁商场下加层作为付费区换乘厅。在设计中利用既有结构顶板作为天然盖板进行暗挖加层，最大限度地避免了施工期间对虹桥路的地面交通和管线的影响。工程中的技术难点主要在紧靠地铁旁向下盖挖加层施工，在紧靠1号线的狭小地下室空间内盖挖基坑，涉及群桩压桩对1号线车站的挤压、静压桩与承台整体托换顶板、靠1号线大方量的旋喷加固对周边影响和基坑开挖对1号线影响等施工关键技术。

徐家汇港汇广场地下室加层工程中的改扩建工程的总体施工流程（图3-113）及专项

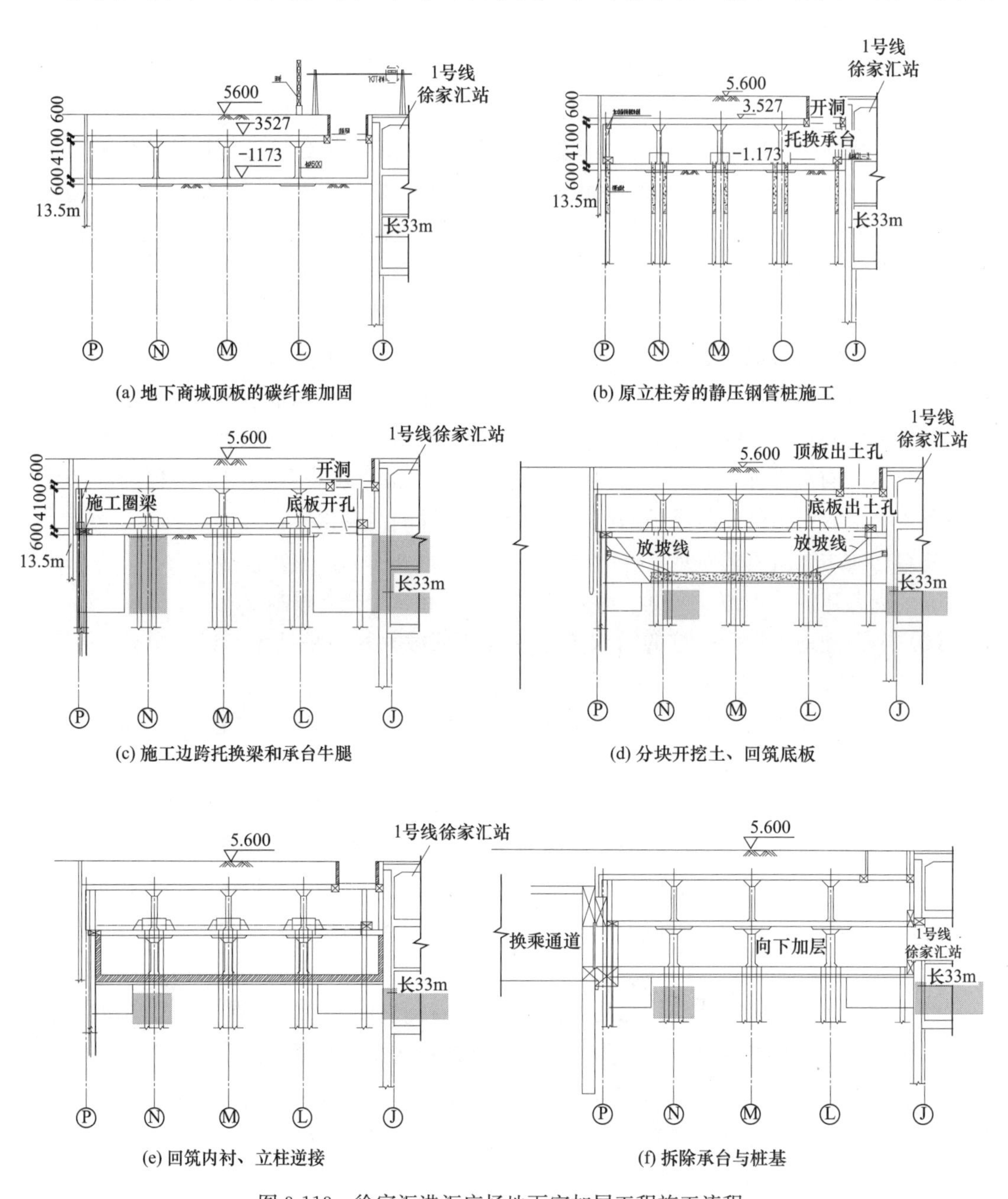

(a) 地下商城顶板的碳纤维加固

(b) 原立柱旁的静压钢管桩施工

(c) 施工边跨托换梁和承台牛腿

(d) 分块开挖土、回筑底板

(e) 回筑内衬、立柱逆接

(f) 拆除承台与桩基

图3-113 徐家汇港汇广场地下室加层工程施工流程

施工技术如下：在地下商城顶板进行碳纤维加固后，施工原立柱旁的静压钢管桩，2 根静压桩施工完毕后立即进行托换承台的施工，在承台桩施工完毕后，将复合型围护的 H 型钢分节压入底板内，再用 MJS 旋喷在型钢间止水补强；复合型围护施工完毕后，进行 MJS 坑内旋喷加固，由靠 1 号线向远离 1 号线施工；施工边跨托换梁和承台牛腿，等达到设计强度后边跨进行顶撑，对整个地下一层结构进行整体托换；原底板开出土口，分块开挖土方，分块回筑底板，然后回筑内衬、立柱逆接，最后拆除承台与桩基，完成与相邻结构开门洞（与 1 号线站台层相接，与换乘通道相接）。

2. 既有建筑物顶升技术

建筑物的整体顶升技术是在保证现有建筑物整体性和可用性的前提下，将其整体顶升到一个新的位置，顶升装置如图 3-114 所示。既有建筑整体顶升技术对我国当前的经济发展和城市建设具有十分重要的意义，具有诸多优点。在经济方面，可以有效地降低拆除和重复建设的成本、节省资金，甚至可在施工的绝大多数时间正常使用该建筑。在经济方面，可以有效地降低拆除和重复建设的成本、节省资金，甚至可在施工的绝大多数时间正常使用该建筑。在工期方面，与拆除重建需要几年的工期相比，可以大大缩短施工工期，通常只需要几个月。在文化方面，可以使部分历史建筑在原址附近得以保留，免遭拆除或异地重建的命运，最大程度地保留和传承其历史人文价值。在环境方面，几乎不产生新的建筑垃圾，材料和能源消耗相对来说较少，对环境保护极为有利。在规划方面，可与既有建筑整体平移技术共同运用，最大限度地满足各类规划建设的需要，为各项工程的顺利开展带来便利。

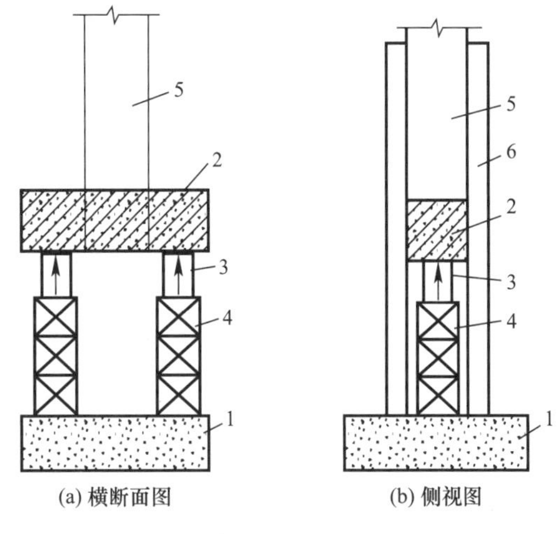

图 3-114　既有建筑顶升装置横断面和侧视图

1—底盘结构体系；2—托盘结构体系；3—施力体系；4—支撑体系；5—既有结构；6—限位体系

既有建筑顶升基本步骤是：首先，对既有建筑物进行必要的加固，根据托换理论改变其传力体系，从而使建筑物与基础或地基脱离，使建筑物形成可移动的整体；然后，通过动力设备将建筑物整体顶升一个新的高度；就位后进行连接，即可完成建筑物的整体顶升。

顶升技术包括以下技术要点：①整体顶升设备推荐使用自动控制同步顶升设备，不主张采用手动液压千斤顶。②整体顶升前应对钢管桩接桩长度、垫块类型、焊缝位置错开百分比、单次接桩卸载数量、千斤顶行程等关键参数进行专门设计。③顶升时桩体的自由长度应综合考虑各种施工条件、并进行计算分析。④顶升过程应全程进行监控，上部结构的倾斜角不得大于 1‰。⑤顶升过程应对关键部位的千斤顶承载力进行监控，千斤顶承载力不得大于设计值。⑥顶升过程应采取可靠的施工措施，防止上部结构产生水平整体“漂移”。

【案例 49】 上海华东医院南楼顶升及地下增层改造工程

既有建筑物顶升技术应用的一个典型案例是华东医院南楼顶升及地下增层改造工程，该工程位于华东医院院区中心，于 1926 年 6 月初竣工并正式启用，1989 年 9 月被列为文物保护单位（上海市第一批优秀历史建筑）。经过 90 余年的使用，存在不同程度的损伤；整体沉降较大，室外地面显著高于房屋室内地坪，高差约 0.6m，严重影响建筑外立面，且每到暴雨的汛期，存在雨污水倒流内灌的风险。

基于该文物建筑保护要求及其使用功能要求，需进行地下空间开发并增设隔震层，采用向下开挖 4.3m 的方式开发地下空间，同时采用顶升方式将建筑标高向上抬高 1.2m，修复建筑外立面关系，恢复历史原貌，让文物建筑重新焕发生机。

该建筑地上六层，建筑面积约 1.07 万 m^2，呈工字形，由南侧主楼、北侧副楼和中部连廊组成。房屋东西向总长度约 80.6m，南北向总长度约 46.3m。结构体系为混凝土框架结构，基础宽度为 1.80～3.55m，基础梁高 1.42m，埋深约 2.3m，基础下密布直径 150mm、长度约 3.65m 木桩三千多根，西北角局部有一层埋深 4m 的地下室。房屋混凝土实测强度 C18，实测钢筋强度 HPB235。根据相对高差测量结果，南侧主楼呈南高北低的规律，向北倾斜 3.45‰。北侧副楼呈北高南低的规律，向南倾斜 3.22‰。

总体技术路线：首先对建筑结构进行临时处理与加固，再采用变形控制的基础托换技术将上部结构荷载转换到托换桩基上；其次采用与基础托换结构相结合的水平支撑系统、微扰动的基坑支护设计与施工方案，进行文物建筑下方土方开挖和地下结构施工；然后在新基础底板上设置顶升设备，将文物建筑顶升到位；最后施工隔震支座上下支墩和安装隔震支座，拆除千斤顶，最终形成新的承重结构体系。

在上海软土地基上文物建筑正下方进行地下空间开发尚无先例，这需要同时应用既有建筑基础加固技术、桩基托换技术、基坑围护技术、建筑顶升技术等，这些技术有机融合集成为既有建筑地下空间开发的关键技术。如图 3-115 所示，按照上述总体思路，文物建筑地下空间开发的技术路线如下：

（1）对建筑进行临时处理和加固，拆除不必要的非结构构件和对重点部位进行必要的临时加固处理，如外墙门窗洞口采用黏土砖封堵等；同时建筑周边设置基坑围护结构；

（2）进行第一皮土方开挖和顶升上托盘结构施工，包括夹墙梁和抬梁施工，预留压桩孔，新旧基础结合形成上托盘结构；

（3）待上托盘结构达到强度，利用预留压桩孔，进行锚杆静压钢管压桩施工；

（4）进行文物建筑下土方开挖及原木桩割除；随着土方开挖，原基础板与天然地基分离，上部结构荷载由原天然地基转移到托换桩上，这是第一次荷载转换；

（5）土方开挖至基底，进行垫层、基础底板钢筋绑扎和混凝土浇筑，新的基础底板施工完成，即形成顶升下托盘结构；

（6）在基础底板上安装顶升千斤顶，千斤顶分为两组交替顶升。随着一组千斤顶顶力逐步增加，托换桩顶荷载逐渐减小到零，荷载转移到千斤顶上，这是第二次荷载转换；

(7) 随后两组千斤顶交替同步顶升，顶升阶段全程采用自动化监测和人工监测相结合的方式，每个行程顶升 10cm 左右，将建筑逐步顶升到位；

(8) 顶升到位后，施工隔震支座上下支墩和安装隔震支座，待混凝土达到强度，拆除千斤顶，上部荷载转移到永久结构柱上，地下结构施工完成，这是第三次荷载转换。

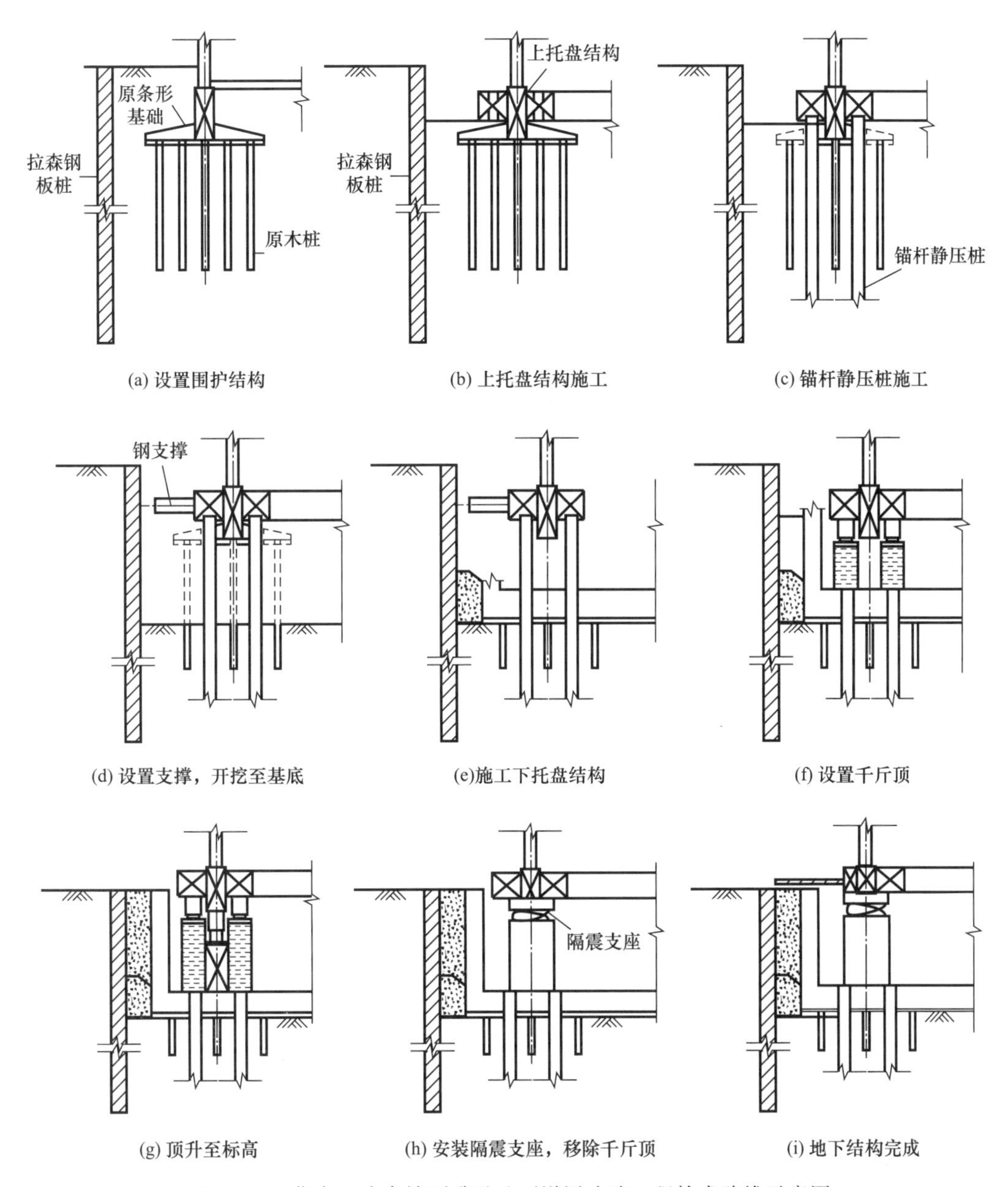

图 3-115　华东医院南楼顶升及地下增层改造工程技术路线示意图

华东医院南楼顶升及地下增层改造工程还采用了基础托换技术，其中桩基托换结构包括托换桩、上托盘结构和下托盘结构三部分。桩基托换除需要按照正常使用阶段荷载工况进行设计以外，还必须复核施工阶段的不同工况。

托换桩基按照变形控制进行设计，采用密实⑦$_2$ 粉砂层作为桩端持力层，采用挤土效应小的钢管桩，桩径406mm，壁厚10mm，有效桩长36m，桩数470根；局部部位托换桩桩径273mm，有效桩长29m，桩数23根。不考虑开挖影响，按照常规桩基沉降计算方法计算得到建筑最大计算沉降量约14.8mm。托换桩平面布置如图3-116所示。

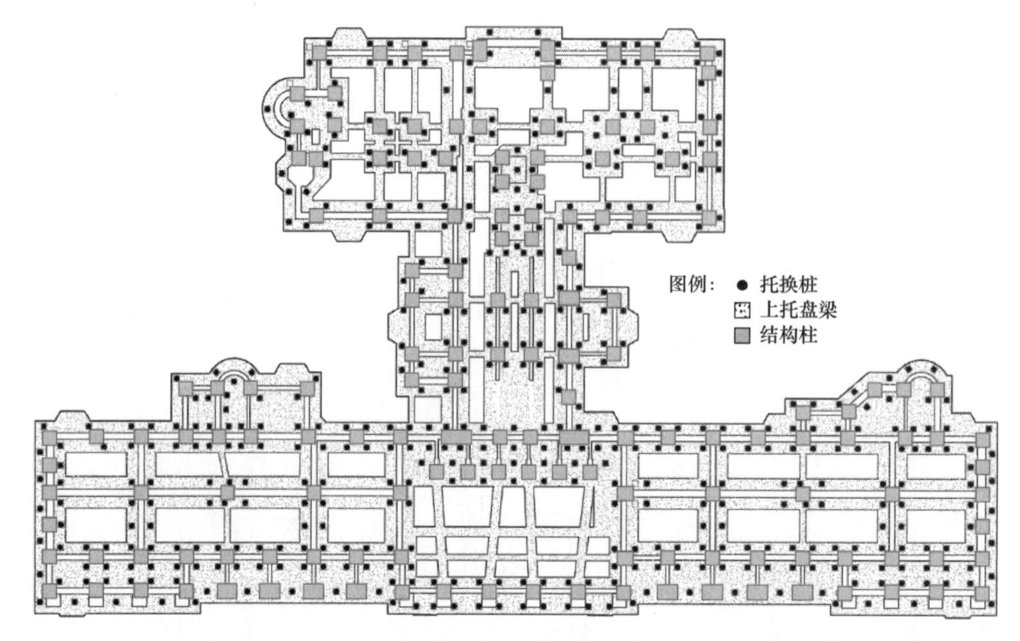

图3-116　华东医院南楼改造工程托换钢管桩平面布置图

上托盘结构包括夹墙梁、穿墙钢筋和抬梁；下托盘结构为新基础底板，为千斤顶提供顶升反力。为确保竖向荷载的传递，夹墙梁与原基础梁结合面凿毛做成企口式水平条带状，并用穿墙钢筋连接夹墙梁和基础柱；结构柱边采用精轧螺纹杆对穿连接，施加预应力。夹墙梁高度约为0.8mm，宽度为1m。夹墙梁在基础梁两侧，且每隔1500mm设置穿越基础的抬梁；抬梁内穿25b工字钢。

3. 既有建筑物整体平移技术

建筑物的平移就是将建筑物托换到一个托架上，形成一个整体，然后在托架下部布置轨道和滚轴，再将建筑物与地基切断，这样建筑物就形成了一个可移动体，然后用牵引设备将其移动到预定的位置上。在工程建设中，进行建筑物的整体平移的原因一般可以分为两种：一是已建建筑物与建设发展相冲突，如妨碍了城市道路的扩建或建筑空间的充分利用，而这些建筑物又有较大的使用价值或历史价值，拆除重建将产生巨大的经济损失或根本无法重建；另一种情况是由于建筑位置的空间限制或功能限制，建筑物不能在预定的位置建造，需在另外的地方建好再平移到预定的位置。

为了实现建筑物平移，需要开展如下施工步骤：

（1）上部结构的加固以及结构中薄弱环节的加固，如在结构内部架设脚手架、对砌体填充墙进行填缝等措施。

（2）在平移路径以及新旧基础上进行基础加固，提高其承载能力，并在其上建造下轨道梁。

（3）上部结构和基础分离：平移工程中上部结构和基础的分离技术，一般采用风镐和人工凿断，工作条件较差。有些平移工程采用了国外的金刚石线切割设备，取得了很好的效果，切割时无震动，速度快，但成本较高。在施工空间允许的情况下，也可以采用混凝土取芯机和轮片切割机械等技术。

（4）平移：平移时应注意各施力点的同步，保证结构受力的稳定均匀，移动速度不可过快，一般控制在 60mm/min，最好在轨道梁上设置限步装置，增加移动的可控性。移位时应进行监测，及时纠正偏位，防止偏位过大。

（5）建筑物的就位与基础连接：由于移位时已将上部结构与原有基础切割分离，移位后如何使上部结构与新基础重新连接，以保证建筑具有良好的整体性能和抗震性能是整体移位中的一个关键问题。对于砖混结构，由于承重结构为墙体，因此其关键在于新砌墙体的强度与质量以及新旧墙体之间的处理。对于框架结构或框剪结构，由于荷载主要是由框架柱或剪力墙承担，架柱或剪力墙钢筋应与下部结构钢筋进行可靠焊接。当上述要求无法满足现行国家有关规范或规程要求时，应对其进行加固处理，保证其连接的可靠性。

建筑物移位技术是一项由多种技术有机融合集合而成的综合技术，根据如上施工工序，主要涉及了五个方面关键点：同步液压控制、结构托换、实时监测、临时加固、就位连接。

同步控制液压技术是将既有建筑物顶升与移动的关键技术，其包含了同步控制系统和移位控制技术。同步控制系统是一整套设备系统，由液压系统、传感器、计算机控制系统等几个部分组成。移位控制技术是把同步控制系统应用在建筑结构施工上产生的技术，在移位技术中有同步平移和同步顶升作业两种功能。PLC 同步顶升交替控制技术是我国国内较先进、较安全的建筑物顶升技术，其在工程应用中效果良好。2017 年上海玉佛禅寺大雄宝殿平移顶升工程第一次将交替顶升技术用在了房屋结构的顶升施工中，使用了 2 组共 92 台千斤顶进行交替顶升，监测结果非常理想，累计顶升位移误差在 2mm，应变控制在 $100\mu\varepsilon$ 以内。

结构托换装置包含了托换结构体系和托换滑动装置，托换结构体系含下托盘结构和上托盘结构，托换滑动装置有滚轴、滑块、液压悬浮千斤顶、液压车等多种形式。托换滑动装置既是托换体系的一部分，也是平移过程中的移动装置，同时也作为顶升的千斤顶，所以该装置既要保证上托盘及建筑结构在托换中不产生较大的附加内力，又要解决空间位置问题，同时还要保证顶升过程中对所有千斤顶分组及控制的影响。如上海玉佛禅寺大雄宝殿采用了 12 个位移控制点，每个控制点（1 组）控制 2～6 台千斤顶，每组千斤顶内部联通自平衡，该技术控制难度较低，但前期计算及分组需要准确。

实时监测是工程实施期间的安全保障，对建筑平移过程的监测数据实时分析对平移工作具有重要指导意义。平移顶升施工是一个动态的施工过程，伴随着建筑荷载的几次转移，应当包括的监测内容包括基础沉降、既有结构裂缝、托盘结构与既有建筑关键节点的应力应变、房屋姿态倾斜、顶推及顶升加速度等。

临时加固与就位连接步骤较依赖于既有建筑的具体结构形式与安全状态，应选取结构中具体的薄弱环节进行加固，如在结构内部架设脚手架、对砌体填充墙进行填缝等措施。

建筑移位到新址后，建筑结构需连接新基础，可采用砖墙对砖墙、劲性混凝土柱对钢筋混凝土柱的连接方式，连接前将上托盘梁切割拆除；亦可采用了组合隔震技术，原上托盘结构保留作为结构底板，在底板下部安装抗震支座和阻尼器。

【案例 50】 上海黄浦区 160 街坊保护性综合改造项目

黄浦区 160 街坊保护性综合改造项目为既有建筑物整体平移技术的典型案例。该项目位于外滩历史文化风貌区和外滩金融集聚带的核心区域，是上海市城市更新示范项目和外滩第二立面综合改造率先启动项目。为实现保护性更新，在原位保护街坊内文物保护单位（以下简称 A 楼）和历史风貌建筑（以下简称 B 楼）的同时，于 B 楼下方新增三层地下空间。新增地下空间埋深约 18m，满布中庭区域，北、东、南三侧紧贴 A 楼，距离 A 楼上部结构外墙普遍约 4m（局部约 3m），距离 A 楼条形基础外边线普遍不足 3m。西侧道路下方存在运营的地铁区间隧道，上行线隧道与地下室外墙距离为 11～13.5m，如图 3-117 所示。

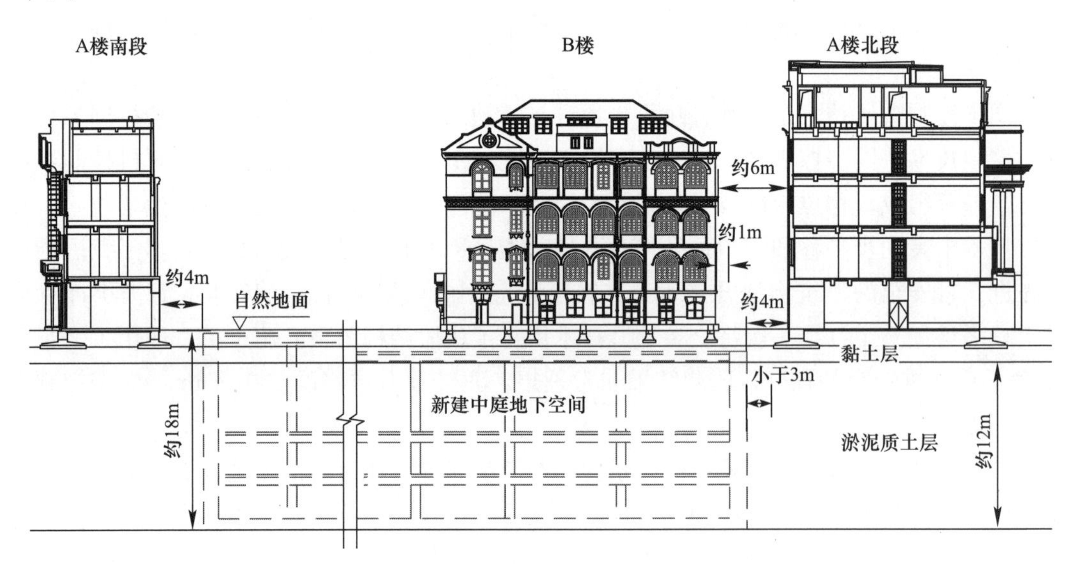

图 3-117 新建中庭地下空间与保护建筑关系

A 楼始建于 1912 年，建筑地上 4～5 层，建筑面积 21740m^2，主体建筑平面呈“匚”型，采用钢筋混凝土与砌体混合结构、天然地基条形基础，B 楼建成于 19 世纪末 20 世纪初，地上 4 层，建筑面 2100m^2，平面呈“凹”形，为砖木混合结构，采用砖墙、砖壁柱作为竖向承重构件，普遍采用刚性大放脚基础。上述两栋建筑建成至今已逾百年，其间发生了较大的沉降和不均匀沉降。此外两栋保护建筑结构也出现了不同程度的损伤，文物管理部门对 A 楼和 B 楼均提出了原位保护的原则和较高的保护要求。

本工程主要面临的是狭小空间施工难度大、对周边环境保护难度高的问题，一般在浅基础的历史建筑下方新增地下空间，主要有原位基础托换和整体往复平移两种方式。若采用原位基础托换，需进入 B 楼内部密集施工托换深基础，经测算需布置约 110 根约 48m

长（含地下空间范围内18m）托换桩，此外，B楼北侧与A楼结构外边距仅约6m，地下室外墙内边线距离B楼外墙约1m，狭小空间施工深基坑围护结构难度极大。托换方案相比整体往复平移造价更高、施工周期更长，因此采用整体往复平移的方式开发B楼地下空间。

而对于A楼，其平面布置呈特殊的“匚”型，长宽比较大，且未设置变形缝，条形基础坐落于软土地基上，历经百年已产生较大的沉降并存在显著的不均匀沉降（一层勒脚线最大相对高差约380mm），少量承重砖墙出现了沉降裂缝，自身抗变形能力较差。但经过方案比选，对A楼进行托换造价过高，因此主要采用控制基坑施工期间A楼附加变形的方式来对其进行保护。

综合地下空间开发需求、保留建筑保护要求、软土地基条件、施工作业条件，安全、造价和工期等各方面因素，结合地铁隧道保护要求，中庭地下空间分为主体Ⅰ区和邻近地铁的窄条型Ⅱ区、Ⅲ区先后明挖顺作实施，如图3-118所示。

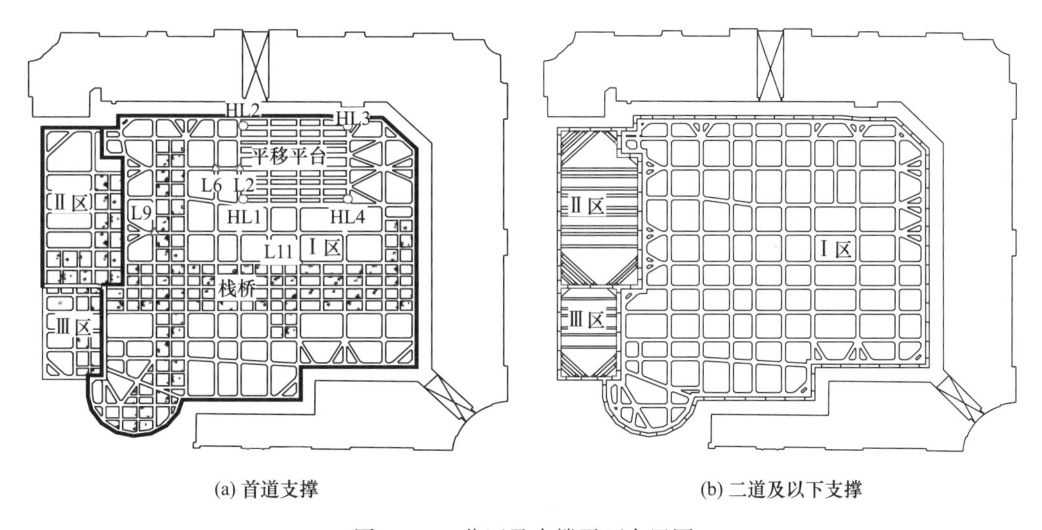

图3-118 分区及支撑平面布置图

采用A楼基础加固、上部结构修缮，Ⅰ区整体开挖，B楼利用首道支撑作为平移平台并与基坑开挖同步往复平移的地下空间开发总体设计，关键实施环节如图3-119所示，包括以下六个阶段：

① A楼基础加固，中庭桩基（除B楼原址区域外）施工，基坑围护结构（除受B楼影响无法施工区域外）施工；B楼平移平台施工；

② B楼平移下底盘、上托盘、滑脚、滑轨施工，B楼上部结构临时加固、基础切割；B楼由原址向东平移约32m至平移平台；施工原受B楼影响区域基坑围护结构；

③ B楼停放于平移平台，Ⅰ区基坑整体分层分块向下开挖至基底；

④ Ⅰ区地下结构整体回筑至地下一层，保留第二道支撑（以控制首道撑拆除时围护结构顶口变形），优先施工B楼终址区域地下结构顶板；

⑤ B楼在平移平台顶升0.84m，浇筑新滑道，往西平移至新建地下室结构顶板上并固定；

⑥ Ⅰ区平移平台及剩余首道支撑拆除并封闭Ⅰ区地下室顶板，之后依次施工Ⅱ区和

Ⅲ区，待Ⅱ、Ⅲ区地下结构完成后，拆除Ⅰ区第二道支撑、割除钢立柱。

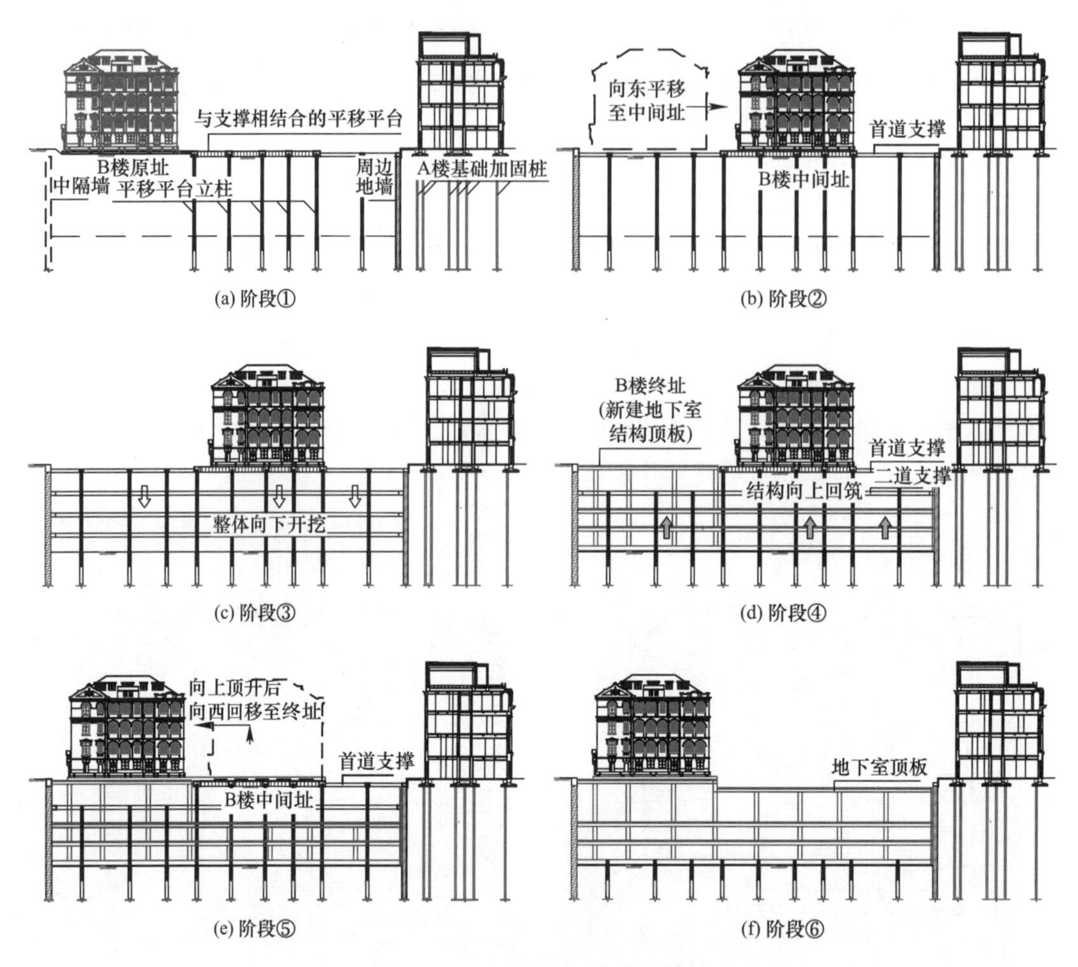

图 3-119　地下空间开发实施路线

B楼结构自重约3800t，是上海最大体量的砌体建筑整体平移，更是首次进行基坑整体开挖条件下保护建筑于基坑上方往复平移，需将建筑物整体平移与基坑支护设计有机结合，并充分考虑两者间的相互影响。

平移平台的平面布置主要考虑两方面的需求，一是B楼平移后为原址所在位置的桩基、基坑围护施工提供足够空间，二是尽量缩小平移距离以控制平移工期和风险，平衡上述两方面因素后，最终选择平移至原址东侧约32m处。另外，为把B楼因百年使用期间周边地面变动而被掩盖的精美石材底座展露出来，更好恢复原有风貌，在平移平台上将B楼整体顶升0.84m，待终址位置地下结构完成后，浇筑二次平移滑道，B楼沿新浇筑的滑道往西迁回至新建地下结构顶板并固定。

【案例51】　上海张园城市更新项目

张园拥有上海规模最大、保存最完整、建筑形式最丰富的历史建筑群（图3-120），地处静安区南京西路历史文化风貌区，场地含市优秀历史建筑 13 处、区级文保点 24 处、一般保留历史建筑 5 处，总建筑面积约 5 万 m^2。张园城市更新项目对 42 栋房屋进行保护性修缮加固并扩展地下空间，在保留街区历史风貌和建筑文化机理的前提下，提升既有历史保护建筑的品质。

图 3-120　张园城市更新项目历史保护建筑群

与此同时，在张园群体历史保护建筑下方将增设轨道交通南京西路站三线枢纽型地下换乘功能，采用“T”字形换乘通道将位于吴江路的 2 号线、茂名北路的 12 号线和石门路的 13 号线进行连通，并在张园地下空间内设置轨道交通的进出站功能（图 3-121）。张园地下空间既承担了轨道交通地下三线换乘功能，也将张园、丰盛里、吴江路、兴业太古汇、华润中心等地块的地下空间进行了互通互联，极大改善了张园片区的交通通行功能，扩建地下空间如图 3-122 所示。

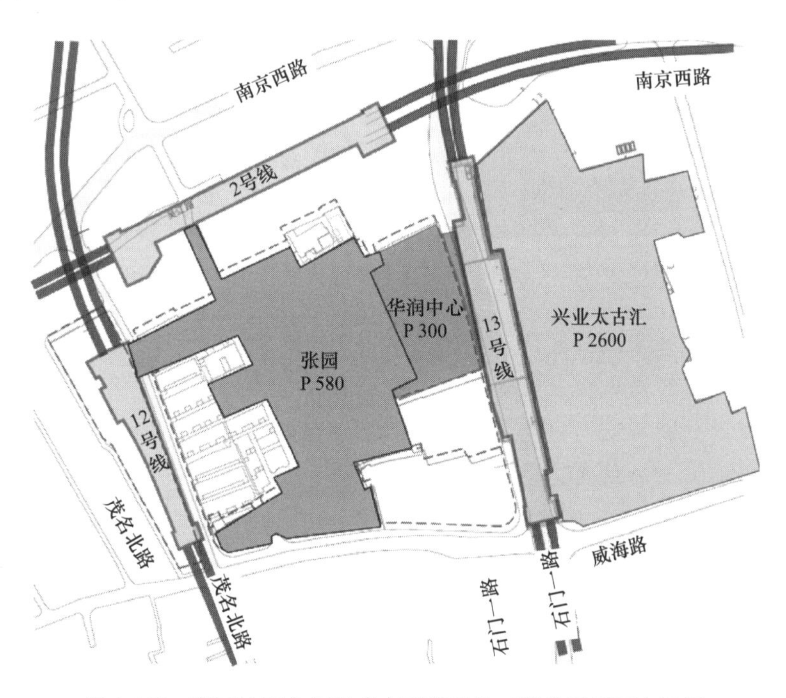

图 3-121　张园地下空间及南京西路地铁三线换乘平面布置图

针对群体历史保护建筑，结合建筑保护要求、结构基础形式、现状安全状态和场地环境条件等因素，对每栋房屋采取“一幢一策”的保护开发方案，制定了平移托换明挖、原位托换盖挖、顶升托换盖挖、矩形顶管暗挖等不同工艺相结合的实施方案，采取了分区分组团交叉分步施工的策略，研发采用“低净空、小尺寸”的桩基和加固施工设备，首次实现在密集历史保护建筑群中进行深大基坑工程的施工。施工现场如图 3-123 所示。

张园城市更新项目留存历史保护建筑群的文化，显著改善群体既有建筑的使用功能，

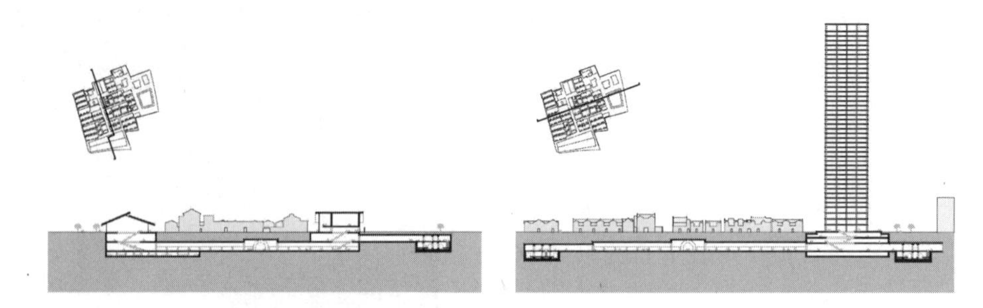

图 3-122　群体保护建筑下方扩建地下空间

图 3-123　张园城市更新项目群体建筑物平移施工照片

使老建筑焕发新生，并实现轨交地下换乘区域与历史风貌区地下空间连通开发的目标。本项目将有效改善现有历史风貌区交通阻塞、空间拥挤、生态失衡等问题，实现中心城区历史风貌群体建筑的更新及空间格局再生，成为上海核心区历史文化风貌区有机更新与地下空间综合开发功能提升的新典范。

3.2.5　其他新兴技术

上海作为我国最先一批与国际接轨、最先开展现代化建设的国际化大都市，城市更新带来的机遇和矛盾都非常突出。未来城市更新将从增量更新向存量挖潜、从地上为主向立体开发、从单一功能向功能复合、从拆除新建向既有设施利用发展，地下空间开发在城市更新中将扮演愈发重要的角色。而其在设计阶段的核心挑战在于通过不同专业界面的高度协作与融合，共同研发更多的新技术以解决城市更新中的种种难题。除上述工法，装备材料方面的新技术外，在垂直停车技术、深层地下空间疏散救援、地下互联互通、TOD站点地下开发、隧道防火，裂缝控制、建造新材料方面也不乏新兴技术的涌现。

1. 垂直停车技术

利用现代化竖井建造技术设置地下垂直停车系统，减少占地，高效利用地下空间解决城市人员密集区域的“停车难”问题。面对上海建成区域土地资源稀缺以及必须实现土地资源高效利用的难题，通过地下垂直停车技术，可以实现有限空间的最大化利用，以及对周边既有建筑的最小影响，助力城市实现最大化的地下空间利用，特别适用于核心城区中的老旧小区、商业中心、景点、医院等现有用地局促、建设条件受限、停车缺口较大的地区。

譬如已经建成的南京市建邺区儿童医院UP车库，采用沉井法建造，停车场地上面积仅390m^2——相当于一个咖啡店的大小，却能停放近200辆小汽车。该项目涵盖了智能建造装配式竖井，高度模块化立体停车架构，大数据运营管理系统，新兴数字领域接口等众多创新技术，受到各方媒体的关注和报道。而在南湖中心广场正加速建设新一座沉井式地下车库，以缓解该地区周边老旧小区的停车难题。在项目建设中，项目团队还将考虑南京古城区的历史人文要素，对地上建筑进行独到建造，以让其与城市原有历史风貌融为一体；同时，将充分借鉴之前建邺区沉井停车场建设的运营经验，在建设期将进一步精细完善交通组织流线，增进机动车及人行流线的便捷性与通达性，实现交通动线、设施风貌再升级。上海也有类似的工程正在试点——静安区垂直掘进地下智慧车库项目，项目地上占地面积286m^2，地下占地面积836m^2，深度约50m，共19层，可停放车辆304辆，是同等面积地上停车场停放车辆的10倍，采用的竖井掘进机已属世界最大。未来该技术在降低建造和运营成本、建筑防灾、电动汽车充电、流线效率等方面尚需进一步突破。

2. 深层地下空间消防技术

上海虽然不是山地城市，但由于其经济发展水平较高，受建设用地紧张、地铁线路建设条件和换乘需求、超高层建筑建设、特殊工艺要求等影响，导致供人活动的地下空间深度不断增加，逐渐向−30m以下的中、深层地下空间发展，如北外滩来福士广场和在建的徐家汇中心等重点地区标志性建筑地下室开发深度已达6层，建筑设计也将走入规范空白的“无人区”。上海地下空间在以下几个方面进行了一定的探索研究：

(1) 地下避难空间的应用。避难空间在超高层建筑中已比较成熟，但在地下空间中还鲜有应用。鉴于深层地下空间的特殊性，可以采用“延迟疏散”的策略，即可将整个疏散组织过程分成两个阶段，第一阶段人员从事故或灾害发生点撤离至相对安全的避难空间，第二阶段从避难空间撤离或等待救援至安全区域。这一方面避免人员疏散不及时、人员恐慌等造成的二次灾害，另一方面能够提高行动不便的特殊人群在疏散过程中的安全性。

(2) 利用垂直电梯进行疏散。相关研究表明，人员在上行、垂直高度20～30m时，由于疲劳、恐惧等影响，疏散速度和疏散速率将显著降低，因此深层地下空间的疏散条件比高层建筑更为困难。我国部分地铁车站也在利用电梯进行辅助疏散方面进行了尝试，如香港地铁香港大学站、重庆地铁红岩村站、贵阳地铁花果园西站等。譬如埋深超过100m的红岩村站，采用高速宽体电梯，仅需40秒内将人员疏散至地面，疏散效能极为可观。超高层建筑采用高速电梯作为辅助疏散已经有较多实践案例，如上海中心大厦、上海环球金融中心等，地下空间作为与之相镜像的存在，亦可将此技术引至地下空间疏散。

(3) 增强深层救援能力。深埋车站由于车站较深或层数较多，人员疏散到地面的距离较大、疏散时间较长、救援更加困难，而在高温浓烟笼罩、能见度低的条件下进行长距离的上行疏散，会增加人员心理和生理上的压力，特别是对于地铁车站这样的人员密集的场所，更容易造成踩踏等次生事故。上海的地铁车站在深层建筑消防上做了一定的探索。例如，11 号线二期工程徐家汇站为地下五层换乘车站，站台中心处底板埋深为 24.71m。消防部门考虑到车站埋深较深，不利于消防扑救，要求设置专用消防电梯，并满足“雪炮泵浦车”的要求，并考虑其到达站厅、站台、轨行区的要求。该车体量较小，但有强大灭火力量和优秀的越障排障能力，既可灭火又可排烟，适用于扑救液体及一般物资火灾，对解决深层地下空间救援问题作了积极的尝试。

3. 地下空间互联互通技术

互联互通是地下空间发展到一定阶段的必然要求，也是增强存量地下空间的连通性水平、构建区域地下空间网络、重塑城市空间结构的重要举措。尽管上海有些城市中心区的地下空间建设已经发展到数十万平方米的规模，但地块之间的地下空间缺乏必要的互联互通。在日本、北美、西欧等地下空间建设起步较早的国家和地区，很多城市中心区域的地下空间通过地铁、地下通道的连接，已形成了网络体系，甚至达到地下城的规模，上海也已经建成虹桥扩展区、陆家嘴地区、虹桥临空园区等多处地下勾连工程。地下空间的互联互通可以充分发挥地下空间自身不受街道分割的特性，有利于充分挖掘既有用地的潜力，促进地下空间的联网成片，解决目前地下空间利用不平衡、不充分的问题，人行系统、车行系统、管线系统一般被认为是地下空间勾连的主要内容。

【案例 52】 上海陆家嘴 CBD 中心区地下空间互通互联

陆家嘴是上海国际金融中心的核心功能区，其中金茂大厦、上海环球金融中心、上海中心三座超高摩天大厦分别代表了我国改革开放三个十年间工程建设的里程碑。由于规划和建设年代不同，导致整个陆家嘴 CBD 中心区在早期存在各个地块之间地下空间割裂、人行交通不畅、轨道交通换乘不便等问题，因此将陆家嘴地区相互独立的地下空间进行互通互联，是提升陆家嘴地区地下空间功能品质的重要保障。地下通道建设方案如图 3-124 所示。

为了不影响地面交通及环境，陆家嘴 CBD 中心区地下连通通道采取非开挖技术——顶管工法进行施工（图 3-125）。顶管始发工作井设置于绿地内，而对于金茂大厦、国金中心、环球金融中心等已建成的地块，为减小对市政道路和地块的影响，则不设顶管接收工作井，当顶管机从始发井顶推至相应地块后，顶管机在通道内拆解并原路返回从始发井吊出，顶管机壳留在原位，该范围内现浇地下通道结构，该方法被形象地称为“金蝉脱壳”。通过顶管这一非开挖技术的应用，在陆家嘴 CBD 地区马路不被“开膛破肚”、管线无需迁改、市政交通不受影响的情况下，悄无声息地将上海中心、金茂大厦、国金中心、环球金融中心的地下空间进行连通，体现了绿色环保及可持续的建设理念。

借助陆家嘴中心地区绿地地下空间的开发及市政道路下方地下通道的建设，进一步有效整合了陆家嘴 CBD 中心区的地下空间资源，实现了陆家嘴地区世纪大道以南各个主要地块间地下空间的互通互联，使上海中心、金茂大厦、环球金融中心、国金中心等几大陆家嘴地标建筑的地下相通、步行即达，并通过国金中心地下室实现与轨道交通 2 号线、14

图 3-124　上海中心及陆家嘴地下通道建设示意照片

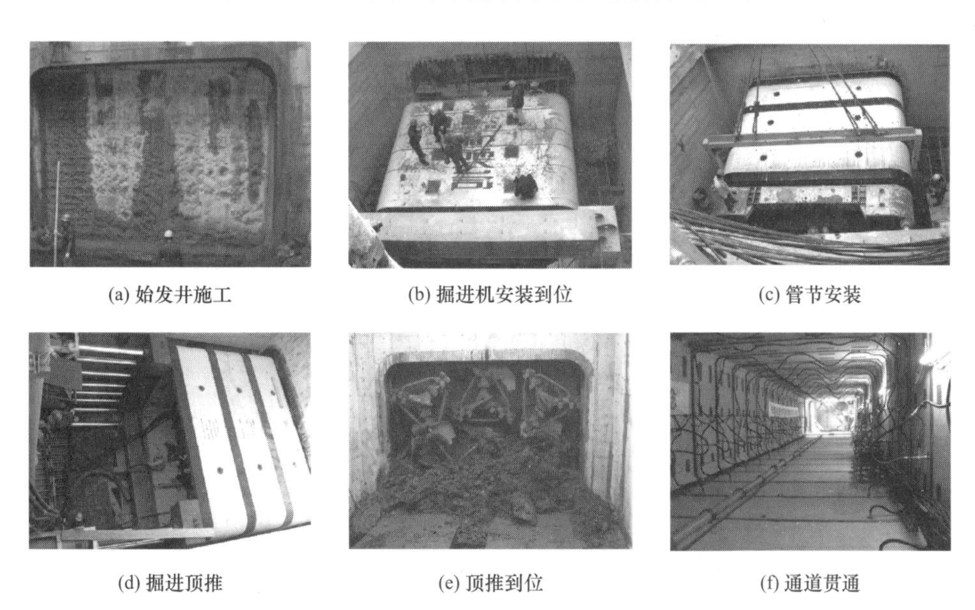

(a) 始发井施工　(b) 掘进机安装到位　(c) 管节安装

(d) 掘进顶推　(e) 顶推到位　(f) 通道贯通

图 3-125　顶管施工过程

号线陆家嘴站的连通换乘。与此同时，与陆家嘴原有二层步行环形连廊有效对接，形成了一个完整的立体步行网络系统。通过对陆家嘴 CBD 中心区地下空间互通互联的整合开发，极大地方便了该区域内市民的活动和出行，即使在风雨交加抑或烈日炎炎的天气下，也可通过地下网络畅行无阻。地下空间的连通整合在方便市民的同时，也能更好地将人流吸引入地下，从而提高公共资源的利用率，在消除了空间割裂感的同时，极大地改善了陆家嘴地区大楼与大楼之间通行难、大楼与地铁站之间通行难的状况，完善城市功能，并有效提升区域可达性与吸引力，创造了良好的社会效益。

【案例 53】 上海虹桥地区楼宇间勾连项目

上海虹桥地区楼宇间勾连项目，在 1.2 平方公里范围内提出了“双轴、多点、南北枢纽、主次分明”的“目”字形网络结构（图 3-126）。2013 年 4 月以来，茅台路、仙霞路、北紫云路、遵义路、南紫云路人行地下通道项目等 4 条人行连通道先后设计实施完成，上海城一期和三期之间内部形成联通。长达 600m 的连接遵义路商业设施的地下通道向南从轨道交通 2 号线娄山关路站开始，利用虹桥天都地下一层商业街穿越遵义路后，转折向南，勾连 SOHO 天山广场、虹桥上海城、虹桥南丰城（原上海城三期）、尚嘉中心，再穿越仙霞路，与虹桥友谊商城连接，加上 2 号线车站勾连的巴黎春天、虹桥艺术中心、汇金百货以及茅台路人行地下通道勾连的长房国际广场（百盛优客）、金虹桥国际中心，实现了地下空间由“点至线”的系统化整合，市民可以无惧风吹雨淋和汽车阻隔，在地下完成互联互通。4 根地道在两侧地面上均不设置地面出入口，保证了互联互通功能的纯粹性；在主要道路（仙霞路、遵义路）的通道采用了“非开挖”顶管技术，尽可能减少对地面交通的影响；地下装修打破了传统地下通道给人的刻板印象，以“春意、夏风、秋实、冬雪”为 4 根地道的装修主题，体现时光的轮回和生命的精彩，与区域整体的格调达成统一，也为区域打造良好的营商环境与氛围，为提升公共环境的能级作出积极贡献。

图 3-126 上海虹桥地区楼宇间勾连项目规划方案

理念容易得到认同，但落实下去却困难重重。在地下空间互联互通方面应着重解决以下几方面的问题：一是规划滞后或条件落实不足；二是消防等相关规范标准相对空白；三是权属利益纠葛复杂；四是公共绿地利用不充分。上海城市建设用地总量已到“天花板”，建设用地将保持“负增长”状态，除了需要更加注重城市的立体开发和地下空间分层利用，促进土地节约集约利用，充分挖掘既有用地的潜力，地下空间之间互联互通、改造整合势在必行。

4. 地铁站点区域的地下综合开发相关技术

TOD 的理念随着过去 30 年中国轨道交通的迅猛发展得到了广泛的传播。上海虽然较早就开展了站域地下空间的连通建设，也积极探索综合开发模式，产生了日月光广场、国妇婴医疗辅助楼、绿地缤纷城、凯德星贸广场等一批成功典范工程。尽管站点周边的地下空间开发不是开发的全部，但往往成为技术难点最集中的区域，也是政策创新最重要的关注点。以汉中路站一体开发项目为例，该站是上海轨道交通 1 号线、12 号线、13 号线的换乘枢纽站。12 号线站台地下 4 层，深达 24m，13 号线站台深达 31m，地下 5 层。站点北面距离上海火车站只有一站路，东北面靠近不夜城公园和天目中路立交桥，南面与苏州河相近，交通四通八达。政府地块为综合开发出让地块，地块内规划公交枢纽作为土地出让的前置条件之一。地铁为综合开发增加的地铁加固措施费、前期地下设施建设与预留开发条件构筑物建设费用合计约 5.1 亿元。两幅地块总占地面积 25427m^2，建筑面积约为 11 万 m^2。申通地铁资产管理有限公司将仍然持有两幅地块的 30%股份，申通地铁资产是申通地铁集团的全资子公司。由申通开发地下地铁线路，凯德中国主导开发综合体部分，充分发挥两家企业的优势力量。凯德星贸广场（2017 年 9 月建成）与一河之隔的静安东八块高档商务区相融合，集商业、办公、住宅为一体，包含地铁上盖精品商场、5A 甲级办公楼、滨河住宅。项目为汉中路地铁的正上盖，不仅拥有极便捷的交通设施，汇集了 3 条轨道交通线路，周边有 20 余条公交线路，实现了地铁、巴士、驾车的全方位换乘模式，更是需要解决一系列结建开发的技术难题。

车站周边地下空间缺乏直接渗透关系，不仅会错失重大整合机遇，也会限制地铁引导城市空间优化发展能力的充分发挥，造成地下空间资源浪费和低效使用。因此站点地下空间开发区域归纳为“节点”和“场所”两个最基本特征——它是城市轨道交通网络以及城市交通网络的一个节点，同时它也是一个场所，一个设施集中、有着多样化的建筑物和开放空间的区域。节点主要代表了其交通功能，场所主要反映了其驻留功能和城市功能。所谓“综合”一般主要体现在三个方面：一是实现各种不同“功能”的综合，即将交通设施和公共设施等不同城市功能共同纳入到以站点为核心的综合开发的系统中来，进行统筹考虑；二是建筑内外“空间”的综合。地铁车站的建设是地下空间开发的黄金机会，也是城市更新、扩展的黄金机会，通过轨道交通车站的纽带效应，各种地上、地下空间应当实现在建筑空间形态上整合，达到各种空间的“无感过渡”；三是“交通”资源的综合。交通功能是站点综合开发建筑（群）的基本功能，在设计中必须将地铁站点附近的各类交通方式统一考虑，方便换乘，实现“无缝换乘”。

“站点区域的地下综合开发”的技术不是某一项具体技术，而是一种综合的建筑技术。其还有一个重要的意义，则是打破了长期以来基础设施地下空间与民用建筑地下空间各自发展的状况，传统市政设施和作为地上空间的“附属物”的地下空间逐渐走向整合，以经济的手段打破了民用建筑和市政工程相关学科之间不该有的分离、割裂和符号化的标签，使地下空间走向建筑、规划、交通、土木、景观一体化的学科交叉、技术交叉的新领域。

5. 隧道防火安全

1）隧道及地下空间火灾灾害动态感知与智能防控技术

火灾灾害是威胁隧道等地下空间安全运营的重要灾害。火灾灾害发展十分迅速，且具有较强的随机性和不确定性，隧道及地下空间火灾灾害极易造成严重的人员伤亡和巨大的社会影响。火灾产生的大量浓烟会遮挡视频监控系统的摄像头，导致地下空间内的实际状况难以实时直观地显示，严重影响现场消防和救援工作的效率和可靠性。

基于隧道及地下空间封闭环境下火灾灾害的演化规律和致灾机理研究，同时结合人工智能、物联网和大数据等新技术方法，形成了隧道及地下空间火灾灾害动态感知与智能防控技术（图 3-127）。

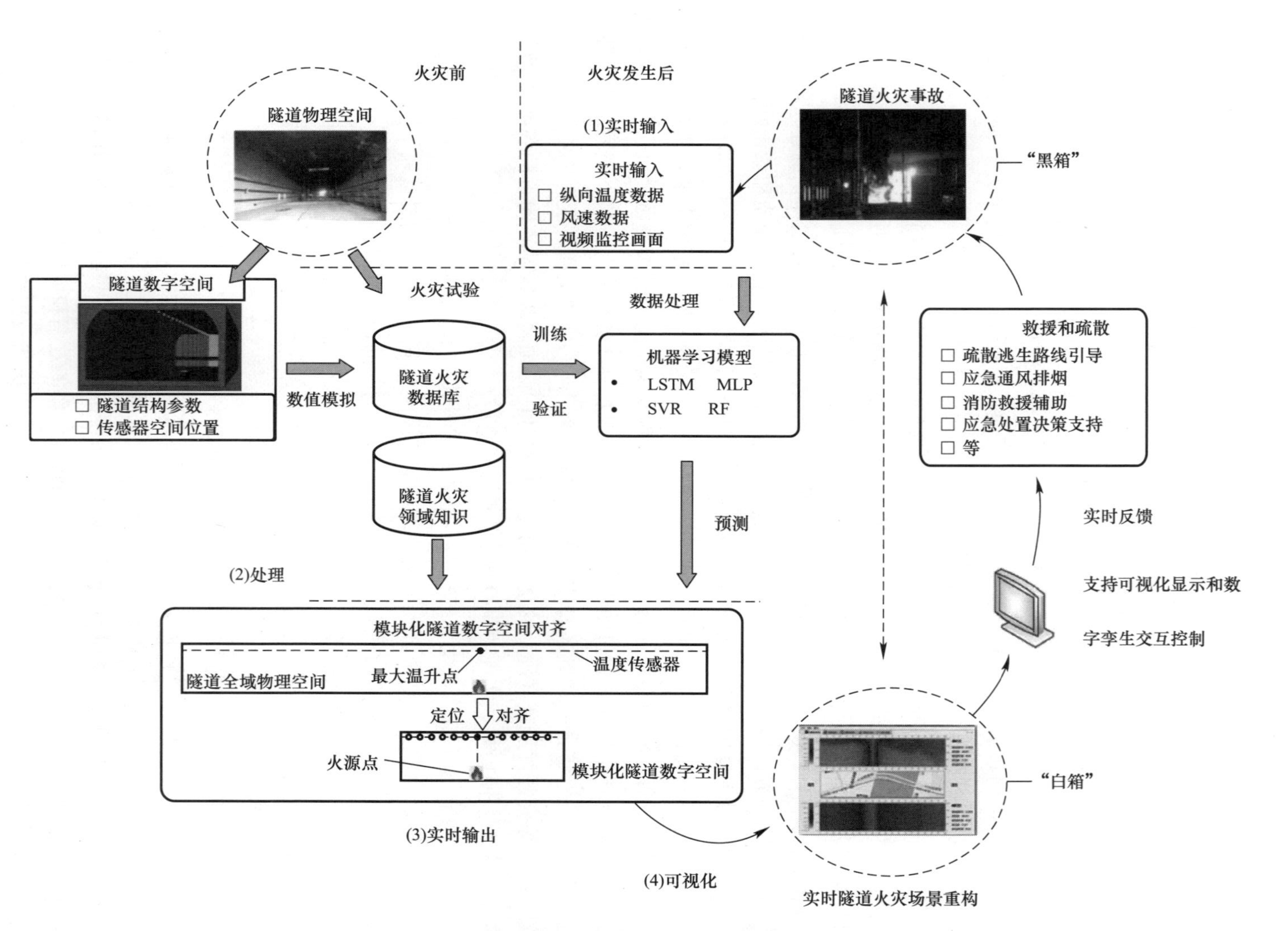

图 3-127 隧道及地下空间火灾灾害动态感知与智能防控技术架构

该技术的目标是将发生火灾事故的隧道及地下空间从无法感知的“黑箱”转变为“白箱”，从而将火灾事故“透明化”。该技术实现了对道路隧道等地下空间火灾报警系统运行状态的实时监测，并利用人工智能方法对隧道及地下空间既有消防系统监测数据进行深度挖掘，实现了火灾灾害关键信息的实时反演和预测。在实际应用方面，基于该技术研发了实际隧道工程的火灾动态预警与疏散救援系统。系统能够实现隧道等地下空间火灾准确预警，减少火灾漏报、误报等情况的发生，提升火灾报警的可靠性和准确性；能够实时准确预测火源位置和火灾热释放速率关键参数，并动态三维重构隧道温度场和烟气场，从而帮助消防人员确定火源位置和火灾规模，掌握火场温度和烟气扩散情况，对消防救援提供精确指导，以便得到动态的火灾消防救援方案，提高消防效率，减少人员伤亡和财产损失。同时，该系统有助于隧道火灾救援的科学决策，克服了现有隧道火灾预案固定化、框架化、实时性和适应性差等众多不足。能够实时地、全面地了解整个地下空间的火情发展情况，同时根据所掌握的火情信息及火灾发展态势来实施并不断调整疏散预案，从而使得火灾疏散预案更加合理有效。

目前该技术及配套系统已经在上海大连路隧道、上海延安东路隧道、上海长江隧道、上海虹梅南路越江隧道、上海北横通道、广州洲头咀越江隧道、安徽省岳武高速公路隧道等工程中得到应用。根据多条隧道养护单位使用报告，该技术及配套系统解决了隧道及地下空间消防系统工作状态不明的问题，将火灾误报率降低了90%。同时在未增加硬件设施的条件下，解决了以往无法获取隧道及地下空间火灾实时状态、无法可靠指导火灾扑救及人员疏散的难题，具有良好的应用前景。

2）隧道节能型通风排烟与安全疏散技术

顶部开口自然通风隧道取消了机械通风设备，在隧道顶棚或侧壁开设自然通风口，并通过竖井与外界大气环境直接相联通。正常运营工况下，隧道内车辆移动引起的活塞风在隧道内形成纵向气流，并通过竖井进行换气，从而将车辆尾气排出，为隧道内车辆及司乘人员提供良好的通行环境；火灾工况下，顶部开口自然通风隧道利用竖井烟囱效应，将高温烟气由竖井排出，从而大幅降低隧道内温度和烟气量，并达到阻止烟气长距离蔓延、保持烟气层化结构的效果，为隧道内被困人员的疏散逃生和外界救援力量的应急行动提供较好的环境。顶部开通自然通风隧道通过竖井与外界环境多点联通，一方面可避免隧道内废气和烟气集中排放，降低污染物排放浓度；另一方面可起到缓解司乘人员在隧道封闭环境内的心理压力，同时竖井还可作为突发事件下联通外界与隧道内的应急通道。与机械通风隧道相比，顶部开口自然通风隧道极大地节约了通风设备购置成本和运营维护成本，大大降低了碳排放量；此外，由于取消了机械通风设备，隧道断面高度可适当降低，从而可达到节约城市地下空间资源的目的。

【案例54】　上海市北翟路地下通道

上海市北翟路地下通道是上海首次在长线地下通道主线采用全线顶部开口自然通风、排烟的城市浅埋隧道，地下通道风口如图3-128所示。该项目由隧道股份上海市城市建设设计研究总院（集团）有限公司设计、隧道股份上海隧道工程有限公司承建的第二届中国国际进口博览会核心配套项目，于2019年10月25日全线通车。北翟路地下通道位于上海市长宁区，全长1780m，暗埋段长1480m，敞开段长300m，双向6车道，设计车速60～80km/h。地道断面净高5.5m，宽度12.0m。地道分隔带每隔10m设置1个自然通风口，并通过竖井与大气联通，全线设置44个竖井，竖井间距依地面条件设置为41～125m，竖井长度为10～14m，宽度为4.0m，高度为5.0～7.0m。为了验证顶部开口自然通风隧道竖井防排烟的有效性，隧道股份上海市城市建设设计研究总院（集团）有限公司、上海市消防救援总队、同济大学联合申报上海市科学技术委员会课题“城市长大隧道节能型通风排烟与安全疏散救援关键技术”，开展技术攻关，通过小尺寸试验、全尺寸数值计算、理论分析等手段，系统研究了竖井的防排烟性能，并在北翟路地下通道开展了全尺寸火灾实体试验，验证了竖井防排烟的有效性。基于该工程项目和科研课题，研编并发布了上海市工程建设规范《城市自然通风地下道路工程设计标准》DG/TJ 08-2386-2021，为同类工程项目的设计提供了参考依据。

图3-128　北翟路地下通道风口效果图

3）自抗火混凝土隧道衬砌新方法

目前，地下结构的防火措施主要是喷涂防火涂料和铺设防火板材，这些被动式防火方法主要是借助“外部力量”阻碍热量以热传导的方式向结构内部传递，未充分利用混凝土自身的抗火能力，且这些防火措施在风荷载和振动的作用下容易脱落或失效。基于此，同济大学地下空间抗火团队提出了一种自抗火混凝土隧道衬砌新方法，在混凝土结构易受火灾影响的特定部位，如结构保护层、隧道衬砌侧墙等，掺加热触发聚合物，使其在特定温度条件下触发，并通过多种理化作用形式防止混凝土结构高温爆裂性剥落的发生，以及减小因温度场不均匀分布造成的结构内部热应力损伤。在不改变结构尺寸、不增加额外荷载的条件下，充分利用混凝土结构的自身抗火性能，实现结构从被动防火向主动抗火的转变。

在正常工况下，可以将纤维状的热触发聚合物掺加在衬砌结构的混凝土保护层中形成自抗火混凝土层，并与普通混凝土层共同承担外部荷载，其作用机理如图3-129所示。相比于在整体结构中添加热触发聚合物，由于衬砌结构内壁是更容易受到火灾威胁的部位，这样可以最大限度地发挥热触发聚合物的作用；另外，也可以降低热触发聚合物的掺量和施工成本，同时减小热触发聚合物可能对混凝土力学性能造成的负面影响。在火灾情况下，自抗火混凝土层会经历复杂的理化反应，通过热触发聚合物的熔化吸热、发泡阻燃和碳化隔热的联合作用，实现结构的主动式自“抗”火，并可归纳为以下四个阶段：

阶段一：熔化。在100～200℃之间，热触发聚合物中的基体材料会先发生热膨胀，并在特定温度下熔化（160～170℃）。在这一过程中会提升混凝土结构的渗透性，降低水泥基材料的孔隙水汽压力，避免爆裂性剥落的发生。

阶段二：发泡。随着基体材料的熔化，其内包覆的膨胀型阻燃剂被暴露在高温下。在200～400℃之间，膨胀型阻燃剂之间会发生剧烈的链式发泡反应，产生大量的发泡阻燃产物，并可以填充水泥基材料中的孔隙。

阶段三：溢出。当温度达到400℃以上，发泡反应会进一步加剧，并产生一定量的阻燃气体。在热膨胀的作用下，发泡产物体可以沿着贯通的聚合物熔化留下的孔道溢出至结构受火面。对于结构中温度未达到触发温度的部分，热触发聚合物会留在结构中，可以当作面对更大规模火灾的安全储备。

阶段四：碳化。当温度达到600℃以上，热触发聚合物的发泡产物会发生碳化，在结构受火面形成蜂窝状的阻燃隔热层，减缓混凝土结构的升温速率。当火灾发生后，可以通过喷射自抗火混凝土等方式实现衬砌结构的灾后修复与重建，进而实现结构全寿命周期的抗火性能提升。

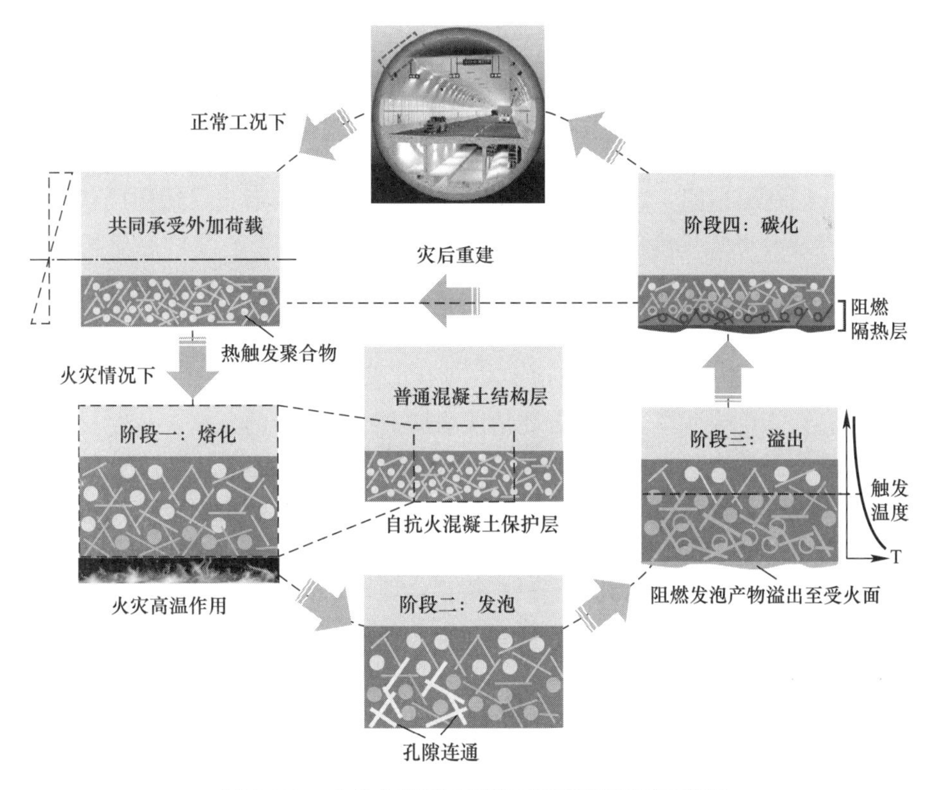

图3-129 自抗火混凝土隧道衬砌作用机理示意图

4）隧道结构抗火热力耦合方法

火灾对隧道结构安全的威胁极大，同济大学防火安全课题组长期以来的持续研究形成了对盾构隧道设计和安全运营的支持，提出了从管片、接缝、单环到多环的盾构隧道结构火灾安全评估模型。建立了盾构隧道结构火灾时的热力学模型，为考虑隧道衬砌管片和纵向接缝的整体分析提供了依据，并改进了对隧道结构温度、应力和变形分布的预测。数值计算结果与实验数据吻合较好，并进行了参数化研究，以研究剥落、埋深和冷却阶段等因素对盾构隧道火灾行为的影响。结果表明，高温下隧道衬砌结构的破坏主要是内部热膨胀力和热应力共同作用的结果。剥落导致隧道衬砌结构的关键“保温层”的损失。另一方面，高温下地层对隧道结构的约束不仅抑制了结构关键部位的变形，而且通过弹性阻力有助于抵消荷载对结构的不利影响。

6. 地下空间混凝土裂缝控制综合技术

针对地铁车站普遍出现开裂渗漏的现状，为了提升上海城市轨道交通工程地下车站主体结构混凝土抗裂性，根据工程具体结构形式结合数值模拟和监测技术，从设计、材料、施工全过程联动，研究引起裂缝的原因、特性和机理，通过对材料和工程实体结构同期的热学性能和变形性能等进行系统的定量检测、监测研究，研发适合上海轨道交通工程地下车站主体结构的裂缝评估评测技术，建立有效的地下工程开裂风险预测、评估、预警系统，形成施工前期的专项抗裂设计，降低工程开裂风险，提升工程质量品质，形成了上海轨道交通地下车站主体结构裂缝控制技术指南。主要技术包括：

1）地下工程结构抗裂性综合评估方法与评测数据分析技术

针对目标车站所处的环境、结构形式等特点，在满足耐久性设计的前提下，采用基于“水化-温度-湿度-约束”多场耦合作用的混凝土收缩开裂评估进行数值模拟，分析多种因素耦合作用下结构开裂的可能性。在模拟和数据分析、评测的基础上，对实际工程情况，细化研究混凝土原材料性能、混凝土配合比、环境条件、结构形式、结构尺寸等对结构开裂性能和一次性最大浇筑长度的影响规律，提出综合反应混凝土湿热变化特性、环境条件、约束及尺寸效应的结构抗裂性评估与设计方法，形成针对上海地区城市轨道交通工程地下车站叠合墙体系的结构特点和设计要求的混凝土抗裂性评估体系。

2）高性能抗裂混凝土材料及配制技术

采取试验和数值模拟计算（即综合评估评测技术）相结合的方法，从原材料选择、配合比设计、新型抗裂功能材料应用技术等方面对高性能抗裂混凝土材料配制技术进行研究，在满足工作性、力学性和耐久性能的基础上，提出基于补偿收缩、温控减缩与内养护技术的高性能抗裂混凝土材料制备技术。

3）裂缝控制施工工艺

针对实体工程结构形式，通过模拟计算温度应力和收缩应力，研究混凝土入模温度、浇筑环境条件、施工顺序、调整分段长度、增设诱导缝等施工措施对结构约束度及开裂性能的影响。基于模拟分析数据结果，优化混凝土浇筑方式及施工工序，论证施工新工艺使用的可行性。根据实际结构的复杂性，比较不同养护措施的可实施性及其对混凝土表面的养护效果，提出合理的混凝土施工养护工艺。

4）实体结构后期性能及裂缝监测技术

配合实体结构实际施工过程，合理布置测点，采用混凝土养护监测系统监测施工期内混凝土温度变化历程，通过设定开裂风险预警程序，指导工程现场的养护措施及养护时机；研发采用全程监测系统，长期实时监测实体结构自浇筑后的温度、应变、应力变化历程，并实现监测数据的实时传输，利用数据平台分析结果为抗裂效果评估提供直接依据；选出适用于地铁实体结构混凝土抗渗性监测的 TORRENT 法，结合电阻率测试，开展工程现场试验，评估结构混凝土耐久性能。

随着系统性研究工作的不断开展和深入，结合示范工程案例应用，目前已基本摸清各种裂缝影响因素的作用效果，并取得较为理想的裂缝控制效果。该技术已在 14 号线真新新村站、15 号线长风公园站以及苏州河深层排水调蓄管道工程试验段 SS1.2 标成功应用。

【案例 55】　上海轨道交通 14 号线真新新村站

在 14 号线真新新村站中，针对上海轨道交通地下车站主体结构叠合墙裂缝控制关键技术进行研究，保障其百年的运营服役寿命，抓住混凝土抗裂性提升与刚性自防水直接相关的关键技术问题，结合工程实际，选取上海地铁 14 号线 5 标真新新村站作为试验段（图 3-130），从车站主体结构抗裂性评估设计、低收缩高抗裂混凝土制备技术、专项施工工艺与实体结构的原位监测技术四个方面进行研究，同时对比普通混凝土与诱导缝设置方案裂缝控制实施效果。总结如下：

图 3-130　地铁 14 号线真新新村站

（1）采用基于“水化-温度-湿度-约束”多场耦合机制的抗裂性评估模型与方法，对易开裂的侧墙部位混凝土的开裂风险进行了计算分析，定量分析了混凝土入模温度、拆模时间、模板类型等因素对结构混凝土抗裂性能的影响，明晰了各因素的影响规律，基于开裂风险评估结果，获得开裂风险因素影响大小。

（2）建立了低收缩高抗裂配合比设计的总体原则，满足强度、工作性能及耐久性能协同的要求，通过合理搭配胶凝材料配伍比例，掺入具有温升抑制及微膨胀功能的抗裂剂，在减少水化热、削弱放热温峰、降低温降速率的同时控制混凝土收缩。试验结果表明，抗裂混凝土自由状态下温升阶段膨胀变形较基准混凝土增加了约 400$\mu\varepsilon$，而在温降阶段的收缩变形则减小了约 60$\mu\varepsilon$，从而有效降低混凝土的开裂风险。

（3）结构混凝土裂缝控制成套技术方案的主要目标是控制轨道交通主体结构混凝土非

荷载收缩裂缝发生，其开裂风险系数（任意时刻收缩拉应力与抗拉强度比值）应不高于0.70。从原材料品质控制、混凝土配合比设计、钢筋构造措施、施工工艺措施及实体结构的检验，监测等提出了内容丰富操作性强的裂缝控制成套技术方案，为工程现场施工提供指导。

(4) 对上海地铁14号线5标真新新村站主体结构混凝土温度、应变历程的监测结果表明：叠合墙内衬墙混凝土的温升与内外温差都比较小，温度开裂风险显著降低；混凝土最高温升值降低2～3℃，温升阶段的膨胀变形显著增大约1.7倍，单位温降收缩则降低约20%；该技术是解决叠合墙内衬墙混凝土施工期开裂问题的有效途径。

7. 高频免共振沉桩技术

随着沉桩施工所产生的噪声、振动和挤土等问题日益受到重视，对这些问题的监测与限制正在逐步加强。传统锤击法和振动法由于噪声大、震感强烈而在城市或者特殊条件下的应用受到更严格的限制。同时，尽管静压法无振动和噪声等问题，但是适用工程地质条件较单一和存在挤土效应等不足也使其应用有一定的局限性。振动法沉桩工艺通过振动锤在桩顶施加荷载，使桩以一定频率和振幅沉入土体，其应用于桩基施工已有80多年。随着该工艺不断发展，近年来出现一种称之为高频免共振法的新型振动法沉桩工艺。

高频免共振法被认为是一种高工效、低影响的沉桩工艺，已经开始在上海主城区得到应用。高频免共振法也是采用振动锤进行施工，其工作频率为25～60Hz。一般低频不大于15Hz，中频15～20Hz，高频25～60Hz，超高频高于60Hz，而土体的自振频率一般为15～20Hz。为实现免共振功能，高频免共振法在启动和停机阶段将振动锤的系统偏心矩调为零而无振动输出，同时在沉桩过程中使振动锤高频率工作而远离土体共振频率。相比传统锤击或振动锤沉桩方式，施工过程中振动影响小，挤土效应弱，且钢构件由工厂化生产，质量可靠，施工机械化程度高，无泥浆排放，对周边环境的影响小，高效节能。

目前该技术在上海S3公路高架桥项目、上海天目路立交桥项目、上海国家会展中心改造项目、上海北横通道工程等桩基础工程中得到应用，采用了进口的高频免共振振动锤ICE-70RF，沉桩深度可达60～80m，钢管最大直径达1500mm。现阶段该技术主要应用于桩基础工程，且主要用于打设圆形截面的钢管桩。随着技术和装备的进一步研发，该项技术还可推广应用到基坑工程领域，通过打设不同截面形式钢桩的组合可以形成抗弯刚度更大的围护结构，从而应用到软土深基坑工程中，并可实现钢材回收利用。

8. 特种材料

1) 自密实混凝土

自密实混凝土是一种高性能混凝土，其在自身重力作用下，能够流动、密实，并具有足够的黏聚性，以防止离析泌水，拌合物均匀致密，硬化后具有优良的机械性能和耐久性。日本最早在20世纪80年代提出自密实混凝土技术，为了提高混凝土的耐久性，随后很快传入其他国家并获得迅速发展。我国主要在2000年后开始引进研究和应用自密实混凝土。

自密实混凝土的技术特点包括：①充分解决了混凝土浇筑施工中混凝土不能完全固结而影响结构耐久性的问题；②改善了商品混凝土的可泵送性；③可以在不振动的情况下实

现混凝土密实，解决了许多工程结构密集复杂，特别是隧道和地下结构不易振动或根本没有振动可操作空间的施工问题；④提高了生产效率：改善了传统混凝土振动施工造成的噪声污染，减少了工人的劳动强度和减少安全事故发生。

上海外环线泰和路越江隧道是上海最早的自密实混凝土应用项目。近几年，技术人员结合项目情况和需求展开系统性研究，克服重重技术障碍，不断提升材料品质，相继研发出超流态自密实混凝土、恒负温自密实混凝土、超长工作性自密实混凝土、高穿透自密实混凝土等一系列领先行业的高性能自密实混凝土，为保障上海长江隧道、轨道交通 14 号线静安寺站等重大工程的施工质量和进度提供了材料端的有力支撑。

2）清水混凝土

近年来，随着城市现代化建设的日益发展，城市中出现了各种各样的建筑，人们对建筑风格的喜好也从最初追求奢华宏伟回归到自然质朴。清水混凝土因不使用任何装饰材料就能表现混凝土的原始质感而受到越来越多建筑师的青睐。清水混凝土具有朴实无华、自然沉稳的外观韵味，可以表达出建筑情感，同时也体现了绿色环保的理念，大大减少了表面装饰材料的使用，因此被越来越多的世界级建筑大师采用。同时由于地下工程施工难度大、服役环境潮湿等问题，采用清水混凝土方案可大幅提高混凝土结构的表面完成质量，减少二次装饰施工工序，同时可明显提高混凝土的耐久性。

清水混凝土具有以下技术特点：

（1）清水混凝土在实际施工的过程中一次性浇筑成型，无需二次装饰，因而与普通混凝土有着一定的差别，具有结构与装饰一体化的天然优势。

（2）清水混凝土具有朴实无华、自然沉稳的外观韵味，与生俱来的厚重与清雅是一些现代建筑材料无法效仿和媲美的。材料本身所拥有的柔软感、刚硬感、温暖感、冷漠感不仅对人的感官及精神产生影响，而且可以表达出建筑情感。

（3）清水混凝土环境效益显著。清水混凝土技术免去了抹灰的过程，减少了建筑垃圾的产生，有利于环境可持续发展。

目前清水混凝土成功在北横通道Ⅱ标段威宁路～长安路两侧侧墙和上海轨道交通九号线三期（东延伸）工程 6B 标民雷路站得到运用，也是上海首次在隧道建造中采用清水混凝土作为饰面墙。

北横通道采用全新精加工不锈钢大钢模，实现施工的过程中一次性浇筑成型，无需二次装饰即取得了很好的应用效果。明雷路车站采用清水混凝土工艺，呈现朴实无华、自然沉稳的外观，节省装饰材料的同时，提供了与生俱来的柔软感、刚硬感、温暖感、而且可以表达出别致的建筑情感。

3）泡沫轻质混凝土

泡沫混凝土是将发泡后的泡沫浆液均匀加入水泥浆体内，经混合搅拌、浇筑成型、养护而成的一种多孔轻质混凝土。泡沫混凝土已被广泛应用于上海市隧道、燃气管线、民防空间、建筑基坑、公路、桥台台背等各类填充工程，消除了大量的城市地下空间安全隐患，减少了地面塌陷、沉降的可能，成效非常显著。

泡沫轻质混凝土具有以下技术特点：

（1）质量轻：干密度为300～1260kg/m^3，28d抗压强度为0.75～10MPa，通过调整泡沫含量可满足不同工程及部位填充需求。

（2）保温隔热、隔声耐火：由于泡沫轻质混凝土中含有大量封闭的细小空隙，因此具有良好的热工性能，可以达到良好的保温隔热、隔声效果，同时达到A级不燃标准，这是普通混凝土所不具备的。导热系数一般在0.08～0.3W/(m·K)之间，其热阻为普通混凝土的10～20倍。

（3）填充性好：塑性状态时流动性佳，可以一次性填充300m的管路，硬化成型后具有相对独立的封闭气泡，以及较低的弹性模量，对冲击载荷具有良好的吸收和分散作用，起到减震防爆效果。

（4）施工便捷：结合配套的发泡设备，浆液通过工厂预拌，在施工现场经发泡机发泡后即可高效连续泵送施工。

（5）绿色环保：其料浆中可包含粉煤灰、矿渣粉、再生粉等固体废弃物，可降低成本、绿色环保。

泡沫轻质混凝土在世博园区B片央企总部基地地下填充工程、东葛路东塘路至浦东煤气厂南线出厂段沪嘉高速公路、迪士尼度假酒店、上海大歌剧院等，均得到了成功运用，并成功拓展至上海市民防工程处置应用。上海市存在大量老旧民防工程（人均1.5m^2）因失去战时防护功能退出序列、封闭保留，存在工程坍塌、环境污染、社会治安的潜在风险。而由于工程档案缺失、同时地下空间空气安全性不明，施工易引起地面沉降，没有可用的工艺和规范。经专家论证后，采用填充用泡沫混凝土应用于出入口被建筑物遮挡的人防工程整治，在黄浦区的县左街24号工程、刘家弄4号工程等废弃民防工程首次使用填充用泡沫混凝土，取得了良好的效果。

4）配重混凝土

配重混凝土是通过采用特殊的重骨料，显著提升混凝土的密度来达到增加地下结构的重量和稳定性。低碳型钢渣抗浮配重混凝土，精选炼钢副产品优质钢渣为原料，复合配制成比重较高或性能符合特殊要求的重混凝土及其制品。钢渣最佳掺量为20%～70%，减少水泥用量，改善、提高混凝土密度及力学性能。适用于防辐射、平衡配重、压重、抗浮、抗倾覆等领域及特殊场景的应用。配重混凝土具有以下技术特点：

（1）高密度：配重混凝土通过添加高密度骨料，使其密度较普通混凝土更高，从而增加地下结构的重量，提高稳定性。

（2）良好的抗压性能：配重混凝土具有较高的抗压强度，能够承受地下工程所需的荷载和压力。

（3）抗震性能：配重混凝土能够提供更好的抗震性能，减小地震对地下结构的影响，增加结构的稳定性和安全性。

（4）耐久性：配重混凝土具有良好的耐久性，能够抵抗地下环境中的化学腐蚀和渗透，延长地下结构的使用寿命。

配重混凝土已在虹桥枢纽地下抗浮基础工程、龙吴路华济路改建工程护渠桥施工中得到示范应用。

5）陶粒混凝土

陶粒混凝土是一种以陶粒替代石子作为混凝土的骨料，在保证混凝土力学性能的同时降低混凝土的容重，能够满足地下空间建设过程中，需要减轻结构上部荷载时的材料要求。陶粒混凝土具有以下技术特点：

（1）轻质性：陶粒混凝土由于添加了轻质陶粒，具有较低的密度，使得结构更加轻盈，减少地下结构的自重和荷载。

（2）保温性能：陶粒具有较好的保温特性，陶粒混凝土能够有效隔离地下空间和外部环境的温度差异，提高地下空间的保温性能。

（3）吸声性能：陶粒混凝土中的陶粒颗粒具有良好的吸声特性，能够有效减少声波的传播和反射，改善地下空间的声环境。

（4）抗震性能：陶粒混凝土由于陶粒的特性，具有一定的抗震能力，能够减轻地震对地下结构的影响，提高结构的抗震性能。

陶粒混凝土已成功应用于苏州河深层排水调蓄管道工程试验段SS1.1标、SS1.2标。

6）盾构可切削混凝土

近年来，随着地下空间的快速发展，包括隧道、地铁以及深层调蓄管道等隧道工程进入超常发展阶段，为了尽量避免城市交通运行，该类隧道工程较多采用盾构掘进的方式进行施工。盾构法施工是一种机械化和自动化程度较高的隧道掘进施工方法，具有较高的技术经济优势，但是在施工过程中不得不全断面穿越进洞或出洞时的围护结构，而盾构的掘削刀具直接掘削破除洞门极为困难，所以为解决因普通混凝土可切削难所导致盾构进洞和出洞时面临的盾构刀具磨损严重、风险大、工期长等问题，技术人员开展可切削混凝土材料的制备、施工和实体应用等研究，研发一种适应于特深地下连续墙的可切削混凝土，不仅能够满足于特深地下连续墙混凝土的施工性、高抗渗、高抗裂、低收缩等性能指标，还能满足长龄期（3年以上）盾构推进的易切削性，形成特深隧领域可切削混凝土成套技术。盾构可切削混凝土具有以下技术特点：

（1）高流动性和抗离析性能；

（2）凝结时间长，确保混凝土浇筑的连续性，不发生断层；

（3）在混凝土硬化后，具备高抗渗性能；在混凝土硬化后，具备高抗渗性能；

（4）容易被盾构的刀盘快速切碎，减少磨损；

（5）长距离掘进过程中，避免在途中更换和维修盾构刀具和刀盘，提高效率，降低风险。

7）同步注浆干粉砂浆

同步注浆是盾构施工中的重要的环节，在盾构推进过程中，通过注浆泵的压注，将浆液压注到管片和土体之间的建筑空隙中，从而起到控制地层位移和地表变形、减少隧道沉降量和管片上浮、改善隧道管片衬砌的受力状况和接缝防水功能，并有利于盾构纠偏等作用，因此同步注浆用砂浆对于保证隧道施工进度和施工质量起到至关重要的作用。随着城市发展和环保要求的提高，传统预拌湿浆存在诸多弊端，无法有效保证盾构施工质量和施工进度需求：运输距离越来越远，供应保障困难，质量影响大；小方量搅拌运输车运输成本过高，大方量运输车运浆量与地铁轨道交通施工节奏难以匹配，影响施工推进节奏。而同步注浆干粉砂浆克服了以上不足，具有以下优点：

（1）工厂生产、现场制备、质量稳定、绿色施工

同步注浆干粉砂浆是通过工厂全自动生产线生产，生产全过程受ISO9001质量管理体系控制，所有原材料经进场复试合格后入库使用，采用特定级配干砂为主要原料，经高精度计量系统和高效混料系统生产后采用专用散装粉料车运输到工地现场使用。结合盾构施工和注浆施工的工程特点及需求，集高精度计量、连续高效搅拌、大容量储存于一体的现场搅拌筒仓系统，克服了湿浆的性能不稳定的缺点，实现了施工现场浆液现场生产、精确计量、随用随取、质量可控的目标；并对搅拌筒仓系统进行了隔声和除尘处理，极大程度减少了现场噪声和粉尘污染，实现绿色施工的目标。

（2）浆液工作性优异、抗剪切屈服强度高、性能指标可量化检测

通过对同步注浆干粉砂浆外加剂的研制和配合比优化，实现了更为优异的浆液工作性和较高的抗剪切屈服强度，结合大量工程案例应用经验，极大程度提高了盾构施工质量和效率，得到业主和施工单位一致好评。同时引入国外先进测试设备和计算方法，实现了性能指标定量化检测目标。

（3）信息化管理系统有效保证生产施工进度

通过GIS管理系统，在干粉砂浆工厂即可远程实时监控各施工现场的每个筒仓的储料状态，无需现场调度通知即可提前主动补料，保证了盾构施工的进度不受影响。

同步注浆干粉砂浆成功应用于北横通道和虹桥临空地下通道等地下工程中。

8）建筑固废和工程泥浆再生流态填筑材料

随着我国城市化进程的加快，各种工程建设进入了一个快速发展的高峰期。然而，特别是在上海地区地下工程开发强度大，在工程施工时会产生大量的泥浆，地下工程泥浆通常简单脱水干化后填埋处置，但是随着上海市填埋场资源的紧缺，地下工程泥浆急需资源化利用。与此同时地下工程建设中需要大量的回填材料，回填工程具有施工作业面狭窄、材料运输难等问题，所以急迫需要寻求一种可以利用建筑固废细粉料和工程泥浆制备建筑固废和工程泥浆再生流态填筑材料来替代传统回填材料。再生流态填筑材料具有以下技术特点：

（1）改善回填工程施工品质、降低质量安全风险：解决施工空间狭小、施工时间短暂、施工管理不规范等导致的粒料层层碾压、夯实不密实问题，降低造成地面沉陷的风险。

（2）施工简易快速：降低对环境、交通等影响。

（3）绿色低碳：大量利用工程泥浆（掺入量可达90%以上），可大量采用固废，有利于资源综合利用，助力“双碳”工作。

（4）凝结时间可控：固化时间最快达6h，一般为16～24h，无特殊情况也可调整为72h，固化时间的可控也为下道工序进行节省时间，便于快速施工，快速恢复交通。

（5）流动性好：具备自流平、自密实等特点，能自行填充狭窄空间，凝结固化，便于施工。

（6）后期强度低：后期强度发展缓慢且强度较低，便于开挖。

（7）抗渗透性好：比天然土壤相比，渗透系数降低2～3个数量级。渗透系数一般在

10^{-6}～10^{-9}cm/s。

（8）性能可调控：可根据工程需要调控回填材料的相对密度、凝结时间、强度等。

再生流态填筑材料成功应用于武宁路快速化改建工程、龙吟路道路大修工程、共江路道路积水改善工程、14 号线东新路站工程等项目。工程中使用再生流态填筑材料，泥浆掺入量达 40%，并综合应用了多种工业固废和建筑垃圾，有效减少了工程废弃泥浆总量，较传统黄砂夯实工艺，减少碳排放 15%，助力大型工程低碳建设，支持“无废城市”理念落地。

3.3　上海地下空间的数字化与智慧化

3.3.1　数字孪生

数字化技术是改变和提升传统基础设施维护效率的重要手段，国内外在基础设施的数字化技术应用方面已开展了大量研究。1998 年，美国副总统戈尔首次提出了数字地球的构想，并展示了数字地球计划在教育、可持续发展、农业等领域的巨大社会和经济效益。2005 年，欧盟开展了 Technology in Underground Construction 研究计划，建立了集规划、勘察、设计、施工和运营维护于一体的地下工程信息系统。英国剑桥大学和帝国理工大学 2005 年联合开展了智慧基础设施（Smart Infrastructure）研究计划，其目标是为各种城市基础设施（主要针对隧道与地下供水系统等）开发出无线传感网络，以实现对这些基础设施的长期监测。

同济大学朱合华院士研究团队自 1998 年起开展地下空间数字化研究，并在国内率先构建了基础设施建养一体数字化平台，包括数据采集与处理、数据表达和分析，综合采用工程经济和管理等手段，以最优化的方式达到工程所需的服役性能。采用数字化手段对基础设施的各种信息和数据进行管理分析，是一种较传统方法更加高效、更加可靠的手段，但是数字化技术本身仅提供开放的信息组织方法、信息发布框架、数据标准及数据处理方法，如今随着基础设施的大量投入使用与信息技术的发展，单一数字化技术并不能满足工程全寿命数据监测、海量数据处理分析、工程云分析服务等需求。

1. 地下空间智慧化与信息化

自 2008 年 IBM 公司最早提出“智慧地球”概念，“智慧化”成为新的研究热点。随着“智慧城市”概念的形成，以物联网、大数据、云计算等技术为核心，通过互联网将城市中各类设施有效联系在一起。智慧城市是数字城市与物联网和云计算等技术有机融合的产物，简而言之，“智慧城市”即“数字城市＋物联网＋云计算＋大数据”。2014 年，英国政府发布了国家基础设施建设计划，旨在实时掌握基础设施状态、降低维护成本和延长使用年限。为此，剑桥大学成立智慧基础设施研究中心（Cambridge Centre for Smart Infrastructure and Construction，CSIC），旨在采用信息技术手段管理基础设施，达到可持续发展的目标。土木工程领域“智慧化”立足于互联网，采用物联网、大数据和云计算等技术手段，为土木工程全寿命期过程提供数据采集、处理、表达和决策分析的一体化智慧服务。

在智慧基础设施的信息采集和分析方面，国内外研究工作较多，如利用无线传感器、激光扫描、数字照相等技术可实时、快速、高精度地获取基础设施相关数据，同时利用大数据分析技术提取海量数据中有价值的部分。目前对其智慧服务的研究仍处于起步阶段。

2. 基础设施智慧服务系统（iS3）

随着数据爆炸性增长与信息技术的飞快发展，“数字化”正逐渐向“智慧化”方向发展。基于上述发展趋势与需求，同济大学朱合华院士团队创建了基础设施智慧服务系统iS3（infrastructure Smart Service System，2013），即基础设施全寿命数据采集、处理、表达、分析的一体化智慧决策服务系统（图3-131）。iS3系统从广义工程应用场景出发，以信息流为主线，采用面向服务的组件式框架和微服务技术架构的系统平台，集先进性、开放性和实用性为一体，是国际上第一个开源的基础设施智慧服务系统。

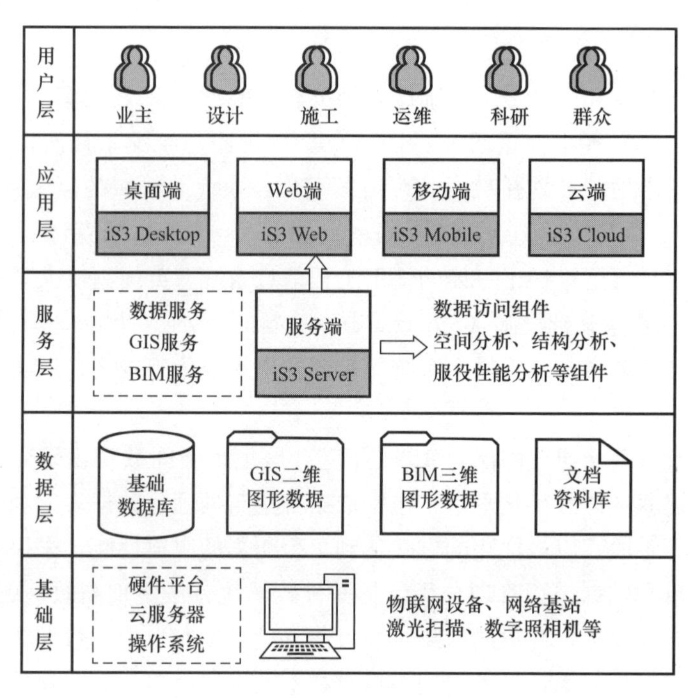

图3-131 基础设施智慧服务系统（iS3）组成

1）数据采集

iS3系统采用探测、测量和感知数据等多种数据采集技术，包括传感技术、遥测技术和遥感技术，如基于智能手机和穿戴式设备的移动互联网监测技术、物联网监测技术、数字照相技术、激光扫描技术、光纤监测技术、无线感知技术、射频识别技术、工程在线监测技术、工程变形卫星定位技术和卫星差分实时定位技术、航空摄影测量技术、三维重建卫星摄影测量技术、工程遥感技术、结构健康监测技术等，获取基础设施对象规划阶段、建造阶段、运营维护阶段的数据，实现数据自动进入iS3，以此提高信息化水平和工作效率。图3-132展示了利用相机双目三位重构技术获取岩体数据的过程。

2）数据处理

数据处理主要包括三个方面内容：①规划、勘察、设计数据的数字化处理；②数据的再加工处理，如BIM建模、地质建模；③采集数据的处理。

(a) 岩体结构面照片　　(b) 带RGB信息的岩体三维点云图

(c) 提取初始特征点　　(d) 迹线提取结果

图 3-132　相机双目三位重构技术获取岩体数据

数据处理需要利用建模方法（如地质建模方法）、建模工具、数据处理技术（数据压缩技术、异常数据剔除技术、图像分析技术）和数据处理软件（图像分析软件）等。建模方面，基础设施的三维建模包括三维地质建模、基础设施构筑物建模和周边附属物建模。常用技术包括：基于钻孔信息的三棱柱模型和贝叶斯克里金方法建立三维数字地层；基于 CAD 的构筑物实体建模方法等，如图 3-133 所示。

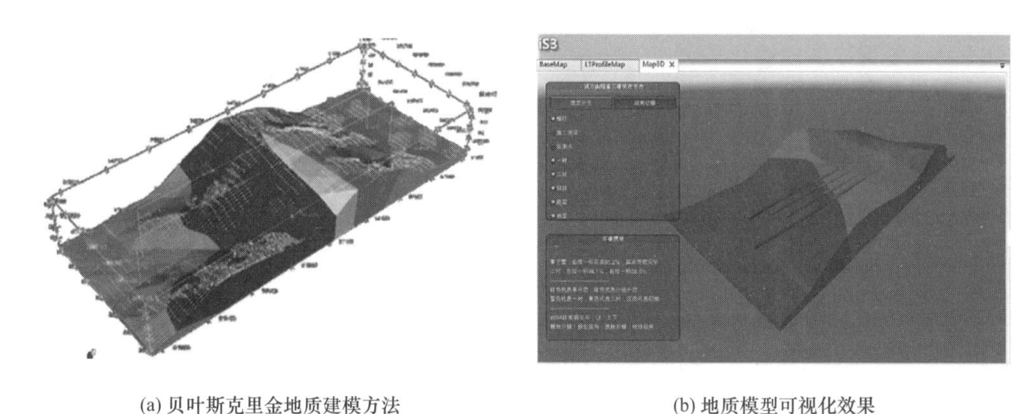

(a) 贝叶斯克里金地质建模方法　　(b) 地质模型可视化效果

图 3-133　基础设施地质建模与可视化

3）数据表达

数据表达最重要的是建立数字模型，实现空间实体与属性信息的对应。在二维可视化方面，iS3 借鉴 GIS 的数据表达方式，将空间实体对象用图形（几何）的数据来共同描述，几何数据和属性数据通过唯一的代码连接起来，使得构成空间对象的每一个图元与描述该图元的属性建立对应的关系。近年来，基于 BIM 的 3D、4D 可视化得到推广，可实现基础设施在勘察、设计、施工和运营整个寿命周期可视化，如图 3-134 所示。

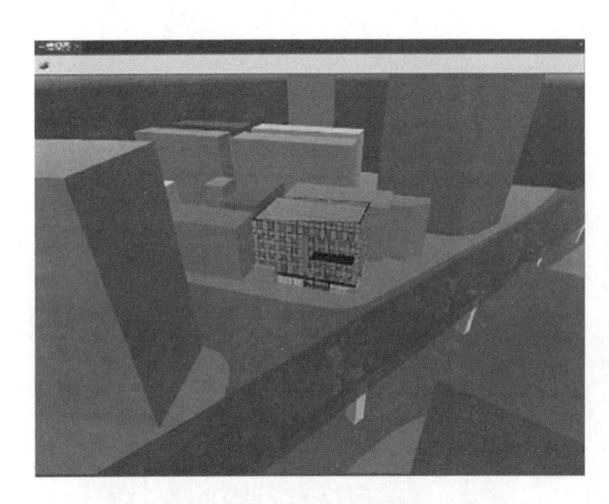

(a) 城市民防建筑BIM模型

(b) 轨道交通地铁隧道BIM模型

图 3-134　基础设施 BIM 三维模型

4）数据分析

根据分析目标的不同，相应的分析手段也是多种多样的，包括：数学分析、空间分析、数字数值一体化分析、大数据分析、云计算等。数据自身分析包括隧道结构病害的统计分析、隧道服役性能与结构病害及其影响因素的多指标多因素模型分析、回归分析、聚类分析、机器学习等，如图 3-135 所示。

(a) 基坑开挖影响范围缓冲区分析

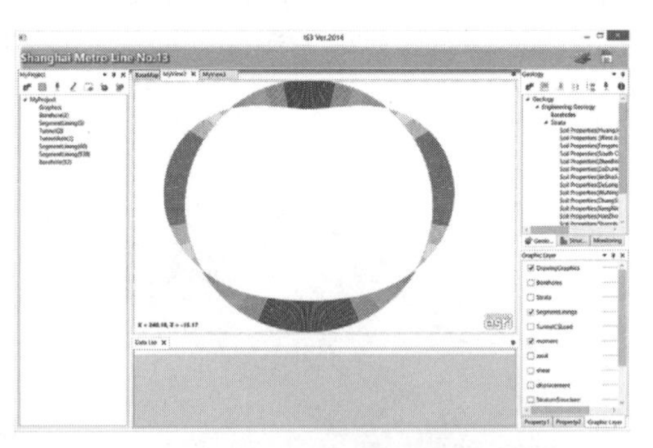

(b) 盾构隧道数字-数值分析

图 3-135　基础设施数据分析实例

iS3 对基础设施全寿命数据制订了统一数据模型（Unified Infrastructure Data Model，UIDM），并且提供开放的、可扩展的数据接口，为分析功能的定制与开发奠定了坚实的基础，iS3 还对分析功能提供了插件式的开发支持方式（图 3-136）。

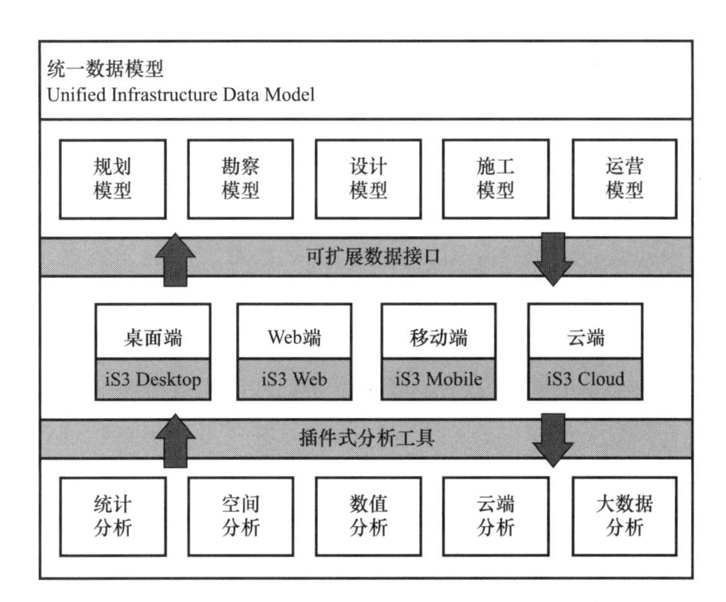

图 3-136　iS3 统一数据模型

朱合华院士团队聚焦于数字地下空间、数字化工程两大园地，数字地下空间研究的足迹遍布上海世博地下空间、常州地下空间、延安新城地下基础设施等，数字化工程的研究遍布广州龙头山双洞八车道公路隧道、淮南望峰岗煤矿、上海长江隧道、世博 500kV 地下变电站和电力隧道、上海地铁一号线结构维护、上海中心深基坑、内蒙古林场公路隧道、峨汉高速大峡谷隧道等。

3. 地下空间数字孪生 CIM 应用平台

2020 年 9 月住房和城乡建设部颁发的《城市信息模型（CIM）基础平台技术导则》中国家首次以导则文件的方式定义了 CIM 的具体含义。CIM 是新型智慧城市的重要组成，是 GIS、BIM、IoT 技术的融合。从体系架构来看，CIM 将作为底层的数据平台来搭建智慧城市的框架。尽管 CIM 的理论体系和相关技术仍处于起步的飞速发展时期，但我国各城市已经普遍开始认识到 CIM 对于智慧城市的建设和城市精细化治理的突出作用。目前，国内各大城市均已先后开展 CIM 平台建设业务，其中北京、广州、深圳、上海走在前列。而各软件公司也陆续推出了自己的 CIM 基础平台，如广联达的城市信息模型 CIM 基础平台、超图的 CIM 开发支撑平台、飞渡科技的 DTS For CIM 基础平台等。

然而，目前 CIM 平台应用场景多集中于地上，而地下空间领域的相关应用和信息表达则较为缺乏。上海勘察设计研究院（集团）股份有限公司融合空、天、地一体化的全要素多源数据，在岩土工程信息模型构建基础上，搭建地下空间 CIM 基础平台，实现工程地质、水文地质、地下设施、地下工程、既有建筑等全要素城市空间数据的集成应用，实现全要素数据融合共享、云端计算与仿真，赋能地上地下一体化的数字孪生城市建设。

1）地下空间数字底座构建技术

上海勘察设计研究院（集团）股份有限公司在岩土工程 BIM 技术研究方面，形成了基于数据驱动的岩土工程 BIM 建模工具箱软件，一体化解决了地质、地下管线及障碍物、基坑支护、监测点等各专业岩土工程对象建模与应用难题，主要具有以下特点：

（1）快速构建基于 BIM 的多尺度地质信息模型。面向城市级、工程级多尺度地质模型精细化构建需求，研发了基于机器学习算法的区域地层分层快速统一方法，实现海量地质数据高效预处理；创新提出了基于边界表示法的复杂地质建模技术，实现透镜体、夹层、古河道等复杂地质体精细化建模，可视化表达地质情况，并通过信息模型使地质数据在工程全寿命周期内高效传递与共享，极大提升了地质数据的应用效率。

（2）建立数据驱动的既有地下设施信息模型构建方法，降低更新难度。通过数模转换算法，实现了基于物探数据驱动的地下设施批量自动化建模，以及地下管线与附属物的精细化连接，模型集成了丰富的属性信息，可基于模型开展高效分析应用。

（3）辅助地下工程数字化设计，提升设计质量。针对基坑工程，通过研发数字化设计建模工具，实现基坑支护结构高效建模、自动化出图、精细化工况模拟、工程进度与造价精准分析等，辅助正向设计，提升岩土工程设计效率和品质，如图 3-137 所示。

（4）实现监测信息模型构建，建立虚实映射规则。进入工程施工阶段，工程面临着在数字化 BIM 模型上叠加动态监测数据的紧迫需求。开发各类监测点模型批量自动化布设工具软件，实现超深地下工程监测点高效建模，并对监测点进行编码，保证模型与监测数据快速进行关联映射，从而使模型携带动态监测信息。

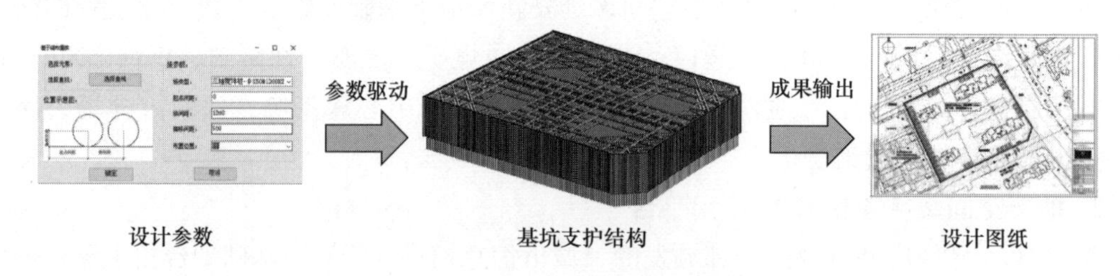

图 3-137　基坑支护三维辅助设计

2）基于城市级“地质＋基础设施”空间数据引擎的平台建设

面向城市安全保障与数字化转型重大需求，聚焦地下空间精细化治理与风险防控综合应用场景，基于城市级“地质＋基础设施”空间数据引擎，构建地下空间数字孪生 CIM 平台（图 3-138），具有如下特点：

（1）实现地下多要素精准表达，满足多尺度、多源、多维、多时序数据融合与渲染表达需求。基于“地质＋基础设施”基础引擎应用技术，实现海量多源模型空间快速配准与一体化表达。基于自动化感知集成的“动态＋静态”实时融合技术，实现传感器、三维扫描、倾斜摄影模型集成与分析。基于 GIS 叠加游戏渲染引擎的可视化渲染技术，实现 GIS 与高逼真仿真场景的多层次渲染。

（2）动态信息模型实时构建与预警仿真分析。基于多源传感器监测数据的实时分析处理，实现模型动态模拟与更新，最大程度接近实际。突破云端仿真分析的技术瓶颈，实现模型自定义编辑与分析应用。

（3）基于数据中台和场景生成模块，实现灵活安全的应用场景体系。针对地下空间各专业特色及应用需求，构建了多个可拆分的模块化功能组件，实现面向不同应用场景，基于数据中台与高安全数字孪生底座，建立场景与项目数据映射，进行区域、项目、用户、文件管理配置，快速、灵活搭建应用场景。

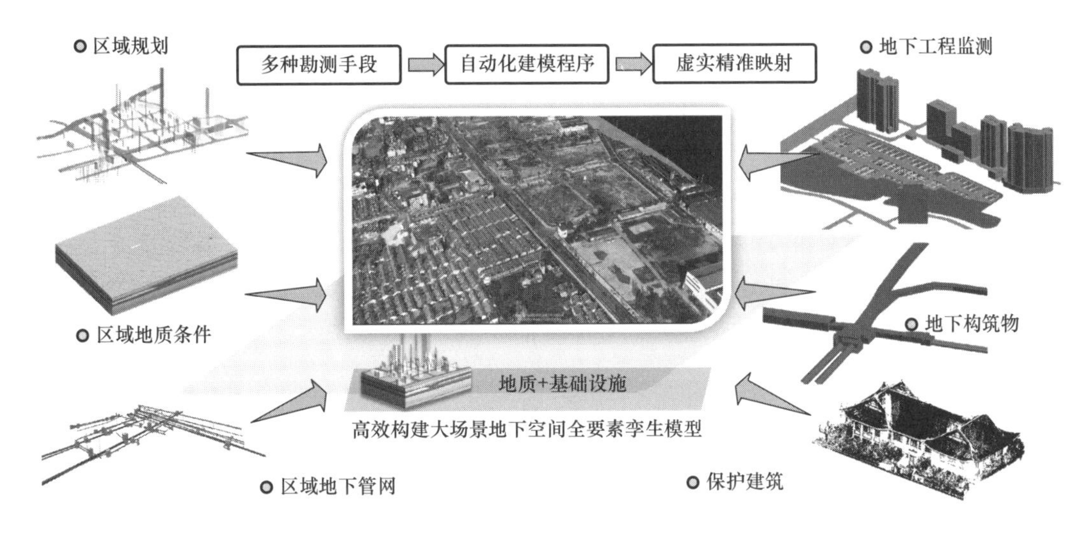

图 3-138　基于“地质＋基础设施”空间数据引擎的地下多要素表达

地下空间数字孪生 CIM 平台技术，已广泛应用于苏州河深隧工程（试验段）（图 3-139）、硬 X 射线、浦东机场四期等一批超深、超大、超难的重大地下空间开发项目，服务于北外滩、杨浦滨江、世博公园双子山、桃浦智创城等多个城市区域开发中，为工程建设安全风险防控、地下空间精细化治理提供了一整套数字化解决方案，支撑智慧城市、韧性城市建设。

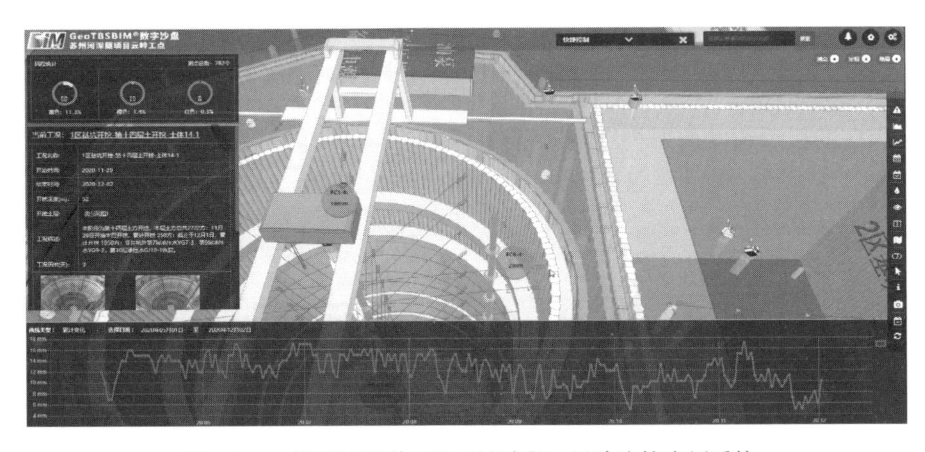

图 3-139　苏州河深隧工程（试验段）风险防控应用系统

3.3.2　参数化设计

地下工程相比于传统的上部结构，建设工法更复杂多样，同时受外部建设条件的影响更大，因此地下工程结构设计的流程也更复杂。大部分常规设计软件尚不能完全满足地下结构的出图和建模要求。为了进一步提高地下工程设计的效率和准确性，参数化设计的研究是很有必要的。针对上海常见的明挖和盾构法隧道工程结构设计，上海市城市建设设计研究总院（集团）有限公司进行了相关研究，取得了一定的成果，并开发了相应的参数化设计软件。

1. 明挖隧道主体结构参数化设计

明挖矩形地道结构专业的设计涉及的边界条件较多，道路线型、建筑限界、结构尺寸等诸多因素影响着结构设计，采用传统的方法进行结构图设计费时费力。当线路方案发生较大变化时，隧道结构图纸改动量巨大甚至需要重新设计。基于明挖隧道结构缺乏通用参数化设计程序的现状，相关的结构参数化设计的研究具有重要意义。采用 Visual Lisp 语言对 AutoCAD 进行二次开发，针对常见的单孔和双孔箱涵地道，编制了明挖隧道主体结构参数化设计程序，取得了相当成效，程序界面如图 3-140 所示。

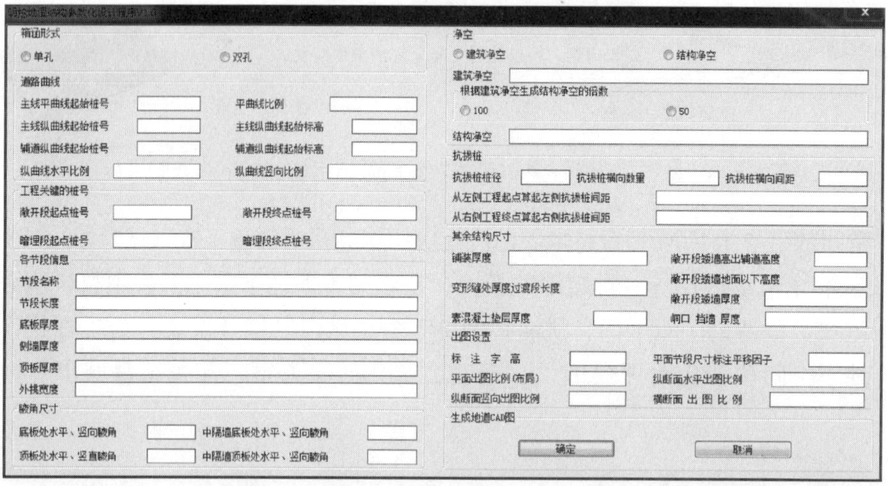

图 3-140　明挖隧道主体结构参数化设计程序界面

根据程序的提示选择点击相应的道路设计线以及在界面中输入合理的参数后，即可快速自动生成隧道主体结构的平纵横图纸。程序在北横通道等工程中得到了成功应用，极大提高了设计的效率和质量。

2. 盾构隧道管片结构参数化设计

盾构施工法以其机械化程度高，施工速度快，对环境影响小，技术成熟等优势成为软土地区隧道建设最重要的施工方法。盾构隧道采用预制管片拼装而成，然而盾构管片空间形式复杂，需要通过多个角度的投影和剖面图进行表达，空间想象较为困难，采用传统的设计方法费时费力；同时，决定管片形式的独立参数极多，少量参数的变化可能引起管片结构图纸的巨变，从而导致图纸的重新设计。

盾构隧道管片形式复杂，二维图纸反映的是三维模型的投影和剖面。相比二维图纸，三维模型反而更容易想象和理解。当得到管片的三维模型后，可以利用 AutoCAD 自带的三维投影功能自动生成平面图纸，利用剖切功能自动生成相应位置的剖面二维图纸。

根据通过管片三维模型自动生成二维图纸的思路，将决定管片形状的 60 多个参数视为待定未知变量，采用 Visual Lisp 编制相应的程序。在相应界面中输入合理的管片尺寸参数，即可快速生成相应管片的二维和三维图纸（图 3-141）。

图 3-141　盾构隧道管片参数化设计程序界面

该程序成功应用于虹梅南路越江隧道、龙水南路越江隧道等工程的管片结构图纸设计中，同时也为其他地下工程结构图纸的参数化设计提供了极强的参考价值。

3. 基于盾构参数的管片选型

管片排版选型技术在盾构隧道工程中是一个重要环节。目前广泛采用的通用设计管片环面设置一定的楔形量，选择不同点位管片环拼装将形成不同的路线。管片拼装的实际路线是由一系列直线段组成，其与隧道设计轴线之间的偏差是检验隧道完成质量的重要指标。管片拼装线路与理论设计轴线之间的偏差在规定范围之内均是可以接受的。对于某一特定工程，管片排版选型并不是唯一的。合理的管片排版选型设计方法则具有重要的意义。

设计阶段常规的管片选型基于管片拼装线路直接与设计轴线对比的思想。管片环前后的拼装需要对齐纵向螺栓，因此某一个工程的管片具有固定数量的拼装点位。对于某一环管片，遍历所有可能的点位，选择与设计轴线最接近的点位。按照此原则可以确定每一环管片点位，从而得到拼装线路与设计轴线的偏差，判断管片设计的合理性。

然而，上述方法仅从管片拟合设计曲线的角度出发考虑。盾构掘进和管片选型拼装是一个完整的过程，相互影响和限制。盾构司机通过操作推进油缸来实现盾构前进，管片在盾尾内部进行拼装。实际施工过程中，管片会尽可能选择在盾尾最居中的点位进行拼装，而不是去直接拟合设计轴线。这是因为由于施工误差等因素，盾构往往会偏离设计轴线，如果管片直接拟合设计轴线，反而会造成盾尾间隙过小甚至管片与盾壳碰撞。因此，隧道盾构实际施工过程中每次推进盾构尽可能接近设计轴线，之后管片环选择在盾尾相对最居中的点位，最大限度减小管片与盾尾碰撞的可能。

为了解决设计阶段常规盾构隧道管片排版选型方法过于简单理想的不足，提出基于盾构机参数的管片排版选型设计方法。该方法除了考虑管片结构尺寸、设计轴线等因素外，将盾构机械和施工参数纳入管片选型过程，使得管片选型更符合实际施工，从而更准确地判断设计的合理性以及工程的可行性。

基于自主独立图形学库，研发管片拼装和盾构掘进虚拟仿真系统。根据盾构设计轴线、管片结构尺寸、盾构机械参数和施工控制参数，精确建立每一环管片三维模型，以及盾构的空间位置。最终获得管片结构轴线偏差、盾构偏差、全过程盾尾间隙、盾构掘进参数、盾构姿态等数据。通过对全过程结果分析，对工程可行性和盾构施工难度做出定量判断，为设计和施工参数的优化或调整提供依据。软件界面如图 3-142 所示。

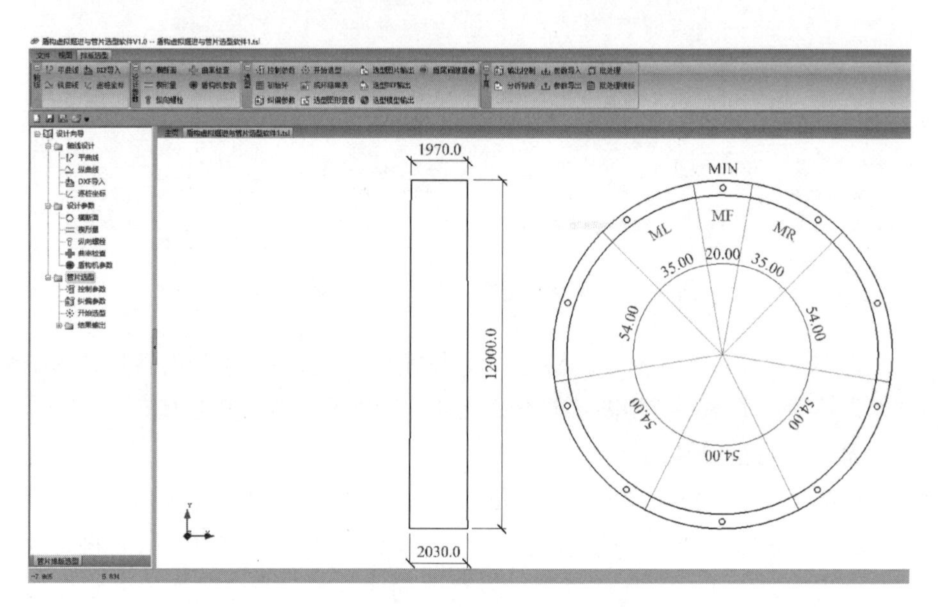

图 3-142　盾构虚拟掘进与管片选型软件

该软件已应用于隆昌路越江隧道的小转弯半径可行性分析中。隆昌路越江隧道盾构段管片结构外径 11.36m，壁厚 500mm，中心环宽 1500mm。管片环面采用双面楔，楔形量为 3∶1136。盾构段最小曲率半径为 395m。针对平纵曲线、管片结构设计形式以及盾构机尺寸，模拟该线路上 110 环管片的拼装和盾构掘进情况。其中盾构掘进时最大推进油缸行程差设定为 150mm。

根据管片拟合曲线和设计曲线之间的模拟偏差，水平最大偏差值约为 15mm，竖向最大偏差值约为 7mm，满足《盾构隧道工程设计标准》GB/T 51438—2021 中的要求。根据盾首模拟偏差，盾构掘进过程中盾首水平最大偏差值约为 60mm，竖向最大偏差值约为 20mm，小于《盾构法隧道施工及验收规范》GB 50446—2017 中规定的 75mm 要求。根据模拟的最小盾尾间隙，盾构掘进过程中盾尾间隙的平均值为 63.2mm，最小值为 51.8mm，表明盾构掘进时管片整体上是比较居中的，没有发生与盾尾相碰的情况。因此可以判断盾构可顺利在本工程小转弯半径曲线下掘进和进行管片拼装。

4. 地铁车站的参数化设计

城市轨道交通作为城市最为重要的公共交通，系统庞杂、专业众多，大到一个城市的线网与运营，小到一个车站的安防门禁，任何专业在任一阶段的小纰漏都可能影响整条线路、甚至整个线网的正常运营。目前轨道交通设计方法传统，信息化程度低。地铁车站结构设计，目前仍采用 AutoCAD 手动绘图、结构内力分析软件建模计算、计算书整理等一系列传统设计方式，设计过程繁杂、离散性较高。

为解决上述问题，在基于 BIM 平台的城市轨道交通设计软件的基础上，先期以研究开发地下车站主体结构为突破点，实现了基于 BIM 协同设计的车站结构自动化设计。

区别于传统的地铁车站主体结构设计流程，基于 BIM 平台的城市轨道交通地下车站主体结构设计以 BIM 模型为设计起点，工程师可在 BIM 模型中按需选取计算断面或位置，由软件自动建模完成内力与配筋计算，经过 UI 选筋操作后即可一键完成施工图绘制、计算书整理与结构 BIM 模型生成，极大提高工作效率。

3.3.3　智能建造

1. 数字盾构发展过程

盾构法隧道发展至今已有两百余年，相较最早的手掘隧道施工，盾构法隧道技术已经有了质的变化，其建造技术革新往往以盾构的进步为先导。盾构是一种专用于隧道掘进的高端工程装备，现代盾构集光、机、电、液、测控、信息、通信、新材料等高新技术于一体。盾构按发展阶段可分为第一代手掘式盾构、第二代机械化盾构、第三代电气化盾构、第四代信息化盾构，行业专家与学者普遍认为第五代为数字（智能化）盾构。

进入 21 世纪以来，我国盾构隧道技术发展迅猛，相继建成了一大批距离超长、断面超大、地质条件复杂、工程环境敏感的盾构隧道工程，这些工程的成功建设标志着我国的盾构隧道技术已跻身于世界先进行列。但随着隧道工程施工地域不断扩大、施工工况复杂程度不断提高，导致盾构隧道施工风险隐患、质量隐患日益增多，严重影响了施工效率。虽然经过多年的发展与积累，在常规盾构方面已形成了一套完整的技术体系，但是传统管理方法主要依赖主观判断，人为因素影响大，工程风险与质量隐患依然较大。主要存在以下问题：

（1）分布地域广、项目多，经验技术共享难。

（2）信息不对称、多样性，施工决策局限性。

（3）管理跨度大、响应慢，风险控制能力弱。

由于各种原因和不可控因素的存在，隧道挖掘施工过程中各类事故仍然时有发生，严重威胁着隧道施工人员的生命安全和工程进展。因此，盾构法施工的安全、质量和效率问题仍是世界性的重大技术难题。

近年来，在物联网和 5G 网络技术持续进步的带动下，数字化转型已然成为国家的发展战略与方向。在信息化与数字化转型的大背景下，结合隧道施工技术发展需求，智能制造、人工智能、综合管控、移动网络等新技术的蓬勃发展，盾构数字化的发展呈现越来越快的态势。

目前，盾构正开始向第五代数字化智能化发展，盾构智造技术、人工智能技术、隧道施工管控技术和数字盾构移动管理等多方面技术的突破，为第四代盾构向第五代数字化智能化发展铺平了道路。随着智能化时代的到来，新老技术的结合也促使这一传统施工领域的转变，打造“数字盾构”成为国内外一线施工企业、盾构设备制造商争先占领的高地。

我国的盾构智能化发展虽起步较晚，但在盾构隧道产业智能化道路上始终孜孜不倦地追求着，尤其是进入21世纪以来，众多企业和专家学者开始研究、开发盾构施工管理信息系统，使我国的盾构信息化得到了一定的发展，为盾构智能化奠定了基础。上海隧道工程股份有限公司周文波等开发了盾构隧道信息化施工智能管理系统，于2002年应用于上海轨道交通明珠线二期和南京地铁一号线工程。中国矿业大学江玉生等2003年设计了盾构施工实时管理系统，于2008年全面应用于北京地铁盾构隧道施工的实时监控管理工作。随后，国内各装备制造、施工企业相继开发了功能相近的盾构信息管理系统，如中铁一局的盾构集群远程监控与智能决策支持系统、中铁工程服务公司的盾构云、上海大学的基于BIM的盾构隧道施工管理三维可视化辅助系统、中交一公局的盾构集群化监控与异地决策管理系统、中铁十八局的地铁项目盾构施工三维信息管理系统、济南轨道交通的盾构施工多源信息实时移动交互平台等众多盾构信息管理系统等，这些系统都集成了目前最先进的计算机技术和移动通信技术，实现了盾构参数采集与存储、多源数据融合、远程监控、数据分析、姿态管控、故障预防预警、可视化显示、沉浸式漫游、进度、质量与风险管理、掘进历史档案存储与查询等功能。

早在1992年，上海隧道工程有限公司基于多年的科研思考和技术沉淀，在国内外多条隧道盾构施工的实践成果上，研发了“知识”驱动下的“盾构法隧道施工专家系统”，实现了施工风险的判断和预警。2003年，开发了“知识＋管理”驱动的“盾构法隧道信息化施工管理系统”，利用早期人工智能方法，实现盾构穿越敏感建筑物的沉降动态预测，并提出盾构施工关键控制参数。2009年，开发了“盾构施工信息分析软件”，先后应用到上海军工路越江隧道、打浦路复线越江隧道等5个隧道工程。在新一代信息技术的驱动下，2015年，创建了“盾构法隧道施工管控平台”，形成了“实时数据动态管控＋数据分析辅助决策”管理模式，全面实现了盾构施工管控和盾构设备管控。2018年，结合盾构管控中心海量数据，依托上海市科委重大专题“远程控制的自动掘进智能盾构研发”，在绍兴城际铁路区间隧道工程中（图3-143），对无人化智能盾构的微扰动自动掘进与高精度轴线控制等智能巡航技术开展了探索与实践。

2020年，上海隧道工程有限公司自主研制的世界首台智能盾构“智驭号”，通过自行感知、认知、决策、控制，可在自动巡航和远程控制两种模式间切换，确保掘进的可靠性和稳定性，实现自主巡航，在杭州至绍兴的城际铁路工程区间隧道得到了成功应用，自动巡航累计617环，最大连续自动巡航掘进320环。

图 3-143　智能盾构“智驭号”在绍兴城际铁路区间隧道工程应用

上海隧道工程有限公司还开展了软土地层的自主巡航的技术，实践了盾构智能掘进的可能性，下阶段将开展复合地层的智能施工研究、泥水数字盾构相关研究，形成数字盾构施工相关技术标准，最终达到全地层和全类型盾构无人化自动驾驶。数字盾构具有以下几个特征：

（1）标准化的数字资源汇集：盾构掘进机、掘进参数、周边环境、隧道信息等监测检测信息均采用数字化的手段进行记录和展示，形式包括：数字化模型、数据库和数字图片视频等。

（2）模块化的盾构故障诊断：从模块化的角度对盾构进行标准化设计，采用数字化的手段管理盾构，建立盾构全生命周期数字化档案，提高数字盾构的可靠性，实现基于数据驱动的健康诊断和应急处置。

（3）智慧化的数字处理过程：围绕盾构法隧道施工，全过程的数字化信息能够被加工处理和分析，并能用于评定隧道施工状态、分析隧道施工趋势、发现隧道施工风险隐患，并结合分析结果，给出指导意见，优化控制方案，提升施工安全和质量。

（4）协同化的数字展示联动：利用盾构法隧道数字孪生模型，能够整合不同来源的信息，形象全面展示盾构法隧道工程特征、施工效果并多角度预测工程趋势，减少信息传递的失真和不对称，有利于工程建设各参与方快速掌握信息、交流过程信息，协同任务处理，提高工程效率。

而通过数字盾构行业态势的调研分析可知，目前国内的盾构数字化智能化仍处于初期探索阶段，还需要大量的人工干预，大部分环节需有人员操作，只有极少部分可实现少人化或无人化，无法真正实现盾构的自动巡航、智能掘进。虽然控制系统已经进行了智能化探索，管控平台实现了数据采集、传输和共享，有了一定的数据基础，但系统和平台本身的智能化程度不够，需要在各类系统和平台的基础上开发相关 AI 算法，实现盾构隧道施工的智能控制和数智管控。对此，专注于该领域的专家学者与工程师们还需持续不断地深耕，将理论思想转化为实绩，加快数字盾构隧道技术创新与实践，助力企业转型发展。

2. 数字盾构技术体系

围绕盾构法隧道建造的智能感知、智能认知、智能决策和智能控制等领域，从数字平台、智能装备、自主驾驶、施工配套四大方向对数字盾构关键核心技术进行研发，并实现技术的产业化应用，大幅提高工程质量与盾构掘进效率，最大限度降低施工风险，不断提升盾构法隧道智能建造水平。

1）数字平台

建设数据应用中心和盾构法隧道施工管控平台（图 3-144），实现数字盾构工程的行业数据标准互认，推动数字平台建设，提升盾构法隧道数字化管理能级。

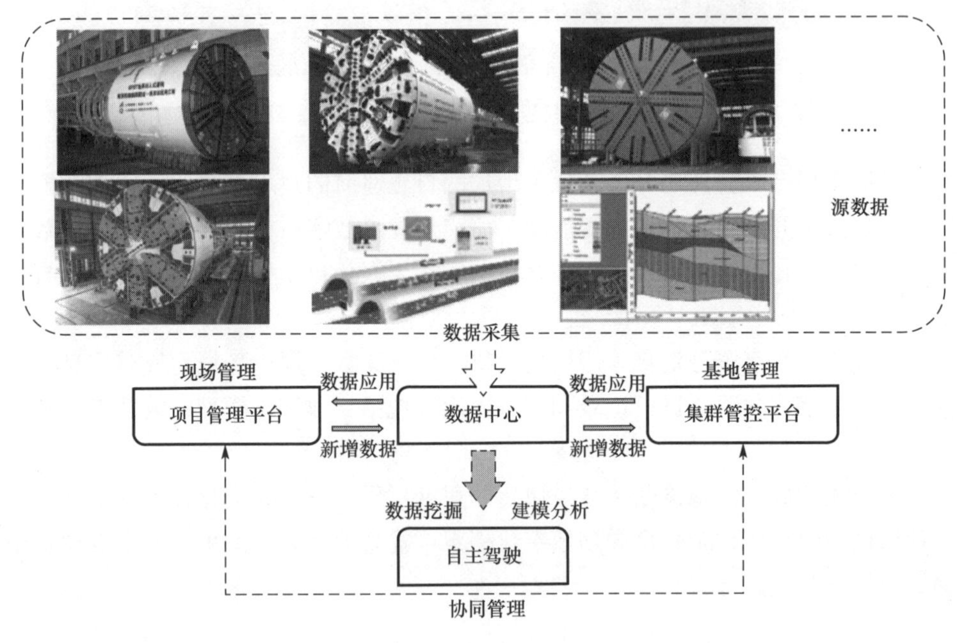

图 3-144　数字平台系统架构图

（1）数据中心

以系统分类为基础，研究分类参数的字段名称、用途、单位、类型等共性和特性，设计形成统一性和通用性较高的编码规则，形成了六位编码体系；研究数据交换标准化技术，建立标准化多源异构数据中心，实现盾构 PLC 参数标准化编码映射与自动转换；研究结合数字盾构隧道工程特征的数据挖掘技术，搭建优化管控平台、数据仓库、模型孵化的软硬件架构体系，实现数字盾构大数据中心平台上数据采集、传输、存储、共享的高效性和稳定性。

（2）集群管控平台

以集中化、移动化、信息化的管理理念，开发系统平台，组建专家管控团队，创新形成以“实时数据动态管控＋数据分析辅助决策”的管理模式，实现盾构施工管控和盾构设备管控。通过标准化数据采集、可视化数据展示、专业化数据分析、系统化数据推送、规范化数据管控，实现对项目风险、质量、进度及设备的体系化管控。通过多项目数据统计分析实现对所有盾构姿态数据统一监管，利用控制框线、数据统计汇总、历史曲线等形式监控。对单项目关键数据进行集中监控，为每个项目配置关键数据监控页面，将信息整合，数据直观展示，提高项目管理效率。

（3）项目管理平台

项目管理平台是建立一个数智隧道施工现场管理平台，可通过隧道工程施工现场的集成 BIM 可视化、项目管理、智能施工、智能预警预控、信息协同共享、科学决策分析于一身的新型信息化技术手段，对隧道施工现场作业层管理与数字化新技术的结合能够起到了关键的推动作用。平台为项目现场管理提供一套技术智能、工作互联、信息共享的一站式智慧管理决策分析集成平台，建立可复制推广的数智隧道项目现场管理标准体系，多元感知 AI 算法融合现场数字化巡检提升安全管理效能。可避免单个项目盲目投资建设管理割裂、数据割裂的智慧工地平台，且能够高效兼容并联动内外部监管，减少工程现场重复劳动，显著提升工作效率，进而实现施工总承包业务的数字化转型和降本增效，充分发挥管理效益和经济效益。

2）盾构装备

在盾构装备方面，深度融合先进制造技术、信息技术和智能技术并应用于盾构装备，提高掘进效率，提升盾构自动化水平，构建可靠、安全的盾构设备健康管理系统，降低故障率，提高盾构装备使用率。目前的主要研究集中在以下几个方面：

（1）智能盾构控制系统研制

结合智能掘进的需求，从工业设计角度对盾构控制系统的结构和性能进行功能优化，从盾构的传感装置与执行机构联动、信息与通信标准化、执行机构自动化能力提升、掘进控制和管理模式优化等多个维度，形成盾构掘进数据标准化，提升智能控制的稳定性、安全性和可靠性，促进智能掘进功能的推广和普及。重点开展对盾构姿态控制、沉降控制和协同控制模块进行调整和功能拓展，以适应不同类型盾构的需要，开发新一代智能盾构控制系统软件。

（2）盾构掘进姿态自适应控制技术

基于大量施工工程案例，分析人工纠偏控制方法，结合施工工况和施工参数、盾构姿态与设计轴线之间的空间位置关系和反馈机制，开发基于盾构姿态和设计轴线空间关系的动态纠偏规划技术和基于经典控制理论及盾构力矩矢量控制算法的姿态自适应控制技术，研制一套在软土地区正常工况下可行的盾构姿态自适应控制系统。

（3）盾构掘进机故障自诊断系统研发

提出数字盾构的数据分层结构，并研发盾构通用型数据共享平台；通过建立盾构设备数字化分析模型，研发应用于数字盾构的故障诊断和处理导航系统；研发基于数据驱动的盾构故障预警模型，封装成通用型模块，具有独立和组合应用功能。

3）自主驾驶

开展不同地层条件下不同类型盾构的施工控制系统研究，构建盾构自主掘进智能控制体系，通过数字盾构智能掘进模型，实现盾构自主驾驶，提高盾构掘进质量与效率，降低施工风险。盾构自主驾驶技术是通过感知评估、自主决策和自动控制等一系列手段，实现盾构机自主执行岩土开挖、盾构掘进、同步注浆和盾尾油脂压注等多个作业环节，在确保工程安全的情况下，完成隧道轴线控制和地面沉降控制任务。主要研究包括：

（1）盾构自主驾驶体系的建立

围绕盾构施工两大核心控制目标，盾构姿态与地面沉降，基于知识与数据双驱动技术，研究基于人工经验、海量数据、智能算法，建立知识和数据双驱动的自主控制智能模型，构建盾构自主驾驶体系。

（2）盾构自主驾驶模式的构建

基于盾构姿态控制原理，以地层特征和盾构姿态、盾尾间隙等作为输入变量，以盾构掘进控制参数为输出变量，建立了盾构姿态预测和盾构纠偏油压设定的盾构姿态控制模型（图 3-145）。

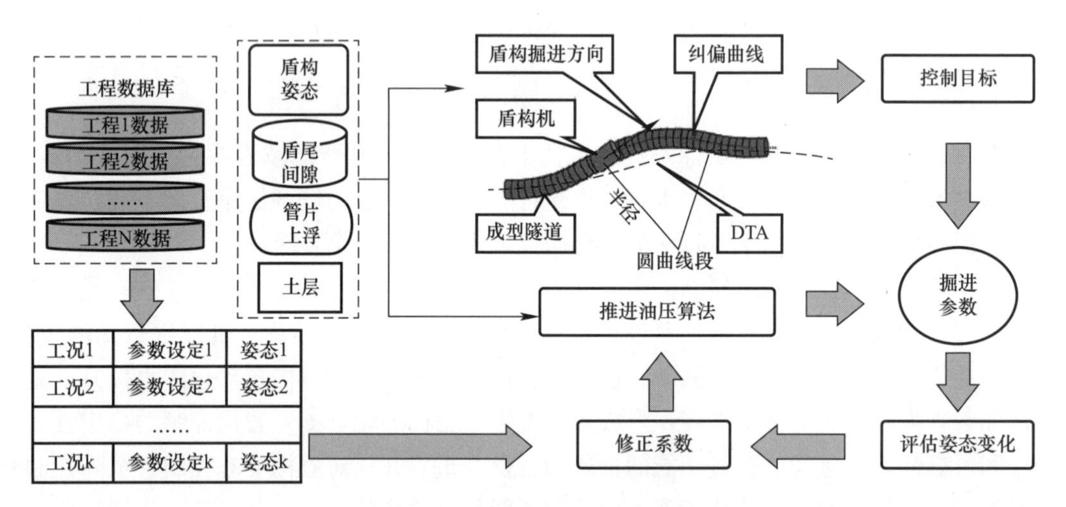

图 3-145　盾构姿态控制模型

基于盾构姿态控制原理，依托数据驱动和知识驱动的双向设计，克服纯数据驱动法因样本空间不足和样本数据质量等问题，提升盾构自主驾驶的环境工况适应性和智能决策控制能力。

4）施工配套

在超前地质感知、隧道物料自动运输、出渣智能监测、沉降自动监测等方面开展研究，推动隧道施工辅助配套方面的无人化和智能化发展，全面提升盾构掘进总体效率。主要内容包括：

（1）超前地质感知技术

基于探地雷达法和超声波法，进行复合地层盾构超前探测技术室内以及现场试验研究。通过构建室内测试平台，实现原理样机对不同异常目标、土层等环境进行模拟，研究不同探测方法在不同探测条件下的探测分辨率、探测距离等应用指标的影响。在理论分析和室内验证的基础上，开展室外验证试验，验证研发的仪器装备对不同类型障碍物的探测距离和分辨能力的提升效果。

（2）盾构隧道施工物料自动运输系统

研究盾构隧道施工物料自动运输技术，通过视觉识别技术、人机交互技术、环境感知技术等，实现盾构隧道施工物料的自动运输。利用视频识别及传感技术，研制隧道施工水平运输系统，形成隧道电机车自动驾驶，将隧道电机车运行周边状况探测、位置定位、运行策略实施纳入自动驾驶系统自动运行。开展盾构车架内管片自动运输的视觉识别技术、吊运机构自动化控制技术和人机交互技术研究，开发盾构车架内管片自动化运输系统，实现管片吊运安全就位。研究物料垂直自动运输技术，试验垂直运输装置的稳定性、同步性、可靠性及适应性，设计物料自动进出衔接装置，实现垂直运输装置的平稳运输。

（3）力学机理与图像数据双驱动的地面沉降预测与控制

基于贝叶斯等机器学习方法通过详勘的 CPT 和 SPT 数据预测静止土压力系数、土体强度参数。同时利用朗肯土压力计算主动及被动土压力，并对前舱土压力进行修正，形成土压力实时预测模型。利用卷积神经网络等深度学习算法基于图像识别出渣土异常；利用图像增强与图像分割等计算机视觉技术对出渣土深度图像数据进行处理，实现对出渣体积的估计与对地层损失率的预测。

建立地层—施工参数—地表沉降数据库，利用机器学习方法构建盾构掘进引起地表沉降数据驱动模型。基于图像数据预测的地层损失率对隧道开挖导致地表沉降的经验公式进行修正，通过 PIML（物理信息机器学习模型）方法与机器学习模型进行融合得到基于力学机理与数据双驱动的地表沉降预测模型。

采用遗传算法或粒子群算法等多目标优化算法，基于建立的地表沉降预测模型，以地层沉降和掘进速度为优化目标，构建自适应地层的地表沉降控制模型，对影响沉降的核心施工参数进行优化设定。

（4）无人机近景摄影测量技术研究

进行硬件型号的选配研究，包括相机与飞行平台的选型、相机与飞行平台的软、硬连接方式；开展目标靶材料和尺寸研究，结合目标靶编码方式，开展像控点及非编码点位置研究。开展数字图像预处理技术研究，包括数字图像二值化、标志点坐标计算、编码标志点号识别技术等；开展摄影测量解算技术研究，包括内定向参数获取、前方交会、相对定向、绝对定向、核线影像重采样、非编码点匹配、光束法平差等核心算法。基于导入数据、导出数据、解算三维坐标等基础功能，设计和开发专用监测软件，并根据不同地区沉降监测报表格式，智能自选生成沉降监测报表。

5）技术应用

上海隧道工程有限公司已研制两种型号“智驭号”智能盾构，分别是 ET6850 铰接式土压平衡盾构掘进机和 ET9325 土压平衡盾构掘进机（图 3-146）。

自主驾驶软件升级，从盾构自主驾驶系统 V1.0 升级至盾构自主驾驶系统 V2.0（图 3-147），进一步增强人机互信，提升系统对于不同工况的适应性。

2020 年 1 月，智驭号盾构杭绍城际项目 SG-6 标段柯华路站～笛扬路左线盾构贯通，首次实现自主巡航；2020 年 10 月，杭绍城际项目 SG-6 标段柯-风左线盾构贯通，自主巡

(a)“智驭1号”ET6850

(b)“智驭2号”ET9325

图 3-146 “智驭号”智能盾构

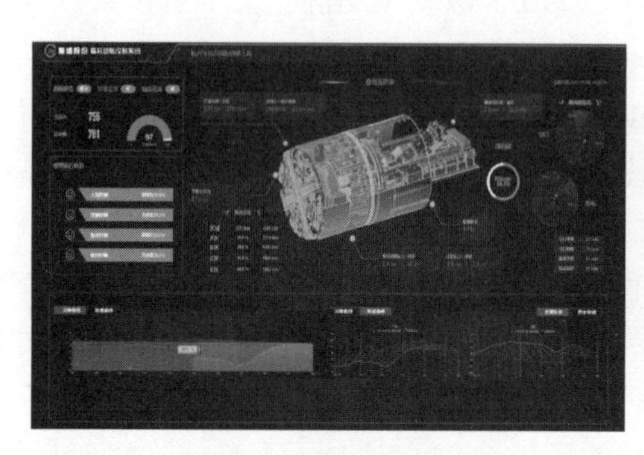

(a) 盾构自主驾驶系统V1.0

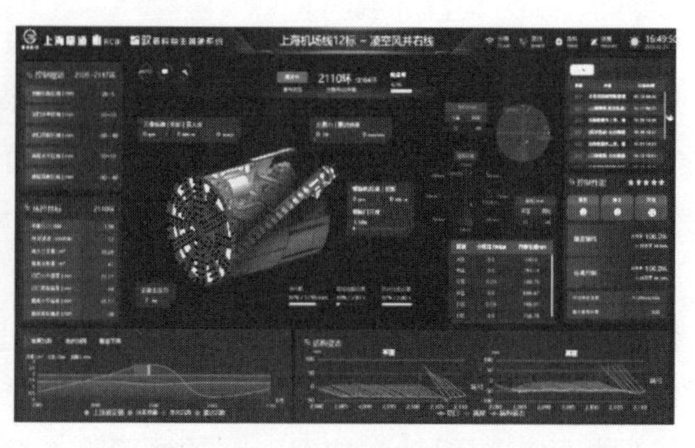

(b) 盾构自主驾驶系统V2.0

图 3-147 盾构自主驾驶系统

航连续掘进长度 384m；2021 年 9 月，南京地铁 5 号线 TA02 标段科宁路站—竹山路站区间右线盾构贯通，实现复合地层自主巡航的首次应用；2021 年 12 月，南京地铁 5 号线 TA02 标段科宁路站—竹山路站区间左线盾构贯通，首次实现盾构自主巡航进洞；2022 年 4 月，郑州 8 号线 2 标 04 工区圃田站—圃田西站右线盾构贯通，首次使用外单位盾构搭载自主驾驶系统进行自主巡航；2022 年 6 月，郑州 8 号线 2 标 04 工区圃田站-圃田西站左线盾构贯通，实现砂性地层自主巡航的首次应用；2023 年 5 月，上海市域机场联络线 12 标 7＃风井至浦东机场站左右双线区间全部贯通，是总掘进用时最少、掘进速度最快的区间隧道，在保持高效掘进的同时，实现隧道区间内几乎无渗漏和碎裂点，成型管片质量良好，进一步证明了自主驾驶系统的可靠性。

盾构自主驾驶推广应用于 5 个城市、8 台盾构（13 台次），其中复合盾构 2 台。隧道最小转弯半径 400m，累计掘进达到 12km，自主驾驶占比最大 90％以上。

3.3.4 数字化监测

随着地下工程在总体数量、规模以及使用领域等方面的高速发展，岩土工程数字化监测技术得到广泛的运用。感知测试技术被称为地下工程的“眼睛”，一直以来在岩土工程建设风险管控和运营安全监护方面发挥重要作用。自 20 世纪 90 年代中后期以来，上海相继颁布实施的上海工程建设规范《基坑工程设计标准》DG/TJ 08-61-2018、《地基基础设计标准》DGJ 08-11-2018、《基坑工程施工监测规程》DG/TJ 08-2001-2016、《城市轨道交通工程施工监测技术规范》DG/TJ 08-2224-2017 等都对现场监测作了具体规定，将其作为基坑工程施工中必不可少的组成部分。而在地铁、隧道和合流污水工程等大型构筑物安全保护区内的基坑，相关部门都颁布了有关文件确定其环境保护的标准和要求。基坑工程监测已成为建设管理部门强制性指令措施，受到业主、监理、设计、施工和相关管线单位高度重视。

进入 21 世纪后，岩土工程监测手段的硬件和软件迅速发展，岩土工程监测的领域不断扩大，监测自动化技术和信息平台建设也在不断地完善。岩土工程监测作为岩土工程施工过程中必要的手段，成为提供设计依据、优化设计方案和可靠度评价不可缺少的手段，成为施工质量风险控制的重要一环。

随着通用传感器及感知技术的快速进步，岩土工程监测技术也由传统的人工向自动化发展，同时，部分行业单位探索由单个测项的自动化向感知、传输、处理、挖掘的全过程数字化，融合物联网、Web 及 BIM 技术，搭建多传感器和多源数据融合的系统平台，进一步增强了测试技术对工程安全的支撑作用。

1. 自动化监测新技术

随着传感器和通信技术的进步，深基坑自动化监测技术取得长足发展，在监测效率上较原来的人工监测有明显优势。现有的深基坑监测技术广义上包含“监测传感器、采集设备和云平台”三部分，监测传感器即用于测量不同指标（应力、变形）的传感器节点及施工场景风险点感知，采集设备将采集到的信号转换处理并发送到云端，云平台对感知的大量数据进行汇总处理和风险判断。

1）基于 MEMS 的围护结构深层水平位移（测斜）自动化监测传感技术

测斜技术是深大基坑工程精细化风险管控的需求，传统的固定式自动化测斜技术可以通过单孔埋设 10 多只传感器获取围护结构的整体变形趋势，而随着深隧、硬 X 射线等超深基坑工程的出现，原有的固定式自动化测斜技术已经无法满足实际工程的需求。

新一代 MEMS 传感器的感知能力是作为智能传感器关键元件，智能传感器集成了半导体传感技术、表面 Si 微机械加工、单片多功能集成等技术。已广泛用于信息、汽车、消费、工控等领域，并成为国际竞争的战略制高点。基于其更低功耗、更高精度、更微型化的优点，岩土工程监测领域以 MEMS 传感器为核心的自动化测斜技术也在不断发展，从传统的单孔埋设“有限数量的并联式”自动化测斜发展为单孔“不限数量的串联分布式”自动化测斜技术，形成了以分布式化测斜、阵列式位移计、提拉式测斜等为主的几类自动化测斜技术为主（图 3-148）。其中分布式自动化测斜产品在上海苏州河深隧（105m 深地下连续墙）、硬 X 射线（85m 深地下连续墙）等超深基坑工程中得到了广泛的应用，取得了良好的效果。

2）基于光纤光栅感测的基坑自动化监测技术

光纤光栅感测技术是一种以光为载体、光纤为媒介，感知和传输外界信号（被测量）的新型感测技术，而光纤传感器耐腐蚀、抗干扰能力强，适合于监测周期长的项目，有广阔的运用前景。近年来分布式光纤解调技术得到了十足的发展，解决了传统光纤传感器技术在岩土工程领域的应用不足。上海部分从业单位探索分布式光纤感测技术对超深地下连续墙受力变形一体化监测，如上海勘察设计研究院（集团）股份有限公司利用新型光纤光栅传感器对地下连续墙的应力、应变进行监测，为后续的监测方法提供经验和参考，现场应用情况如图 3-149 所示。

图 3-148　自动化测斜技术产品

图 3-149　光纤感测技术在基坑工程中的安装示意图

3）基于机器视觉变形测量技术

视觉测量技术是基于机器视觉测量原理获取结构变形的监测技术，机器视觉测量本质上就是利用数字相机拍摄的图像进行自动化测量的一种技术。通过数字相机拍摄的数字图像，利用图像解析技术自动识别出测点和基准点标靶，并自动计算出标靶中心在图像坐标系上的坐标。从而可以计算出基准点和被测点距离水平光轴竖向距离和距离竖向光轴的横向距离。通过已知基准点和相机的大地坐标，及图像解析得到的基准点参数，即可计算得到光轴在大地坐标系上的角度，从而精确计算到测点相对于大地坐标的坐标。

机器视觉测量由于具有温度稳定性和极高的精度，被广泛应用自动化测量。机器视觉测量的精度和视场范围，可通过像元尺寸、像元数量、镜头焦距、和相机到被测标靶的距离（物距）计算得到。

在上海市轨道交通 14 号线陆家嘴站—豫园站盾构区间 2 号联络通道冻结区域采用视觉测量系统监测冻结联络通道施工期间隧道管片的变形情况（图 3-150）。根据测试数据可知，在联络通道钻孔施工阶段，冻结区域及两侧延伸范围受挤土呈抬升趋势；后期受冻结施工及水玻璃等应急物资堆载等因素影响，冻结区域及两侧延伸范围呈下沉趋势，从数据连续变形可知，在 100m 测试范围内其测试精度可以达到 0.1mm。

图 3-150　视觉测量系统安装现场

4）基于物联网技术的无线传输技术

物联网技术作为“21 世纪最具影响力的技术”之一，成为当前学术界和工业界的研究热点。目前，物联网传输主要依靠无线通信方式实现。在无线通信方面，主要包括高频无线通信和低频无线通信两大类。传统工作在 2.4/5G 频段的 Wi-Fi、蓝牙等高频无线通信技术具有传输稳定、带宽大等优势，但也有传输距离短、功耗高和扩展性能差等不足。低频无线通信主要有 LoRa、NB-IoT 等。LoRa 技术具有传输距离较长、支持独立组网、节点容量大、功耗低等优势，但传输协议开发、传输稳定性和安全性是应用的难点；NB-IoT 传输稳定、传输距离较长，但是受限于移动网络信号，在没有信号或信号不强的场景下难以应用。

目前，国内部分厂商已开展工程物联网的相关研究工作，例如针对地下空间的特点，上海勘察设计研究院（集团）股份有限公司联合中国科学院微系统所研发低功耗、长距离、可扩展、高稳定性的无线组网技术，实现多节点、多类型传感器数据的实时、双向通信，为现场多节点、多测项的数据融合提供坚实的网络基础。

5）基于多源传感器融合的数据集成采集技术

数据采集是把传感器感知到的结构状态信号进行转换和处理的过程，是连接前端传感器与后端数据库的桥梁。目前国内基于物联网的自动化监测采集硬件大多数与厂商提供的传感器绑定为主，少部分厂商针对不同的传感器研发了相应的无线化采集设备，如深圳城安物联科技有限公司针对测斜、轴力、水位、倾斜等传感器研发了基于 Lora/NB-IOT 的无线化采集设备；上海同禾工程科技股份有限公司基于 RS485、Lora、NB-IOT 传输技术推出了振弦式采集仪和智能网关实现各类感知传感器的无线传输；近年来，部分从业单位探索多源传感器的融合，如上海勘察设计研究院（集团）股份有限公司基于 ARM 架构自主研发了多功能一体化的智能采集终端，实现多传感器兼容、支持无线数据通信和具备边缘计算能力，满足深基坑智能感知数据获取与应用需求。

2. 监测内外业一体化技术

“监测内外业一体化”是指从外业采集到内业数据处理及成果报送直接基于监测单位的信息化管理系统进行所有监测数据的数字化管理，能够对外业原始数据进行自动处理、汇总统计、生成相应的监测成果，且监测成果能够直接对接到建设单位指定的平台中，实现外业原始数据的数字化管理、查询及追溯（图 3-151）。实现传统的“外业采集-内业处理-报表输出-预警报警”等流程全部由人工干预处理到全过程数字化管控的变革。

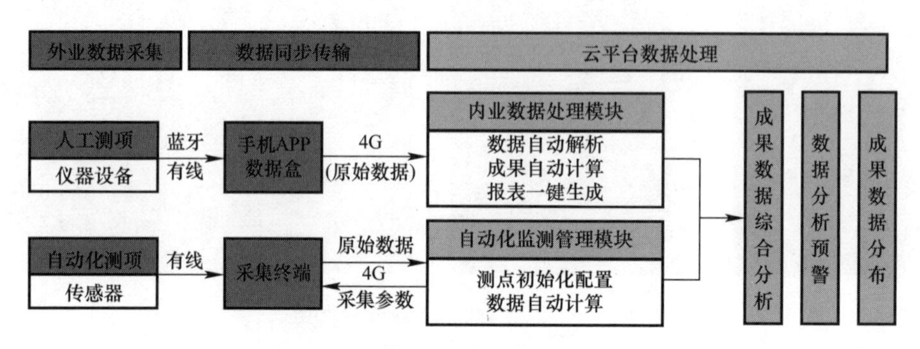

图 3-151　监测内外业一体化数据处理流程

由于地下工程监测是一个长期连续的过程，部分监测项目仍采用传统人工进行监测，作为人工监测的无线传输工具必须满足操作简单、携带方便、工作稳定和传输结果图形化显示等要求。因此，可以结合不同监测项目或仪器设备针对性研发无线传输硬件及外业 APP 实现外业采集完成后直接将数据实时同步至云平台。

对于部分地下工程监测项目，自动化技术已经相对成熟，例如支撑轴力和地下水位监测项目可以采用全自动化代替人工监测，但为便于现场安装与保护，此类监测项目可采用无线一体化的设备实现自动化监测。

对于外业采集到的监测原始数据同步至云平台后，内业数据处理系统对所有的监测项目数据进行统一处理，实现全测项外业监测的一键报表生成，可以大大提升内业数据处理的效率，并有效降低人工数据处理过程中的错误。在内业数据处理完成后，系统将对本次监测数据进行自动的预警分析与展示，及时将风险详情报送相关参建单位。

3. 数字化监测预警系统

数字化监测预警系统早年在桥梁基础设施应用较多，在地下工程中的应用研究发展较为缓慢，近年来，国内众多的学者对地下工程建设领域安全风险管理的各个环节开展了较为细致的研究，地下工程自动化、数字化手段及相关技术也取得了一定的发展。2006 年，黄宏伟和曾明等开发了一套适用隧道盾构施工风险管理和控制工作的软件，基于风险数据库的盾构隧道施工风险管理软件（TRM1.0）；同济大学朱合华和李元海开发了“岩土工程施工监测信息系统”，主要以隧道、基坑和边坡工程施工监测为应用对象，运用工程可视化技术与地理信息系统 GIS 的全新思想，将数据库管理、分析预测与测点图形功能三者无缝集成，实现了以测点地图为中心的查询和数据输入输出的双向可视化，并提供监测概预算和图形报表等完整的实用工具。上海勘察设计研究院（集团）股份有限公司自主开发了“天安深基坑远程自动化监测平台”，内嵌自动化数据处理、单点分级预警等算法程序，并集成了 BIM、GIS、自动化传感器传输等信息技术，已在苏州河深隧、硬 X 射线等超深基坑工程投入使用。

数字化监测预警系统主要解决传统方式下工程监测存在的问题，如：无法实现全天候实时监测、监测信息传递的延误等不足，难以实现长期、连续地采集、传递反映工程安全状态、变化特征及其发展趋势的信息，并进行统计分析、信息反馈和安全预警。针对上述问题，地下工程远程监控与预警系统在设计过程中，一般结合工程建设管理或维护管理单位的需求，以“一张图＋立体管控”的信息化手段，实现对地下工程施工监测、运维监测、日常巡查及其他工程结构勘察、设计、竣工基础资料的高效、科学管理，利用信息化改造现有的工程项目管理模式，丰富管理技术手段，促进效率提升，为充分保障地下工程本体及周边环境安全，提供先进及可靠的技术支撑。

以深基坑为例，数字化监测预警系统从功能上可划分一个中心和四大应用系统（图 3-152）。每个系统处于监测数据从传递和使用的不同环节，各司其职，面向不同层次用户提供服务，包括监测现场作业人员、专业分析人员、工程建设各方、咨询专家及政府监管部门，满足不同用户动态了解地下工程安全状态的需求。

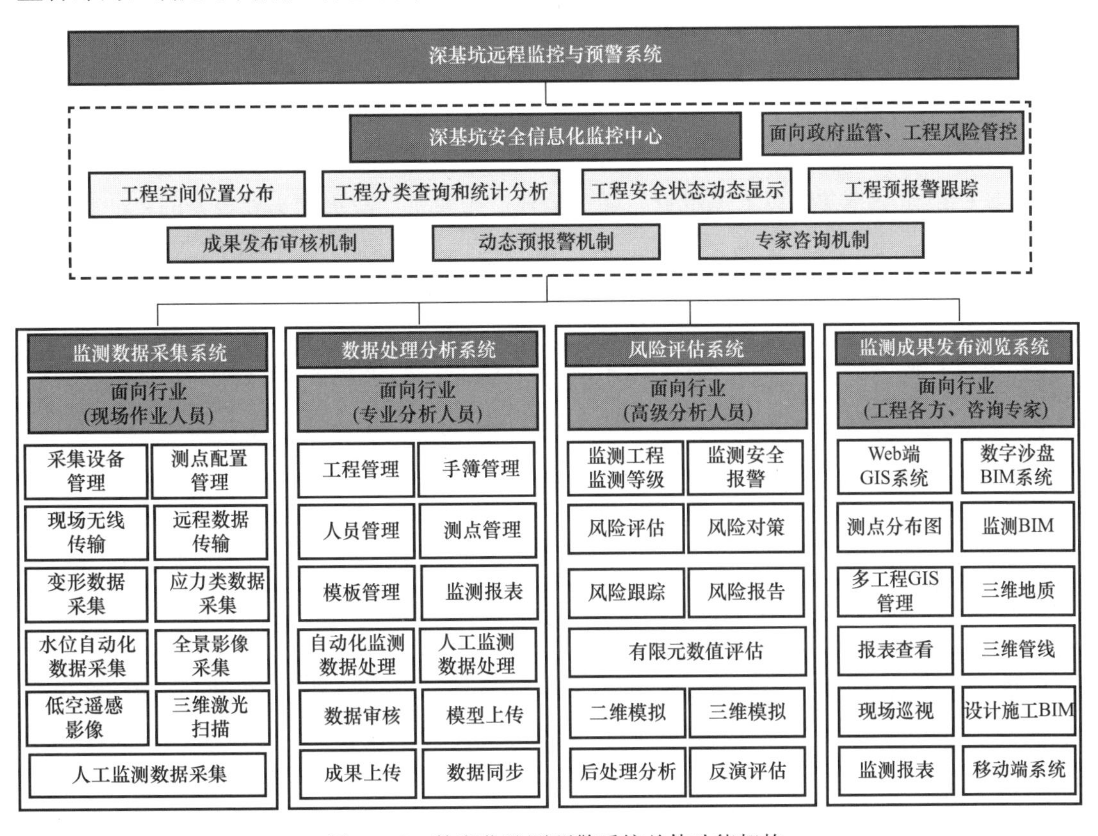

图 3-152　数字化监测预警系统总体功能架构

上海市深基坑工程安全监管平台是数字化监测系统应用最为广泛的案例，该平台于2019年由上海市住建委建设工程安全质量监督总站牵头开发，由上海勘察设计研究院（集团）股份有限公司、上海顺凯信息技术有限公司提供技术支持，成功纳入上海市城市综合管理平台（“一网统管”平台），成为平台重要应用场景模块之一。2019年11月2日，上海市住建委发布《关于印发〈上海市基坑工程在线监测实施方案〉的通知》（沪建质安〔2019〕677号），文件明确指出2020年1月起大于12m的深基坑，以及小于12m（但1～2倍挖深环境复杂）都要纳入上海市深基坑工程风险管控平台。自平台上线以来，已应用于上海市600余个深基坑项目，服务了500余家单位，并支撑了近20次重要风险事件处置。深基坑工程风险管控平台在上海全市域的成功推广应用，为全市深基坑安全精细化管理提供了重要支撑。

3.3.5 智慧运维

改革开放以来，特别是从20世纪90年代以来，上海市城市隧道建设发展迅猛。截至2022年底，上海以936.17km的运营规模，位列全国第一，已逐步形成了超大城市级的地铁线网规模。但伴随而来的是隧道营运期病害增多，诸如衬砌裂损、变形、渗漏水等病害日益困扰隧道管养单位，甚至严重影响隧道的使用功能，必须进行养护维修才能正常使用。我国公路隧道养护起步较晚，一开始隧道管养主要依靠技术人员人工检测、定性评定和经验决策等方法，但是随着上海养护行业市场化运作，市政府对养护行业的重视，近年来养护行业水平不断提升，技术和理念也在不断地进步。

1. 城市隧道运维现状

1）隧道设施监测与检测技术

传统的隧道数据感知以人工抵近接触性检查检测为主，检测技术和装备的自动化和信息化程度较低，不能对隧道的运营健康状况进行实时动态监测，数据的采集不具备连续性，难以主动、实时、可靠地感知结构性能。

近年来隧道快速检测技术得到了长足的发展，出现了多种适用于不同类型病害检测的仪器设备，如数字图像、地质雷达、微震监测等在结构病害检测方面有应用；断裂力学、分形理论、层次分析法等新理论、新方法在隧道健康分析诊断方面有探索。

目前隧道监测检测技术方面存在的主要问题是：相关行业标准尚不完善，监测、检测数据尤其是无损检测数据解释、判识缺乏统一标准，城市隧道装饰板后的结构病害检测依然缺乏准确有效的技术手段，隧道检测车以衬砌表观状态检测为主，且检测数据的自动识别率低。

2）隧道设施服役性能评价技术

过去较长一段时间，隧道建设管理部门受“重建轻养”思想的影响，导致我国隧道管养工作相对落后。虽然中国的隧道服役性能评价研究起步较晚，但面对服役时间不断增长，建设阶段隐患缺陷不断显现、外部环境灾害不利作用与人员管控手段缺失低效等现实困境，近年来已从隧道结构病灾和设施衰损两方面快速展开系统研究。

目前为了满足国内庞大存量的隧道工程维养管理需求，还需要充分利用新装备对隧道隐蔽病损的检测数据，全面分析病害因素，精确、合理进行隧道服役性能评价。系统开展隧道灾害性能试验，大量收集既有隧道灾病数据，开展针对性的大数据分析和挖掘，建立与实际模型更相适应的评价方法。积极引入多学科多领域知识，交叉融合、形成科学系统的隧道全寿命期服役性能评价系统。

3）隧道设施病害处治与加固技术

分析运营隧道病害统计结果，最常见的病害类型包括衬砌开裂、渗漏水、衬砌剥落掉块、隧底下沉和翻浆冒泥、衬砌背后空洞、材料劣化、结构变形、冻害等。而隧道病害的成因不同，其处治方法也不同。

近些年发展的隧道病害处治与加固技术，由于受天窗时间及空间制约，工效低且难以达到标本兼治。目前急需研发集病害检测与修复于一体的技术设备，建立运维信息与数据的智慧管理系统，开发快速修补新材料，将不同工艺所用机械进行综合集成以实现同步作业，用自动化和智能化的设备替代传统人工操作。

4）隧道运营灾害与应急处置技术

近年来中国隧道的重特大运营安全的事故率有显著降低，但事故仍时有发生，运营安全风险仍相当严峻。隧道的运营灾害与隧道服役时间、建设质量缺陷、材料劣化、设施老化、人车交通要素复杂、通行标准滞后实际、运营风险预判手段落后、风险防控措施缺乏、极端灾害日益频发、养护人才资源紧张和管养经验水平欠缺等现实条件密切相关。

隧道运营灾害与应急处置存在的主要不足体现在：灾情侦测能对交通异常事件检测并报警，但无法实时侦测灾情发展；事故发生位置的随机性导致常规固定式侦测难以全面精准侦采“人-车-结构-环境”等多元信息；现有灾情态势预测模型对灾害场景的适应性和实时性较差，导致误判发展态势；灾害中应急疏控现有技术及装备存在固定装备智能化低、机器人性能不足、人员疏导主动性差、系统协同效率不高；灾后应急复通现有应急救援装备对事故隧道的受限空间适应性差、缺乏面向隧道灾后环境的集多类机具快换和远程控制技术于一体的专用装备。

5）隧道运营管理水平

目前大部分管养单位管理体制基本成形，救援程序基本也能满足管养的需求。但对于管养缺乏必要的数据统计，业务之间的数据联系未进行必要耦合。隧道运营管理还依赖于行业标准和规范的符合性检查，且技术规范缺项较大，对隧道运营管理的实际工作的指导性有欠缺。

此外，技术人员配备方面具备结构、机电、安全、应急等专业的技术人员偏少，具备设计和施工管理技术的人员更少，经常存在技术脱节，造成系统性故障排查和关键节点设备更换寻找受限制。管养责任界定方面，隧道作为路网的一部分，具有跨区域的特点，在管理范围划定上很难与国家行政区划完全一致，出现责任不清的问题。

目前专业化的隧道养护管理单位多为管辖路段长，桥隧比例高，养护站点多，存在机电系统品牌多样化等多种特点，尤其是各地的隧道管养模式也存在一定区别。隧道运维管理发展首先要保证人员和机构的配置合理，其次需积极研发和应用更科学先进的管理新技术和新装备，尽快提升隧道运营管理的数字化，机械化和智能化水平。

针对目前上海城市交通基础设施发展的趋势，借鉴先行发展国家在交通基础设施运维上的经验，用“更新”替代“大修”，用“城市思维”替代“工程思维”，用全生命周期理念创新推进上海城市交通基础设施的运维模式创新是必然趋势。隧道作为城市交通基础设施的关键性节点，其运营管理复杂度较高，十分具有代表性和典型性，可以创新隧道运维管理为范式，从技术层面为基础设施运维管理的政策制定提供科学依据和指导。

2. 基于全生命周期的隧道运维模式及运维技术创新

全生命周期理念，即综合考虑设计、建造、运维等环节对设施的影响，以数据为核心，注重设施运维风险、设施健康状况、运营服务性能等关键指标，实现设施服役全生命周期内综合效益最大化。

国际上基础设施领域的全生命周期分析始于20世纪60年代末的交通领域。英、美等国家于20世纪90年代初在桥梁、公路、市政工程设计的有关规范和手册中也提出了全生命的设计原理。美国、欧洲及日本自21世纪初以来，大力推广结构长寿命设计和维护理念，通过对已有基础设施的合理管养和延命，实现社会基础设施的经济和社会效益最大化。

国内于1987年，中国设备管理协会成立了LCC（全生命周期）专业委员会，致力于推动LCC理论方法的研究和应用。80年代中期以来，我国先后提出了对工程项目进行全过程造价管理的思想。20世纪80年代后期到90年代，全生命周期理念在建筑工程项目、城市轨道交通、高速公路、机场等建设工程领域中逐步得以推广和应用，但更多的是从项目管理角度，探讨建设项目全生命周期管理信息系统的理论和方法，以解决全生命周期决策管理阶段的投资控制问题。进入21世纪以来，随着建设项目全生命周期成本理论在设备采购中的大量运用，取得巨大成功，国内部分高校学者开始将项目全生命周期成本理论引入到工程运营领域中。交通运输部在2018年3月发布的《公路养护工程管理办法》，亦强调了道路基础设施养护模式向全生命周期养护的转变。在工程运营领域实践方面，2018年4月，上海城建隧道股份正式开始探索城市交通基础设施全生命周期管理模式和手段，并以杭州文一路隧道、上海北横通道为应用试点开展了全生命周期创新技术手段、评价体系、业务体系、运行数据平台及统筹方法等一系列智慧化运维模式研究和应用。

全生命周期智慧化运维的方法论可归纳总结为五个要素，即设施评价标准、运维管理体系、数字化运维平台、先进运维技术和设计施工运维一体化管理方法。

1）设施评价标准

首先建立设施运维的评价标准作为度量衡，从土建结构、机电系统、附属设施、运营服务四个维度对隧道状态进行综合评价，基于定量化的设施评价结果以精准掌握隧道综合服务性能。上海城建城市运营集团承担修订了隧道评价标准，并被评为了上海市工程建设规范《道路隧道养护运行评价技术标准》DG/TJ 08-2425-2023、CECS团体标准《绿色城市隧道评价标准》T/CECS 1453—2023。

该标准从隧道运营、维护角度考虑，以土建结构、机电系统、附属设施和运营服务四个对象对隧道性能进行综合评价，根据隧道性能评价等级，给出养护策略建议。土建结构评价主要关注隧道结构安全，建立以隧道结构病害数据为依据进行加权计算的评价方法。机电系统评价主要关注系统的功能性，建立以机电系统完好率为指标进行加权平均计算的评价方法。附属设施评价主要关注隧道外观功能性及通行安全性，建立以隧道附属设施评定等级为依据进行加权平均计算的评价方法。运营服务评价主要关注通行的安全性、通畅性、舒适性，建立以运营服务指标等级为依据进行加权平均计算的评价方法。

2）运维管理体系

全生命周期管养模式以多维度的全面评价结果精细化指导隧道现场运维管理，通过构建高水平标准化运维管理体系解决隧道设施数量种类繁多、管理水平差异性较大的问题，以实现规范运维业务、统一服务指标、科学配置资源的运维管理目标，高标准全方位保障隧道运维服务质量统一、稳定。

针对养护、维修、巡检、运营服务等日常运维业务，建立标准化运维业务流程。从计划制定、资源配置、安全交底、执行、验收、归档等环节，进行标准化流程设计，统一管理。

从安全运维、智慧管养、设施维保、应急保障等方面，规范运维服务。以丰富的经验和完备的数据支撑，实践规范化运维服务，快速处理设施缺陷，减少道路通行的影响。建立完善的突发事件处置预案、专业高效的应急抢险队伍。在处理基础设施应急突发情况、恶劣天气等方面，规范人员、技能、设备、车辆、预案、演练、联动、后评估、危机公关等一整套要素。

从隧道运维的技术、管理和规范服务等角度制定企业标准——《隧道运维服务规范》Q31/0115001249F001—2021，获评2021年度“上海标准”。建立包括24项指标的隧道运维服务绩效评价方法，涵盖人才队伍建设、企业行为规范、土建结构维护、机电设备维护、运营服务、应急保障、技术创新、科研投入等方方面面内容。如统一排堵保畅服务指标：施救人员接到指令后2分钟内出车、在路况不拥堵情况下15分钟内到达现场处置，通过统一的服务指标，把控隧道运维服务质量，并成功获得城市隧道运维服务“上海品牌”认证。

3）数字化运维平台

采用数字技术赋能隧道运维业务，搭建数字管理平台作为全周期数字化运维的载体。实现传统隧道运维业务数字化转型升级：资产数字化运维、业务数字化管理、考核数字化监管，提升运维管理效率和质量。

从隧道全生命周期运维角度出发，建立面向数字化运维的数据标准，统一管理并整合隧道全生命周期数据资源。数据标准围绕与隧道评价相关的土建结构、路面性能、机电系统、附属设施、运营服务等方面，进行全生命周期数据的定义、采集、存取标准化。根据对全生命周期数字化运维的支撑作用，将每类数据资源分为配置类数据、基础类数据、运维类数据、结果类数据，包括隧道的静态基础数据及动态业务数据。对于每类数据资源的数据项目编号、中文名称、英文名称、数据格式、规格说明等给出明确的定义描述，以此来规范数据的采集与存储。

在评价标准、运维管理体系及数据标准的基础上，基于全生命周期管理理念，应用数字化技术，研发隧道全生命管养平台作为全周期数字化运维的载体，实现“一屏观设施、一网管运维”。建立了一套适用于隧道全生命周期精细化养护工作的数字化平台，用于日常管养工作的线上操作，包括计划管理、养护运营管理、健康监测、缺陷及突发事件管理与运维相关的基础数据管理等内容。建立多项标准，如缺陷描述标准、巡检配置标准、设施设备分类标准，对隧道构件进行了更细化的划分，实现设施设备的精细化管理，如文一路隧道在 2.0 平台中基础数据数量相比 1.0 平台增加约 57%（16000 条）。同时，平台新增多项管理模块，如人员管理、巡检管理、能耗管理等，极大提升了平台的业务应用范围。通过以全生命周期管理平台＋评价体系的组合落地应用，预防性养护措施的不断加强，基于评价结果的设施设备更新应用，确保隧道长期处于良好的服役性能，进一步提高整体设

平台基于全生命周期管理理念，通过采集设计期、施工期的数据，采用全生命周期管理方法：建立台账、检测监测、评价等级、养护排序、维修策略、执行验收并周而复始循环，通过分析模型对隧道设施进行过去、现在的状态评价并对未来进行趋势评估，最终指导隧道的日常养护及维修工作。平台作为隧道全生命管养平台，主要功能包括首页展示、养护管理、运营模块、健康监测模块、全生命评价模块。平台的功能框架如图 3-153 所示。

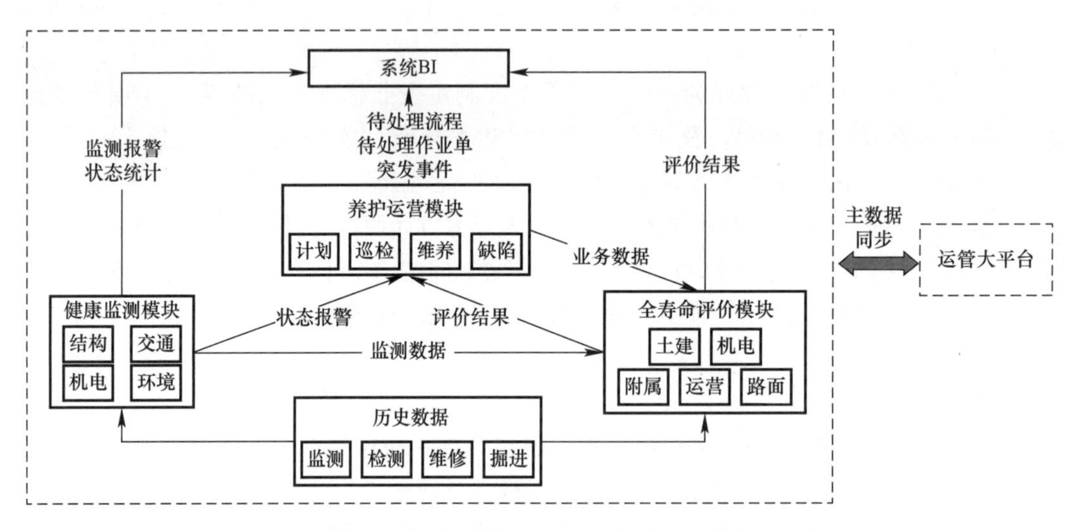

图 3-153 隧道全生命周期精细化养护工作数字化平台功能架构图

4）先进运营维养技术

综合应用实时监测、智能巡检、快速检测、节能减排等多种先进技术，全面掌握隧道技术及运营状态，对结构风险、运营风险及时评估处置，满足市民对安全、舒适、通畅出行的需求。为满足时代要求的隧道设施安全、高效、绿色的运维需求，上海城建城市运营

(集团）有限公司积极应用推广 5G 传输、自动监测、智能巡检、快速检测、节能减排等运维新技术。

(1）隧道健康监测系统

针对隧道内设施设备和运营环境的实施把控，采用针对性自动监测技术，提升管理水平，降低运维风险。在隧道车道层构建 5G 专网，强化本地内容的安全性，利用 5G 传输高带宽、大连接、低延时的特性，进行监测数据的实时传输。如图 3-154 所示，针对结构风险，在隧道重点断面布设静力水准仪、断面收敛仪等传感器实时监测隧道变形情况，实现结构风险主动感知、结构安全实时可控；针对机电设备运行风险，在风机、水泵等设备中布设振动、温度等传感器，实时掌握机电设备运行状态；在消防系统中，安装漏液、压力等传感器，实时掌握消防系统状态信息，实现预警前移、精准研判、远程监管、有效反馈；针对隧道环境质量，在隧道内布设照度仪、环境测站、硫化物检测器等环境类传感器，并与照明、通风等设备联动，实现按需开启，在保证隧道环境质量的同时减少能源浪费。

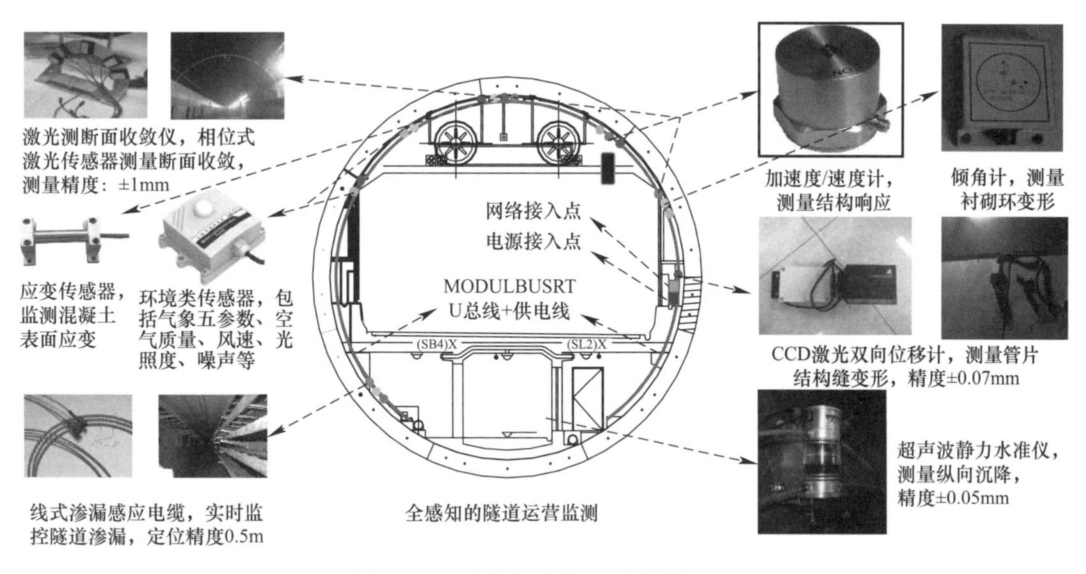

图 3-154　隧道典型断面监测设备布置

(2）智能巡检技术

隧道巡检机器人是一款结合物联网、机器人和人工智能技术的现代化交通管理智能装备。借助以信息采集处理、无线数据传输、网络数据通信、自动控制等多学科技术综合应用为一体的自动识别信息技术产品。整个系统包括：巡检机器人、移动式电池充电包、固定式充电装置、固定轨道、隧道 WLAN 无线漏缆、配套的服务器及监控软件。产品主要功能包括：①全自动高清图片采集，图像巡查路面、墙体、环境与车流等信息；②雷达测速，抓拍超速行驶；③实时视频监控，对隧道内事故现场查看与处理；④实时声光语言告警；以及可选安装的环境感知、激光雷达智能感知及热成像感知的功能。

隧道巡检机器人采用铝制轻型固定轨道的方式安装和运行，设备与轨道均安装在隧道通行界限外的隧道侧壁墙体。隧道预警巡检机器人以 0～20km/h 的可控速度在固定轨道上运行，完成巡检功能，并在巡检过程进行实时交通状况，路面状况，隧道环境状况等监控。文一路隧道安装了巡检机器人的试验段，目前系统运行正常，能够协助现场运营管理单位进行路段巡检、突发事件的处置等工作。

隧道设备用房在隧道通道内，维护人员为完成设备巡视检查，巡视车辆需在通道内停车再进入设备房，存在交通安全风险，且巡检效率不高。为提高隧道维护作业安全和提升运营智慧化水平，以“智能、安全、高质、高效”理念，在上海部分隧道应用设备房智能巡检机器人系统。该系统由自动巡检系统、安全防护系统、数据采集传输系统及环境检测系统四个部分组成。自动巡检系统在设备房配置一套自动巡检机器人，按预设的程序和路径实现设备房内仪表数据的自动巡检，变电柜产生故障报警时，可人工远程控制。安全防护系统在设备房出入口配置门禁系统，采用指纹、人脸识别等方式从外部进入房间，设置全方位监控摄像机，实现人员进入报警抓拍。数据采集传输系统对各类运行数据实时在线采集及分析，远程控制及维护。环境检测系统通过现场安装温湿度传感器、一氧化碳、硫化氢等传感器检测现场环境状态，为人员进出提供安全保障。

巡检机器人为可移动形式，配备充电桩自动充电。集成了激光雷达、可见光摄像机、热成像、局部放电检测仪、超声波传感器、语音系统、无线天线等部件，配合机械手臂可灵活升降以及 360°旋转进行检测。

设备房自动巡检机器人融合了智能感知、自主巡视、自主充电、图像识别、红外测温、环境检测、语音对讲、声光告警等功能。可代替人工完成多种巡检、探测、监控、故障诊断和预警报警任务，将巡检数据结构化存储，通过数据分析进行预测性防护，实现自主巡视、调度运行、二次确认、风险预警和故障追踪，保障设备的安全可靠运行。通过智慧平台可对机器人实时巡检结果进行展示，对巡检报警信息、巡检任务等数据查询和导出。巡检机器人实现了设备房自动巡检，无人值守。

（3）增强感知及 AI 赋能系统

长远来看，实现隧道内外的全面、精准感知是隧道管养的重要建设目标，考虑到当前智能检测技术的成熟度和经济效益，分段实现对隧道增强感知的建设方案。现阶段建设的总体思路可概括为：针对重点路段，利用毫米波雷达、摄像头，通过边缘计算单元与 AI 算法，进行雷视融合深度赋能实现隧道内外的全面、精准感知；针对其余普通路段，利用已有高清摄像机，接入智能 AI 视频服务器，进行 AI 视频赋能。将感知结果、分析结论具体应用落实到交通流全时空运行态势、作业安全分析的管养实际作业中。增强感知及 AI 赋能系统架构如图 3-155 所示。

毫米波雷达可以更为有效的对道路上的车辆等进行实时的探测和预警。毫米波雷达有效探测距离的监控应用，适合于隧道运营、施工应用，通常毫米波雷达做如下检测：①可识别目标：机动车辆、行人、非机动车；②检测输出：目标大小、目标坐标位置、多普勒速度、运动方向、轨迹分析；③事件输出：逆行检测、速度超限、事故拥堵、车间距报警、连续变道等。

如图 3-156 所示，边缘计算节点（MEC）具有多源融合感知功能，可将毫米波雷达与

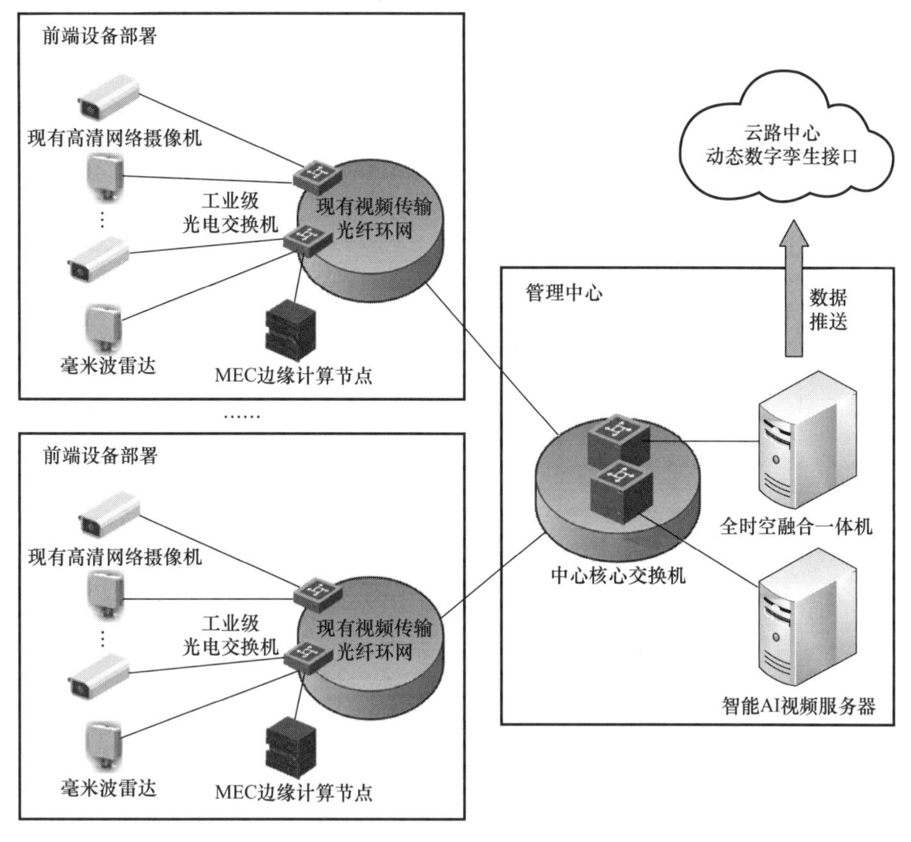

图 3-155　增强感知及 AI 赋能系统架构示意图

视频（定焦、云台）、激光雷达与视频（定焦、云台）等多源数据融合提供的车辆类型识别按照交通运输部交通量调查的车型进行分类识别，多源融合感知交通事件检测：车辆停止、逆行、行人/非机动车非法闯入、洒落物、施工区域、拥堵、机动车驶离、违禁车辆等。智能 AI 视频服务器部署在中心，通过接入沿线监控视频流，实现对实时视频流中的事件及交通参数进行分析，并可通过智能 AI 算法对数据进行深层次的挖掘和场景应用。配置 AI 算法，具备道路异常事件检测、特种车辆识别、交通参数检测功能，实现分方向机动车流量统计、车道空间占有率、车道时间占有率、车辆排队长度等精细化的交通场景应用。

（4）隧道维修加固技术

针对上海市运营的地铁隧道会产生不同程度的病害，上海城建城盾隧安公司根据“预防性维修服务、纠错性维修服务、线路应急响应服务”的维保理念，形成了隧道内、外结构加固技术体系和专用维修治理设备，24 小时守护地铁安全运营。

针对地铁隧道收敛和沉降变形，考虑到在运营隧道内结构加固施工会收到诸多限制，如“时间短、空间小、界限要求紧”等，经过多年研究和实践验证，形成钢内衬加法和复合腔体加固法，可实现“管片、环氧、螺栓、（大、小）钢环（或复合腔体）”牢固结合，共同受力，大大提高结构刚度。

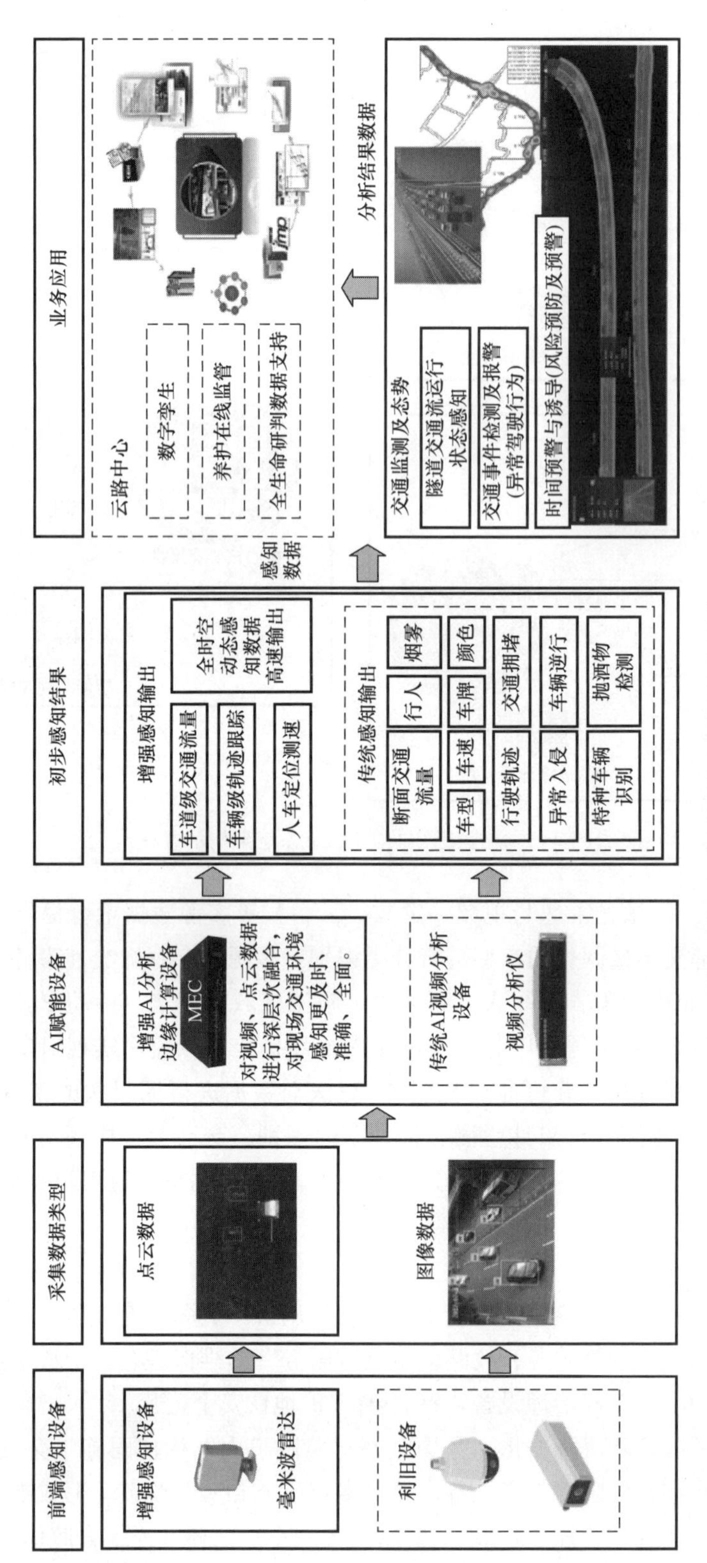

图3-156　边缘计算节点处理过程示意

通过对变形隧道受损部位，采用环形钢板支护，并向管片与钢板间压注环氧树脂的手段，使钢板与隧道管片、螺栓、环氧等共同作用，增强变形隧道结构的整体性和安全性，提升隧道的强度和刚度，从而为隧道能够长期安全的使用提供有力的保障。

针对既有钢内衬施工作业需要通过动车牵引钢板，对动车的依赖较大，施工效率较低等问题，2023 年城盾隧安自主研发了轻型钢内衬快速施工体系，从“快速运输—现场拼装—快速成环”，形成了全套施工装备，在不占用地铁动车点的前提下，可多点、多面地快速安装，大大提高了钢内衬加固法的施工工艺性和实用性。

复合腔体加固法，腔体先预制成空腔的形式，平均分成四个较小的空腔体，碳纤维通过特殊工艺缠绕在空腔体外侧，与其共同受力；加固施工时先将空腔复合腔体与管片用结构胶粘结，然后再进行后期注浆，形成新的环形受力结构。

该结构能在空间狭窄、允许加固时间短等苛刻条件下，实现隧道的快速加固，具有大幅提高隧道整体刚度和承载力，占用空间小、不影响隧道正常使用等技术优点。

针对隧道结构纵向不均匀沉降和横向收敛变形，可通过改善隧道受力状态进行治理，而对隧道到外部土体加固是一种有效的手段。上海通过多年持续不断的试验和研究，重点攻克了“效果差、扰动大、可控性差”等注浆难点，探索出适合软弱土层隧道沉降和收敛变形控制的有效注浆方法—双液微扰动注浆，以“均匀、多点、少量、多次”的注浆精髓，开创性地实现了在不影响地铁正常运营的前提下对隧道变形进行整治整理。

5）设计施工运维一体化管理方法

全生命周期管养模式真正意义上统筹实施了设计施工运维一体化管理方法。通过打通隧道全生命周期数据链路，做到运维前置，反哺设计施工。统筹管理全周期内隧道的养护维修、运营服务和资金使用，通过日常维修、预防性养护及大中修规划，化大修为中修、中修为小修，避免集中式、休克式大修。延长隧道设施服役期、提升服役性能、提升通行能力、提升安全性能，实现综合效益最优的目标。

3. 工程案例

【案例 56】　上海北横通道隧道智慧应用系统试点项目

北横通道（西段、高架段）全长 10.9km，为城市主干路，双向 6 车道（连续 4 车道＋两侧集散车道或停车带），全线设置 5 对匝道、3 处管理用房、6 处风井。设计车速为 60km/h，设计时速 60km/h。全线设置 8 对出入口，并与中环和南北高架形成两处全互通立交。北横通道将与北虹路中环和南北高架形成两处全互通立交，起到了服务重点区域，衔接骨干路网的大动脉作用。

为了扩大对隧道设施及内部结构、各类机电设备、交通等的运行状态感知范围，提高北横通道运营养护管理水平和管理能力，缩短应对突发事件或故障的反应时间，减轻针对危害北横通道设施健康的特定交通危害。在文一路隧道全生命周期管养经验的基础上，上海城建城市运营集团利用智慧化管理技术手段，进一步夯实北横通道设施运维基础数据档案，增强路网交通分析能力，降低北横通道潜在设施危害，提高北横通道管养数据有序治理。

1）隧道设施及环境健康监测及评价

（1）结构监测系统

通过变形缝监测、沉降监测、断面监测等手段反应隧道土建设施、附属设施、交安设施变化量，将监测数据通过图表等形式展现出来，能够长期观测到隧道各种结构的趋势变化，为隧道的大中小修提供一定的科学依据和评判标准。

（2）环境监测

通过CO/Ⅵ检测、温湿度氧气检测、风速风向检测等传感器监测手段观测隧道内环境情况，从监测数据能够观测到隧道内部的环境水平，可以根据环境监测的监测结果准确判断隧道内的实施环境情况，可以进一步优化隧道内的气体环境及排风系统的日常运行。

（3）机电监测

通过接入隧道综合机电数据，可以实时监测隧道内设备的运行情况，一旦设备报警或者故障，可以及时进行报警异常情况的确认及紧急维修。

（4）系统完好率计算评价示例

基于设备级完好率评价结果进行子系统级的完好率评价分析，通过对子系统中各类机电设备整体故障时间进行评估得出各个子系统的完好率。综合分析各子系统完好率评价结果，得出机电系统整体完好率评价结果。按照Top10、Top5等统计分析子系统级、设备级的完好率评价结果，并进行展示等。评价模型如图3-157所示。

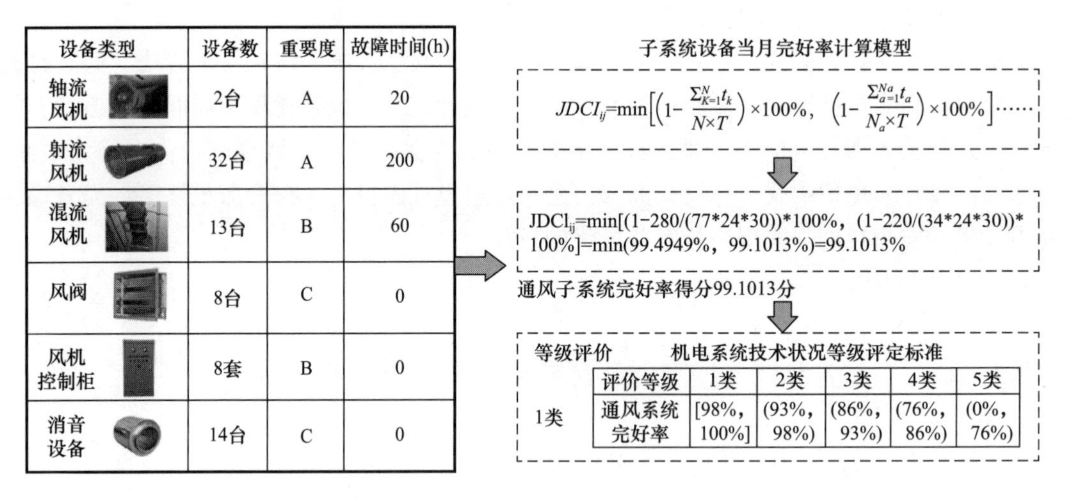

图3-157 机电子系统设备完好率评价

2）增强感知及AI赋能系统应用

（1）交通流全时空运行态势

前端感知设备采集数据，识别参数后由边缘计算单元进行数据融合分析，达到人、车、物、环境等交通要素高精准度的全息感知。系统主要具备交通流量分析、交通事件监测、交通事故态势、重点车辆监控、交通态势展示等功能，更精准，覆盖范围更广泛。

（2）作业车辆定位

作业车辆识别（车辆车牌号、车型尺寸、车身颜色）、作业人员识别（现场人员数量及区域分析、反光背心识别），实现车辆定位、行驶状态跟踪，自动记录作业时间、结果，形成作业全过程报告，以供查询，如图 3-158 所示。

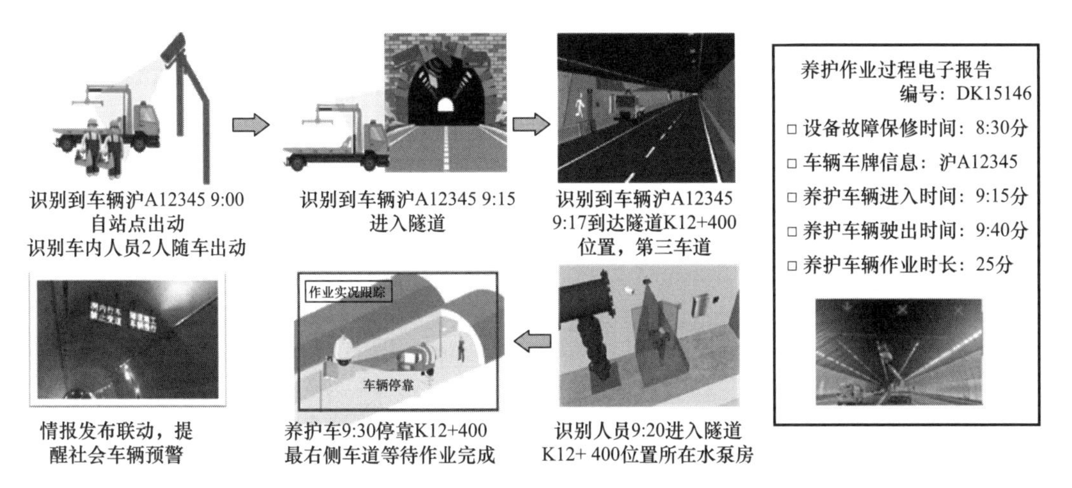

图 3-158　车辆作业全态势感知流程

(3) 作业安全分析

通过增强感知及 AI 赋能建设，可实现对于养护车辆作业时的车道级精准定位，并将相关信息推送系统，管理人员通过将相关车辆精确位置和车道信息发布至信息显示屏进行预警，在广播通知的基础上，为来往通道的驾驶车辆增加视觉的提示，确保运营养护时的人员车辆和交通安全。

3) 超高治理及车辆超温预警系统

(1) 车辆超高治理系统

超高治理系统使用激光雷达并结合智能高清抓拍机检测车辆车牌、车型等结构化特征，针对北虹立交合流点、分流点，层层布设，多道检测，并通过诱导屏、定向音柱、固定限高龙门架多种形式，多道提醒的方式，以达到车辆超高违规行为预警提醒，降低超高车闯入事件。

(2) 车辆超温预警系统拓扑

车体超温预警系统包括前端子系统、传输子系统、后端平台。前端子系统实现对车辆特征数据、车辆速度数据、车辆温度数据的提取以及对超温车辆的预警。通过传输子系统将各前端设备间获取的数据打通，并按需传输到后端平台子系统，实现各类数据的汇聚、分析、展现、存储等功能。通过系统的建设和互联互通，实现车辆超温预警系统的业务应用。

4) 管养数据治理系统

北横通道项目管养数据治理子系统涉及数据汇聚、数据治理、数据对接 3 大功能，通过 3 大功能层级协作，满足数据的一致性、标准性、实用性、服务性、独立性、可扩展性、安全性、可管理性等要求，为北横智慧化业务提供坚实的数据支撑。该治理系统架构如图 3-159 所示。

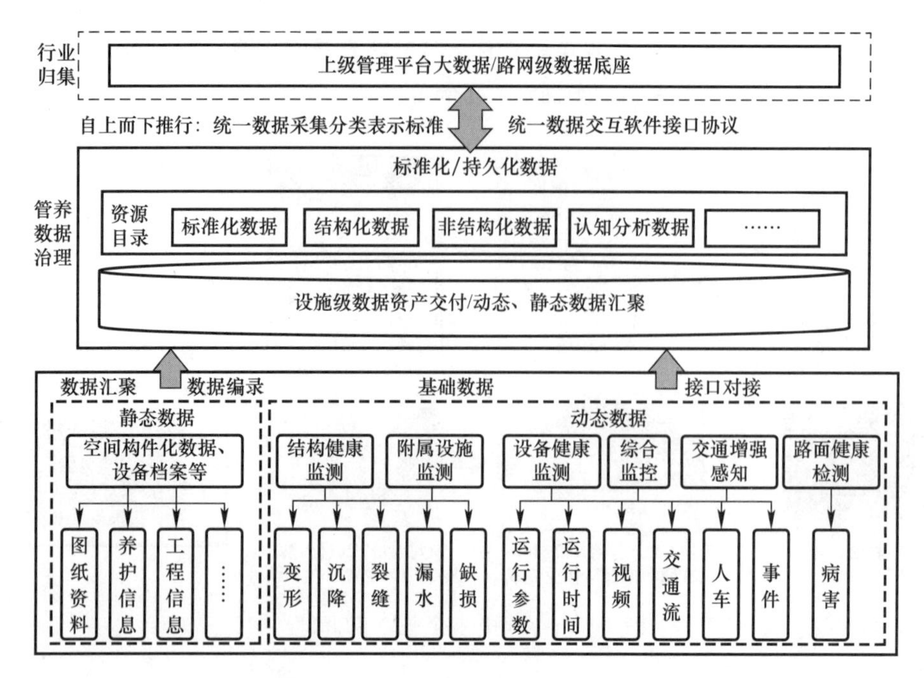

图 3-159　管养数据治理系统架构示意

【案例 57】　杭州文一路隧道"全生命周期"运营管理试点项目

上海城建城市运营（集团）有限公司管养的杭州文一路隧道是国内首个基础设施"全生命周期"运营管理试点项目，文一路隧道是杭州"四纵五横"快速路网中重要的"一横"，东接德胜快速路，西至紫金港立交，隧道主线由南北两条隧道组成，分别为东、中、西 3 个明挖段及东、西两个盾构段。整个工程全线沿着文一路施工，在丰潭路口、浙江财经学院附近分别设置了出入口，共上、下 2 对匝道。隧道全长 5.28km，双孔布置，双向 4 车道规模，设计车速 80km/h。基于"五要素"的全生命周期智慧管养模式在杭州文一路隧道得到了探索与实践，具体如下：

（1）建立评价标准

根据评价标准，对文一路隧道通车至今的性能状态进行了评价，指导后期运维，掌握隧道综合服务性能。

① 土建设施子系统

土建设施近五年的得分出现了一定下滑趋势。主要是因为暗埋段的渗漏性病害依旧显著，渗漏水情况不容乐观，且路面的健康问题与结构本身的渗漏相关性大。因此，土建设施前期施工遗留问题应设法及时解决，对土建主体结构病害较多的区段进行专项维修，避免后期性能持续下降，增大潜在的风险。

② 机电系统

文一路机电系统设备性能整体上得到了改善。设备技术性能指数从 2020 年下半年的 99.531 至 2022 年上半年的 99.9877，设备性能在正常范围内，整体运行良好。部分设备实施了预养护方案。例如，大屏由于天气炎热原因和通风系统差损坏率较高，项目部辅以风扇进行散热预防大屏损坏；提前购置解码器等备件，预防大屏损坏时及时更换和维修零配件，提升了大屏的性能质量。

③ 附属设施

文一路隧道建成初期，其管理用房和排水设施等问题较多，经过专项整治后，附属设施的整体评分已达到 99.25 分，目前交通安全设施和装饰层局部略有瑕疵，其他都到了 100 分，显示出非常良好的状态。

④ 运行服务

从 2018 年文一路开通至今，文一路隧道交通流量持续上升，隧道始终处于高负荷的状态。与此同时，通行影响率却有一定降低，这表明：文一路隧道项目方通过数字化和精细化管理的手段，使得其交通服务能力得到了持续提升，2022 年交通服务指数比 2018 年开通时提升了 23 分。在极大交通负荷压力下，文一路的百万公里车事故数从 9 降低到 2，进步明显。此外，应急响应和隧道环境服务均保持在优质范围内，文一路隧道运行服务水平在五年中有显著提升。

(2) 搭建数字平台

通过研发建立数字化管理平台，实现传统运维业务的数字化转型升级，以提升隧道运维服务质量，提高隧道设施管理效率，赋能隧道智能运维管理。

① 首页展示

首页展示主要包括养护决策、结构健康监测、排水监测、供配电监测、事件管理、运营流量监测、维养作业计划的显示（图 3-160）。通过对外接口接入监测数据，系统内部的养护数据都可以在大屏上实现可视化。

图 3-160　数字化平台首页展示

② 养护管理

该模块针对隧道的日常维养工作，实现养护/维修作业单的线上流程操作，包括分配—确认—安全交底—执行—验收相关业务的 PDCA 闭环管理，适用于日常维养作业。

③ 运营管理

事件管理模块实现隧道运营安全工作的管理，对隧道的突发事件实时上报记录，记录牵引和封道，若有路损可记录路损（缺陷）。

交通流量管理模块统计了单条隧道单条线路的小时流量数据，本模块具备数据分析能力，可将不同时段的流量数据进行统计对比分析，通过计算饱和度判断隧道的拥堵情况，饱和度过高时可配合交警进行交通组织管理。

能耗管理模块统计了单条隧道每月的用电信息，区分峰谷平电量统计各类电量的用电量占比，并计算度电单价，通过均衡性和合理性两方面进行隧道能耗评价。

④ 健康监测

通过变形缝监测、沉降监测、断面监测等手段反应隧道设施结构的张开量累计变化量，将监测数据通过图表等形式展现出来，能够长期观测到隧道结构的变化。

⑤ 全生命周期评价

结合多年实践管养经验和全生命周期管理探索应用，形成一套隧道评价考核标准，实现隧道技术状况和管理行为在线评价考核。从土建结构、机电系统、附属设施和运营服务四个维度对隧道的技术性能进行实时评价，从养护质量和安全管理两个维度对管理行为进行在线考核。基于隧道技术状况全评价的结果，为运维决策方案提供客观的数据支撑。

目前，上海城建城市运营（集团）有限公司运维的上海 32 条隧道设施分批完成平台上线，统一数字化管理，在国内首次实现全生命周期数字化管理模式在隧道运维领域的规模化应用。与此同时，已将成熟的全生命周期数字化运维管理向省外市场积极推广，如苏州（金鸡湖隧道）、珠海（横琴片区）等地。

（3）应用先进运维技术

健康监测系统在文一路隧道的示范应用取得了相关成果，并且不断深化完善和推广基于全生命周期的隧道健康监测智能感知系统（图 3-161）。该套健康监测智能感知系统已在

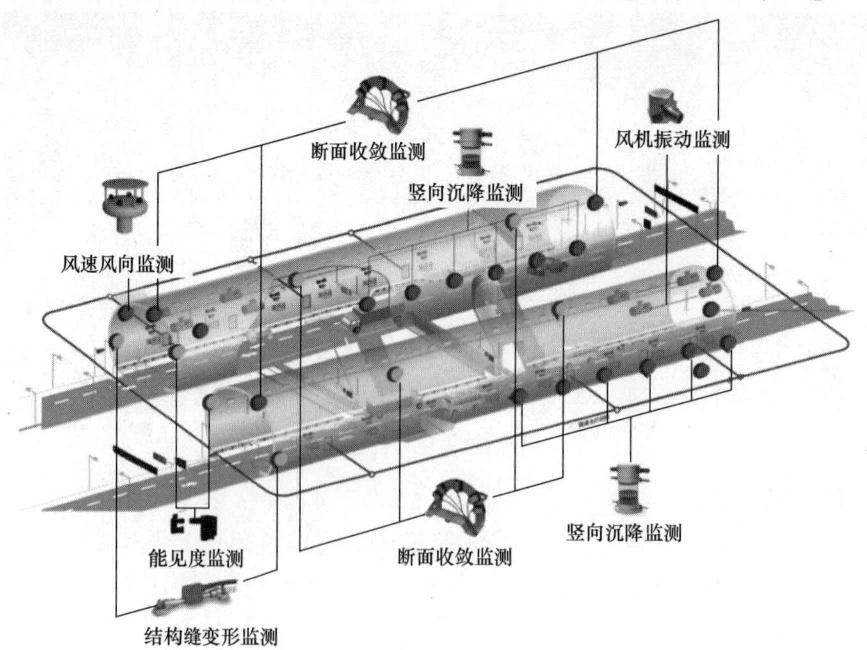

图 3-161　大连路隧道健康监测系统

上海大连路隧道、北横通道等多条隧道得到复制应用，持续提升隧道技术状况监测管理的数字化和智能化水平，提升隧道精细运维水平，为隧道长期运营安全提供技术支撑，表现出良好的社会经济效益及应用推广价值。

(4) 实施统筹管理

通过设计施工运维全周期统筹考虑，增强运维期与建设期之间的协作。在规划设计、施工中考虑运维期需求，在运维期反哺规划、投资、设计、施工，提前解决运维期与建设期之间的矛盾点，实现综合效益最优。以城市运营集团管理的杭州文一路隧道为例，通过全生命周期一体化管理，在建设期考虑运维期监测数据采集需求，在管片预制中进行预埋件的布设，可用于后期便捷安装各类传感器、数据采集设备。

一体化管理需打通设计、施工、运维期间的数据链路，设施移交接管可通过 BIM 平台等方式将建设期数据资产完整移交。如：上海大连路隧道在运维期，智慧运维平台接收了设计图纸、BIM 模型、施工期盾构掘进数据、施工大事记、施工缺陷和施工期监测数据等建设期数据，形成隧道设施的全生命周期数据资产，指导使用期间隧道运维。

另一方面，可通过运维期积累的大量设施设备性能和运行数据，为设计、施工板块提供经验、技术、工艺、模式等方面的反哺，推进设计、施工方案优化，从而更好地提升城市基础设施的综合性能与服务质量。

【案例 58】　上海地铁隧道运维加固项目

(1) 钢内衬加固应用

上海某地铁隧道结构在运营期发现部分隧道有较大横向变形（大于 100mm），部分管片存在破碎和严重渗漏水现象，为保障地铁安全运营，在隧道内加装钢内衬。通过对修复后 8 个月的监测发现，隧道变形控制在 −8～4mm，受损隧道得到很好控制，隧道结构稳定，无渗漏水现象，加固效果见图 3-162。

图 3-162　隧道内钢内衬修复效果

(2) 复合腔体加固应用

地铁盾构法隧道复合腔体加固技术于上海地铁某线路某区间隧道上行线第 287 环进行

图 3-163　复合腔体应用效果

现场实地安装。第 287 环管片横向收敛变形约 8cm，基本无渗漏水现象，整体结构受力情况良好。加固效果如图 3-163 所示。

（3）微扰动注浆技术

上海 7 号线地铁昌平路站至静安寺站下行 82～118 环，收敛累计变化值大于 15mm，在隧道 2 侧距离隧道边线 3m 及 3.6m 位置各设置两排注浆孔，共计 4 排孔位，注浆孔数共计 144 孔。本区段隧道埋深约 9m，主要位于$④_1$淤泥质黏土层。注浆平面如图 3-164 所示。

注浆结束后，收敛最大变化量—19.1mm（80 环），注浆区域内，收敛累计最大变形量 14.34mm（120 环），注浆区域内所有隧道环均达到 15mm 以下，满足设计使用要求。

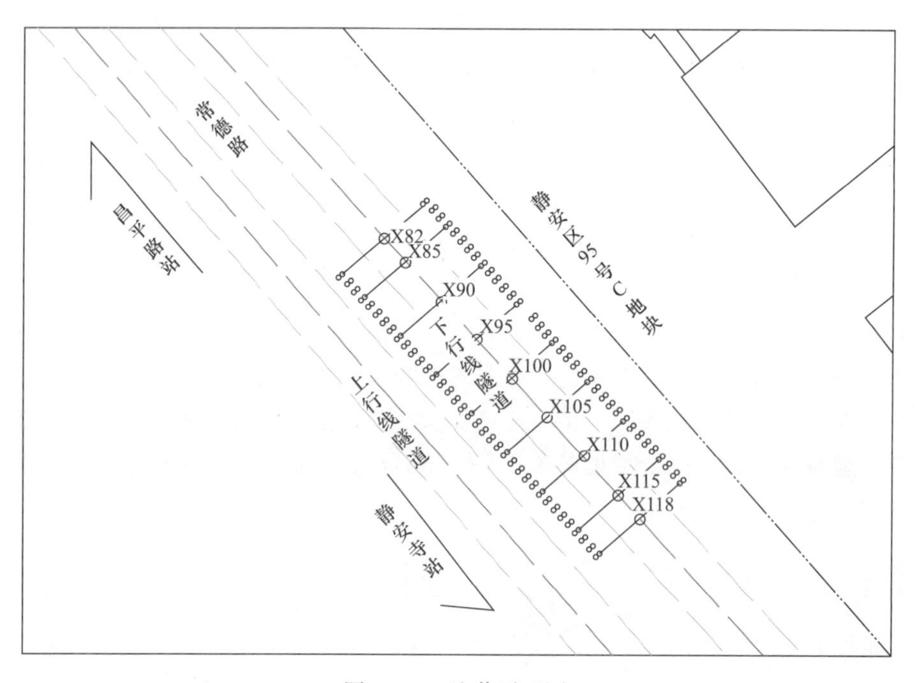

图 3-164　注浆平面图

上海地下空间开发趋势与展望

4.1 发展趋势

党的二十大报告指出：高质量发展是全面建设社会主义现代化国家的首要任务。地下空间作为立体城市的重要组成部分，其高质量发展是趋势，更是要求。朱合华院士认为："高质量发展"的科学度量和最高评价方式是智慧化；智慧是一个泛函，是韧性、智能、绿色、人文函数的函数。21 世纪以来，上海城市地下空间正在数字化技术的支撑和赋能下，向智慧化不断发展和演变。其中，韧性是智慧地下空间的根本保障，智能是智慧地下空间的技术支撑，绿色是智慧地下空间的时代责任，人文是智慧地下空间的服务底色。因此，本节将从韧性、智能、绿色和人文四个方面分析城市地下空间的发展趋势。

4.1.1 韧性

1. 概念与背景

韧性的概念最早应用于对生态系统的研究，此后扩展到生态学、材料科学、心理学、经济学和工程学等各个学术领域。1973 年，加拿大生态学家 Holling 首先提出了生态系统韧性的概念，认为它是一种抵抗外界对其产生改变的能力，能够维持生物数量及其相互关系的生态系统。并于 20 世纪 80 年代拓展应用于城市规划领域，出现了"韧性城市"（Resilient Cities）和"城市韧性"（Urban Resilience）等基本概念。在工程技术领域，韧性也被理解为与其恢复力有关，即在受到外界扰动后，系统的功能性恢复能力，包括鲁棒性、冗余性、可恢复性、适应性和智慧性。城市韧性指的是城市的一种属性，具体是指人居环境中各系统、各要素应对扰动的能力和能力范围，使得城市结构、功能和响应等方面表现在一定范围内能吸收恢复、适应和转变等能力，并保持正常工作的能力或积极演进，

2. 地下空间韧性实现路径

我国"十四五"规划提出，"增强城市防洪排涝能力，建设海绵城市、韧性城市"；该规划将"韧性"作为了我国城市统筹安全与发展的导向之一。城市地下空间是提升城市韧性的重要途径，而其自身的韧性又是城市韧性中鲁棒性的基础。21 世纪以来，上海城市

地下空间开发利用快速发展，在中心城区基本形成网络化、多核心的地下空间发展形态。新一轮上海城市总体规划提出到 2035 年基本建成卓越全球城市的目标，这使地下空间资源开发利用又进入了全新发展阶段。

作为城市的一个重要的子系统，地下空间的韧性一般需要从两个方面考虑：一是本体的韧性，即地下空间各类设施自身的安全性、连通性、多样性、可恢复性等韧性特点，二是地下空间作为一个子系统在城市韧性中发挥的功能。因此，未来地下空间建造过程中，除了注重自身本体的韧性建设外，还需要纳入城市韧性系统，保障并提升整体系统的韧性。

以“韧性”理念引导地下空间建设的首要前提是构建完善的韧性评价体系。朱合华院士以基础设施为例，构建了完整的韧性综合评价体系，其涵盖了规划、设计、施工和运维四个阶段，包含了材料、构件、结构、内环境和灾险应对五个层次（图 4-1）。在该综合评价体系下，韧性地下空间建造应优先采用新材料、高性能结构体系，并注重结构-岩土体的相互作用，做到人工结构与天然地质体的和谐共处，同时关注内部空间的互通互联和应急救援储备。

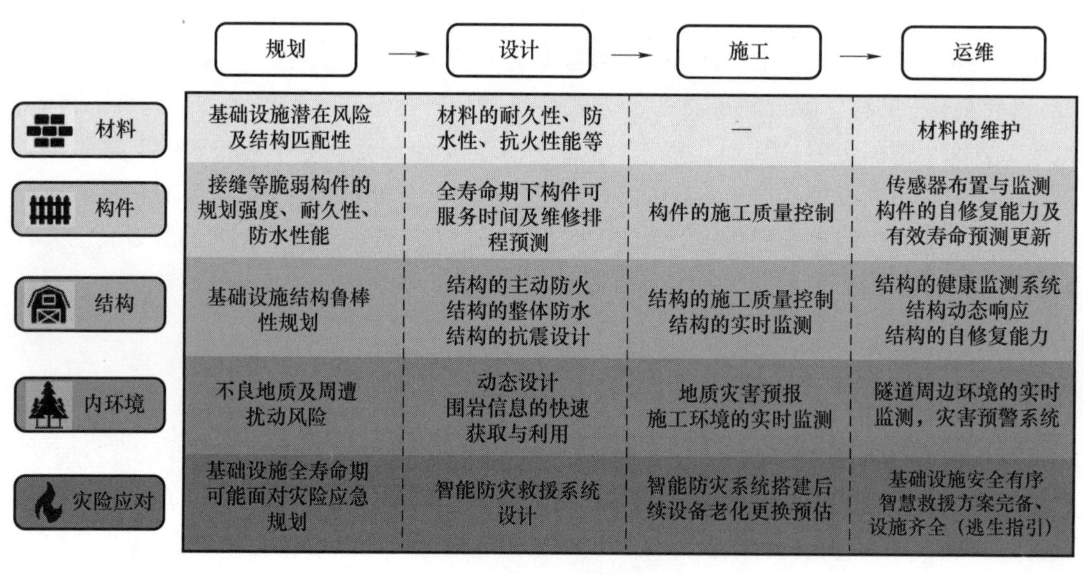

图 4-1　韧性综合评价指标

在韧性地下空间建造的基础上，以增强城市韧性为导向，可以在以下四个方面大力优化存量地下空间利用型态，科学规划增量地下空间的功能定位。

1）以韧性为导向的城市地下空间建造

尽管城市地下空间工程的施工技术日益完善，但仍面临信息化水平不高、运维消耗大、灾害发生较多等现状。创建以韧性为导向的智能化地下空间建设体系，通过韧性设计、智能感知、智能制造、智能装配结构等系列措施，提升材料、结构的韧性性能，实时监测地下空间各结构的工作状态，实现城市地下空间结构全生命周期的智能化，使得传统城市地下工程建造转型升级。

将韧性设计的概念融入传统城市地下空间的设计建造中，既要考虑材料的韧性性能，也需要从结构层面研究，使得地下建筑结构在外荷载作用下保持其韧性功能。材料的物性研究结合结构的模态研究，指导材料、结构与传感器的适配，实现材料、结构的全链韧性设计，并主要从前瞻性、冗余性和恢复性三个方面考虑（表 4-1）。

地下空间韧性设计指标　　**表 4-1**

韧性设计指标	韧性设计目标
前瞻性	预测各方面因素对结构造成的不利影响，并制定相关的措施以应对外界因素作用时，结构产生劣化后的恢复功能，保持其正常使用状态
冗余性	利用不同功能的设计属性叠加强化系统韧性，使结构在外因素影响下有一定的缓冲空间，不会被冲破承载能力阈值
恢复性	由外界因素影响产生劣化后能较容易修复，继续保持工作性能

2）城市深层地下空间利用及防涝储水系统

超深城市地下空间开发可以极大地创新城市功能，包括城市地下物流系统、地下生产（水、电）系统、地下科学研发系统等，也使城市地下空间在发挥城市功能上的开发利用广度和深度不断加强。如苏州河深隧项目，是解决城市内涝隐患的民生工程，也是符合上海雨洪管理长效规划的项目。由于上海市城市地下水资源丰富，年降水量较高等特点，为减少城市水灾害，提高城市韧性的目标，城市防涝系统仍需要充分开发利用“洪涝灾害应急与雨水地下贮留”形式。

此外，除了洪涝灾害应急，城市地下空间还可以储水和放置水处理工程设施，如在地下进行再生水（中水）的处理，城市因生产和生活产生的污水处理后达到一定的水质标准，满足非饮水用途的水需求。开发深层地下空间，既可以解决城市地下空间在利用过程中重土地集约、轻风险防范的弊端，也可以改善“重浅层利用、轻深层开发”的不足。

3）完善地下公共空间设施

基于城市韧性需要，城市地下空间的利用要形成“平战结合的多功能城市地下空间设施”利用模式，即城市地下空间应形成并综合平衡防空、防灾和商用三个维度的功能。与地面相比，城市地下空间在应对飓风、极端天气等自然灾害时具有更大的空间隔绝产生的安全性，是城市防灾系统的核心基础设施。同时，修建于地下的人防工程在工程强度方面具有更大的抗外部冲击能力，结合平战结合利用模式，将普通人防工程面向民用，以便提高地下空间资源利用率。

4）提升地下空间的城市应急联动

提升城市地下空间韧性，亟需建立以地下空间综合应急预案引领的包括科学的风险预警、高效的应急响应在内的应急管理体系，优化硬件、软件组合，补齐“软件”的短板。实施城市地下空间的常规风险隐患排查，并结合数字地下空间施工技术进行实时动态监测及风险预警排查。完善对城市地下空间灾变机理的研究，确定地下工程灾变链的传递机制及断链措施，针对地下空间结构的薄弱环节进行局部加固，研制新型韧性支护结构，加强监测预警、应急响应和救援等关键环节。

3. 现阶段研究面临的问题

除了上述建造理念外，韧性地下空间的建造仍然任重而道远，在以下方面仍存在改进和完善的空间：地下空间结构相对地上结构面临的地质环境更加复杂，复杂地层三维受力情况尚不明确；同时受到上部结构、地面荷载及地下其他建筑构筑物影响，地下空间结构应力状态及变形机制尚不明确；由于上海市丰富地下水、各类腐蚀性盐的存在，会加速地下建筑结构劣化，地下空间长期耐久性能否满足设计规范要求仍存在不确定性。

另外，我国利用地下空间提升城市应对风险的相关研究主要是从应对各类突发灾害的角度，强调灾害发生时的应对措施，而对灾前的预测阶段和灾后恢复转型阶段关注较少。因此，研究地下空间对城市韧性的提升作用，需要一个关注“灾前—灾中—灾后”的全过程视角。此外，地下空间目前缺少一套较为完善的将城市范围内的地下空间作为整体研究对象的韧性评价指标体系，“韧性”理念在城市地下空间的普及程度仍有待提高。

4.1.2 智能

近年来，在物联网和5G网络技术持续进步的带动下，数字化转型逐渐成为热门词汇。以一个企业为例，数字化转型是建立在数字化转换，数字化升级的基础上，进一步触及企业核心技术，以新建一种商业模式为目的的高层次转型。数字化转型需要从“数字化，网络化，智能化”三方面着手。“数字化”不仅仅是把业务流程搬到网上，而是把企业内的一切业务场景，进行深度、全面的数字化。数字化的内容能完全跟现实一模一样，就像虚拟的双胞胎一样。数字化到了这个境界，就叫做“数字孪生（Digital Twin）”；“网络化”不但要把企业内部所有的数字孪生体，以及背后的人、物、设备连接起来，还要打破企业内部组织的藩篱，让上下游产业链也联通起来；“智能化”不但要实现企业内部单个设备的自诊断、自调整、自适应，还应包括企业内部设备工作群组以及生产线上不同节点间的自动协调与配合。《中华人民共和国国民经济和社会发展第十四个五年规划和2035年远景目标纲要》将“加快数字化发展 建设数字中国”单列成篇，明确提出“以数字化转型整体驱动生产方式、生活方式和治理方式”。因此，数字化转型已然成为国家的发展战略与方向。

智能地下空间建设需要以智能综合评价体系为前提。朱合华院士以基础设施为例，构建了完整的智能综合评价指标，其涵盖了规划、设计、施工和运维四个阶段，包含了多维感知、分类记忆、思维决策、行为反馈和知识学习五个层次（图4-2）。在该综合评价体系下，智能地下空间建造应以智能感知为基础，实现感知的数据化；然后进行数据的分类处理和记忆，形成知识体系；并基于知识体系和外界扰动，进行决策和行为反馈，保障地下空间的安全状态。最终，作为智能体，地下空间具有不断演变和进化的能力，即随全生命周期的知识积累能力和不确定性的预判能力。

因此，在信息化与数字化转型的大背景下，结合地下空间建造技术发展需求，智能制造、人工智能、综合管控、移动网络等新技术蓬勃发展，并不断融入地下空间的建造和运维中。

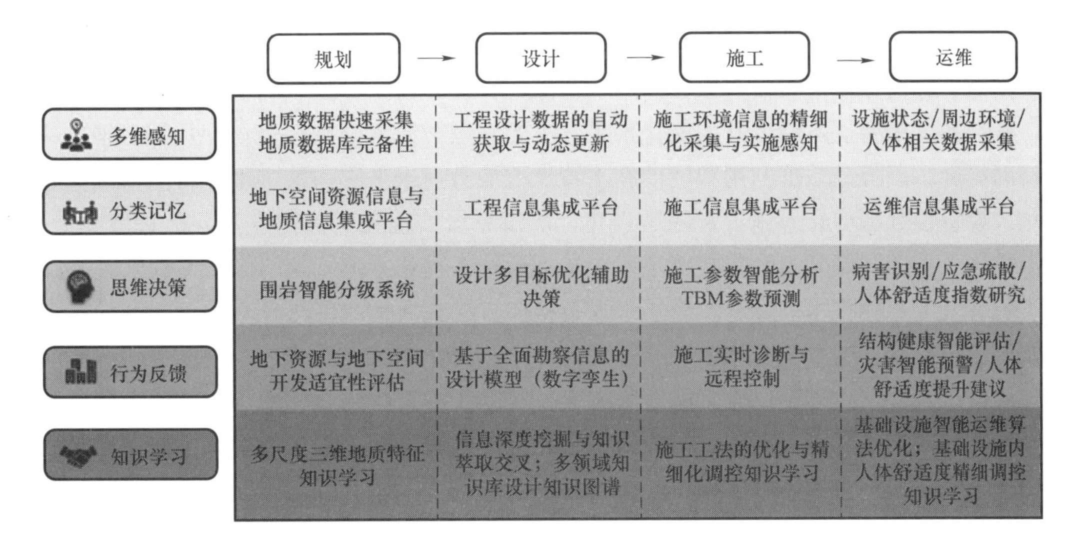

图 4-2　智能综合评价指标

以下以盾构隧道为例说明智能地下空间建造的范式（图 4-3）。目前，盾构数字化的发展呈现越来越快的态势；盾构正开始向第五代数字化智能化发展，盾构智造技术、人工智能技术、隧道施工管控技术和数字盾构移动管理等多方面技术的突破，为第四代盾构向第五代数字化智能化发展铺平了道路。

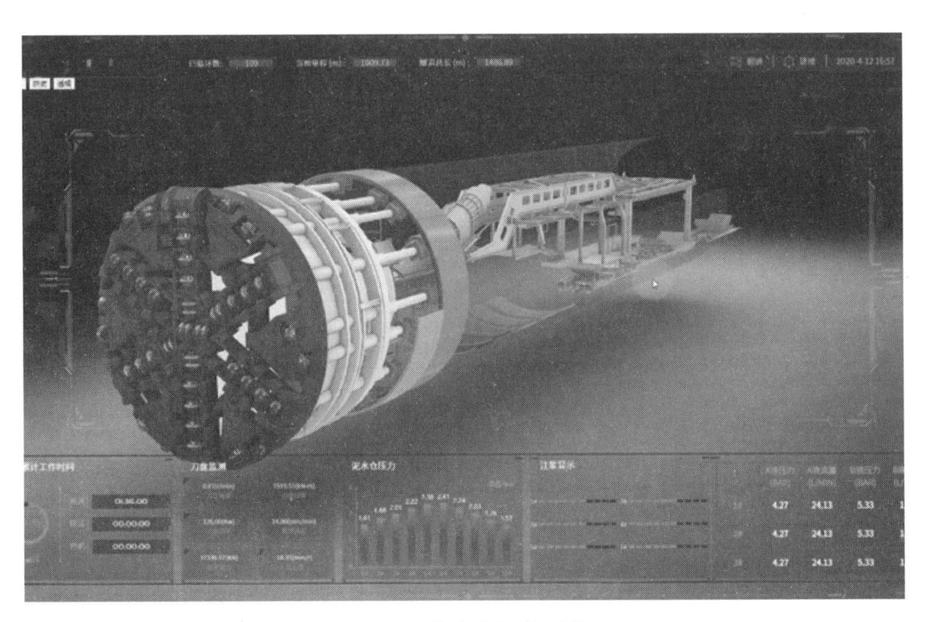

图 4-3　数字化智能盾构

随着网络技术、信息技术、数字技术等快速发展，盾构各类传感器数据和工程施工信息得以捕捉和展现，项目监控也从现场人工监控发展到电脑监控，进而发展到远程监控，可通过分析发现问题，助力盾构技术发展和管理提升。数字平台作为一种可实现数据采集、展示和分析等的多功能多组件，成为支持盾构工程的重要技术之一，并得以快速发展，经历了单一工程现场管理系统、网络远程管理系统、互联网中央集群管理平台三大阶段。国内外盾构数字平台具有数据采集、监控、管理、预测等多项功能，呈现出数字化特征，各种系统平台正不断提升智能化水平，主要聚焦于异常判别、自动预报警、辅助决策和辅助掘进，以提升数据利用和辅助施工管控的能力，未来盾构数字平台将向管理信息数字化、设备参数图像化、施工管控远程化、决策系统智能化的方向发展，通过数据处理、数据挖掘、人工智能和远程集控等手段，达到盾构工程数字化管控的作用与效果。

随着人工智能技术的发展，近年来人工智能方法在盾构法施工领域快速兴起。人工智能技术内包含众多的数学优化模型和强大的计算能力，能够为盾构过程中的工程分析、掘进计划排产及数据处理提供完善的解决方案，有助于提高盾构施工的施工效率，降低施工成本，实现数据的智能化利用。当前人工智能方法在盾构施工中主要应用于以下领域：地层辨识、沉降预测与控制、盾构姿态预测与控制、施工异常诊断。国内外学者结合多年来大量工程中的实验结果、实测数据和施工经验，来解决盾构法隧道施工中的问题。人工智能方法能够将与问题相关的各种变量输入到模型中，通过迭代训练学习各种参数之间的复杂非线性关系，同时其建模过程简单，计算速度较快且在部分应用领域准确率高，成为当前解决盾构隧道施工问题的热门方法。

人工智能赋能万业，其广泛应用既改变人们的生活方式，也极大地影响专业技术人员的工作方法和创新思路。盾构装备制造及盾构隧道建造领域运用人工智能技术的时间不长，但大量的案例研究表明，人工智能技术在盾构法隧道施工问题中发挥着重要作用，而且随着盾构隧道建造产生的数据量持续增长，人工智能技术的使用将会变得更加普遍。具有高度决策和执行能力的智能盾构装备的研发制造，以及盾构隧道的智能化建造已经成为该行业公认的未来发展趋势和研究重点。未来人工智能技术在盾构法隧道施工问题的解决过程中发挥着重要作用。随着信息技术发展，盾构法隧道施工的数据量和案例量继续增长，人工智能技术将会发挥越来越大的作用。

4.1.3 绿色

当今世界迎来了绿色发展时代，绿色发展是顺应自然，促进人与自然和谐共生的发展，是用最少资源环境代价取得最大经济社会效益的发展，是高质量、可持续的发展，绿色发展已经成为一个重要的趋势。我国坚定不移走生态优先、绿色发展之路，促进经济社会发展全面绿色转型，建设人与自然和谐共生的现代化，美丽中国建设迈出重大步伐。未来，我们也将尊重自然、顺应自然、保护自然，把生态文明建设作为关系中华民族永续发展的根本大计，推进降碳、减污、扩绿，推进生态优先、绿色低碳发展，促进经济社会发展全面绿色转型。

地下空间的开发与利用不仅仅是城市绿色转型的关键，同时也是绿色发展的对象。地下空间可以运用可再生材料、低碳建设技术、提取地热能等方式实现绿色运维。

在 2023 年第四届地下空间绿色发展高峰论坛中，围绕“地下空间绿色发展”主题，推动地下空间绿色发展理念的广泛应用。论坛中指出地下空间的绿色发展既是一项系统工程，也是一项创新实践。要坚持创新驱动，倡导绿色技术和绿色理念的应用，推动地下空间的可持续发展。同时，绿色发展不仅要涉及节能减排、环境保护等方面，更要提供高质量的地下公共空间和服务设施，实现人与地下空间的和谐共生，满足人们多样化需求。

钱七虎院士提到，世界人口越来越多，城市占用的地面生态空间越多，绿色生态空间越小。作为城市空间的重要组成部分，地下空间的有序开发与利用能够提高土地利用效率，推进城市绿色转型。而构建绿色城市的关键在于节约土地，地下空间潜力巨大，能为节约土地提供良好的条件。地下空间的有效利用将地表交通，物流运输，垃圾处理等庞大占地用地体系转移到地下，可以大大节约地表土地资源，同时降低了对环境的影响，释放出的地表空间可用于大片的城市绿化，构建更加美好绿色的城市环境。

此外，地下的城市绿色污水、雨洪蓄排系统，收集雨水、洪水、污水，经过处理可为城市用水提供帮助。同时可将城市污水与自然流水分离，从而改善城市自然水道的水质，减少自然生态因为人类活动而产生的影响。

绿色地下空间可采用定量指标进行评价，朱合华院士在综合调研的基础上，以基础设施为例，构建了绿色的综合评价指标。该评价体系涵盖了规划、设计、施工和运维四个阶段，包含了节能、节水、节材、节地和环保五个层次（图 4-4）。节能强调地下空间在建造、运维过程中选用绿色材料、低能耗建造技术和绿色运维技术。节水强调地下空间与周围地质的和谐共处，减少施工期的地下水扰动和灾害，同时在可能的情况实现地下水环境的改进和优化。节材强调循环利用，尤其是地下空间开挖岩土体的资源化利用，建材的就地取材等，如现有盾构渣土的资源化等。节地有两层概念，既包括地下空间建造过程占地的有效控制，也包括降低自身空间对周围地质体的扰动，保证地质体的平衡状态。环保则是一个综合概念，强调多系统的协调。

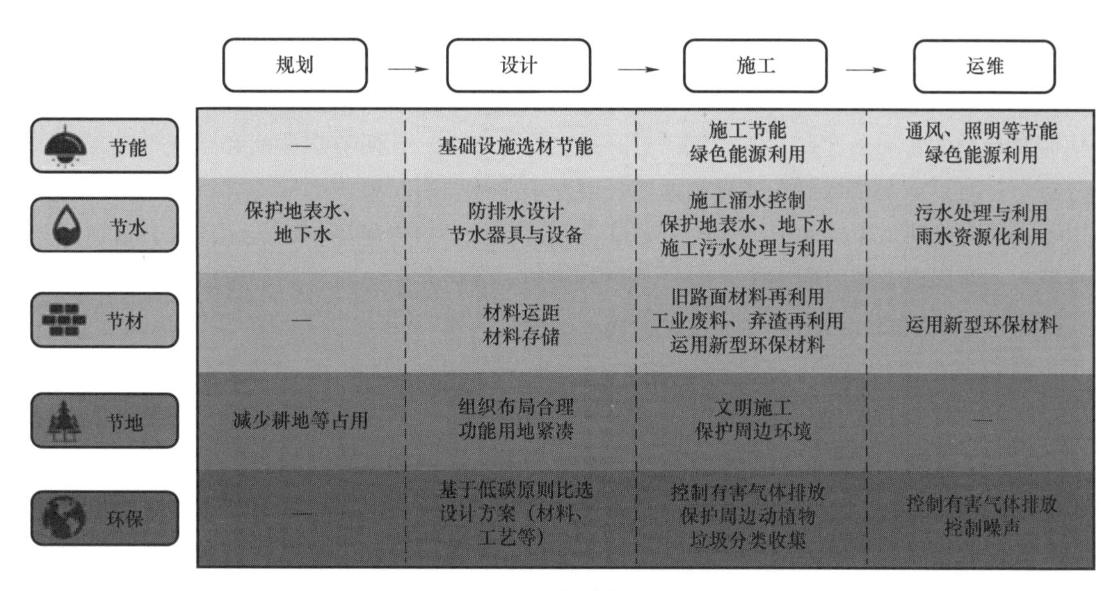

图 4-4　绿色综合评价指标

另一方面，随着“3060”目标的提出，低碳零碳发展已成为各行业转型发展的主要趋势。2022 年工业和信息化部、国家发展和改革委员会、生态环境部、住房和城乡建设部等四部门联合发布的《建材行业碳达峰实施方案》提出了“强化总量控制、推动原料替代、转换用能结构、加快技术创新、推进绿色制造”五方面重点任务。其中的原料替代、技术创新和绿色制造三个方面将对建材产品端产生较为明显的影响。

1. 低碳建材

在推动原料替代方面，一是提高含钙资源替代石灰石比重，加快低碳水泥新品种的推广应用，如石灰石煅烧黏土水泥（简称 LC3 水泥）是一种由石灰石、煅烧黏土、石膏和熟料组成的水泥，煅烧黏土类矿物相比于粉煤灰与磨细矿渣具有更高的火山灰活性，在部分取代硅酸盐水泥时并不会影响水泥基材料的早期力学性能。同时煅烧黏土矿物的原材料高岭土储量丰富，生产烧制工艺与硅酸盐水泥相似，可采用水泥生产设备生产，并且煅烧温度低，煅烧过程中不会释放温室气体 CO_2，具有诸多优势。二是加快提升建材产品固废利用水平，如地质聚合物（Geopolymer）是以富含硅、铝原料经过强碱和强酸激发后形成的以离子键和共价键为主的一种具有三维网络状结构的新型胶凝材料，含有硅酸盐的工业废弃物都可用来制备地质聚合物。与传统的水泥相比，地质聚合物不用烧制水泥熟料，生产能耗只有普通硅酸盐水泥的10%～30%，且能显著减少温室气体的排放。同时，地质聚合物具有优异的力学性能、耐高温特性、耐腐蚀性能以及对重金属离子的固封性，广泛运用于建筑材料、高性能复合材料和环境保护等领域。三是推动建材产品减量化精准使用，加快发展新型低碳胶凝材料，如碱激发胶凝材料是一种以硅铝质废弃物为原料的低碳胶凝材料，因其能耗低、排放少、早强快硬、低介质渗透与耐蚀性等优势性能，被许多研究学者一致认为是一种具有广阔应用前景的绿色胶凝材料，适于作为快速修建与修补工程和强腐蚀性环境的建筑材料或防护材料。

作为混凝土的重要组成材料，新型胶凝材料经水化作用后形成硬化浆体，与混凝土内砂石组分粘结成为整体，尤其是硬化浆体的微结构与混凝土性能密切相关，要实现原料替代需要开展大量的系统性工作，包括对混凝土的工作性、长期力学性能和耐久性的影响及分析，对地下空间结构的安全影响评估，以及功能外加剂与整体的适应性也有待研究。可以重点考虑先从地下空间回填这类需要低强可控类材料的应用场景切入，该场景可协同处置城市工业固废及建筑固废中难以资源化利用的工程泥浆、细粉料，还可以结合预制装配式技术在地下空间的沟槽、管道、免拆模板等领域应用。

2. 低碳制造

在推动技术创新和低碳制造方面，一是加快研发重大关键低碳技术，增强节能降耗技术支撑；二是加快推广节能降碳技术装备，提升建材企业节能降耗水平；三是加快推进建材行业数字化转型，利用新一代信息技术促进行业节能降碳。通过在建材生产环节的全过程数字化监控及管理技术应用，结合新型节能降耗技术，可以为地下空间的智能化发展提供材料生产环节的数据，保障材料的质量和绿色生产。如混凝土关键原材料的智能监控技术，通过红外与视觉图像识别技术的结合，实现原材料的含水量、含泥量、粒径分布等多因素的在线快速检测，同时将生产管理系统对接后快速调整生产管理要求，达到质量稳定、节材节能、减污降碳的效果。

3. 低碳运营

除了建设、制造过程中的碳排放，基础设施运营阶段的碳排放也是未来节能减碳的潜在方向，尽管在国内外有着众多学者在此方面进行研究，但大部分都基于片面的地下工程事件，缺乏纵览全局的全寿命周期角度。目前研究表明，隧道路段每公里的碳排放相较于开放路段，通常高出 4～5 倍，我国要实现碳达峰、碳中和，隧道工程的低碳降碳将成为隧道建设的新目标。想要低碳降碳，也要对隧道全寿命周期内的碳排放量进行统计研究，地下建筑领域内的碳排放计算规范，是未来亟需完善的方向。

照明作为地下空间低碳降碳的重要一环，能耗的控制对地下空间的碳排放有着重要的影响。目前国内隧道照明能耗严重的主要原因在于照明系统设计超标、照明控制方式落后、照明节能理念有误、照明节能措施单一。按照相关运营要求，隧道地下空间内的照明灯要长期处于开启状态，这所带来的费用占比巨大，进而引起的碳排放量也很多。从光环境角度来看，隧道内部的照明灯布置存在很大的改善空间。据此朱合华院士团队用隧道光环境设计参数搭建了关于碳排放量的目标函数，以保证隧道照明安全为前提，并达成设计合理和照明节能，实现隧道建设节能低碳的目标，建立隧道全寿命理论隧道光环境评价模型。

当下的隧道照明规范主要考察路面的亮度与均匀度，然而隧道内的照明环境通过路面、壁面材料等各种具有反光效应的材料与人工照明光源及自然光源的耦合形成。单一地强调照明亮度往往会导致照明设计偏于保守，造成大量资源浪费，同时也会增加不必要的碳排放，于是从光环境角度考量隧道照明具有重要意义。朱院士团队将隧道照明分为三个部分：顶部照明环境、侧面照明环境及底部照明环境，并依据不同照明环境中的主要光线来源，提取出了照明设备、侧壁装饰板材及路面三个主要因素，从而构建隧道光环境评价模型。

随后，朱院士团队将隧道全寿命阶段碳排放分为建设期和运营期这两大部分。其中，建设期又分为照明设备及板材生产加工产生的碳排放、运输产生的碳排放及其安装施工产生的碳排放，运营期主要为照明材料的定期更换与照明设备的照明用电所产生的碳排放。最后将隧道全寿命成本与全寿命碳排放进行不同权重下的相加，所得目标函数最小即代表此时的隧道既经济又安全绿色。朱院士团队所构建的模型函数根据不同的偏好权重，综合了造价和碳排放的计算，是评价模型的核心。依托目标函数并结合安全性的约束条件，最终可形成公路隧道全寿命周期多维度的评价模型。

4. 固碳节碳

钱七虎院士指出，碳的吸收，一方面是靠绿色生态光合作用固碳，另一方面是把工业、电力、交通等排放出来的二氧化碳进行碳捕捉，然后压到地下空间里，如可以将二氧化碳压入地下油气田，一方面，把碳放到地下，另一方面把油气驱赶出来。另外，能源隧道理论的提出，也可以为绿色降碳作出贡献。能源隧道是指一种利用隧道衬砌内的热交换管路来提取隧道空气热能或隧道围岩中的地热能，实现隧道附近建筑的供热/制冷服务的技术。当到达地下一定深度时，四季的地层温度保持在一稳定值，此时把传统空调的冷凝器或蒸发器直接埋入地下，利用传热循环介质与大地进行热交换，从而提取地温能，形成地下换热系统。

4.1.4 人文

在以人为核心的新型城镇化推进过程中，城市地下空间的开发理念也发生了很大转变。早期的“地下空间”主要是以点状或线状的形态承载城市的地下市政设施与交通设施，其应用只是作为地面以下的“挖空部分”，而不是一个完整的“功能空间”，主要以地下结构为主体，关注地下结构体系的工程属性，即安全性和经济性。随着城市版图逐步向地下扩展，地下空间涌现了更加多元的结构形态和功能形式，以满足城市居民日益迫切的用地需求。地下的体育场、医疗中心、商业街、酒店、科研中心等公共设施建设解决了城市地上空间资源量不足的问题。地下空间开始承载越来越多的人类公共行为，逐渐成为现代城市景观的重要构成部分。地下空间的内涵也因此得到了进一步的扩展，成为“供人们活动的城市基面以下的空间”。随着地下工程建造技术的进步，地下空间的规模及系统性确定了其具有“空间”的特性，为人所体验，这种体验性真正给地下空间工程赋予了空间特质。与地上类似，地下空间也开始被视为一切围绕着人而形成的客观存在的物质实体构架，人在空间中的存在和活动构成了地下空间的最基本要素。因此，地下空间的人文属性逐渐受到关注。

一般而言，工程的人文属性包括“人”和“文”两个方面。“天人合一”和“以人为本”着眼于人，前者可具化为工程生态观，体现工程与自然的和谐，后者则需体现在地下空间规划、设计、建造和运维的全过程，实现工程与人的和谐。工程的“文化内涵”着眼于文。人类创造的物质产品均具有文化意义，工程是内涵了文化的系统，也包含了诸多文化要素，如民族传统、时代特征、审美标准、精神价值等。

当被赋予社会、历史、文化、活动等特定含义之后，地下空间也成为了一种场所。在建筑现象学中，“场所”和“场所精神”是核心概念和中心议题。场所作为物理空间和人类活动的载体，同时也是人类活动与物理空间之间的互动媒介，具有自然和人文双重属性。在自然属性方面，地下空间是由岩土介质围合的幽闭空间，存在一系列可能诱发人群健康障碍的问题，包括自然环境缺失、生物节律紊乱、混响严重、方向迷失、湿度过高、通风不足等，地下空间的人因品质往往较低，不适合长期驻留，难以承载丰富的社会活动。如何克服地下环境的天然缺陷，改变人们对地下空间的负面心理，充满了挑战。场所的人文属性主要包括区域内部人群生活方式的某种状态，社会经济生产现象或遗留物的背景信息，这些属性往往独具特性地反映了有关当地文化、社会经济生活的一些重要信息。但是，地下空间常常人文语境薄弱，地下空间固有的环境特点及长期沿袭的“地下”刻板印象使得地下空间难以积聚人气，缺乏人文美。

地下空间作为现代城市高质量发展的重要支撑，地下空间的功能扩展越来越被人们认同和接受。提升地下空间的人因品质，打造具有丰富人文内涵的地下空间成为一种趋势。具体而言，人文地下空间的开发需要重视以下几个方面：

1. 以人为本的地下空间开发理论

从人本的视角开发利用地下空间，应基于地下环境心理学和行为学建立地下空间开发理论体系，通过工程学、社会学和心理学等多学科融合交叉，形成地下空间人体感知与行为理论，从而为人文地下空间的规划、设计、建造和运维奠定科学的理论基础。

2. 人文地下空间的设计与营造方法

为了更好满足人民日益增长的美好精神文化需求，需要关注地下空间使用主体的需求，多维度多视角地为地下空间提质增效。关注当地历史、人文、气候、文脉等因素，充分发挥现代新材料、新结构的特性，探索出人性化的地下空间营造之路。通过地下空间人因环境的改善和文化内涵的提升，促进地下空间的艺术、人文与精神交流，逐步形成有人文特质和地域特色的地下空间。

3. 地下空间的人因环境感控

厘清地下空间人因环境的感知和提质策略，从视觉、听觉、嗅觉、触觉和味觉五个感知维度，探讨提升地下空间人因品质、改善驻留和通行体验的技术措施。

4. 数字赋能人文地下空间

充分运用数字化技术，实现地下空间资源的数字资产管理和人因环境智能感控，集成多功能人文地下空间数字技术和产品，打造丰富多彩的数字化应用场景。

基于上述维度建设的人文地下空间将实现人与地下空间的一体化，人们也更适应地下生活，为极端环境下的城市韧性提供基础。为了实现对地下空间人文程度的定性评价，朱合华院士初步提出了一套人文综合评价指标体系。该评价体系涵盖规划、设计、施工和运维四个阶段，包含人群安全、人体舒适、与人交互、美与文化和社会贡献五个层次（图 4-5）。其中，人群安全是基本保障，包括地下空间建造者、使用者和受其影响周围人群的安全；人体舒适是基本要求，强调地下空间建造者和使用者的体感和精神感受；与人交互是人文基本属性，强调互通，即地下空间功能、布局等随人们需求改变而不断演化和完善；美与文化是品质提升，强调地下空间的文化属性和历史传承，并注重地下空间自身文化的创造，如地下空间涂鸦艺术等；社会贡献是最终追求，强调地下空间在城市、人类发展中的功能和作用。

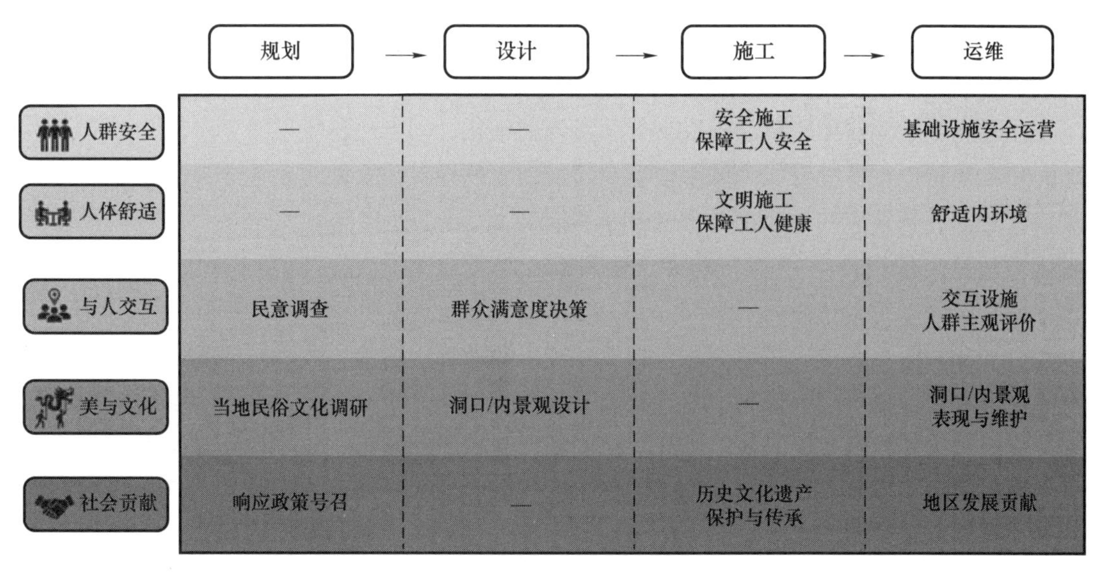

图 4-5　人文综合评价指标

4.2 技术展望

新理论推动着地下空间规划与设计的创新，为城市功能提供更智能化解决方案；新材料的研发改善了地下结构的稳定性与耐久性，拓展了地下空间的应用领域；新工艺提高了地下空间施工效率与质量，为工程建设提供了可靠保障；新装备的引入则进一步提升了地下空间的建设水平与安全性。这四个方面的不断创新与突破，将继续引领未来地下空间朝着更智能、绿色、高效的方向迈进。

4.2.1 新理论

1. 数据驱动型城市地下空间规划新理论与新方法

为贯彻落实国土空间规划体系下城市地上地下共同体的理念，科学和合理地推进城市地下空间开发利用，大力提高地下空间资源利用效率，充分发挥城市地下空间在解决城市病、改善城市生态环境、优化城市空间结构、提高城市韧性等方面的资源潜力，切实提高城市地下空间规划建设管理水平，继续革新国土空间规划体系下城市地下空间规划的新理论与新方法。复合规划目标导向下的地下空间规划衍生了多源时空大数据的应用需求，多源时空数据的引入将对地下空间规划的理论体系与技术体系产生深远的影响，进而促进数据环境与规划实践的双向演替。

如图 4-6 所示，未来数据驱动型城市地下空间规划将向着以下几方面发展：

（1）基于地下建筑、地下基础设施、地下人防设施、地下矿藏、地热能、地下水、地下历史文化遗产等地下空间资源的全要素勘测调查，开展城市地下空间的资源环境承载能力和开发适宜性专项评价理论与方法研究。

（2）深化大数据、人工智能、移动互联网、云计算、物联网、区块链等前沿技术在地下资源开发领域的融合应用，在多源时空数据与传统规划数据并存的新数据环境下，构建大数据驱动的地下空间规划新范式及地下资源“感-联-智-用-融”的智慧管理体系，为地下空间的规划管理智能化转型提供支撑，实现精细化、动态化科学决策。

（3）坚持以可持续发展为城市地下空间规划价值导向，全面评估地下空间开发利用对城市发展的外部效应（包括正外部性和负外部性），并以此作为城市地下空间规划决策关键因素，提高城市地下空间全功能、全资源、全深度和全寿命周期的智慧化规划管理水平。

（4）深入研究存量更新地区复杂建成环境下的地下空间重构结构规划理论与方法，从微观层面揭示存量更新背景下地下空间的重构模式机理、布局模型及价值机制；在理论层面分析存量用地发展阶段的城市地下空间开发特征，建立适用于宏观层面地下空间整体和微观层面站域地下公共空间的空间绩效评价方法，提出基于地下空间绩效的各层级规划优化方法。

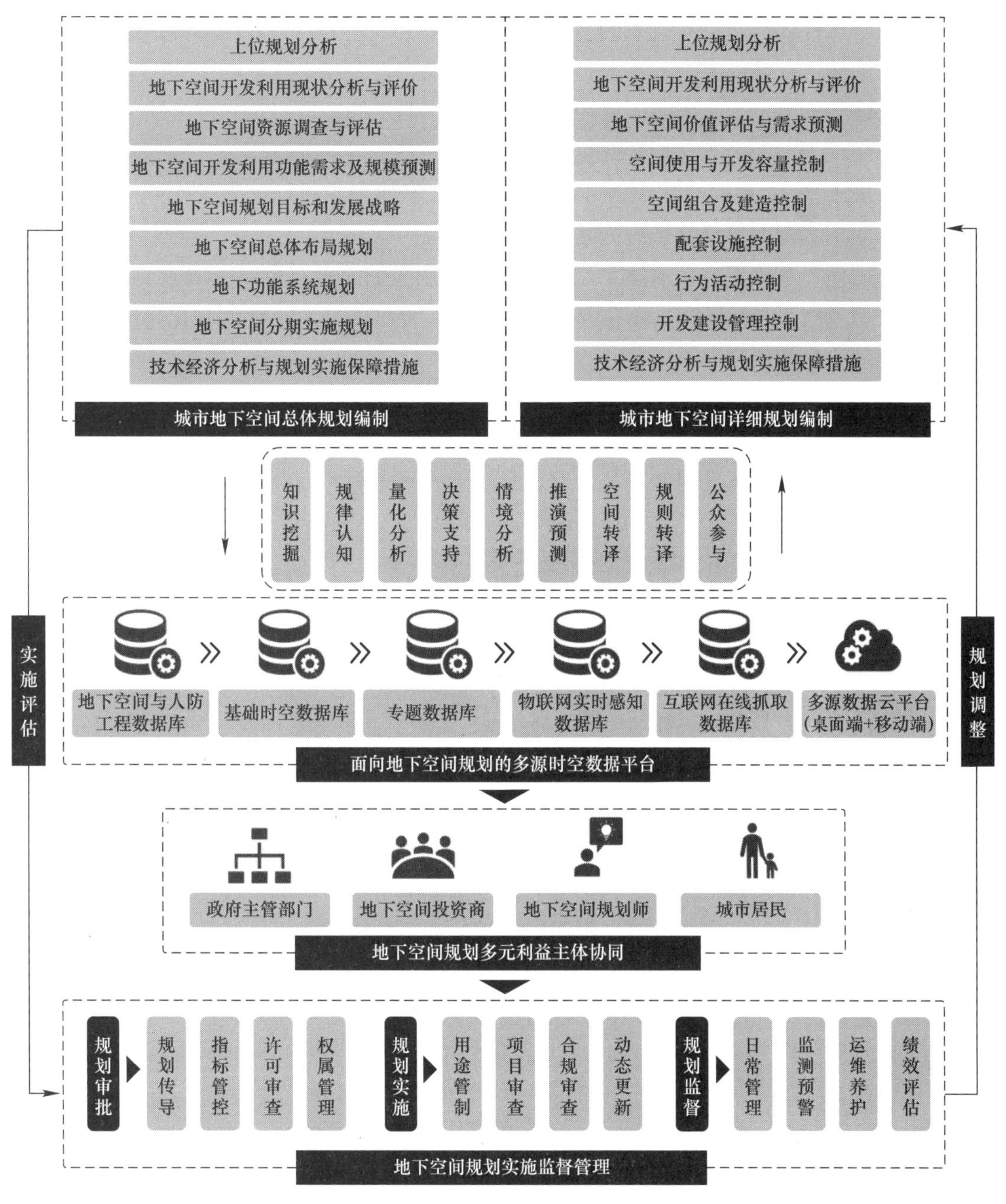

图 4-6　数据驱动型地下空间规划理论技术框架

2. 深层地下空间建造理论

地下空间施工破坏了原有岩土介质的平衡，对周边岩土体产生加卸载行为，改变了岩土体的力学性能和状态，进而产生扰动；由于岩土介质的连续性，上述扰动会在空间内传递，进而导致施工扰动的时空分布特征。当上述扰动超过岩土体的承载能力时，则会发生坍塌、突涌水等灾害，引发工程事故等。地下空间施工-扰动的实质是开挖强卸荷作用下岩土体、水与既有地下结构相互作用的结果。目前，关于中浅层地下空间施工的研究较多，并取得了较多成果，但对于深层地下空间施工影响的研究还很不足。与中浅层地下空间相比，由于赋存环境和空间关系的不同，深层地下空间施工面临着以下科学问题：

（1）深层地下空间的应力水平大、水压高，而高应力、高水压下的土体力学行为和灾变机制研究还不充分，导致了施工扰动分析和灾变预测基础数据不足和理论缺乏；

（2）深层地下空间由于其赋存深度大，结构尺度大，空间效应影响比中浅层更复杂，目前关于深层土-水-结构的相互作用机制研究不足，不能准确地描述施工作业对于地层的影响，同时地下结构变形及复杂应力状态也尚未明确；

（3）常用计算本构模型在描述深层地下空间复杂应力路径条件下具有一定的局限性，采用经验模型及施工参数计算后结构与实测值存在一定出入，对于峰后软化阶段及灾变后流滑阶段的理论模型研究尚不完善；

（4）现有关于深层地下空间施工力学和理论研究较少，且缺乏相关的实践经验，导致了施工扰动—灾变安全控制理论和技术匮乏；

（5）随着对城市地下空间的不断开发，尚缺乏一套完善的韧性评价理论来描述结构全寿命周期过程。

1）针对于上海土体的本构模型及参数研究

土体的基本力学特性表现为压硬性、摩擦性和剪胀性，以剑桥模型、统一硬化模型为代表的本构模型较好地描述了土体的宏观力学响应。在上海地区深层土体本构模型方面，目前研究已建立了双屈服面的砂土和黏土本构模型，合理描述了砂土的剪胀性和黏土卸荷路径的塑性应变，以及在不同排水剪切应力路径下，距离剪切破坏面不同距离部位颗粒、孔隙的定向性演化规律。在参数取值方面，基于大量室内和现场试验数据建立了上海土体HSS模型主要参数与土体孔隙比的经验关系，为实际工程利用勘察报告方便且较准确地确定HSS模型参数提供了合理途径，并根据上海浅层粉土的渗透性与各项指标关系，对室内试验结果进行适当修正，提出更为贴近实际工况的勘察报告渗透系数建议值计算方法。

总体而言，基于地下空间的开发利用，在土体的本构模型、土体卸荷应力路径、室内及数值模型参数标定等方面，已经取得了较为丰硕的成果。但是考虑到上海深层地下空间中超固结、高水压、孔隙水强结合等特性，已有模型在复杂应力路径、屈服准则等方面并不完全适用。此外在上海市《岩土工程勘察规范》DGJ 08-37-2018也存在给出的部分力学参数建议值对特定土层特别是上海深层土体适用性不明确等问题。因此，亟需建立符合上海深层土体力学特性的本构模型并开展相应参数取值研究。

2）深层地下结构施工扰动理论

地下工程施工会破坏地层的原有稳定状态，导致土体的物理性质及结构性相应发生变化，进而影响其强度与变形特性。由于土体是连续介质，所以上述扰动会不断向周边传递，尤其是向地表传递，进而在周边形成一定范围的扰动区，使得土层产生一定程度的松弛（卸载）或挤压（加载），严重时将导致坍塌破坏和地表沉降。

施工开挖扰动的传递路径可通过特定地层参数的时空分布规律反映，该参数往往是土体的应力应变、各种模量或超孔隙水压力等单个指标或多个指标之间的组合。施工开挖诱发的地表沉降将导致邻近结构发生挠曲变形与扭转变形，严重的会导致建筑物倾斜、开裂甚至破坏。国内外学者采用理论解析、数值模拟和工程监测等方法对施工开挖导致的周边环境及邻近建筑物的扰动开展了大量研究。既有建（构）筑物对施工扰动引起的位移场分布影响较大，从而给施工开挖的变形预测与控制产生带来较大的挑战。

总的来说，由于深层施工引起的扰动对土体性质的影响机制极其复杂，同时各工程近接施工、交叠施工的情况又各不相同，目前针对地下工程的施工扰动问题，仍没有形成完善的理论体系。并且现有的研究主要是基于浅层地下空间开展的，深层地下空间中多次施工扰动的叠加效应和时空效应将更为显著。综上所述，研究深层地下施工扰动理论是一项长期而艰巨的任务。

3）地下工程灾变模拟方法

目前现有地下工程数值模型多采用有限元法，集中于小变形范围，并主要用于正常使用期间的变形计算、临界状态的判断和安全系数的计算等。由于网格的限制，现有数值模型很难对渗流破坏下的大变形过程进行模拟，而采用网格重塑等技术的计算效率又难以满足工程应用的需求。因此，物质点法等无网格方法受到广泛关注，并被应用于地下工程的模拟计算中。由于其脱离了网格的限制，该方法能够对整个破坏灾变过程进行模拟。例如，用于隧道开挖模拟的模型能够实现对掌子面坍塌破坏的模拟，进而研究整体破坏模式和破坏机理。当考虑流固耦合计算时，能够考虑水压作用下的渗透破坏过程。

目前研究大多对结构模拟进行了简化处理，未能准确地探明土—水—结构相互作用规律及在灾变演化过程，故可针对深层地下空间施工作用下的灾变演变模拟方法开展研究。

4）地下空间韧性评价体系

目前国内外相关研究较多关注于某一特定地下设施的韧性或某一事件下的地下空间韧性表现，未能将两方面在同一个框架下进行考虑，地下空间缺乏一套城市视角下的地下空间系统韧性评估模型（图 4-7）。未来可就具体地下结构的韧性损伤与恢复过程演变模型方面进行研究，将韧性评估模型与韧性损伤模型相结合，实现地下结构全寿命韧性预测。基于上述理论及上海市复杂地质环境条件，继续开展对隧道等地下空间结构全寿命期（包括施工期、运维期等）性能恢复及加固机理与技术研究，建立施工期深层地下工程结构灾变及微扰动控制原则与技术，保障城市地下空间韧性。

3. 既有地下空间改扩建理论

地下空间的开发利用程度与城市的经济成正比，发展程度越高的城市，对地下空间的需求越大。但发展程度高的城市地表开发程度也较高，对地下空间开发利用的限制因素也多，如施工空间的限制，施工时间的限制，施工扰动的限制等。另外，我国的大中城市一般也具有悠久的历史文化，城区内（地上和地下）分布着文化价值较高的历史建筑物，这进一步加大了地下空间的建设难度。

另一方面，我国前期的地下空间缺乏统一规划，缺失与未来城市发展的衔接考虑，致使目前部分已有的城市地下空间已经不适应城市的发展需求和定位，面临着改扩建的需求，以实现其功能和规模的改变。既有城市地下空间的改扩建工程是一个崭新的行业，其不同于地面空间的改扩建，受周边地质环境、地表环境和周边地下空间的严格约束。

综上可知，城市地下空间改扩建面临着复杂环境保护的难题，这需要发展和完善以下理论：

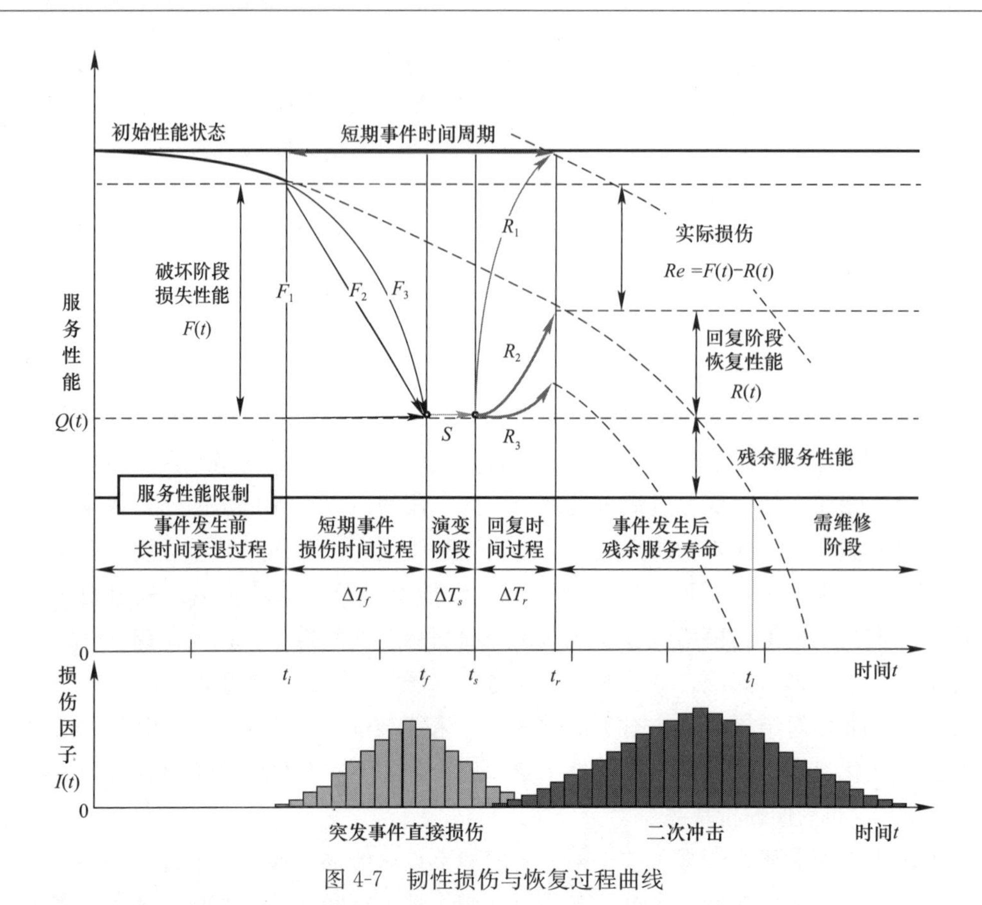

图 4-7　韧性损伤与恢复过程曲线

(1) 既有地下空间的探测与安全评估理论；

(2) 既有地下结构与新结构的协同作用机理和设计理论；

(3) 既有重要历史建（构）筑物、地面结构的服役状态安全评估理论。

4. 城市大规模地下空间开发利用诱发的城市区域灾害分析理论

目前，国内的研究过多地侧重于如何开发利用地下空间来解决城市发展所遇到的问题，而较少关注地下空间大规模开发对城市区域地质环境的改变以及其诱发的城市区域安全问题。作为一个相对独立的系统，城市中的地上空间、地下空间和地质体是相互作用、相互影响的。地表以上的建（构）筑物需要依靠地下结构和地质体作为承载体，保证其稳定性和安全；地下结构的建设势必干扰周边地上建（构）筑物的基础承载能力，并改变局部的地质体结构；而地质体作为地上、地下建（构）筑物的载体，其性质的改变或者相关地质作用下，势必会对地上和地下空间产生干扰。另外，城市区域地质的结构特征和岩土体承载特性也是开发利用地上和地下空间的前提基础。因此，在大规模开发利用地下空间的同时，还应注重地下空间开发对城市区域地质的改变和扰动，从城市区域安全的角度提出地下空间开发利用的限制条件、地上建（构）筑物的建设限制条件等。

在充分考虑城市地下空间、城市区域地质体和地表建（构）筑物的相互作用的前提下，大规模地下空间开发利用诱发的城市区域灾害控制方面的研究存在以下难题，包括：①城市地下空间开发利用现状不明确，包括建设类型、建设年代、运营期的修缮信息等；

②城市区域地质信息精度不够，地质资料与岩土体资料之间的衔接和关联性差；③不同类型地下空间（结构）在建设、运营以及退役阶段对地质体的扰动机理不清晰，尚没有建立对应的模型；④城市区域地质模型与地下空间体全寿命周期内的扰动模型尚需进一步研究，尤其是其间的相互作用以及多尺度问题间的耦合问题；⑤缺乏系统的、针对特定城市的地下空间、地上空间开发限制标准。

5. 城市地下空间安全运维分析理论

地下空间的使用状态、安全状态的维护和更新是保证城市基础设施安全和城市正常运营的关键之一。地下空间的维护和更新面临着如何检测，如何分析和如何修复的难题。目前，地下空间维护和更新的工程实践领先于理论机理研究，相关的理论分析模型与方法还不完善，导致了相应的规范、技术标准、手册和指南滞后的现状。另外，已建和许多在建的工程轻视建设期的数据管理和存档，致使后期结构维护和更新时缺少资料，不能实现维护时机、维护方式的最佳选择。虽然地面结构全寿命周期的设计和养护理论已经得到了很好地发展，但地下结构的全寿命设计和养护技术研究才刚刚起步，尤其是考虑周边围岩变化影响的一体化周期设计。

为了实现地下空间维护与更新最佳时机、最佳手段的选择，同时实现安全与经济的平衡，在地下空间运维与更新方面的研究尚需解决以下问题：

（1）加固后的地下结构与周围岩土体、既有结构的相互作用问题，新旧结构的共同承载问题，以及对应的地下基础设施维护与更新的基础理论和设计方法；

（2）缺乏关于如何利用工程系统的易损性评价理论、可恢复性分析原理来指导地下基础设施维护与更新的时机选择、方法比选、加固成本的最优化决策等方面的研究；

（3）地下空间的检测和评估理论和方法有待进一步研究发展，需要向智能化、可视化、自动化的方向发展。

4.2.2　新材料

1. 地下空间高性能材料技术

1）超高性能混凝土

超高性能混凝土由于其高耐久、高强度、高韧性等优点被广泛应用于桥梁、建筑等工程，同时也非常适用于地下空间快速建造以及超深地下空间开发的需求。

以超高性能混凝土烟道板为例，该结构属于隧道内部重要的结构，其主要作用在于万一发生火灾时，烟气可在一定的压力下，顺利通过烟道板的开口排出隧道，从而避免火灾释放的烟气、毒气对车站和隧道内人员健康和生命的危险。目前烟道板施工主要采用传统现浇混凝土方式和后装施工两种方式。对于现浇混凝土施工，由于内部空间狭小，拼模和拆模难度大且无法有效保证混凝土浇筑施工质量；对于后装施工，目前主要采用玻璃钢、铝板、纤维水泥板等材质，但是由于列车通过时瞬时风压大、服役寿命有限等因素限制，也存在诸多缺陷。若应用超高性能混凝土烟道板，在力学性能、耐久性大幅提升的同时，可以实现构件薄壁质轻、预制装配可以快速施工、采用湿式（与顶板现浇）或干式（螺栓）连接保证可靠性。

2）工程用水泥浆增强复合材料（ECC-高延性混凝土）

ECC是具有超强韧性的乱向分布短纤维增强水泥基复合材料，基体通常为水泥、矿物掺合料和石英砂等细骨料，并掺入PE或者PVA等纤维。在纤维体积掺量为2%左右的情况下，极限拉应变可达到3%以上，有明显的应变-硬化特性和多缝开裂现象。该材料可以实现泵送施工、达到自密实效果也可以喷射施工，适用于抗震结构的节点、地下建筑、混凝土管道、高耐久性保护层和耐久性修复材料等领域。根据加入材料的不同，ECC可分为以下几种：

（1）PVA-ECC材料

PVA-ECC材料是一种加入PVA纤维的工程胶凝复合材料，聚乙烯醇纤维覆盖着涂层，可防止纤维破碎，具有高延展性和严格的裂缝宽度控制，因此非常适用于地下空间开发的需求。其具有良好的抗弯性能，试件跨中挠度达到30mm，薄板可展现出与金属相比拟的变形能力；具有良好的抗拉性能，极限拉伸应变可达到5%以上，表现出多缝开裂行为，极限破坏时形成细密的裂缝，裂缝宽度在0.1mm以内，应变是混凝土的250～400倍，是钢筋屈服应变的15～25倍，实现了无害化分散的裂缝；具有良好的抗渗性能，其在氯盐环境中浸泡336d后，氯离子渗透深度为7mm，而普通混凝土在相同环境下的氯离子渗透深度为30mm；具有良好的抗冻性能，冻融循环次数达750次未见破坏。

（2）乳化沥青改性ECC（EA-ECC）

EA-ECC使用的原材料包括P·I42.5水泥、F类粉煤灰、细硅砂、PVA纤维、丁苯乙烯（SBS）改性乳化沥青、聚羧酸盐基减水剂（HRWRA）。掺入乳化沥青（EA）可显著降低ECC的模量，同时保持优异的力学性能。

（3）纤维增强混凝土

纤维增强混凝土（Fiber Reinforced Concrete，简称FRC）为解决地下混凝土结构的局部破损提供了新的解决思路。从机理上讲，混凝土开裂可归结于混凝土内部初始缺陷和微裂缝在外荷载作用下不断扩展合并，产生宏观裂缝而导致开裂。纤维的弹性模量和抗拉强度均大大高于混凝土基体，此时外荷载多由横贯微裂缝的纤维与混凝土基体间的粘结应力来承担，进而阻止了微裂缝的扩展，减小宏观裂缝的宽度，表现出优异的抗裂性能。同时，纤维在混凝土基体中均匀分布，与混凝土协同受力，减轻应力集中现象，增强混凝土基体的应力重分布能力。目前，主流的纤维混凝土主要有钢纤维混凝土、聚丙烯纤维混凝土、PVA纤维混凝土及混杂纤维混凝土。

纤维混凝土需要更长的振捣时间以达到纤维在混凝土中的均匀分布，同时要选择最适宜的纤维的长径比，在搅拌、运输、浇筑和振捣的过程中避免纤维相互缠绕成团。除此之外，在不同施工条件及目的下，纤维的最佳掺量、最佳长径比还有待进一步研究。

虽然纤维混凝土盾构管片具有许多优良性能，但在严重火灾情况下，纤维混凝土管片性能劣于传统钢筋混凝土管片，极限承载力较低且具有更高的开裂风险。纤维混凝土衬砌在大集中应力下的抗弯强度、抗拉强度以及抗爆破能力不如传统钢筋混凝土衬砌。

对于如何设计纤维混凝土管片的厚度能进一步优化成本，需要做更多的相关试验探究，制定和完善各种纤维含量的设计和规定，同时针对纤维与钢筋之间合理配比进行研究，实现管片在安全性和经济性的统一。

在国外，新加坡、日本等国家有不少纤维混凝土管片的应用。国内，纤维混凝土管片应用少，目前设计施工仍主流采用钢筋混凝土管片，部分因需要掺入纤维，将掺入的纤维只作为一种提高抗裂等性能的构造。

管片结构在受力上主要受压，受拉状态相对较少，通过纤维替代大体量钢筋具有较好的经济性。因此，纤维混凝土管片有其明显的优势，在低碳发展的背景下，在我国盾构隧道的发展中应用前景可观。

（4）FFU 管片

FFU（Fiber Reinforced Formed Urethane，简称 FFU）材料起源于日本，是硬质聚氨酯树脂发泡体经长玻璃纤维强化后的材料，以拉挤成型法制造。FFU 材料具有力学强度高、吸水性低、抗腐蚀能力强、尺寸稳定性好及使用寿命长（60 年以上）等优异特性。FFU 材料在铁路枕木、汽车顶棚、仪表盘架、天然气管道等工程中有广泛应用。

FFU 管片是由盾构可直接切削的 FFU 材质部位以及与普通管片相连的接合部位组成。近年来，盾构法建造的隧道之间进行暗挖连接的技术越发被人们所重视。地铁隧道之间的联络通道、道路盾构隧道主线与匝道连接段、排水盾构隧道干管和二级间的连接段、盾构隧道扩挖建造地下车站等基于盾构法隧道的扩挖方面均有 FFU 管片的应用前景。有了 FFU 管片后，机械式进行地下空间扩挖相对管幕＋冰冻法安全性有所提升。

3）新型喷射混凝土

喷射混凝土是利用压缩空气或其他动力，将按一定配合比拌制的混凝土拌合物高速喷射到工作面并密实成型的混凝土，是隧道等地下空间支护加固中重要的现代化施工材料之一，具有施工效率高、工艺简单、经济效益好等诸多优点，是保障地下空间安全建设与快速施工的核心材料，其已经在水利水电、边坡支护、矿山开发、地下工程、工程加固补强、修补堵漏等诸多领域得到广泛应用，因此，喷射混凝土作为基础性支护加固材料，其质量决定了基础设施工程的建设质量和服役寿命，在基础设施建设及运营发展起到中流砥柱的作用。随着上海市地下交通工程逐渐进入运维更新期，对地下工程加固补强的需求将越来越大。喷射混凝土已经在我国南昆铁路、西康铁路、小浪底水库、二滩电站、福三高速公路等等大型铁路隧道、水工隧洞、地下厂房及公路隧道和护坡中应用。

与普通混凝土对比，喷射混凝土具有单方水泥用量大、粗骨料少砂率高、速凝快硬的特性，早期放出大量的水化热，集料的约束程度小，普遍容易发生收缩开裂现象，为介质渗透、传输、侵蚀提供通道，从而导致耐久性劣化问题严重。在保证基本的力学性能的前提下，喷射混凝土是结构工程抵御外界侵蚀的首道屏障，其耐久性就尤为重要。同时，喷射混凝土的施工工艺则逐渐由干喷转变成湿喷，在一定程度上缓解了喷射混凝土施工粉尘大、回弹率高、质量稳定性差等问题。但大量工程实践显示，湿喷工艺下喷射混凝土回弹率依然超过 10%。高回弹率不仅会造成喷射混凝土厚度太薄而引起质量缺陷，而且会浪费材料资源，增加施工成本。

在材料端可采用化学外加剂控制、矿物掺合料调整和纤维掺入等多种技术手段来改善喷射混凝土耐久性，降低回弹率。速凝材料正由粉体型向液体型、低碱型、无碱型转变；

钢纤维、聚丙烯纤维等纤维增强喷射混凝土通过纤维在混凝土中的均匀分布，改变了普通混凝土的脆性特点，使喷射混凝土具有高强度、大变形及破坏后仍存在较高残余强度的特点。在喷射施工工艺方面，通过结合实际工况合理控制喷射速度、角度和厚度，提升喷射操作人员水平等方法优化喷射混凝土施工技术，以此降低喷射混凝土回弹率。低回弹喷射混凝土目前缺乏量化评价指标，应加快建立能够反映实际工况的低回弹喷射混凝土评价指标体系，并形成低回弹喷射混凝土的制备技术指导规范。

2. 地下空间材料修复技术

在地下空间钢筋混凝土结构中，要承受列车震动、地下水等多种因素共同作用，往往容易产生局部裂缝甚至贯穿裂缝导致渗水，对钢筋甚至整个结构造成不可逆的损伤。工程界各方专家提出了许多适合地下结构裂缝修复的方法，主要分为混凝土自动修复技术和灌浆材料修复技术。

1）混凝土自动修复技术

混凝土结构在使用过程中容易出现裂缝的问题，国内外学者利用掺合料或者在混凝土组成材料中添加、埋设其他材料、机能性装置，从材料设计上促进混凝土的自修复。混凝土自修复技术可以分成三类，第一类是起到愈合作用，如低水胶比中未水化的水泥再次水化，包括利用磨细粉煤灰等其他掺合料或者利用生物技术促进混凝土裂缝的愈合。第二类则是在混凝土中预先埋设如特殊的微胶囊、发热装置等，从设计角度出发在外部干预情况下达到裂缝自动修复的目的。第三类是电化学混凝土裂缝修复技术，该技术最早始于20世纪80年代后期的日本，以带裂缝的海工混凝土结构中的钢筋为阴极，同时在海水中放置难溶性阳极，两者之间施加弱电流，在电位差的作用下正负离子分别向两极移动，并发生一系列的反应，最后在海工混凝土结构的表面和裂缝里生成沉积物，覆盖混凝土表面，愈合混凝土裂缝。这些沉积物不仅为混凝土提供了物理保护层，而且也在一定程度上阻止有害物质侵蚀混凝土。根据这一原理，电沉积法开始被应用于混凝土结构，尤其是地下结构的裂缝修补，并具有良好的发展前景。

（1）基于胶囊方式的自修复

微胶囊方式的自修复方法的基本原理是：装有修复剂的微胶囊和固化剂均匀分散在基体材料中。当基体材料产生裂纹时，裂纹尖端的微胶囊在集中应力的作用下破裂，修复剂流出，在毛细作用下渗入基体裂纹中。渗入裂纹中的修复剂与分散在基体材料中的固化剂相遇，修复剂固化将裂纹修复，抑制裂纹继续扩展，达到恢复甚至提高材料强度的效果，完成对损伤进行自修复。

微胶囊自修复方法具有如下优点：①有利于单一树脂体系的修复；②在树脂体系的自修复中具有较好的强度恢复；③水泥基体内部存在大量微小空隙，这些微空隙为微胶囊提供了天然存储场所，微胶囊易于均匀分散于材料中不会明显影响材料的性能。

（2）基于微生物方式的自修复

用微生物制造方解石（$CaCO_3$）修补混凝土裂纹的方法，土壤中常见的细菌、巴氏芽孢杆菌被用来制造 $CaCO_3$ 沉积，基本原理是：由细菌引起的尿素酶水解尿素制造氨水和二氧化碳，氨释放相应增加了周围环境的 pH 值，导致不溶性 $CaCO_3$ 累积。为保护细胞免受混凝土高 pH 值的影响，将微生物埋在聚氨酯、石灰、硅灰和粉煤灰中，用于修补混凝土裂纹。

2）灌浆材料修复技术

通常化学灌浆材料主要有环氧树脂、聚氨酯、水泥基灌浆料三种。环氧树脂对混凝土的表面具有优异的粘结强度，变形收缩率小，硬度高，对碱及大部分溶剂稳定，用于混凝土裂缝修复具有修复后结构强度高、具有一定韧性、抗渗性好及抗碱腐蚀等特点。环氧与水泥间的粘结抗拉强度高达 3.0～6.0MPa，适宜于高强度等级混凝土的裂缝粘结，但由于黏度较大，不易进入细小（缝宽 0.1mm 以下）裂缝。聚氨酯由有机二异氰酸酯或多异氰酸酯与二羟基或羟基化合物加聚而成。水泥基灌浆材料是以水泥为基材，适量加入天然高强度骨料、混凝土外加剂等组成的干混材料，加水拌合后具有高流动度、高强、早强、微膨胀等特性，使修复后的混凝土结构具有高强度、抗渗性能好等特点。

3. 地下空间的回填技术

《上海市住房和城乡建设管理“十四五”规划》和《上海市地下空间突发事件应急预案》中从构筑安全韧性城市的角度，针对上海超大城市特点和地下空间安全发展需要，应积极开展地下空间公共安全的科学研究，提高地下空间公共安全科技水平，保障城市安全运行。地下空间所需回填场景各异，体量巨大，结合再生砂粉、工程泥浆等建筑垃圾资源化，拓展既有回填材料的原材料范围，一方面节省大量填埋用垃圾场资源，对实现可持续发展、促进固废资源综合利用，建设节约型社会、发展循环经济，创建新型“无废”城市做出应有的贡献，具有十分明显的生态效益，另一方面还可以提升城市安全性和韧性。

1）低碳自密实回填材料

传统的回填材料主要由水泥、集料、水以及各种添加剂组成，具有强度低、流动性强等优点，不需要夯实就能填充空间，适用于难以浇筑和捣实的回填地下工程中。近些年学者开始研究利用工业固体废弃物作为原料，减少天然资源的消耗，解决固废难以处置的问题，因此在实际应用方面利用固废资源制备新型低碳自密实回填材料是未来的趋势。

2）纳米改性泡沫混凝土

传统的泡沫混凝土的泡沫稳定性较差，容易在回填过程中坍塌。地下空间回填对轻质回填材料的需求，需要新型的纳米改性泡沫混凝土，通过提升泡沫稳定性、细化气泡尺寸和分布均匀性，有效提升泡沫混凝土的稳定性、防水性能和力学性能。

4. 地下空间用再生混凝土

在看不见的城市角落里，随着城市不断更新，持续不断的产生了大量的建筑垃圾同样需要被分类、被循环利用，而建筑材料正是实现“无废城市”目标最佳的固废消纳去处。上海市再生混凝土的推广应用是突破上海市建筑业可持续发展的瓶颈的有力支撑。

目前再生混凝土技术还存在以下关键难题：

（1）采用传统工艺制备的再生骨料混凝土难满足结构性能要求；

（2）沿用普通混凝土结构设计方法难保证抗震安全；

（3）借用普通混凝土结构验收方法难定量判定结构服役安全。

再生混凝土在结构中的安全应用可开展以下几方面的研究：

（1）研发结构再生骨料混凝土的制备技术与装备

揭示再生骨料混凝土性能劣化机理，提出系列性能调控技术，发明破碎加工装备，实现按品质要求制备再生骨料，控制再生骨料混凝土质量波动，形成结构再生骨料混凝土制备成套技术，满足结构再生骨料混凝土的性能要求。

（2）建立再生骨料混凝土结构设计理论与方法

创立再生骨料混凝土的应力-应变随机本构模型，揭示其阻尼增大机理，提出基于时变可靠度的再生骨料混凝土构件设计方法，突破现有结构分析软件无法开展再生骨料混凝土结构抗震设计的技术瓶颈。

（3）创建再生骨料混凝土结构施工技术与安全验收监控体系

研发再生骨料混凝土结构施工关键技术，建立基于大数据技术的再生骨料混凝土结构健康监测平台，实现从施工到服役的全过程监控，率先为结构服役安全评价提供科学依据。

在城市地下空间建设及更新过程中，围绕相应的应用场景需求，可进一步拓展再生混凝土的应用场景，在保障安全建设的同时，实现资源综合利用型建材的充分应用。

4.2.3　新工艺

地下空间开发是缓解城市土地资源紧张的必要措施，在城市发展过程中，地下空间开发也不断面临新的问题与挑战，新工艺层出不穷，对不断变化的城市建设需求及新时代城市绿色发展要求做出回应，为基础设施的建设发展聚势赋能。本节就上海地下空间开发中的代表性新工艺进行技术展望。

1. 地下连续墙施工新技术

目前，现浇地下连续墙施工，主要分为导墙施工、钢筋笼制作、泥浆制作、成槽、吊装钢筋笼、灌注混凝土几个重要工序，存在施工过程中泥浆排放对生态环境的污染严重，钢筋笼制作吊装需重型机械以及钢筋制作场地、钢筋堆料场等场地空间，而且整体存在施工工效较低和能耗较高的问题，亟需开发新型技术，改进或替代传统的地下连续墙施工工艺。

1）TAD 工法预制混凝土构件地下连续墙技术

渠式切割装配式地下连续墙工法（Trench Cutting Assembled Diaphragm Wall，简称TAD）预制混凝土构件地下连续墙技术是在等厚度水泥土搅拌墙中插入大刚度的预制混凝土板墙形成复合隔水挡土的地下连续墙新技术，可以应用到软土地区更深（地下室三层及以上）的基坑工程中。目前等厚度水泥土搅拌墙技术（TRD 工法和 SMC 工法）已在国内得到广泛的应用，水泥土搅拌墙施工深度已达到 80m，厚度可以达到 1200mm，施工环境影响小，且适用各种软硬地层。相比现浇地下连续墙，该技术具有低排泥、工效高、装配化、质量可靠等特点。而对于作为芯材的混凝土构件可以在工厂制作过程中施加预应力进一步增加其抗弯刚度和抵抗变形的能力。

相比现浇地下连续墙，预制混凝土构件地下连续墙作为基坑围护结构时无需采用泥浆护壁成槽工艺，避免了泥浆排放；且预制构件通过工厂化制作可充分保证墙体的施工质量，检测方便，墙体构件外观平整，可直接作为地下室的外墙，节约成本；预制墙体与基础底板、剪力墙和结构梁板的连接处预埋件位置准确，不会出现现浇墙体钢筋连接器脱落现象；为便于运输和吊放，预制地下连续墙大多采用空心截面，减小了自重，节省材料，经济性好；墙体制作与养护不占绝对工期，现场施工速度快。TAD 工法预制地下连续墙在浦东机场 T3 航站楼项目捷运基坑中成功应用，基坑挖深 11～12.4m，在 850mm 等厚度水泥土搅拌墙中插入宽 988mm、厚 650mm 的预应力混凝土板墙，现场每天可施工 6～7 幅地下连续墙，施工效率高、污染小，开挖后墙面平整、止水及变形控制效果好。

2）组合型钢地下连续墙技术

组合型钢地下连续墙是一种新型的地下连续墙技术，将型钢按照一定的排列方式拼装在一起用以替代常规地下连续墙中的钢筋笼，依次放入成好的槽段中并浇筑大流动性混凝土，形成具有组合型钢骨架的混凝土墙体。相邻型钢翼缘通过特制的 T 字形和 C 字形锁扣相互搭接，大幅度增强了型钢地下连续墙的整体强度和刚度，同时横向的搭接保证了组合型钢地下连续墙接头处的防水性能。

相较传统的现浇式地下连续墙技术，组合型钢在工厂加工成型、现场进行拼装施工，占用场地面积小，所需起重设备体积小，安装时无需重型机械，并可省去钢筋笼制作和钢筋材料堆放场地等，适合在城市建（构）筑物密集区域进行施工。采用组合型钢可以进一步减少地下连续墙的厚度，增大地下空间的使用面积；相邻型钢构件采用锁扣连接，可靠性好、施工精度高，降低了施工难度；现场钢筋加工和焊接工作大大减小，减少了光污染、声污染以及对城市环境的影响。尤其适用于场地环境条件复杂、作业面无法满足常规地下连续墙施工以及环境保护要求较高的基坑工程。组合型钢地下连续墙技术在世博大道站附属换乘通道基坑工程进行了应用，基坑深约 17.0m，地下连续墙厚度 1.2m，型钢宽度为 1.0m、壁厚 14～18mm、深度 60m。基坑开挖完成后，墙身无渗漏、夹泥，实测组合型钢地下连续墙测斜变形为 17.35mm，约为 1.07‰H，变形控制效果优异。

2. 地下建筑低碳技术

推进碳达峰碳中和是以习近平同志为核心的党中央统筹国内国际两个大局，经过深思熟虑作出的重大战略决策，是着力解决资源环境约束问题、实现中华民族永续发展的必然选择，是构建人类命运共同体的庄严承诺，也是推动高质量发展的内在要求。地下空间建筑位于地下，在节能减碳方面具有先天的优势，将在“双碳战略”中发挥重要作用。

1）预制装配式技术

预制拼装建筑不仅是建筑工业化发展战略目标的重要组成部分，而且构成了新型建筑学的内容，目前在地面建筑领域已经得到迅猛发展，利用装配式技术，在构件厂内完成相应的构件预制，在施工现场进行拼装，不仅可以提高工程质量，还可以缩短工期、降低成本，尤其对改善地下工程内的施工环境更为明显，可实现绿色低碳建造。经过百余年的发展，国外预制拼装技术已经成功应用于地铁、公路、市政等多个领域，虽然我国地下空间预制拼装发展较晚，但发展较快，譬如长春、北京、深圳、无锡等多个地铁车站已经实现主体部分预制拼装，其造价普遍较一般车站高 20%左右，基本都在探索阶段。上海属于软土富水地区，预制技术不可简单地照搬照抄，未来除了主体结构预制外，管线、墙体、装饰等的预制也需要结合不同建筑特点加大研究力度。

2）新型地下采光技术

可再生能源包括风能、太阳能、生物能、地热能和海洋能等，它对环境无害或危害很小，资源分布广泛，适宜就地开发利用。特别在地下采光方面，很多情况下，地下建筑没有条件通过天窗、侧窗或中庭等引入自然光线，此时就需要采用一些特殊方法将太阳光引入地下空间，这种采光方法同样可以使地下空间获得阳光照明，从而达到节能的目的。未来随着导光管采光、棱镜导光装置、光导纤维、光电效应间接采光等技术的发展和成本的降低，“地下空间地面化”和节能低碳方面都将有更大的想象空间。

3）近零碳地下建筑探索

上海已经颁布的《上海市绿色发展行动指南（2020 版）》明确提出，打造“超低能耗建筑”、“打造近零能耗建筑”的要求。对于不同类型的地下空间，应当提出针对性、系统化的“零碳”措施。以地下市域铁路车站为例，一方面，可以将活塞风有效利用、将发挥乘客过渡区域热舒适需求来动态调节车站运营温度实现降碳、研发适用于采光、联通的新型人防框门等作为主要研究点。另一方面，建立市域铁路车站节能降碳技术体系，并依次建立市域铁路零碳发展路线图、全景碳排放平台展示等，继而在示范线路实际运行反馈基础上，最终形成市域铁路绿色评价体系和运营标准规范，方可真正实现“零碳城轨”的目标，发挥其深远的经济和社会价值。

3. 城市更新技术

中国特色社会主义进入了新时代，我国经济发展也进入了新时代。推动高质量发展，既是保持经济持续健康发展的必然要求，城市更新则是高质量发展的物质载体。

对于上海这座超大城市来说，城市更新的特征和矛盾都更加突出。在很长一段时间内，地下空间的实施技术往往决定了建筑方案的可行性，对建筑构思具有重要作用。随着城市轨道交通、地下立交和地下道路、地下商业综合体及相关市政设施的大力发展，地下空间开发在新技术、新工艺及新设备方面都有了巨大的发展，今天的一些“新技术”在不久的未来可能发挥重要作用。

1）地下垂直停车技术

利用沉井技术设置地下垂直停车系统，可减少占地，高效利用地下空间解决城市人员密集区域的“停车难”问题。未来在降低建造和运营成本上、防灾技术上尚需要进一步突破。

2）大断面非开挖技术

近年来，大断面非开挖技术为上海这样的软土地区的地下空间开发创造更多的可能性。采用大断面非开挖技术的原因，很多时候是为了将城市更新可能带来的负面影响降到最小。特别是随着上海地铁网络建设的不断推进，地铁车站在中心城区的建设条件更趋恶劣，由此大大推动了软土地区暗挖法实施地下空间新技术的发展。例如顶管群暗挖技术、冻结＋管幕技术、冻结法加固＋矿山暗挖法技术、束合管幕技术等。未来在降低成本和设备升级的情况下可以进一步应对管线、交通、河道、公园树木等各种复杂的建设条件，实现高质量的城市更新。

3）地下城市综合体改扩建技术

近年来，在日本、新加坡等经验影响下，国内城市更新开始注重城市功能的多重性混合兼容，如多元的产业类型、多元的空间控能、多元的社会文化等。上海既有建成区域土地资源稀缺、空间紧张，地下空间的改扩建无疑能为城市垂直方向的功能复合提供更多的空间载体。除了改扩建的结构技术外，在空间调整与扩展的规划、防火、防涝、人防等方面都需要有相应的新的复合性的技术手段，以应对城市更新的新的复杂要求。

4. 新型隧道技术

1）新型管片接头技术

目前国内盾构接缝所使用的连接件多为螺栓，包括弯螺栓、直螺栓等。螺栓连接件安装便捷，性能可靠，可以提供要求的预紧力。但传统螺栓接头也存在一些问题。首先，螺栓接头中的手孔会影响混凝土管片局部承载力，在施工和运营阶段中易诱发管片局部开裂的问题，导致渗漏水；其次，螺栓常年暴露在潮湿环境中，尤其容易发生锈蚀，影响结构的承载能力和耐久性；最后，螺栓紧固操作依赖大量人工作业，耗时耗力，使得施工进度慢、工期长且施工质量难以保证。

新型快速连接件在国外有着广泛的研究和应用，据不完全统计，从 1998 年开始，截至 2018 年 8 月，日本采用销式接头作为连接结构的隧道工程共约 170 个，各类规格管片合计 19 万余环。

而国内对于盾构隧道新型接头的研究和应用还相对比较少，上海地铁 18 号线某段试验段区间衬砌结构环间采用了插入式快速接头，块间采用了新型的滑入式快速接头，获得一定的成功经验，但并未普及应用。在新型管片快速连接接头方面，还需进一步综合考虑结构和防水耐久性，亟需获得新的突破。

2）P&PC 管片工法

P&PC 管片工法是在拼装好管片后，向其中预埋的套管内插入 PC 钢材，进行张拉锚固后形成整环的一项盾构隧道管片技术。预应力可以将管片块间进行拉紧，尤其适用于结构受力不均的情况。目前，这项技术在上海乃至国内尚没有应用案例。

3）能源隧道

随着气候变化和环境问题的日益严峻，世界各国都在积极推进清洁可再生能源的开发利用，地热能作为一种常见的清洁能源，也受到了广泛关注。我国地热能资源丰富，含量巨大，自 21 世纪以来我国在浅层地热能开发利用方面发展迅猛，至 2017 年我国浅层地热能开发的装机总量已经跃居世界第一。近年来，随着我国“双碳”战略目标的推进，全国各界的环境理念不断深入，政府对清洁能源的扶持力度逐年加大，为地热能的开发利用提供了广阔的前景。

地源热泵是浅层地热能开发的最主要的技术手段。与传统地进管式的开发方式相比，能源地下结构不占用额外的土地，更适合用于用地紧张的城市区域的地热能开发。并且，能源地下结构中换热管直接布设在桩基、筏板、地下连续墙或隧道衬砌内，不需要为了换热管的埋设单独开挖或钻孔，减少了建设成本，降低了对环境的影响。近年来，能源地下结构已经成为浅层地热能开发的新兴方式，受到越来越多的青睐。

与能源桩、能源墙相比，能源隧道是一种相对新型的能源地下结构形式（图 4-8）。目前虽然在奥地利、意大利等国有一些小规模的探索性应用，但在国内还没有城市能源隧道应用的案例。能源隧道具有占地面积小、采热面积大、建设成本低、节能环保、便于施工等优点，开发潜力巨大。

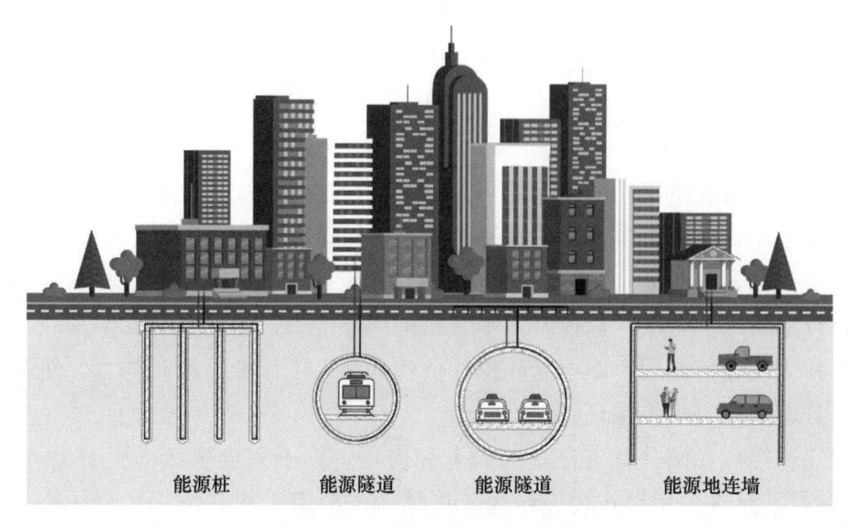

图 4-8 能源地下结构示意图

现阶段，我国已进入了城市隧道建设的高峰期，根据国家发改委发布的《中国城市轨道交通年度统计和分析报告》，2021 年大陆 50 个主要大中型城市的轨道交通的运营里程总长度达到 9206.8km，预计至 2025 年将达到 15000km，而城市轨道交通中隧道的部分占比在 75%以上，这为能源隧道的发展提供了广阔空间。以上海为例，根据《上海市城市轨道交通第三期建设规划》，至 2030 年上海市的地铁运营规模将达到 1055km，还有 250km 的在建和待建项目，至 2035 年市域铁路的规模将达到 1157km，还有近 1000km 规划中的项目。如果这些待建的城市轨道交通中有 75%为地下隧道，其中只有 30%里程采用能源隧道的形式用于地热能的开发，每年 4 个月供暖、6 个月制冷，预计每年可减少二氧化碳排放量在 50 万 t 以上。

除了在地铁、市域（郊）铁路中应用外，能源隧道还可以用在地下通道、综合管廊以及市政管道等城市基础设施中。把握住我国近 5 至 10 年城市隧道建设高速发展的窗口期，加大对能源隧道的研究力度，推动能源隧道的规模化应用，对我国的“双碳”战略发展目标具有重要意义。

4）地下空气净化系统

地下工程在运行过程内部积压的有害气体很难自然排出，传统方法借助风机和风井进行机械排放。近年来，环保要求越来越高，人们对风井、隧道洞口等污染物排放点的维权意识越发高涨，导致工程推进阻力越来越大。基于此，空气净化设备逐渐被应用到不同类型的地下工程中。

如深圳桂庙路隧道首次采用了空气净化系统解决隧道内的汽车尾气排放问题。起点采用顶通净化站，终点采用旁通净化站，能够有效过滤除尘、净化汽车尾气污染，达到国际先进水准。

在地下工程中采用空气净化系统在将来会逐渐成为一种环境保护的重要措施，也将进一步推动地下工程安全、环保、和谐发展。

4.2.4　新装备

1. 特种盾构装备升级研发

1）极限环境大直径 TBM 掘进装备

基于不断积累的超大直径盾构国产化自主设计、制造、工程应用的数据与经验，进一步寻找技术薄弱点，完善产品线，并针对高磨耗复合/硬岩地层、大曲率、超高压、超深埋及超长距离等复杂极端工况，深化超大直径盾构稳态掘进控制机理，拓展超大直径复合驱动、常压刀盘（复合）及换刀、切削刀具适应性、泥水输送及处理等技术，从而构建整机研发与迭代更新的设计体系。

2）顶管与盾构一体化类矩形掘进机装备

针对城市轨道交通站后折返线工程明挖法施工成本高、对地面交通和周边环境影响大等问题，针对可实现站后折返线工程非开挖施工新型类矩形顶管、类矩形盾构无工作井转换施工方法，需研发一种同时具备顶管模式及盾构模式的顶盾一体掘进装备。用类矩形顶管模式完成无立柱的交叉渡线段施工后，在转换工作井中变换为类矩形盾构模式，继续完成有中立柱的折返线段掘进施工，实现轨道交通折返渡线非开挖一体化施工。

2. 城市敏感区微开挖装备

1）主动控制型机械化沉井施工装备

随着城市开发建设的不断深入，修建于建筑密集区的长距离联络通道中间竖井、区间中间风井、深层雨污水泵站、地下停车库、竖向逃生通道等超小断面超深基坑或工作井的建设需求剧增。针对竖井深度大、施工作业空间小、周边环境控制要求高，而传统围护—开挖—降水技术无法满足日益严苛的地下工程建设需求等现实问题，需开发一种具备高安全、快施工、微扰动等特征的主动控制型新型机械化沉井技术装备。

2）自由断面地下空间束合管幕法特种掘进装备

针对目前在城市核心区和老旧修建地下结构时面临的地下空间“摆不下”，邻近设施“碰不起”等现实问题，以及大直径的顶管/盾构应用于结构尺寸超大但距离较短或形状不规则的地下空间工程时施工成本高、安全风险不可控等现实难题，需开发自由断面地下空间束合管幕法特种掘进装备，实现小型管幕顶管机应用于异形复杂断面地下结构的建造。

3. 深隧管网配套施工装备

1）小直径急曲线铰接盾构掘进装备

为应对城市地下空间利用趋于饱和，电力、雨水、排污管道等管网施工工况愈发复杂，城市核心区 TBM 掘进需要大量建设中继井改变隧道走向，而中继井存在选址困难的现实问题，需开发一种小直径急曲线铰接盾构掘进装备，实现大曲率极端工况下盾构掘进的可行性、可靠性和稳定性。

2）隧道 T 接工艺施工装备

隧道 T 接施工工艺可用于不同管径管道的衔接、汇集的工况，并且使得接口更加便利，省去了原本用于汇集而专门建造的工作井。同时，由于盾构法建造区间隧道工艺本身的技术成熟度以及水平 T 接新工艺带来的接口便利性，使得地面工作井能够选在条件更适宜的位置建造。因此该工艺不仅有助于减省多管汇集且无入流功能的工作井，同时也能够便于工作井移位来减少对地面的干扰。在管网内实现 T 接技术，对狭小空间内施工能力的要求非常高，需开发满足狭小空间的特殊掘进机，以及用于隧道开口施工的临时支撑、管片运输设备、施工平台等。

3）新型垂直顶升工艺施工装备

新型垂直顶升是指通过使用机械从主线中竖向掘进支线隧道的技术。在管网的建造中，现代化的垂直顶升技术可用于建造竖向通道，以此来连接待建管与预先在浅层土中建造完成的接收井。该方法可使得原方案中竖井的深度减小，仅需保留浅井在施工阶段用于接收用途。在使用阶段，浅井仍可保留用做截流工作井，垂直 T 接建造完成的竖井则可满足跌水消能的工艺要求。管网的建设位于城市人口密集的区域，环境保护是重要因素，故需开发适应土体变形控制的土压平衡式排土顶升施工装备。

4. 既有管线修复与改建装备

1）地下管道原位非开挖改扩建盾构掘进装备

应对城市地下老旧劣化管道更新建设需求，城市核心区地下管道原位非开挖改扩建的市场需求逐渐凸显。针对传统明挖法将旧管道拆除后敷设新管道可能产生的地面交通管制、地面渣土运输条件不足、施工作业对周边生态和生活环境影响较大等现实问题，需开发老旧管道原位非开挖扩径施工特种盾构掘进装备。

2）病害隧道智能修复机器人特种装备

针对盾构隧道在建设期或运营期出现的不同程度病害，迫使部分隧道不得不在服役期内进行断交维修或大修的现实问题，以及传统钢环加固工艺面临的前期放样与加工精度不高、拼装工艺陈旧、后期管片上打孔和钢板拼缝的焊接均采取人工方式、自动化程度低、施工质量不高、整体工艺施工效率低下等难题，需开发病害隧道智能修复机器人特种装备，从而大幅提升隧道内狭小施工空间、维修作业时间有限的条件下钢环加固工艺的自动化程度。

3）污水管道内壁清洗与修复机器人特种装备

随着城市化的进展，污水系统的负荷越来越严重，城市地下污水管道设施服务多年后有可能发生过度腐蚀或破裂并失去功效。如果污水管道系统损坏，有害物的外泄必然损害公众健康。再者，城市地下管线错综复杂，城市道路的负荷也越来越严重，使得地下管线在修复的过程中存在大量的技术问题，尤其是对污水管道的开挖会对周围的环境造成较大的影响。然而，污水管道清洗修复通常情况下为人工作业，工作难度极大，工作人员所处的工作环境极其恶劣，安全风险极高。因此，需研发一种可实现污水管道内壁自动清洗和修复的机器人特种装备，对解决城市污水管道开挖修复对周围环境的扰动和污水管道内人工作业的高风险显得尤为重要。

5. 高可靠度智能盾构

作为土木工程行业自动化程度最高的施工工艺，盾构法隧道早在 20 世纪 80 年代就解决了装备本身各系统、各部件之间的协调工作问题，具备了土压平衡控制、同步注浆协同等基本功能。但是在岩土、衬砌和装备的工作界面上，如掘进轴线控制、管片拼装、物料垂直和水平运输等需要长时性依赖人工操作的环节，势必蕴藏着较大的施工质量波动和安全风险隐患。因此，实现盾构装备智能化自主掘进，大幅降低人为操作失误，对稳定提高新建线网的质量，降低全生命周期成本，消除安全隐患具有重要意义。研发集盾构轴线自适应控制、盾构管片自动拼装、物料无人化自动运输等多系统智能化技术于一体的智能盾构机，将促成新建隧道高质量、高效率、高安全建设，大幅提升国产盾构在国际市场的核心竞争力。

结语

地下空间的开发利用在全世界拥有悠久的历史。伴随着城市化和工业化的推进，地下空间的开发利用也日益多元化。从短距离的地下通道到上百公里的地铁隧道，从零星分布的地下车库到错综复杂的市政管网，各种各样的地下空间已经成为我们日常生活中不可或缺的一部分。

我国地下空间建设起步相对较晚，但随着我国经济的快速发展，城市地下空间的开发也进入了高速发展期。无论是建设速度还是开发规模，我国都居于世界首位，而上海更是我国地下空间开发程度最高的城市之一。上海的地下空间发展历程可概括为三个阶段：建国初期到改革开放之前，上海地下空间开发缓慢，但是这段时间进行了许多试验性工程，取得了一批开创性成果，为后期地下空间的自主发展道路积累了宝贵的经验；改革开放初期到世博会前夕，上海地下空间迎来了高速发展期，建设了大量的基础设施和地铁线路，为上海的城市建设发挥了不可替代的作用；从 2010 年上海世博会至今，上海的地下空间建设进入了精细化、高品质发展阶段，深入挖掘中深层地下空间开发潜力和存量地下空间的再利用，进一步推动地下空间的全面发展。

在全国范围内，上海一直走在地下空间开发的前沿，许多工程项目都是全国首创，具有里程碑意义。这也离不开上海市政府在政策和法规方面的积极支持。例如，在地下空间建设用地使用权出让规定、地下空间开发配套规定等方面，上海市出台了一系列创新性政策，为地下空间的开发提供了法规依据和经济激励。这些政策不仅鼓励了社会资本的参与，也为地下空间的多样化利用奠定了基础。

2010 年上海世博会的筹办为上海地下空间的建设带来了一波高峰，涌现了许多标志性工程，如世博会园区预制拼装综合管廊、上中路越江隧道、上海长江隧道等。在此期间，基坑工程技术、隧道工程技术、地基处理技术和地下水控制技术等大量地下空间开发技术得到了快速发展和广泛应用。世博会后，新兴技术的涌现为上海地下空间的发展注入了新的活力，在深大基坑技术、软土暗挖技术、预制装配技术和改建扩建技术等方面取得了一系列突破性成果。这些新兴技术的成功应用为未来地下空间的发展提供了前沿的技术支持，也为其他城市地下空间的建设提供宝贵的借鉴与参考。随着我国社会经济的快速发展，一些顺应时代潮流的新技术也在地下空间的开发中得到应用。在双碳背景下，低碳技术的应用减少了对资源和能源的消耗，更符合可持续发展的理念；城市更新背景下，改建扩建技术为老旧城区的地下空间改造提供了新思路；而数字化技术在地下空间监测、建造、维护等方面的应用则为城市地下空间的智能化发展提供了可能。

未来地下空间的开发仍将在城市建设中发挥至关重要的作用，向着韧性、智能、绿色、人文的方向发展。随着环境恶化极端气候频发以及国际社会不稳定因素加剧，地下空间将为城市应对自然灾害和紧急情况提供必要的防灾救援和应急响应支持，这不仅要求地下空间结构自身具有应对紧急情况的耐久性和可恢复能力，更要在规划中考虑到地下空间在整个城市抵御灾害中的战略功能。在韧性城市的概念下，工程韧性也是地下空间未来追求的一个重要方向。近年来人工智能、大数据、云计算等技术的飞速发展，也使得地下空间的规划、设计、施工、运维等方面的数字化、智慧化成为必然趋势，这不仅会提高地下空间的利用效率和资源优化，也将为科学决策、安全服务提供强有力的支撑。

为了应对气候变化和环境恶化，我国在环境保护和节能减碳方面也正进行着深入研究和积极探索。建筑领域是能源消耗和温室气体排放的主要来源之一，绿色发展和低碳建造也是未来地下空间建设中长期探讨和研究的课题，低碳材料的制造和应用、精细化低碳运维技术的发展以及清洁能源的开发利用等都将在地下空间的低碳建造方面发挥重要作用。未来地下空间将不再仅仅是冰冷的钢筋混凝土，而是城市文化内涵与艺术价值的载体，这意味着地下空间将更加深入地与市民生活融合在一起，成为文化、艺术和社交活动的重要场所，为市民提供休闲娱乐和文化艺术的享受。

展望未来，上海市对地下空间新技术的探索仍在继续，对深层地下工程的施工技术和土体本构方面仍需长期的基础理论研究，新型混凝土材料也将为城市地下空间的高质量发展提供保障，低碳建造、城市更新等符合时代发展需求的新技术在未来十余年里将成为地下空间发展的主流方向，而特种装备的研发也将为整个地下空间建设行业的发展带来质的飞跃。

随着我国城市化进程的不断推进，地上空间的局限性越来越显著，而城市地下空间的发展仍然充满了无限活力和光明前景。上海市作为我国经济最为发达的城市之一，其地下空间的先进经验和技术水平对全国地下空间的发展具有示范和引领作用。上海的成功实践和技术突破将为其他城市提供宝贵经验，为全国地下空间的可持续发展提供可行的路径和范例。

[1] Dong Y. H., Peng F. L., Guo T. F. Quantitative assessment method on urban vitality of metro-led underground space based on multi-source data: A case study of Shanghai Inner Ring area [J]. Tunnelling and Underground Space Technology, 2021: 116.

[2] Dong Y. H., Peng F. L., Zha B. H., Qiao Y. K., Li H. An intelligent layout planning model for underground space surrounding metro stations based on NSGA-Ⅱ [J]. Tunnelling and Underground Space Technology, 2022: 128.

[3] Peng F L, Qiao Y K, Sabri S, Atazadeh B, Rajabifard A. A collaborative approach for urban underground space development toward sustainable development goals: Critical dimensions and future directions [J]. Frontiers of Structural and Civil Engineering, 2021, 15 (1): 20-45.

[4] Peng F L, Qiao Y K, Zhao J W, et al. Planning and implementation of underground space in Chinese central business district (CBD): A case of Shanghai Hongqiao CBD [J]. Tunnelling and Underground Space Technology, 2020, 95: 103-176.

[5] Qiao Y K, Peng F L, Sabri S, Rajabifard A. Low carbon effects of urban underground space [J]. Sustainable Cities and Society, 2019, 45: 451-459.

[6] Qiao Y K, Peng F L, Wang Y. Monetary valuation of urban underground space: A critical issue for the decision-making of urban underground space development [J]. Land Use Policy, 2017, 69: 12-24.

[7] Qiao Y K, Peng F L. Lessons learnt from urban underground space use in Shanghai—From Lujiazui Business District to Hongqiao Central Business District. Tunnelling and Underground Space Technology, 2016, 55: 308-319.

[8] 包鹤立，姜弘，潘伟强. 矩形盾构隧道准通用环管片排版技术研究 [J]. 隧道建设，2022，42 (S1)：232-237.

[9] 包鹤立，姜弘. 装配式竖井预制混凝土管片结构设计 [J]. 隧道建设（中英文），2022，42 (S1)：376-381.

[10] 毕金锋，姜弘，丁文其，等. 城市能源隧道开发潜力及效益分析 [J]. 防灾减灾工程学报，2022，42 (5)：897-904+960.

[11] 毕金锋，姜弘，丁文其，等. 能源隧道换热过程中的地层热补给能力研究 [J]. 隧道建设（中英文），2023，43 (S1)：163-170.

[12] 查晒豪，董蕴豪，彭芳乐，等. 基于 NSGA-Ⅱ算法的站域地下空间规划布局模型. 中国土木工程学会 2020 年学术年会论文集，2020：96-107.

[13] 陈超，李晓军，武威，等. 基于 iS3 的隧道智能建造系统及其应用 [J]. 土木工程学报，2022，55

(S2)：12-19+28.

［14］ 陈湘生，崔宏志，苏栋，等. 建设超大韧性城市（群）之思考［J］. 劳动保护，2020（3）：24-27.

［15］ 陈湘生，李克，包小华，等. 城市盾构隧道数字化智能建造发展概述［J］. 应用基础与工程科学学报，2021，29（5）：1057-1074.

［16］ 崔永高. 上海第⑨层承压水的短滤管减压井试验研究［J］. 建筑施工，2021，43（1）：162-165.

［17］ 崔永高. 悬挂式帷幕基坑底侧突涌的坑内水头抬升研究［J］. 工程地质学报，2017，25（3）：699-705.

［18］ 洪开荣，冯欢欢. 中国公路隧道近 10 年的发展趋势与思考［J］. 中国公路学报，2020，33（12）：62-76.

［19］ 黄铭亮，张振光，徐杰，等. 基于 VSM 沉井施工过程的井壁受力实测研究——以南京沉井式地下智能停车库工程为例［J］. 隧道建设，2022，42（6）：1033-1043.

［20］ 黄永，佘廉. 城市韧性需求下的地下空间开发［J］. 中国应急管理，2021，176（8）：58-61.

［21］ 黄芝. 上海地下空间工程设计［M］. 北京：中国建筑工业出版社，2013.

［22］ 姜弘，包鹤立，林咏梅. 装配式竖井设计与施工技术应用研究：以南京某沉井式地下车库项目为例［J］. 隧道建设（中英文），2022，42（3）：463-470.

［23］ 李鹏鹏，任强强，吕清刚，等. 面向双碳的低碳水泥原料/燃料替代技术综述［J］. 洁净煤技术，2022，28（8）：35-42.

［24］ 李晓军，朱合华，郑路. 盾构隧道数字化研究与应用［J］. 岩土工程学报，2009，31（9）：1456-1461.

［25］ 林星涛，陈湘生，苏栋，等. 考虑多次扰动影响的盾构隧道结构韧性评估方法及其应用［J］. 岩土工程学报，2022，44（4）：591-601.

［26］ 刘国彬，王卫东. 基坑工程手册（第二版）［M］. 北京：中国建筑工业出版社，2009.

［27］ 刘思聪，赵承桥，马晨骁，等. 城市更新视域下的早期商务区地下空间互联互通问题探讨——以陆家嘴 CBD 为例［J］. 现代隧道技术，2020，57（5）：77-83.

［28］ 刘艺，朱良成. 上海市城市地下空间发展现状与展望［J］. 隧道建设（中英文），2020，40（7）：941-952.

［29］ 柳献，李海涛，管攀峰，等. 快速接头盾构隧道衬砌结构设计参数研究［J］. 现代隧道技术，2019，56（6）：19-26.

［30］ 柳献，黄铭亮，张振光，等. 超深装配式竖井下沉原理与控制措施研究［J］. 现代隧道技术，2022，59（S1）：1009-1016.

［31］ 陆建生，付军，许旭. 紧邻地铁深基坑地下水抽灌一体化设计实践［J］. 地下空间与工程学报，2015，11（1）：251-258.

［32］ 陆建生，缪俊发. 软土地区深基坑抽灌一体化设计探讨［J］. 地下空间与工程学报，2015，11（S1）：232-238.

［33］ 陆建生. 深基坑水平止水帷幕无压性地下水控制设计及实践［J］. 探矿工程（岩土钻掘工程），2018，45（6）：57-62.

［34］ 陆建生. 悬挂式帷幕基坑地下水控制中的尺度效应［J］. 工程勘察，2015，43（1）：51-58.

［35］ 路子涵，满轲. 基于 iS3 的岩体隧道智能建造系统概念模型［J］. 智能制造，2023（3）：115-118.

［36］ 罗冰洁，彭芳乐，刘思聪，等. 城市地下空间韧性评价指标及模型探讨研究［J］. 铁道科学与工程学报：1-10［2023-07-07］.

［37］ 骆祖江，李朗，曹惠宾，等. 复合含水层地区深基坑降水三维渗流场数值模拟——以上海环球金融中心基坑降水为例［J］，工程地质学报，2006，14（1）：72-77.

［38］ 骆祖江，刘金宝，李朗. 第四纪松散沉积层地下水疏降与地面沉降三维全耦合数值模拟［J］. 岩土工程学报，2008，30（2）：193-198.

［39］ 吕根喜，曹伟飚，陈昌耀. 预制混凝土衬砌管片用快速连接件的研究及应用［J］. 混凝土与水泥制品，2022（5）：38-41.

［40］ 孟海星，沈清基. 超大城市韧性的概念、特点及其优化的国际经验解析［J］. 城市发展研究，2021，28（7）：75-83.

［41］ 缪俊发，崔永高，陆建生. 基坑工程疏干降水效果分析与评判方法［J］. 地下空间与工程学报，2011，7（5）：1029-1034＋1039.

［42］ 缪俊发，娄荣祥，方兆昌. 上海地区的承压含水层降水设计方法［J］. 地下空间与工程学报，2010，6（1）：167-173＋218.

［43］ 彭芳乐，侯学渊，陈立道. 城市地下空间综合效益评价的一种新方法——模糊（Fuzzy Set）评价模型［J］. 地下空间，1991（3）：190-195＋270.

［44］ 彭芳乐，乔永康，常建福，等. 城市地下街建设标准体系研究［J］. 地下空间与工程学报，2017，13（4）：868-876.

［45］ 彭芳乐，乔永康，程光华，等. 我国城市地下空间规划现状、问题与对策［J］. 地学前缘，2019，26（3）：57-68.

［46］ 彭芳乐，乔永康，李佳川. 上海虹桥商务区地下空间规划与建筑设计的思考［J］. 时代建筑，2019，169（5）：34-37.

［47］ 彭芳乐，束昱，侯学渊. 城市地下空间开发利用的政策与立法问题［J］. 地下空间，1992（4）：316-326，352.

［48］ 彭芳乐，赵景伟，柳昆，等. 基于控规层面下的CBD地下空间开发控制探讨——以上海虹桥商务核心区一期为例［J］. 城市规划学刊，2013（1）：78-84.

［49］ 彭琦，罗毅. 深圳城市地下空间开发现状及典型工程案例分析［J］. 地下空间与工程学报，2021，17（3）：673-682.

［50］ 钱七虎，王秀文. 美国波士顿地下空间开发利用与城市更新［C］. 钱七虎院士论文选集. 北京：科学出版社，2007.

［51］ 钱七虎. 利用地下空间助力发展绿色建筑与绿色城市［J］. 隧道建设（中英文），2019，39（11）：1737-1747.

［52］ 乔永康，彭芳乐，栾勇鹏，等. 面向可持续发展的城市地下空间开发外部性价值评估及应用［J］. 中国土地科学，2022，36（5）：91-101.

［53］ 瞿成松. 上海地铁四号线董家渡修复段基坑降水实录［J］. 岩土工程学报，2010，32（S2）：339-342.

［54］ 上海市城市规划设计研究院，上海市规划编审中心，上海市规划和国土资源管理局. 城市设计的管控方法：上海市控制性详细规划附加图则的实践［M］. 上海：同济大学出版社，2018.

［55］ 上海市城市规划设计研究院，上海同济城市规划设计研究院有限公司，中国城市规划设计研究院，等. 上海市城市总体规划（2017—2035年）. 上海：上海市规划和国土资源管理局，2017.

［56］ 上海市城市规划设计研究院. 上海市城市总体规划（1999—2020年）. 上海：上海市城市规划管理局，1999.

[57] 上海市城市规划设计研究院. 上海市地下空间近期建设规划（2007—2012年）. 上海：上海市民防办公室，上海市城市规划管理局，2007.

[58] 上海西岸传媒港开发建设有限公司、同济大学复杂工程管理研究院. 立体城市、智慧城市与未来城市——上海西岸传媒港项目整体开发模式与落地机制［M］. 上海：同济大学出版社，2021.

[59] 邵继中. 人类开发利用地下空间的历史发展概要［J］. 城市，2015（8）：35-41.

[60] 沈奕，汪文忠，闫治国，等. 火灾下盾构隧道纵缝完全热力耦合模型及特性分析［J］. 土木工程学报. 2023，56（3）：107-115.

[61] 沈奕，钟铧炜，李林等. 基于iS3平台的隧道工程数据融合分析方法与案例研究［J］. 土木工程学报，2022，55（S2）：103-109＋148.

[62] 施成华，彭立敏，刘宝琛. 浅埋隧道开挖对地表建筑物的影响［J］. 岩石力学与工程学报，2004，23（19）：3310-3316.

[63] 束昱，彭芳乐，王璇，等. 中国城市地下空间规划的研究与实践［J］. 地下空间与工程学报，2006（S1）：1125-1129.

[64] 孙钧，周健，龚晓南，等. 受施工扰动影响土体环境稳定理论与变形控制［J］. 同济大学学报（自然科学版），2004，32（10）：1261-1269.

[65] 唐燕，杨东，祝贺. 城市更新制度建设：广州、深圳、上海的比较. 北京：清华大学出版社，2019.

[66] 同济大学地下空间研究中心，上海市城市规划设计研究院. 上海市地下空间概念规划（2005—2020年）［Z］. 上海：上海市住房和城乡建设管理委员会，上海市城市规划管理局，2005.

[67] 同济大学地下空间研究中心. 虹桥商务区核心区一、二期地下空间规划研究. 上海：上海虹桥商务区管理委员会，2011.

[68] 同济大学地下空间研究中心. 上海国际旅游度假区南一片区地下空间规划研究. 上海：上海申迪建设有限公司，2022.

[69] 同济大学地下空间研究中心. 国内外地下空间开发利用的历史、现状与趋势［M］. 上海：同济大学出版社，1991.

[70] 王建秀，郭太平，吴林高，等. 深基坑降水中墙-井作用机理及工程应用［J］. 地下空间与工程学报，2010，6（3）：564-570.

[71] 王建秀，吴林高，朱雁飞，等. 地铁车站深基坑降水诱发沉降机制及计算方法［J］. 岩石力学与工程学报，2009，28（5）：1010-1019.

[72] 王如路. 轨道交通地下车站深基坑施工承压水突涌预控对策与应急策略［J］. 隧道与轨道交通，2019（3）：5-10＋58.

[73] 王如路. 隧道施工承压水突涌风险安全预控与抢险对策［J］. 隧道与轨道交通，2020（1）：1-6＋68.

[74] 王卫东，徐中华，宗露丹，等. 上海国际金融中心超深大基坑工程变形性状实测分析［J］. 建筑结构，2020，50（18）：126-135.

[75] 翁其平，王卫东. 软土超深基坑工程关键技术问题研究［J］. 地基处理：1-9［2023-07-08］.

[76] 吴济琳. 浅谈北京城市地下空间发展趋势［J］. 智能建筑与智慧城市，2023（1）：21-24.

[77] 吴克捷，赵怡婷. 京沪两大城市地下空间开发利用比较［J］. 中外建筑，2021（5）：24-29.

[78] 吴林高. 工程降水设计施工与基坑渗流理论［M］. 北京：人民交通出版社，2003.

[79] 吴林高，等. 深基坑工程承压水危害综合治理技术［M］. 北京：人民交通出版社，2016.

[80] 吴世兴. 深基坑悬挂式帷幕的渗流分析［J］. 福建建设科技，2009（5）：4-5.

[81] 奚东帆. 城市地下公共空间规划研究 [J]. 上海城市规划，2012 (2)：106-111.

[82] 邢晓，马晨骁，彭芳乐. 站域地下公共空间的交通绩效研究——以上海五角场、徐家汇和花木副中心为例 [J]. 现代隧道技术，2020，57 (S1)：34-39.

[83] 徐国强，王冰茹，何耀淳，等. 加快上海地下空间资源开发利用研究 [J]. 科学发展，2023 (5)：87-94.

[84] 徐生钰，朱宪辰. 中国城市地下空间立法现状研究 [J]. 中国土地科学，2012，26 (9)：54-59.

[85] 闫雁军，李侠，陆建生，等. 中心城区超大深基坑承压水综合分析与治理 [J]. 建筑施工，2018，40 (12)：2041-2043.

[86] 闫治国，田野，朱合华，等. 隧道火灾动态预警疏散救援系统及其应用 [J]. 现代隧道技术，2016，53 (6)：31-35+43.

[87] 严少华，钱七虎，孙伟，等. 钢纤维高强混凝土单轴压缩下应力-应变关系 [J]. 东南大学学报(自然科学版)，2001 (2)：77-80.

[88] 杨洪杰，崔永高，孙建军. 上海第 (9) 层减压降水悬挂式隔水帷幕深度的设计方法 [J]. 建筑施工，2022，44 (8)：1758-1760.

[89] 杨晓刚，王睿，黄伟亮. 基于国内典型城市对比的地下空间开发利用现状及问题分析 [J]. 地学前缘，2019，26 (3)：69-75.

[90] 姚天强，石振华. 基坑降水手册 [M]. 中国建筑工业出版社，2006.

[91] 姚昕怡，杨艳艳. 区域整体开发模式下的设计实践——西岸传媒港 [J]. 建筑实践，2021 (8)：94-103.

[92] 叶为民，李秋芳，陈宝，等. 施工对土体扰动及其检测技术研究进展 [J]. 地下空间与工程学报，2009，5 (2)：312-319.

[93] 袁大军，尹凡，王华伟，等. 超大直径泥水盾构掘进对土体的扰动研究 [J]. 岩石力学与工程学报，2009，28 (10)：2074-2080.

[94] 袁红，赵世晨，戴志中. 论地下空间的城市空间属性及本质意义 [J]. 城市规划学刊，2013，206 (1)：85-89.

[95] 岳树桥，周质炎，彭芳乐. 盾构隧道管片插入式快速连接件作用机理分析 [J]. 地下空间与工程学报，2010，6 (3)：532-536.

[96] 詹水芳. 上海地下空间资源开发利用的难点和对策 [J]. 科学发展，2023 (2)：83-88.

[97] 张乐，陈卫东，潘庆华.《城市地下空间开发利用管理办法》实施综述与制订建议 [J]. 规划师，2017，33 (6)：55-60.

[98] 张天奇，葛隆博，郑刚. 砂土隧道开挖引起的地表及深层土体变形研究 [J]. 天津大学学报，2019，52 (S1)：117-123.

[99] 张雨蒙，张姣龙，曹伟飚，等. 盾构隧道新型衬砌结构受力性能与设计参数 [J]. 现代隧道技术，2018，55 (5)：201-209.

[100] 张云，殷宗泽，徐永福. 盾构法隧道引起的地表变形分析 [J]. 岩石力学与工程学报，2002 (3)：388-392.

[101] 张铮，胡赳. 中山公园商业中心详细规划概况及实施 [J]. 上海建设科技，1997 (3)：10-11，24.

[102] 赵国藩. 混凝土及其增强材料的发展与应用 [J]. 建筑材料学报，2000 (1)：8-13.

[103] 赵子维，袁媛，郭东军，等. 基于防灾的城市地下空间网络复合可达性评价 [J]. 地下空间与工程学报，2021，17 (1)：1-8.

［104］ 郑刚，程雪松，周海祚，等. 岩土与地下工程结构韧性评价与控制［J］. 土木工程学报，2022，55（7）：1-38.

［105］ 周旭，李松年，王峰. 探索城市地下空间的可持续开发利用——以多伦多市地下步行系统为例［J］. 国际城市规划，2017，32（6）：116-124.

［106］ 朱合华，邓越，沈奕，等. 公路隧道光环境全寿命周期绿色指标应用案例分析［J］. 中国公路学报，2022，35（1）：13-22.

［107］ 朱合华，李晓军，陈雪琴. 基础设施建养一体数字化技术（1）——理论与方法［J］. 土木工程学报，2015，48（4）：99-110＋123.

［108］ 朱合华，李晓军，陈雪琴，等. 基础设施建养一体数字化技术（2）——工程应用［J］. 土木工程学报，2015，48（6）：114-121.

［109］ 朱合华，李晓军，林晓东. 基础设施智慧服务系统（iS3）及其应用［J］. 土木工程学报，2018，51（1）：1-12.

［110］ 朱合华，李晓军. 数字地下空间与工程［J］. 岩石力学与工程学报，2007（11）：2277-2288.

［111］ 朱合华. 从数字地球到数字地层岩土工程发展新思维［J］. 岩土工程界，1998（12）：15-17.

［112］ 朱合华. 肩负时代重任 努力推动智慧基础设施蓬勃发展［J］. 中国科技产业，2022（11）：12-14.

［113］ 朱雁飞. 深基坑工程中承压水危害的综合治理方法（上）［J］. 上海建设科技，2008（4）：16-19.

［114］ 朱雁飞. 深基坑工程中承压水危害的综合治理方法（下）［J］. 上海建设科技，2008（5）：16-17＋21.

［115］ 朱叶艇，朱雁飞，张子新，等. 异形盾构隧道衬砌结构计算模型和受力特征研究［J］. 岩土工程学报，2018，40（7）：1230-1236.

［116］ 邹昕争，孙立. 利用地下空间提升城市韧性相关研究的回顾与展望［J］. 北京规划建设，2020（2）：40-43.